全国高职高专新创规划教材

机械 CAD/CAM

徐家忠　主　编

中国科学技术出版社
CHINA SCIENCE AND TECHNOLOGY PRESS
·北　京·
BEIJING

图书在版编目(CIP)数据

机械CAD/CAM/徐家忠主编.—北京:中国科学技术出版社,2008.8

全国高职高专新创规划教材

ISBN 978-7-5046-5249-2

Ⅰ.机… Ⅱ.徐… Ⅲ.①机械设计:计算机辅助设计②机械制造:计算机辅助制造
Ⅳ.TH122 TH164

中国版本图书馆CIP数据核字(2008)第121527号

内容提要

本书全面介绍了Pro/Engineer Wildfire 2.0软件操作、草图绘制、基本特征创建、编辑、修改、曲面特征基本操作、零件装配、工程图创建、NC加工、运动仿真等基本模块。适用于机械、数控类专业的专科学生使用。

中国科学技术出版社出版
北京市海淀区中关村南大街16号 邮政编码:100081

策划编辑 林 培 孙卫华 **责任校对** 林 华
责任编辑 孙卫华 **责任印制** 安利平

发行部电话:010-62103210 编辑部电话:010-62103181
http://www.kjpbooks.com.cn
科学普及出版社发行部发行
北京蓝空印刷厂印刷

*

开本:787毫米×1092毫米 1/16 印张:16 字数:389千字
2008年8月第1版 2008年8月第1次印刷 定价:28.00元
ISBN 978-7-5046-5249-2/TH·48

前 言

Pro/Engineer 自 1988 年问世以来，已成为应用最广泛的 CAD/CAM/CAE 软件之一，被广泛应用于机械、电子、模具、工业设计、数控加工等各个行业。

Pro/Engineer 的功能模块众多，集成有零件造型、产品装配、模具设计、NC 加工、钣金设计、逆向工程、机构仿真、应用分析等三十多个模块。

Pro/Engineer 功能强大，造型过程采用参数化设计，使各个模块的使用方法规范、一致，便于学习和教学，在各大专院校的教学中得到了迅速的普及。但现在适于课堂使用的有关 Pro/Engineer 的书不多。因此，笔者和同事们集多年的教学经验和实践体会编写了本书，内容包括软件介绍、草图绘制、基本特征、工程特征、基准特征、特征操作、曲面、工程图、装配图、NC 加工、运动仿真共十一章。

本书以 Pro/Engineer Wildfire 2.0 为底板，编写的过程中力求由简入深，循序渐进。讲解力求简洁明了，易于理解，为了便于读者学习理解，本书采用了大量的实例，努力做到让读者一看就懂，一学就会，还是工程技术人员学习掌握 Pro/Engineer 软件不可多得的参考资料。本书适用于大中专院校的有关课程。

本书由于所讲内容较多，由多位同仁共同完成，其中第一章由吴让利编写，第二章、第七章、第十一章由徐家忠编写，第三章、第五章由赵小刚编写，第四章、第六章由陈玉刚编写，第八章由高葛编写，第九章由耶建宁编写，第十章由史维朝编写，全书由徐家忠统稿。在此一并表示感谢！

本书虽经再三审改，但疏漏之处在所难免，请读者批评指正。

徐家忠

2008 年 4 月

《机械 CAD/CAM》编委会

主　编　徐家忠

副主编　耶建宁

编　委　（按姓氏笔画排序）

史维朝　吴让利　陈玉刚　林敏捷

赵小刚　贺丽娟　高葛

策划编辑　林　培　孙卫华

责任编辑　孙卫华

责任校对　林　华

责任印刷　安利平

封面设计　金号角

目　录

第一章　Pro/Engineer 野火版 2.0 概论

学习指导

本章主要内容

本章主要讲解 Pro/Engineer 野火版 2.0 的特点、界面组成、基本操作、对象的基本选择方法等基础内容。

本章学习要求

1. 了解 Pro/Engineer 野火版 2.0 的发展和软件的特点
2. 熟悉软件的界面
3. 掌握软件中鼠标的基本使用方法
4. 熟练掌握文件操作方法
5. 基本掌握软件视窗的基本操作
6. 了解对象的选择方法

第一节　Pro/Engineer Wildfire 的主要特点

Pro/Engineer 是美国 PTC 公司推出的大型工程技术软件，自 1988 年 Pro/Engineer 问世以来，经历 20 余次的改版，已成为全球最普及的 3D CAD/CAM 系统的标准软件，可以说基本成为三维 CAD 的一个标准平台。Pro/Engineer 广泛应用于电子、机械、模具、工业设计、汽车、航空航天、家电、玩具等行业，是一个全方位的 3D 产品开发软件，它集零件设计、产品装配、模具开发、NC 加工、钣金件设计、铸造件设计、造型设计、逆向设计、自动测量、机构模拟、压力分析、产品数据管理等功能于一体。

（一）Pro/Engineer 软件的特点

Pro/Engineer 是 PTC 公司采用单一数据库、实现全参数化、基于特征造型、全相关及工程数据再利用等观念开发的产品设计 CAD/CAM/CAE 软件，Pro/Engineer（简称 Pro/E）软件提供了产品从设计至生产制造过程的整套解决方案。

1. Pro/Engineer 是全参数化软件

“全参数化”有三个层面的含义：即特征截面几何的全参数化，零件模型的全参数化，装配体模型的全参数化。零件模型、装配模型、制造模型以及工程图的尺寸互相关联，若其中任意一个的尺寸被更改，其他模型零件模型的尺寸也会相应更改。

2. 单一的数据库，全相关性

由 3D 实体数据可随时产生 2D 工程图，而且自动标注工程图尺寸，不论是在 3D 还是 2D 图形上作尺寸修正，其相关的 2D 图形或 3D 实体模型均自动修改，同时装配、制造等相关设计也会自动修改，可确保资料的正确性，并避免反复修正的耗时性，工程同步，确保工程数据的完整与设计修正的高效。

3. 以设计特征作为数据库存取单位

以常规的工作模式从事设计，如钻孔、挖槽、圆角等。充分体现设计概念，设计过程中导入实际制造行为，以特征作为资料存取单元，可随时对特征做合理、不违反几何顺序的调整、插入、删除、重新定义等修正动作。

4. 参数式设计

设计者只需要更改尺寸参数，几何及图形立即依照尺寸变化，实现设计工作的一致性，可避免发生人为更改图纸的疏漏情形。

最新风格、易用、高效率的 Pro/E Wildfire 更是在继承 Pro/E 优秀功能的基础上，把三维设计技术推到了新的高度。利用 Wildfire 的直接模建互交技术（ISDX）可更快速地进行设计：

- 使用 WARP 工具，对设计进行变形、扭曲、弯曲和拉伸操作。
- 借助特征面板功能，让用户体验直观的工作流程操作。
- 借助人与人的连通性进行交互，来完成动态设计审评。
- 通过与 Wildfire 的无缝集成，来访问产品和项目信息。

（二）野火版新特性

PTC 公司推出的 Pro/Engineer Wildfire 2.0 较之以前的版本有了极大的改进，界面更加友好，风格上更倾向于目前流行的 Windows 风格，操作更加方便，使用更加高效。

最新野火版在继承以前 Pro/E 优秀功能的基础上，在以下几个方面更显出其新特性。

1. 部件建模

使用 Pro/E Wildfire 进行部件设计比以前任何时候都更快、更容易。其改进之处包括：

- 操作铆钉、螺栓等高性能的轻型装配组件更快捷。
- 能处理同一零件多个表示的柔性组件（如弹簧），不需要在物料清单上清楚表达线条内容。

2. 布线系统

改进的布线系统设计功能，Pro/Engineer Wildfire 可以与 PTC 完善的处理图设计应用与 Pro/E 布线系统设计工具设计紧密集成，适用于缆线铺设和管路设计。主要的布线系统增强功能包括：

- 能自动完成接头放置等常用功能的增强型缆线铺设功能。
- 改进的线束和几何体表示。
- 带有“底”、“顶”、“左”和“右”命令的新的管线布线选项。

3. 行为建模和仿真

Pro/Engineer Wildfire 与 Pro/MECHANICA 进行了无缝集成，从而获得一流的行为建模功能。现在可以指定设计对象，让计算机去处理单调乏味的工作，显示设计更改效果，并提供大量的选项可供选择。

4. 智能化钣金设计增强功能

增强的继承特性，解决了由不同机器制造相似零件的多弯曲表面的再使用问题。

5. 实时渲染

使用新的实时渲染功能，用户可以在处理模型时看到倒影和阴影的变化。

- 全局建模，具有本地和全局控制柄。
- 实时翘曲、变形、伸展、弯曲和扭曲。
- 交互式曲面处理。
- 自由形式或参数式方法。
- 设计：跟踪草图、导入图像、描述参数。
- 重建造型：能轻松处理小平面数据的逆向工程工具。
- 高级图像逼真渲染：包括镜头光效，光散射、雾和烟在内的新特效。
- 新增许多新的纹理选项。

第二节　Pro/E Wildfire 2.0 界面介绍

（一）软件的启动

Pro/E 的启动方式和其他软件的启动方式相同，基本方法有两种：

方法一：双击桌面上的快捷图标。

方法二：使用 Windows 系统“开始”菜单进入 Pro/E。

依次单击【开始】→【程序】→【PTC】→【Pro/E】→【proewildfire】命令，弹出 Pro/Engineer 的启动图标，此时系统自动运行。

启动成功后的中文界面如图 1－1 所示：

图 1－1　Pro/Engineer Wildfire 2.0 的中文界面

（二）界面介绍

Pro/E 在不同的环境下，界面各不相同，但界面的布局基本一致，如图 1－2 就是处在建模环境下的界面。

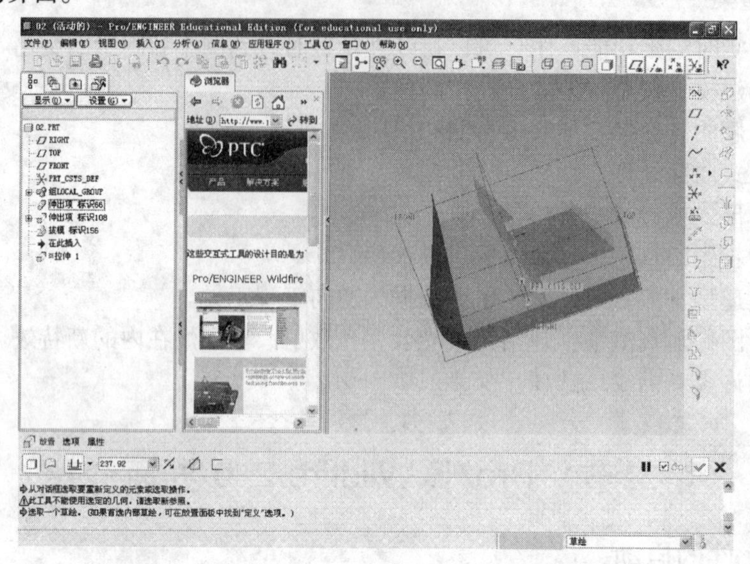

图 1－2　Pro/Engineer Wildfire 2.0 的操作界面

1. 下拉菜单

Pro/E 的所有操作命令与模型处理都可以通过菜单栏实现，常用命令在工具栏中，一些不常用的命令若不在工具栏中，就需要到菜单栏查找，所以熟练应用菜单栏对初学者是很有必要的。各菜单命令如图 1－3 所示，各菜单命令的说明如表 1－1 所示。

文件(F)　编辑(E)　视图(V)　插入(I)　分析(A)　信息(N)　应用程序(P)　工具(T)　窗口(W)　帮助(H)

图 1－3　下拉菜单

表 1－1　菜单栏命令选项说明

名　称	说　明
文件	有关文件操作的命令（如文件的打开、创建、保存、重命名以及打印等）
编辑	包括剪贴板操作、特征操作、特征的镜像、曲线的投影、曲面的修剪偏移、延伸、相交、合并、阵列等操作
视图	控制模型和视窗的显示
插入	创建各种类型的几何特征类，例如拉伸、旋转、扫描、混成、孔、壳、筋、拔模、倒角、管道、折弯等
分析	包含用于分析模型参数的命令，使用这些命令分析并显示有关模型信息，比较零件间特征或几何差异，进行敏感度分析，可行性或优化研究，创建多目标设计研究
信息	用于执行查询和生成报表，例如显示特征列表等
应用程序	启动其他 Pro/E 模块的命令，可以从一种 Pro/E 模式切换到另一种模式
工具	定制 Pro/E 工作环境的选项，设置外部参照控制选项及使用【模型播放器】命令查看模型创建历史记录
窗口	用于窗口的打开、关闭，并提供在 Pro/E 多个文件窗口之间切换的选项
帮助	访问上、下文相关帮助信息和客户信息等

2. 工具栏

Pro/E 的工具栏提供了一些常用命令的工具按钮，可以将工具栏放在界面的上方、右边或左边。工具按钮的状态有两种：灰色状态，亮显状态。灰色状态表示在当前状态下不能使用该按钮。

工具栏按钮通常是常用命令，由于常用命令较多，很多常用按钮不能全部显示，Pro/E 允许用户自行添加或删除工具栏图标按钮并调整工具栏按钮的位置。方法如下：

（1）显示/隐藏工具栏

- 单击主菜单【工具】→【定制屏幕】，打开定制对话框。
- 切换到工具栏选项卡，如图 1－4 所示。
- 拖动对话框右侧的滚动条，找到要显示/隐藏的按钮类别，则该按钮即显示在工具栏中（取消选中该复选框，即隐藏该类型按钮组）。

在【定制】对话框中，用户还可以调整工具按钮到窗口的顶部、左边或右边 3 处位置，单击【默认】按钮，则恢复到系统默认设置。

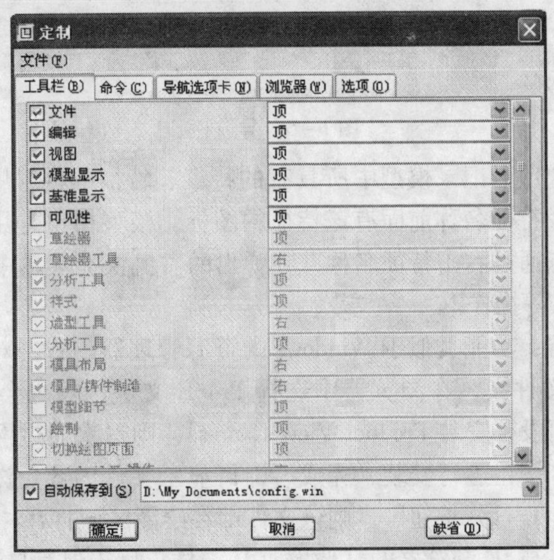

图 1－4　【定制】对话框

（2）添加删除按钮

添加删除工具栏按钮的操作方法如下：

- 单击【工具】→【定制屏幕】命令，打开【定制】对话框。
- 切换到【命令】选项卡。
- 拖动对话框【目录】的滚动条，找到要添加的按钮类别，并单击选取该类别，在【命令】区即显示该类按钮。
- 采用直接拖动图标按钮的方式来添加删除按钮。将【定制】对话框内的图标朝主窗口工具栏拖动是添加，反之则是删除。

另一种删除工具栏按钮的方法是在打开【定制】对话框的条件下，在工具栏的按钮上右击，在弹出的快捷菜单中，选择【删除】命令即可。

3. 导航栏

Pro/Engineer Wildfire 2.0 新增的导航栏不仅包括了以往的模型树，还包括资源管理器、收藏夹和相关网络技术资源。单击导航栏右侧的符号 可以隐藏导航栏。导航栏的各项内容之间的相互切换只需单击顶部选项卡标签即可，包括模型树、文件夹导航器、个人收藏夹和连接四个选项卡，如图 1－5 所示。

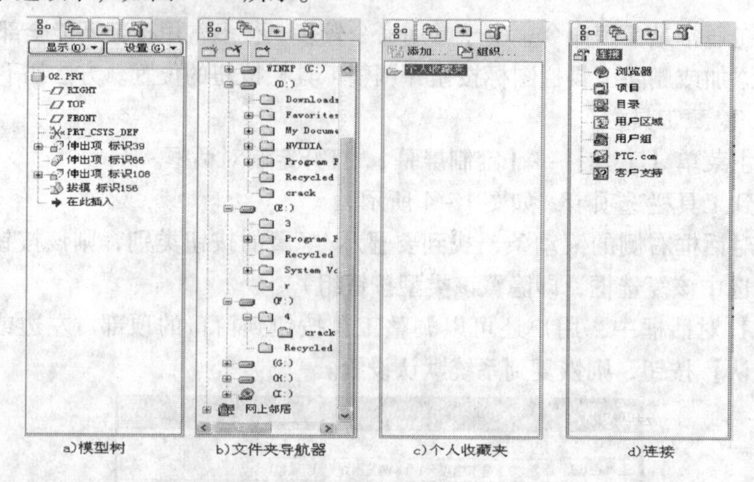

a)模型树　b)文件夹导航器　c)个人收藏夹　d)连接

图 1－5　导航栏

- 模型树：该选项卡记录模型中所具有的特征、特征的创建顺序、名称、编号、状态等相关数据，每一个特征名称前面有该特征的图标。模型树也是用户进行编辑操作的主要区域之一，用户可以通过右击特征名称，在弹出的右键快捷菜单中进行特征的“编辑”、“编辑定义”、“删除” 等操作。
- 文件夹导航器：功能类似于 Windows 的资源管理器。右击对象既可弹出相应菜单选项；单击鼠标选择文件夹，在浏览器中选择 Pro/E 文件，随之会出现文件【浏览】窗口。如果安装 Pro/E 而没有安装 Product View Express，则首次通过网页浏览文件会弹出安装提示，单击【Next】按钮进行安装，完成后即可显示文件内容。浏览器中双击所预览的文件名或单击“在 Pro/E 打开按钮”，则该文件即在绘图区域打开。
- 个人收藏夹：与 IE 浏览器的【收藏夹】一样，用于保存自己常用的网页地址。
- 连接：用于访问相关网络资源，如连接 PTC 公司网站，方便用户在工作的同时也能通过 Pro/E 内建的浏览器上网查询。

4. 信息区

信息区记录了绘图过程中的系统提示及命令执行结果。使用信息提示栏的滚动条可以浏览信息记录。根据不同的工作过程，会有不同的提示，可以方便地通过提示信息了解目前应该进行的操作，对于新用户来说，常看信息区是良好的工作习惯。

5. 选择过滤器

选择过滤器位于 Pro/E 用户界面的右下方，可以让用户指定某一类型的对象，如特征、曲面、基准等，这样可以降低选择的错误率。当面对众多特征复杂的设计模型时，常发生无法顺利选取到目标对象的情况，此时可通过设置过滤器选择所需要的对象类型，如图 1－6 所示。

图 1－6　选择过滤器

6. 工作区

Pro/E 窗口中间的区域就是工作区。零件模型的建立、修改、装配等操作的图像都在这里显示。

7. 地址栏

地址栏的功能同 IE 浏览器的地址栏相似，在这里可以输入网站，用 Pro/E 内嵌的浏览器访问网络。

（三）文件操作

Pro/E 文件操作主要包括文件的新建、打开、存储、删除、打印、备份等，还有工作目录的设定、窗口关闭等。

1. 新建文件

在 Pro/E 中选择新建文件工具按钮或者选择菜单【文件（F）】→【新建】，系统就弹出新建文件对话框，如图 1－7 所示。可创建的文件类型有草绘、零件、组件、制造、绘图、格式、报表、图表、布局、标记等。

- 草绘：二维截面绘制，文件扩展名为 . sec；
- 零件：三维零件设计，文件扩展名为 . prt；
- 组件：三维零件装配，文件扩展名为 . asm；
- 制造：NC 加工文件，模具设计等，文件扩展名为 . mfg；
- 绘图：平面工程图，文件扩展名为 . drw；
- 格式：工程图模板定制，文件扩展名为 . frm；
- 报表：创建装配体的 BOM 表，文件扩展名为 . Rep；
- 布局：产品装配规划，扩展名为 . Lay；
- 标记：注释。

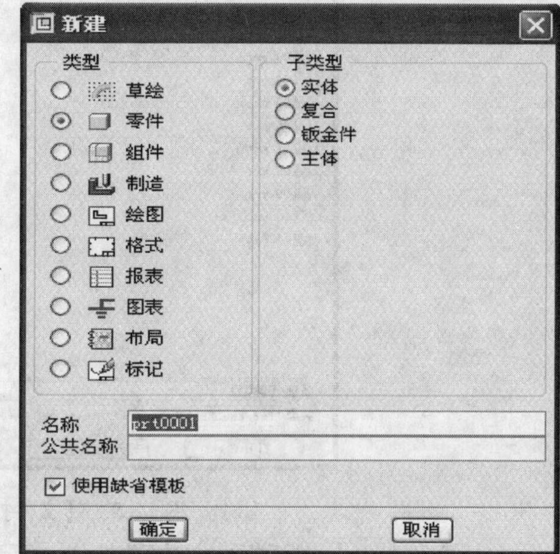

图 1－7　【新建】对话框

新建文件时，系统默认的文件名为 prt0001，用户可以修改，但不能用中文名称。Pro/Engineer Wildfire 2.0 的【新建】对话框新增加了【公共名称】项，【公共名称】是指对模型的公共描述，【公共名称】将映射到 Winchill 的 CAD 文档名称，以便于多位用户通过网络交换产品数据，同步设计一件产品。

创建新对象时，Pro/E 中自动套用该类型文件的模板，由模板支持的任意对象类型将自动获得模板。可接受默认模板、选取另一模板，以及浏览到要用作模板的文件，如果使用默认模板，则新建文件的单位为英制。

2. 打开文件

打开文件可采用两种方式：命令打开方式和浏览器打开方式。此外，还可以对文件进行其他编辑操作。

(1) 命令打开方式。用【文件】→【打开】命令，可从当前工作区（在内存中）及磁盘中检索所有类型和子类型的文件，使用此对话框可以：

- 浏览磁盘和目录结构。
- 选择并打开文件。
- 将文件输入 Pro/E。
- 创建或选择文件的简化表示。

操作步骤如下：

1）单击【文件】→【打开】命令，或单击工具栏上的打开按钮，系统弹出文件打开的对话框，如图 1－8 所示：

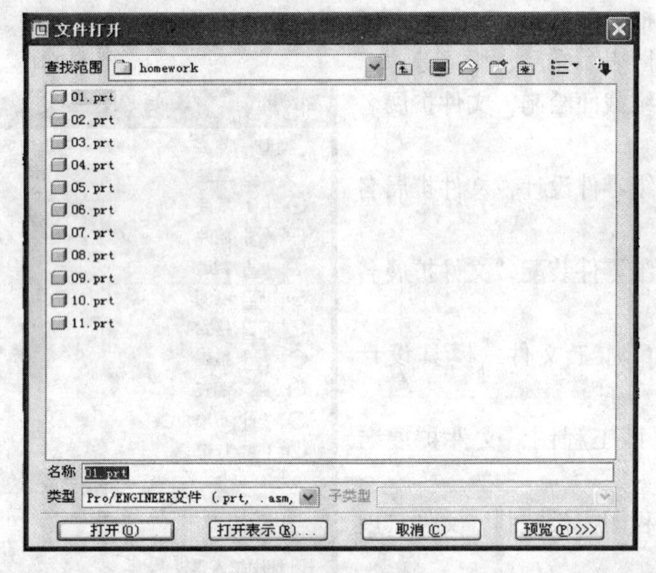

图 1－8　【文件打开】对话框

在【文件打开】对话框中单击按钮，可看到内存中的文件，这样能够提高文件打开的速度。要从内存中删除当前文件，可单击【文件】→【拭除】→【当前】命令。

单击按钮将一个文件夹指定为工作目录，而在【文件夹导航器】中则是右击文件夹，从右键快捷菜单中选择【设置工作目录】命令，这样就可以迅速地看到该文件夹下的内容。指定某文件夹为工作目录还可以通过单击【文件】→【设置工作目录】命令实现。

2）在【文件打开】对话框中查找到要打开的文件所在位置后，选择要打开的文件（单击对话框中【类型】列表框的下拉按钮，可选择 Pro/E 要打开的文件类型）。

3）单击【打开】按钮。在单击该按钮之前，可单击【预览】按钮，预览该文件略图以确定是否为自己要打开的文件。

(2) 浏览器打开方式。浏览器打开方式就是通过【文件夹导航器】来打开文件。操作步骤如下：

1）将导航器栏切换为【文件夹导航器】。

2）从中选择要打开文件的所在文件夹路径。

3）该文件夹中的所有文件即可在浏览器中显示文件列表，如图 1 - 9 所示，选取某一文件后可在浏览器的预览窗口预览该文件。

4）单击按钮，或者双击浏览器中的文件，即可完成打开文件操作。

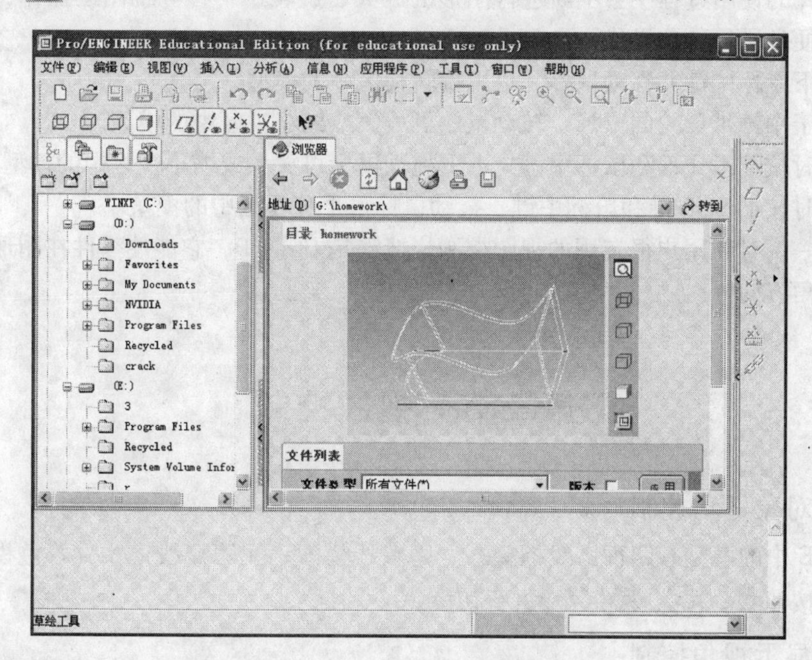

图 1 - 9　浏览器打开方式

3. 保存、备份和保存副本

单击【文件】→【保存】命令可以保存文件。使用【文件】→【保存副本】可以将文件保存为其他文件名。使用【保存】命令时，Pro/E 会创建新的文件版本，并使用数字式的文件扩展名来注明版本号，例如 front - cover. prt. 1，front - cover. prt. 2 等。创建这些版本的目的是为了保留先前的版本，这样一旦当前的文件发生错误，还可使用目前的版本。单击【文件】→【打开】命令打开文件时，文件浏览器显示的是文件的最新版本，但不显示版本号。若要显示版本号，可单击【命令和设置】图标，然后单击菜单中的【所有版本】，即可打开所需的任一版本。

若要以不同的名称、格式或位置保存文件，可单击【文件】→【保存副本】命令。【保存副本】与 Windows 惯用的【另存为】命令不同，它可使原文件保持打开状态，并在完成保存操作后仍保持在活动状态。

如果不想将多个版本都保存在工作目录中，可单击【文件】→【备份】命令来指定放置这些版本的其他目录。备份目录中的第一个版本号以 1 开头，不管文件在工作目录中的版本号是多少。

4. 删除文件

单击【文件】→【删除】命令可从磁盘中永久性地删除文件。用户可以只清除旧版本，而保留最新的版本，也可以清除所有的版本。

单击【文件】→【删除】→【旧版本】命令可清除目录中除最新版本以外的其他所有版本。

（四）鼠标操作

在 Pro/E 的使用过程中会不断进行图形的放大、旋转、平移等视图区操作，在野火版中可以更方便地进行这些操作。

- 按下鼠标中键并移动鼠标，可以旋转视区中的模型。
- 对于中键带鼠轮的鼠标，转动鼠轮可放大或缩小视区中的模型。
- 同时按下 Ctrl 键和鼠标中键，上下拖动鼠标可放大或缩小视区中的模型。
- 同时按下 Shift 键和鼠标中键，拖动鼠标可平移视区中的模型。
- 另一个对新用户很有用的视图控制快捷键是 Ctrl + D，它能使零件在图形窗口中央回到默认视角方向。

第三节　视图控制

（一）对象显示控制

在 Pro/E 中的模型有四种：线框模式、隐藏线模式、无隐藏线模式、着色模式。可以分别用工具按钮、、、进行切换。

（二）显示视角控制

Pro/E 在工具栏里有最常用的视角控制按钮，使用这些按钮，使模型查看更加方便快捷。本节内容侧重鼠标在控制中的使用。

如图 1－10 所示是工具栏的各控制按钮，其从左到右分别是【重画】、【旋转中心】、【定向模式开关】、【放大】、【缩小】、【最佳大小】、【重定向视图】和【保存的视角列表】。

1. 重画

按下此按钮后，系统将对主视区中的点、线、面等对象进行刷新。

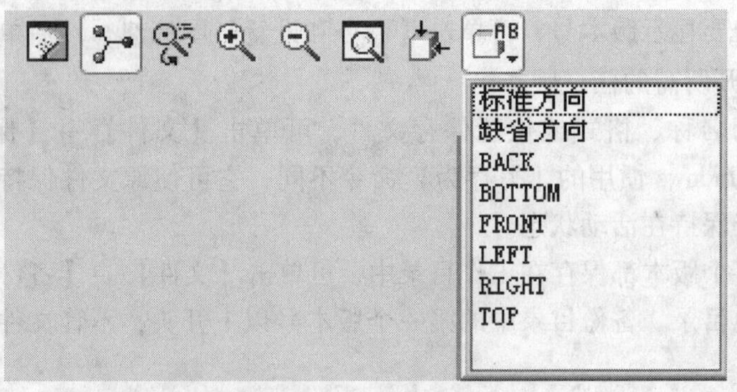

图 1－10　视角控制按钮

2. 旋转中心

此功能用于切换旋转中心显示与否，在显示状态下（被按下），模型的旋转始终以它为中心，如图 1－11 所示。在不显示状态下（弹起），当按下鼠标中键进行旋转时，系统将会以按下鼠标中键的那一点作为旋转中心，如图 1－12 所示。

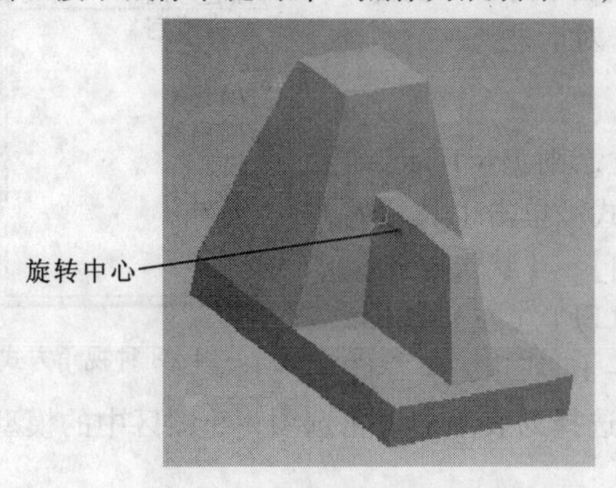

图 1－11　显示状态下

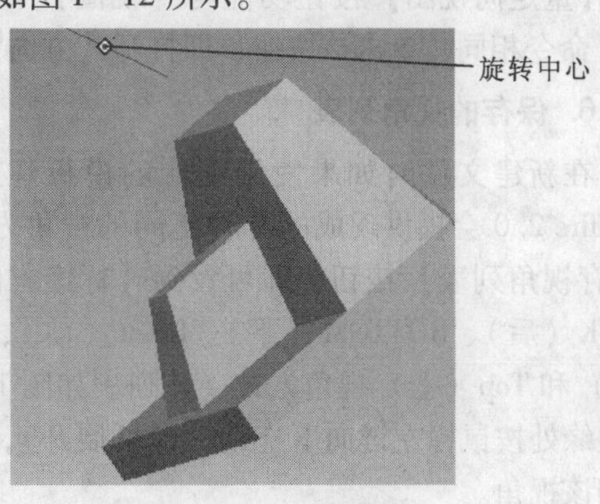

图 1－12　不显示状态下

3. 定向模式开/关

即【定向模式开/关】按钮，该按钮同【定向模式】命令，按下该按钮后，可以通过单击鼠标右键，在快捷菜单上选择【动态】、【固定】、【延迟】和【速度】来切换类型。而且屏幕上会出现一个带边框的红色小点，表明当前状态为观察模式。

4. 最佳大小

此功能可将三维模型调整到相对于主视区的最佳大小，注意该按钮与 Ctrl + D 组合键（恢复标准大小）的区别，如图 1－13 所示。

1.任意缩放后视角的模型

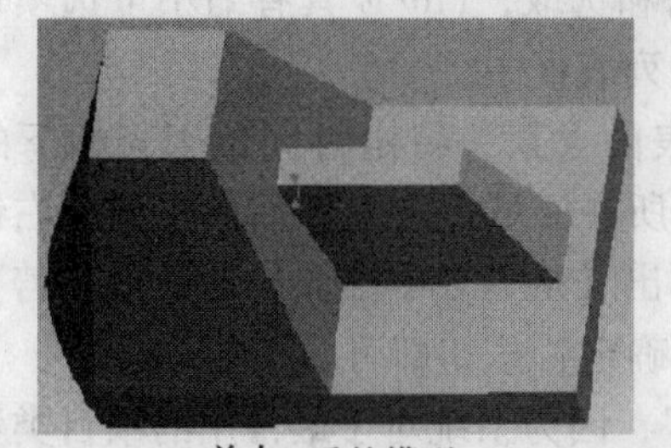

2.单击后的模型

3.按Ctrl+D组合键后的视角模型

图 1－13　调整后的模型

如图 1－13 所示，可以单击工具图标，只改变模型在工作区显示的比例，调整到最合适的大小，而按下 Ctrl + D 组合键不仅改变显示比例，而且调整观察模型的视角，使之调整到默认的视角。

5. 重定向视图

【重定向视图】按钮功能与【视图】→【方向】→【重定向】命令相同，单击该按钮，即打开【方向】对话框。

6. 保存的视角列表

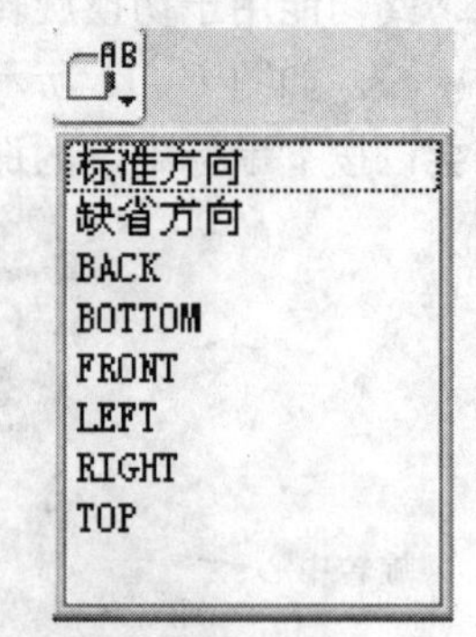

图 1－14　8 种视角方式

在新建文件时如果使用默认的模板建立，则 Pro/Engineer Wildfire 2.0 会提供现成的 8 种不同的视角方式。单击工具栏的【保存视角列表】按钮，即可看到【标准方向】、【默认方向】、BACK（后）、BOTTOM（下）、Front（前）、LEFT（左）、Right（右）和 Top（上）视角方式（该列表如图 1－14 所示，可在齐下边缘处按鼠标左键向下拖动，即可展开），选择列表中的视角选项，绘图区中的模型即应用该视角。

第四节　对象选择

（一）对象的选取方式

1. 对象的选取

在模型设计过程中，要进行操作，必须选取设计项目（基准或几何）才可在模型上工作。一般可以在激活特征工具之前或之后选取项目。要选取项目，Pro/E 提供了两种方式。一种是将指针置于图形窗口中的项目上面，项目预选加亮后，单击它就可以选中，此时按 Ctrl 键可以同时选取多个项目。另一种是在位于导航栏的模型树中单击特征名称进行选取。

选择对象时，Pro/E 会建立所选项目的列表或“选项集”，并在状态栏上的【所选项目】区域指示选项集中的项目数。例如，如果选取 3 个项目，则将显示已选取 3 个。可双击【所选项目】区域以打开【所选项目】对话框。此对话框包含选项集中的所有项目名称，可查看选项集并删除所选项目。通过位于屏幕右下方位置的【选择过滤器】，可以使用户快速地分类选取目标对象。与 Shift 键或 Ctrl 键组合，还可以快速选取绘图区中的曲线链和曲面。如果在特征工具中进行选取，则每个工具均有必须满足的特定选取要求，这些要求由过滤器和收集器控制。为了便于进行查询和选取，Pro/E 具有缩小可选项目范围的过滤器，这些过滤器位于状态栏上的【过滤器】列表框中。

隔离选取项目的方式是从列表选取，该列表内含某一特定时间位于光标下的所有项目。要显示该列表，可将光标置于要选取的项目所在区域上方，然后单击鼠标右键，从弹出的快捷菜单中选取【从列表中拾取】命令，弹出【从列表中拾取】对话框。若要选取该项目，可在列表中单击，将其加亮，然后单击【确定】按钮即可。

Pro/E 的选择过滤器也称为“智能型过滤器”，因为系统对于最常用的项目类型会进行感应式选取，无须改变过滤器的选取方式。智能型过滤器适用【零件】和【组件】模块。【选择过滤器】在不同的模块下会有不同的选项，如图 1－15 所示。单击某一特征之后，鼠标指针移动至该特征的某点、线、面之上，这时这些几何对象便会以绿色高亮显示，再次单击后，几何对象被选中，并以深红色显示。

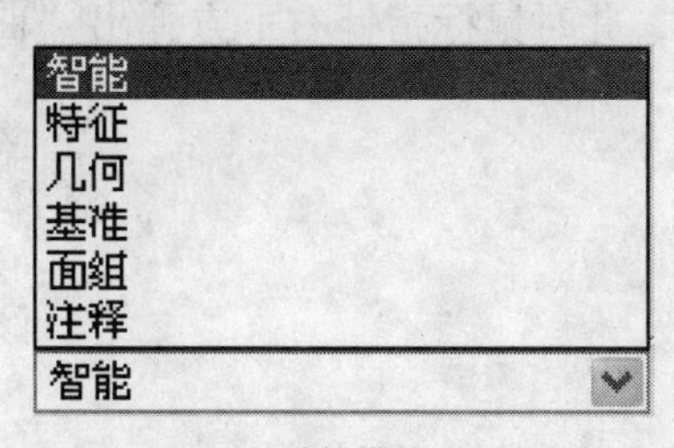

1.零件模块

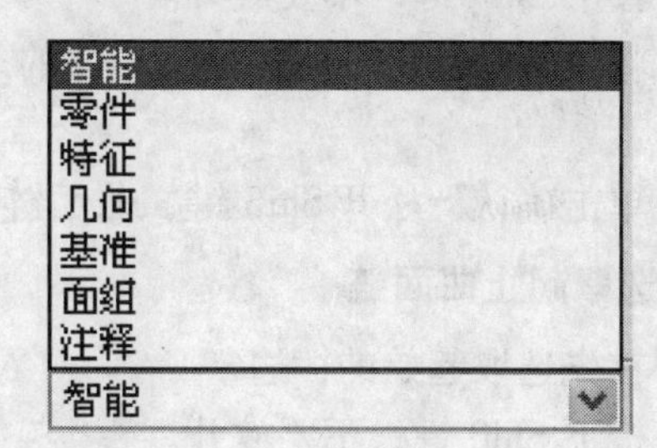

2.组建模块

图 1－15　显示不同的选项

2. 清除选取

选取项目后，有可能要从选项集、链和曲面集中清除项目。可按下列方法清除选取：

(1) 在工具外工作

按 Ctrl 键并单击单个项目以清除每个项目。例如，链或曲面集中的个别项目，或是整个链或曲面集。

使用【所选项目】对话框删除项目。

单击图形窗口中的空区域清除整个选项集、链或曲面集。

(2) 在工具内工作

使用图形窗口中的【清除】快捷菜单命令，或使用收集器内部的【移除】或【移除全部】快捷菜单命令，可清除活动收集器中的一个选定项目或所有项目。

按 Ctrl 键并单击单个项目以从收集器中清除每个项目。例如，链或曲面集中的个别项目，或是整个链或曲面集。

(二) 曲线的选取

曲线的选取包括直线在内的线性几何实体、多个曲线构成的曲线链。下面分别依次介绍依次链、相切链、曲面链、起止曲面链以及目的链的选取方法。

1. 选取依次链

1) 首先选取一段棱边。

2) 按下 Ctrl 键，不要放开。

3) 将鼠标指针移至其他棱边上，单击选择该棱边。

4) 依次选取所需的相邻棱边，松开 Ctrl 键，则一次可以选取多个棱边。

2. 选取相切链

1) 首先选取一段棱边。

2) 按下 Shift 键，不要放开。

3) 将鼠标指针移至所选棱边的相切的任意棱边上，此时鼠标指针右下方弹出“相切”字样。

4) 单击确认，松开 Shift 键，相切链即被选取。

3. 选取曲面链

1) 首先选取一段棱边。

2）按下 Shift 键，不要放开。

3）将鼠标指针移至所选棱边相邻的下放曲面上，此时鼠标指针右下方弹出“曲面环”字样。

4）单击确认，松开 Shift 键，曲面链即被选中。

4. 选取起止曲面链

1）首先选取起始的棱边。

2）按下 Shift 键，不要放开。

3）将鼠标指针移至终止处的棱边上，单击鼠标右键，此时鼠标右下方弹出“曲面起止”字样，再次单击鼠标右键切换曲面链方向，直至曲面链位于模型右侧。

4）单击确认，松开 Shift 键，起止曲面链即被选中。

5. 选取目的链

1）首先选取一段棱边。

2）稍等片刻或轻晃动鼠标，鼠标指针右下方会弹出“目的边：……”的字样。

3）单击确认，目的链即被选中。

（三）曲面的选取

1. 选取环曲面

1）首先选取主曲面，如图 1－16 所示：

2）按下 Shift 键，不要放开。

3）将鼠标指针移至主曲面界面上，此时鼠标指针右下方弹出：“边：……”字样，如图 1－17 所示。

4）单击确认，松开 Shift 键，环曲面即被选中，如图 1－18 所示。

图 1－16　选取主曲面

图 1－17　弹出字样

图 1－18　选中曲面

2. 选取种子和边界曲面

1）首先选取种子面（图 1－19），若选取多个可以按住 Ctrl 键复选；

2）按下 Shift 键，不要放开。

3）单击选择边界曲面（可多选）（图 1－20）；

4）松开 Shift 键，边界曲面之内的曲面即被选取（图 1－21）。

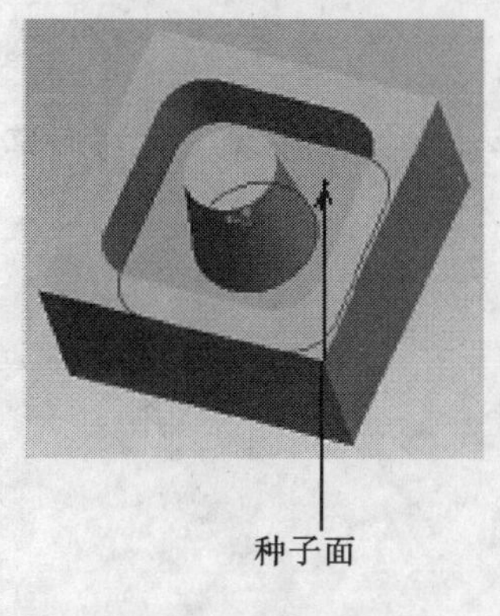

图 1－19　选取种子面

图 1－20　选择边界曲面

图 1－21　选取种子和边界曲面

3. 选取实体曲面

1）首先选取实体的任何一个曲面。

2）单击鼠标右键弹出快捷菜单（图 1－22）。

3）从中选择【实体曲面】命令，即可选中实体所有的曲面（图 1－23）。

图 1－22　弹出快捷菜单图

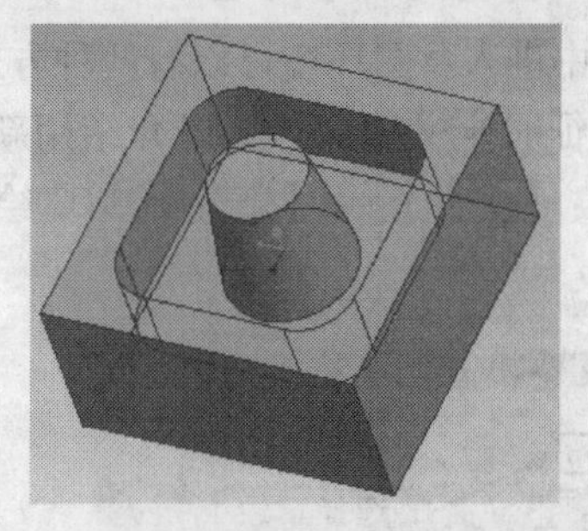

图 1－23　选中实体曲面

第二章　参数化草图绘制

学习指导

本章主要内容

草绘环境介绍，草绘概念，基本工具介绍，草绘编辑，草绘的基本步骤、技巧和草绘实例。

本章学习要求

1. 了解草绘中常用的概念名词
2. 熟悉草绘界面的设定
3. 熟悉草绘基本工具的用法
4. 掌握尺寸标注，编辑方法
5. 掌握几何约束的用法
6. 能熟练完成草图绘制任务

第一节　草绘环境介绍

（一）草绘工作界面的进入

在 Pro/E 中进入草图环境可以有两种方式：新建或者打开一个 2D 草图文件（图 2－1）；在绘制三维特征时定义截面。这里介绍用新建文件方式进入 2D 草绘界面（图 2－2）。

选择菜单：【文件】→【新建】→草绘→输入文件名→进入草图界面。

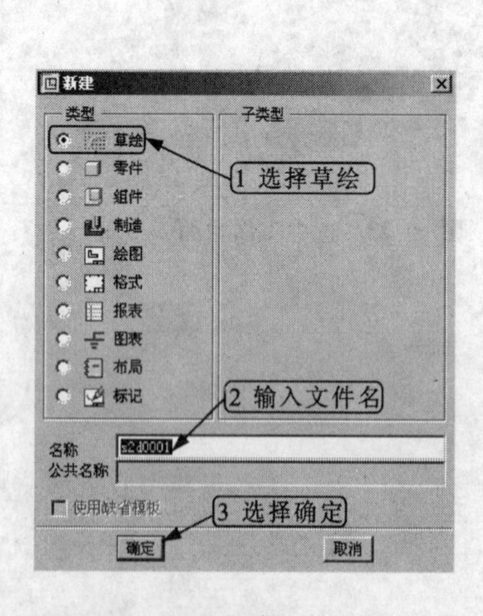

图 2－1　新建草图文件

图 2－2　草图界面

（二）界面组成

在草绘界面上，大部分内容、风格和主界面一致，仅多出了草绘界面的控制、草绘工具两部分工具图标。

草绘工具和草绘显示控制工具的含义见图 2－3。

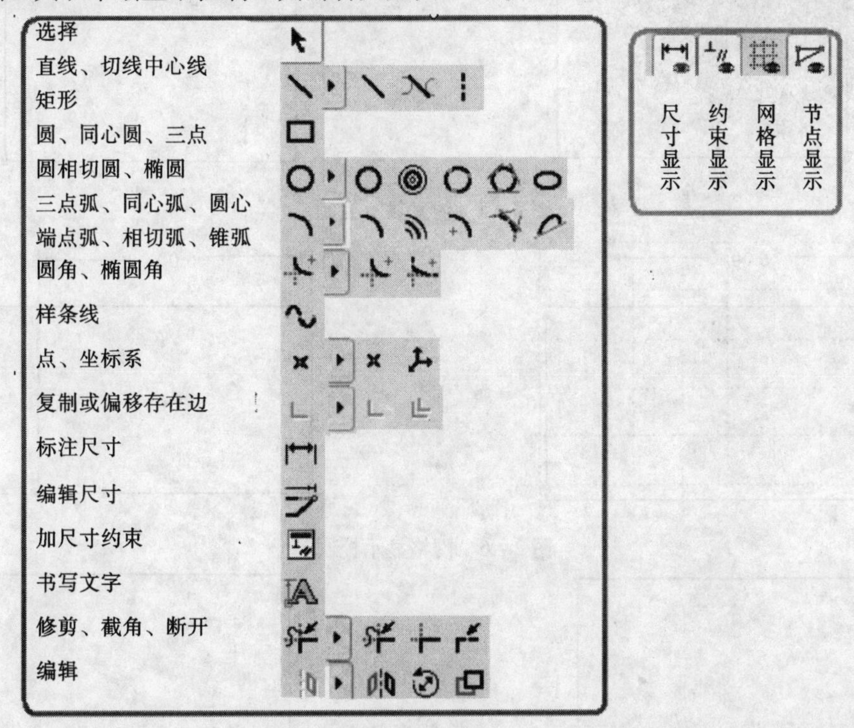

图 2－3　草绘工具和草绘显示控制工具

（三）界面显示控制

1. 尺寸显示控制（图 2－4）

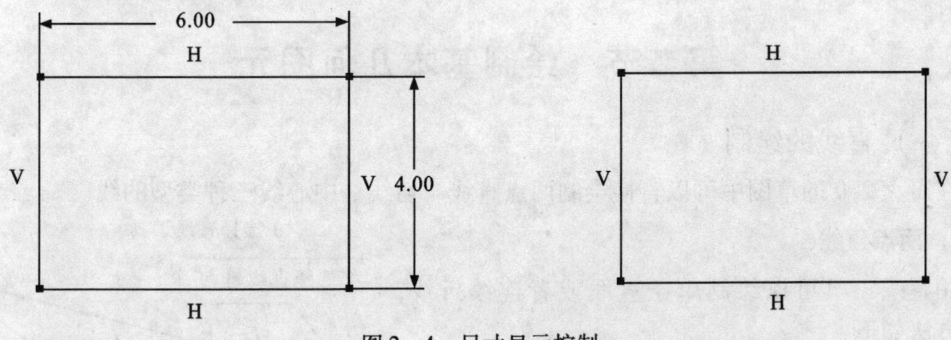

图 2－4　尺寸显示控制

2. 约束显示控制（图 2－5）

3. 网格显示控制（图 2－6）

4. 节点显示控制（图 2－7）

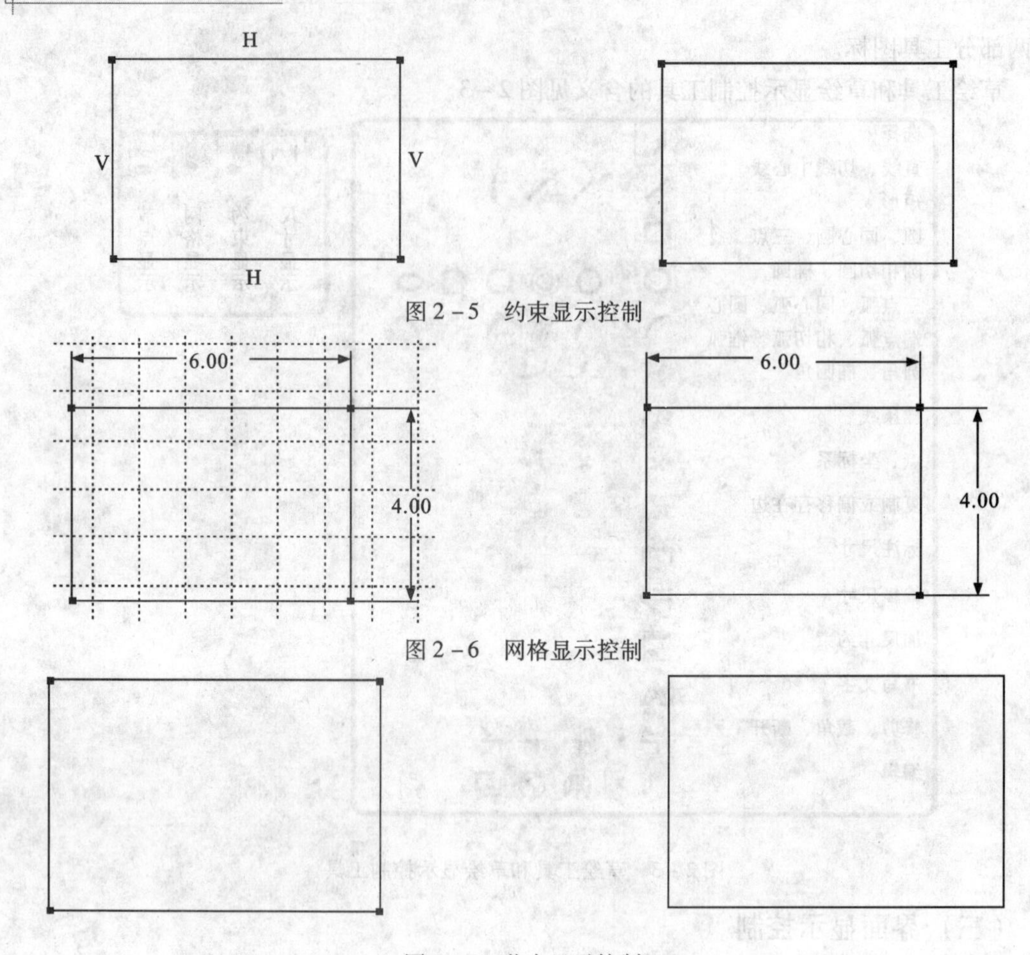

图 2-5 约束显示控制

图 2-6 网格显示控制

图 2-7 节点显示控制

第二节 绘制基本几何图元

（一）直线的绘制

在野火 2.0 的草图中可以直接绘制两点直线、切线、中心线三种类型的线。

1. 两点直线

用直线工具可以绘制单条直线或者连续折线，操作方法如下：

点击工具图标或者选择菜单选项→在绘图区合适的位置单击鼠标左键作为起点→在第二个位置单击鼠标左键作为第二点，依此下去直到结束，结束可以按鼠标中键或者 Esc 键（图 2-8）。

1.选择直线工具

2.选择直线起点

3.选择直线终点

4.按鼠标中键结束

图 2-8 绘制直线

2. 切线

用切线工具可以方便地绘制与两条圆弧或圆相切的直线，操作方法如下：

点击工具图标→移动光标在第一条圆弧合适的位置单击鼠标左键→移动光标在第二条圆弧合适的位置单击鼠标左键即可完成绘制切线（图2－9）。

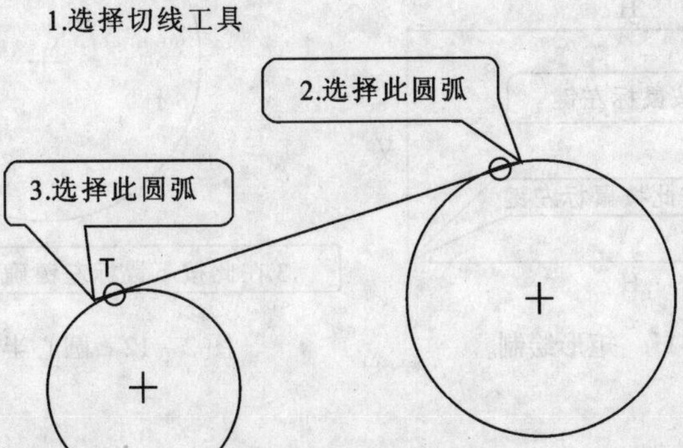

图2－9　绘制切线

3. 中心线

中心线是指可以作为对称中心或镜面线的向两边无限延伸的线，如果绘制具有一定长度的点划线，则要采用其他的方法。中心线的画法如下：

点击工具图标→移动光标在第一个合适的位置单击鼠标左键→移动光标在第二个合适的位置单击鼠标左键即可完成绘制中心线（图2－10）。

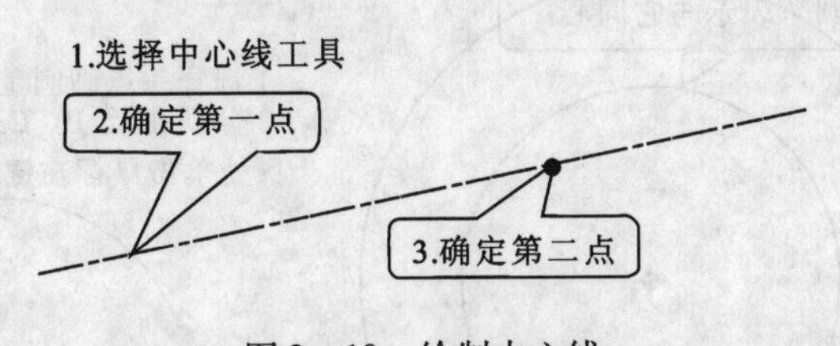

图2－10　绘制中心线

（二）矩形的绘制

点击工具图标→移动光标在第一个合适的位置单击鼠标左键→移动光标在第二个合适的位置单击鼠标左键即可完成绘制矩形（图2－11）（注：两点不能处在同一条直线上）。

（三）圆的绘制

在野火2.0可以选择圆心半径、同心、过三点、与三个对象相切、椭圆等多种方式画圆。

1. 圆心半径

点击工具图标→移动光标在第一个合适的位置单击鼠标左键确定圆心→移动光标在其他位置单击鼠标左键确定圆的大小（图2－12）。

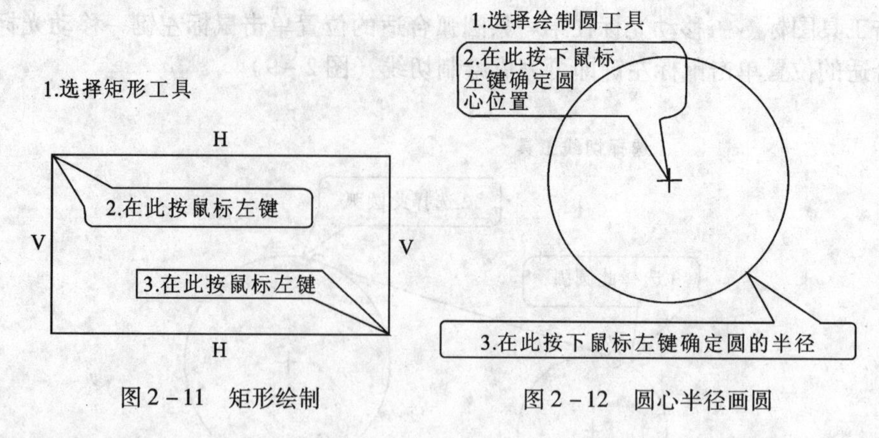

图 2 - 11　矩形绘制　　图 2 - 12　圆心半径画圆

2. 同心圆

点击工具图标→选择圆弧或者圆→在合适位置单击鼠标左键确定圆的大小（图 2 - 13）（可以连续绘制同心圆，如果想结束可以按鼠标中键或 Esc 键）。

3. 过三点画圆

点击工具图标→在第一点单击鼠标左键→在第二点单击鼠标左键→在第三点单击鼠标左键（图 2 - 14）。

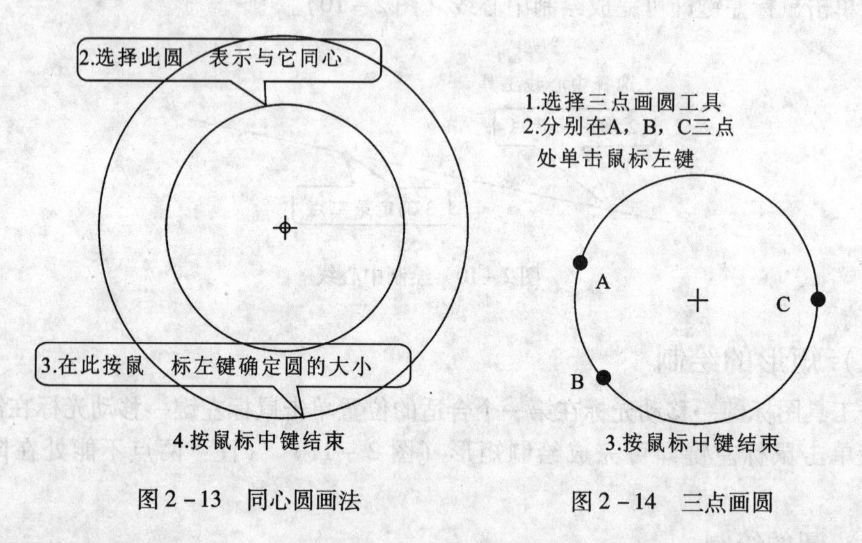

图 2 - 13　同心圆画法　　图 2 - 14　三点画圆

4. 与三个对象相切

点击工具图标→选择第一个圆或弧、直线→选择第二个圆或弧、直线→选择第三个圆或弧、直线（图 2 - 15）。

5. 椭圆

点击工具图标→确定圆心→确定椭圆上一点（图 2 - 16）。

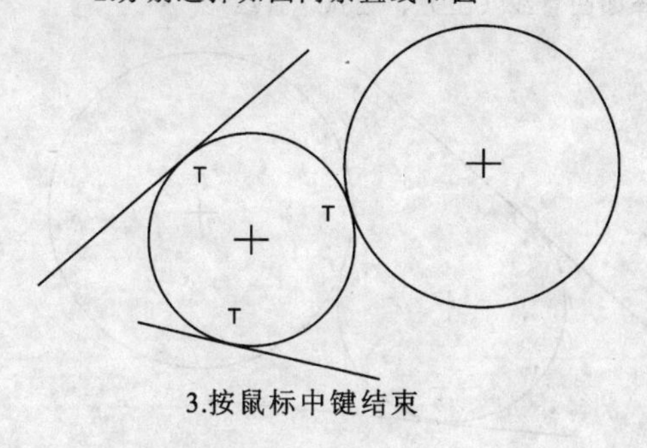

图 2－15　与三个对象相切画圆

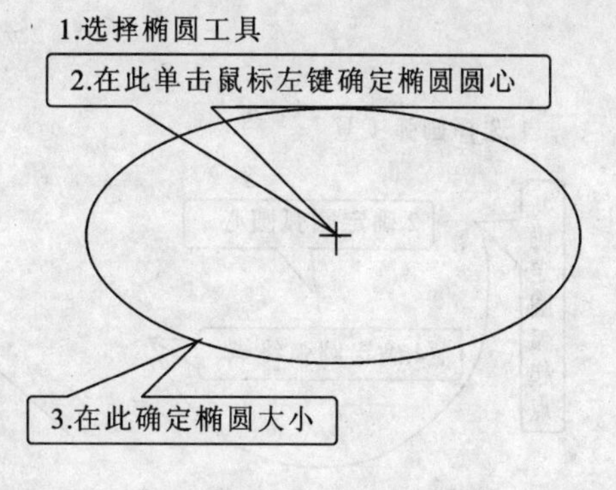

图 2－16　椭圆

(四) 圆弧的绘制

在野火 2.0 可以选择三点画弧、同心弧、圆心端点画弧、与三个对象相切画弧、锥弧。

1. 三点画弧

点击工具图标→确定第一点→确定第二点→确定第三点（图 2－17）（三点不能处在同一条直线上）。

2. 同心弧

→选择圆或者弧→确定圆弧起点→确定圆弧终点（图 2－18）。

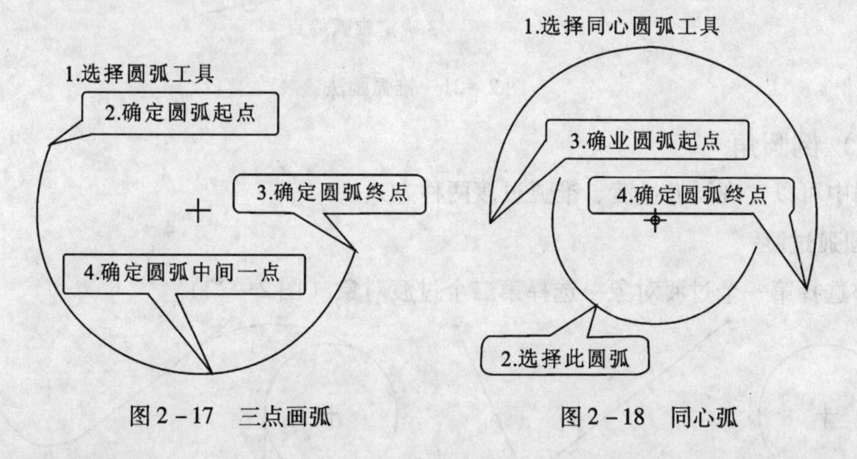

图 2－17　三点画弧　　　　图 2－18　同心弧

3. 圆心端点画弧

→确定圆心位置→确定圆弧起点→确定圆弧终点（图 2－19）。

4. 与三个对象相切画弧

→选择第一个圆或弧、直线→选择第二个圆或弧、直线→选择第三个圆或弧、直线（图 2－20）。

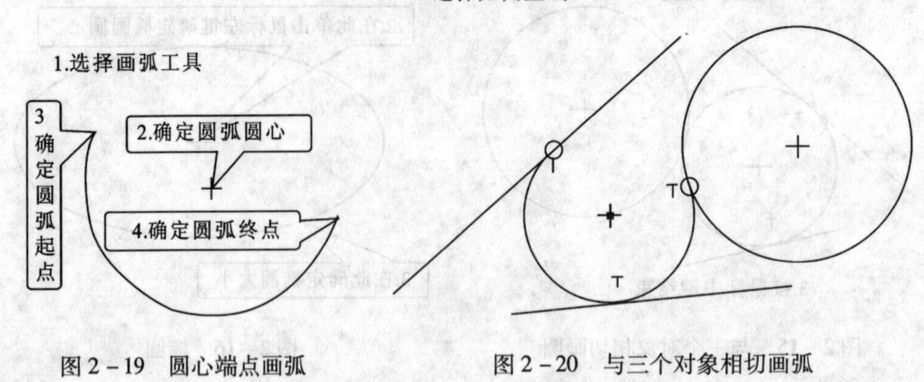

图 2－19　圆心端点画弧　　　　图 2－20　与三个对象相切画弧

5. 锥弧

→确定锥弧起点→确定锥弧终点→确定锥弧中间一点（图 2－21）。

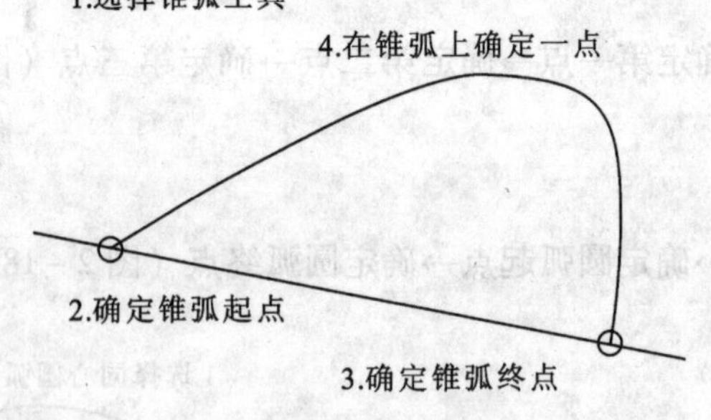

图 2－21　锥弧画法

（五）倒圆角

草图中可以实现圆弧过渡、锥弧过渡两种方式：

1. 圆弧过渡

→选择第一个过渡对象→选择第二个过渡对象（图 2－22）。

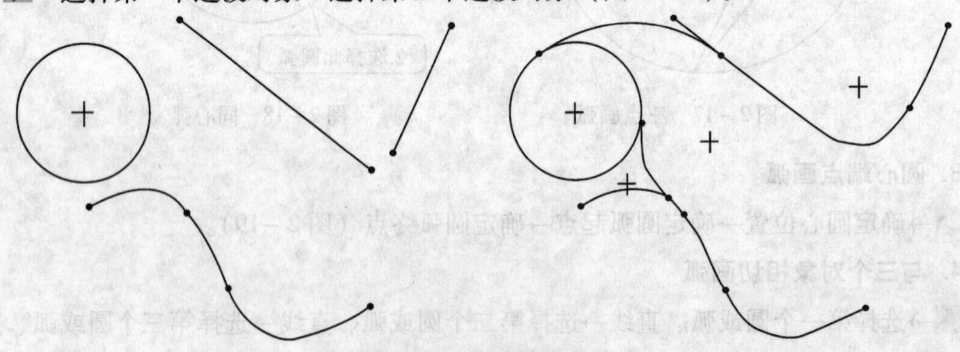

图 2－22　过渡圆弧画法

注：如果倒圆角的两个对象都是直线，系统会在倒圆角时自动修剪，如果含有非直线对象，则系统不会修剪。

2. 锥弧过渡

→选择第一个过渡对象→选择第二个过渡对象（图 2－23）。

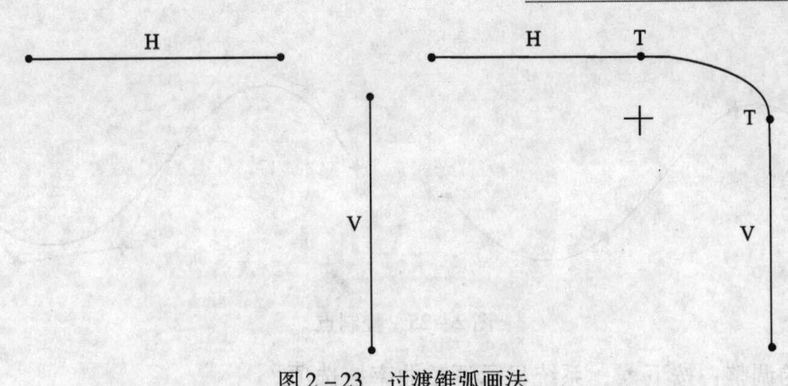

图 2－23　过渡锥弧画法

（六）绘制和编辑样条曲线

可以绘制通过若干点的光滑曲线，操作方法是通过使用鼠标左键按照一定的顺序选择曲线需要通过的点，直到完成。

1. 绘制样条线（图 2－24）

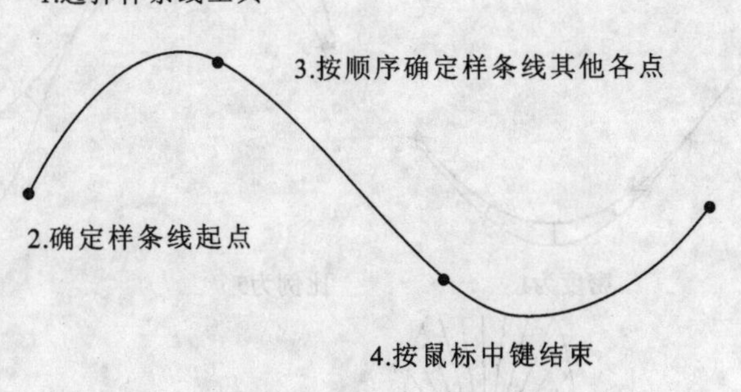

图 2－24　样条线画法

2. 编辑样条线

双击样条线进入样条线编辑状态，此时可以在样条线上单击鼠标右键快速插入控制点，在控制点上单击鼠标右键可以快速删除控制点，按住 Shift 键选择调整范围。按住 Ctrl + Alt 键可以延长样条线，按住控制点可以快速调整控制点的位置。样条线编辑控制面板如图所示。

：切换到多边形模式，按下此按钮，系统显示样条线的包络多边形。如图 2－25 所示。

：用样条线上的控制点来调整样条线。

：用样条线的包络多边形来调整多边形，如图 2－25 所示。

：显示样条线的曲率梳。

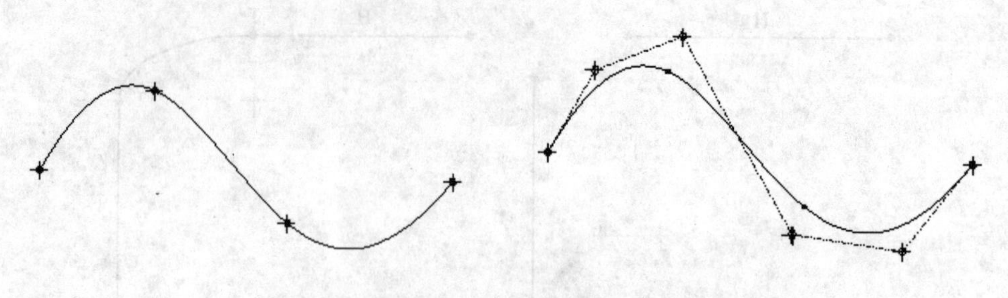

图 2－25　控制点

曲率梳的调整：按下，系统显示调整曲率梳选项。

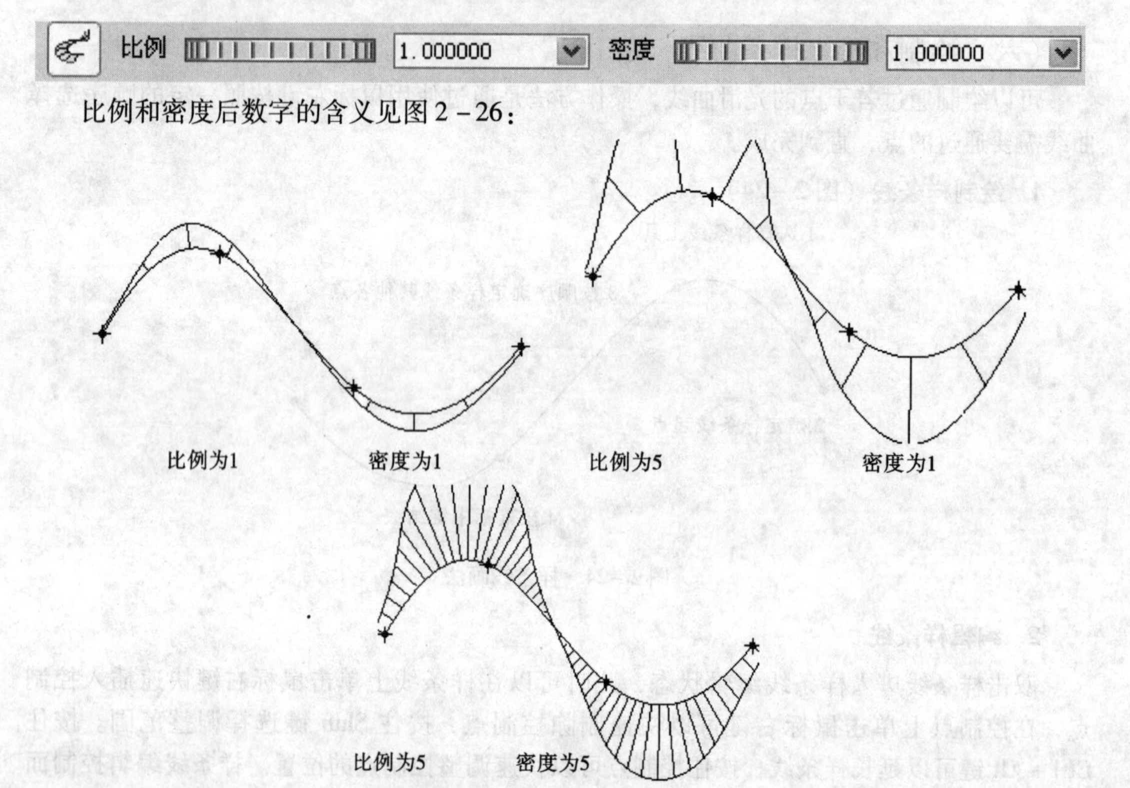

比例和密度后数字的含义见图 2－26：

图 2－26　曲率梳

点：选择控制面板上的点选项卡可以精确地控制样条线上点的位置（图 2－27）。

选择坐标系作为各点坐标的参考（可以不选）。

选择一点，然后在 X 和 Y 后输入该点的 X 坐标和 Y 坐标，直到结束。

拟合：可以控制样条线的拟合误差，进而将一些不必要的控制点去掉。

文件：可以将样条线的控制点输出到文件中或者将外部文件中的点坐标输入进来形成样条曲线。

坐标值参照
草绘原点
局部坐标系
CSYS1
选定点的坐标值
X 17.841970
Y -0.454159

图 2－27　控制点精确控制

（七）文字的绘制

可以在草绘剖面上创建各类字符，创建的方法是：

选择工具→指出文字的起点→选择第二点（沿文字的高度方向）→在对话框中输入文字，选择字体及其他控制选项→确定。

例：创建文字（见图2－28、图2－29、图2－30）。

1. 打开文件 text. sec。

2. 选择文字工具图标→在图中圆圈处单击鼠标左键为文字起点→在第一点的正上方选择一点确定文字的高度和文字的方向。

3. 修改文字对话框的设置2－28、2－29，可以看到绘图区中的文字分别为图2－28、2－29所示形式。

图2－28　文字书写

图2－29　文字书写控制选项

4. 选择沿曲线放置选项。然后选择如图2－30曲线，文字放置如图2－30。

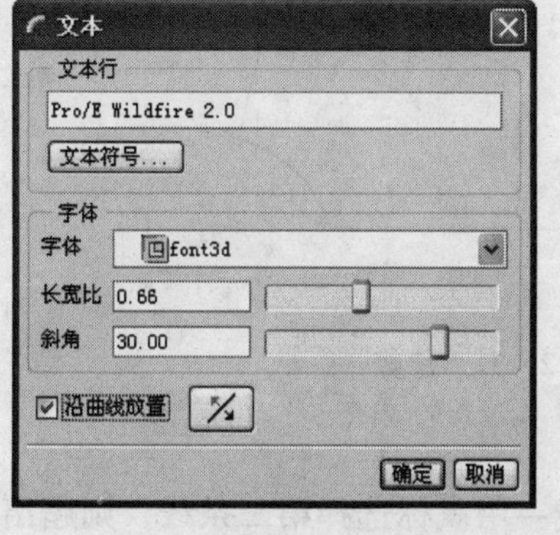

图2－30　沿曲线放置文字

5. 选择结束。

（八）复制边

利用复制边可以把已经存在的特征上的边界转化成当前草图中的图元。

（九）输入图元

可以将以前绘制的草图，AutoCAD 等软件绘制的平面图形输入到当前草图中，作为草图的一部分。

第三节　几何图元的编辑

（一）修剪

Wildfire 中曲线修剪有三种：动态修剪、将对象修剪或延伸到指定对象、分割。使用方法如下：

1. 动态修剪

选择工具图标→用鼠标选择要修剪掉的部分（图 2－31）（或者按住鼠标左键移动鼠标，凡是鼠标画过的线都会被修剪掉）。

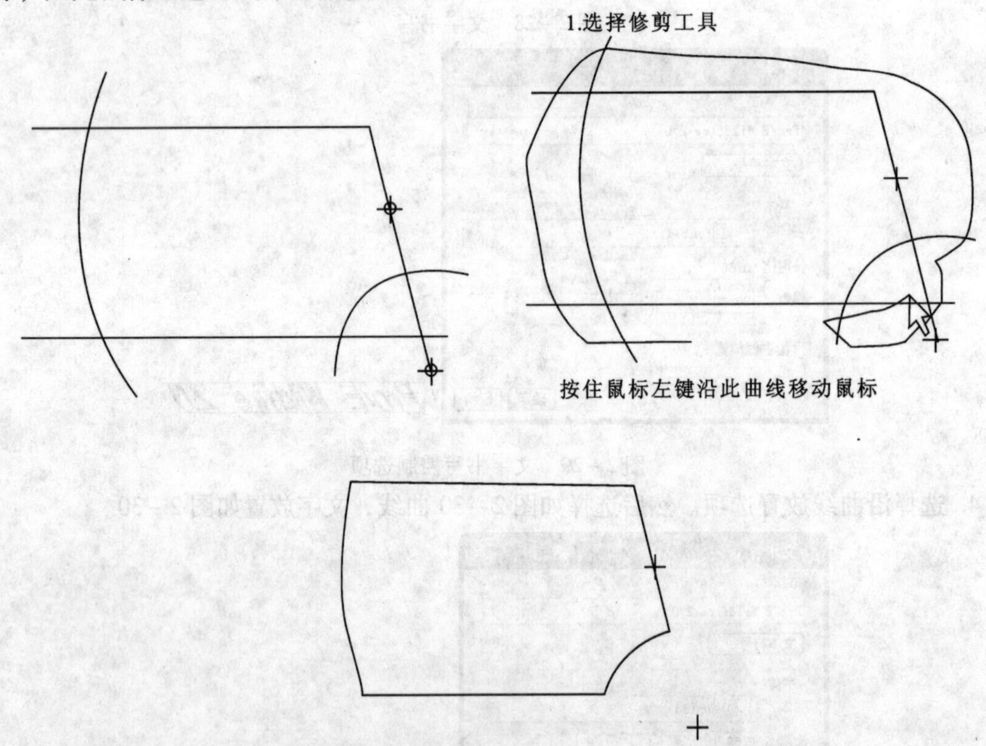

图 2－31　修剪

2. 将对象修剪或延伸到指定对象

选择工具图标→用鼠标选择第一条线→用鼠标选择第二条线，则超出的部分会被修剪掉，不足的部分会自动延伸到交点（图 2－32）。

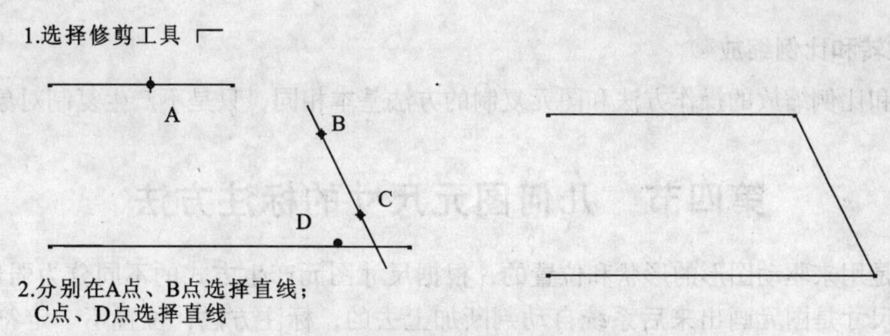

图 2－32　修剪到对象

选择工具图标→用鼠标在要断开的位置选点，曲线就会变为两段，直线与圆弧相切时，如果要将部分圆弧修剪掉，进行断开是一个不错的选择。

（二）几何镜像

几何镜像就是产生镜像复制，是对称图形的最有效、最简便画法。操作方法如下：

选择需要镜像的几何对象→选择工具图标→选择镜面中心线（图 2－33）（软件要求必须用中心线作为镜面线）。

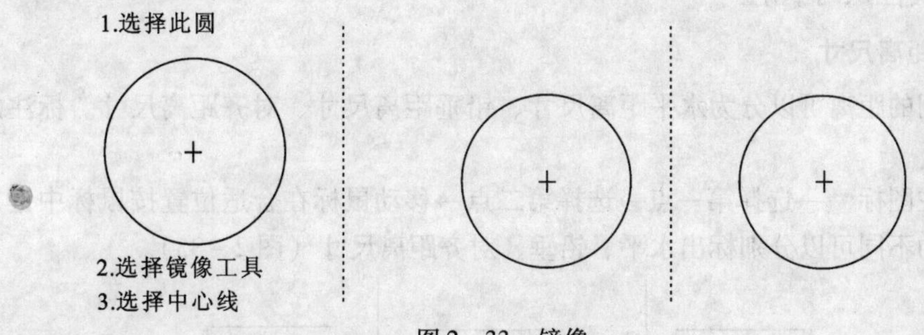

图 2－33　镜像

（三）移动和旋转复制

1. 图元复制可以对选中的对象进行移动和旋转复制

选择需要复制的对象→选择工具图标→编辑区内弹出对话框和复制的对象，在对话框中可以修改旋转的角度和比例→在句柄按下鼠标左键可以动态改变旋转的角度→在句柄按下鼠标左键可以动态改变比例缩放系数→在句柄按下左键可以移动复制后对象的位置，按下右键可以修改基准点的位置→选择完成复制（图 2－34）。

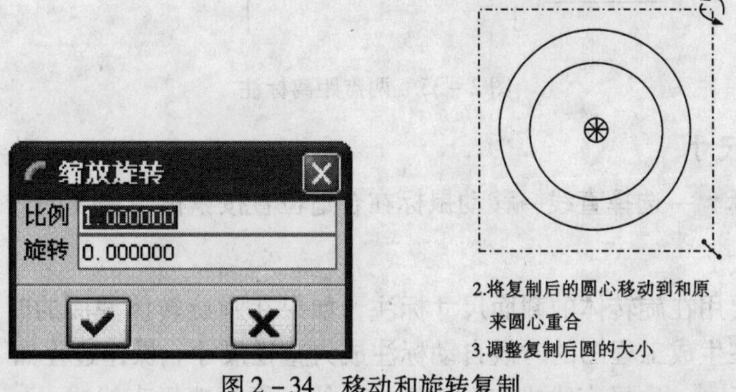

图 2－34　移动和旋转复制

2. 旋转和比例缩放

旋转和比例缩放的操作方法和图元复制的方法基本相同，只是不产生复制对象。

第四节 几何图元尺寸的标注方法

尺寸是用来驱动图形的形状和位置的，根据尺寸图元产生方式的不同分为弱尺寸和强尺寸。弱尺寸是图元画出来后系统自动判断加上去的，标注方法，位置不一定符合要求，不能被删除，但可以被其他的尺寸或者约束替代或者改为强尺寸。强尺寸是人为标注上去或者将弱尺寸改变过来的，只有删除以后才可以被其他的尺寸和约束替代掉。

根据尺寸的作用可以分为正常尺寸和参考尺寸。正常尺寸可以驱动图形，而参考尺寸则只能显示当前图形的形状尺寸和位置尺寸，而不能通过修改反过来驱动图形。

Pro/E 中标注尺寸采用的是同一个命令，系统会根据选择对象和选择方式的不同自动判断，从而得到不同的尺寸。

（一）线性尺寸标注

1. 两点距离尺寸

两点之间的距离可以分为水平距离尺寸、铅垂距离尺寸、对齐距离尺寸。标注的操作步骤如下：

选择标注图标→选择第一点→选择第二点→移动鼠标在合适位置按鼠标中键，根据按中键位置的不同可以分别标出水平、铅垂、对齐距离尺寸（图 2－35）。

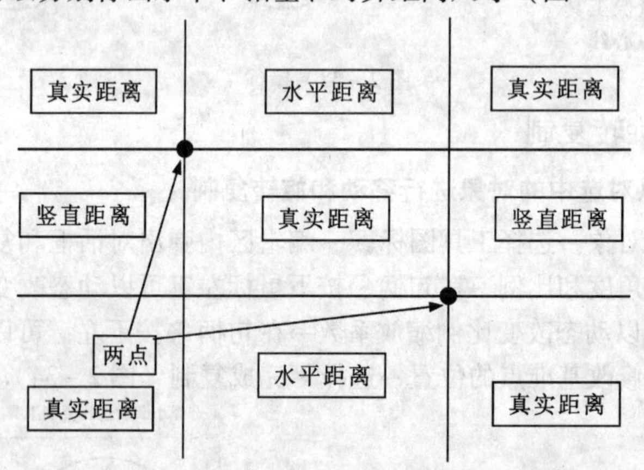

图 2－35　两点距离标注

2. 直线长度尺寸

选择标注图标→选择直线→移动鼠标在合适位置按鼠标中键（图 2－36）。

3. 对称尺寸

对称尺寸主要用在旋转体的截面尺寸标注，如果在画旋转体截面的时候用对称尺寸标注径向尺寸，则在生成工程图的时候自动标注成为直径尺寸。操作过程如下：

选择标注图标→选择直线或点→选择中心线→再次选择直线或点→移动鼠标在合适位置按鼠标中键（图 2－37）。

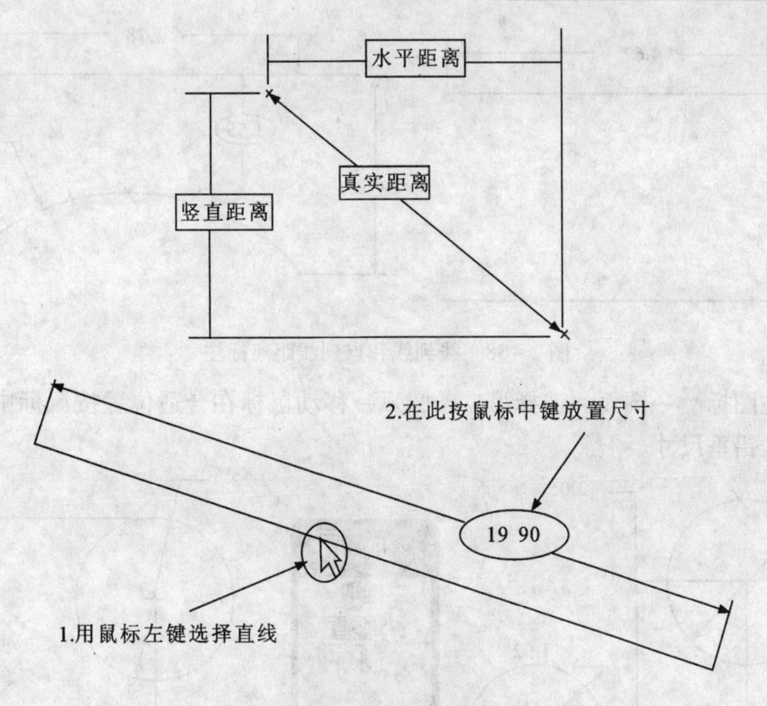

图 2－36　直线标注

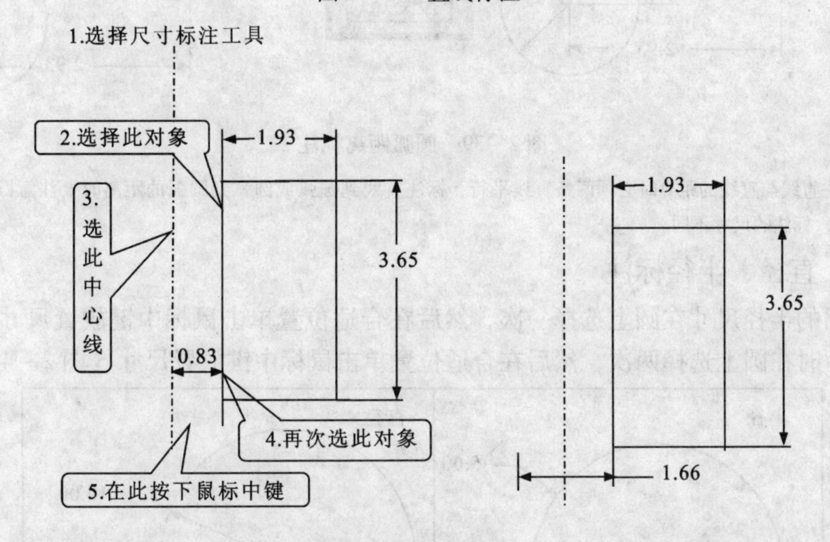

图 2－37　对称标注

4. 线到线或点到线的距离尺寸

线到线的距离（图 2－38），可以是直线到直线的距离，直线到圆弧的距离，圆弧到圆弧的距离（图 2－39）。

选择标注图标→选择直线或圆弧→选择第二条直线或圆弧→移动鼠标在合适位置按鼠标中键→选择标注位置。

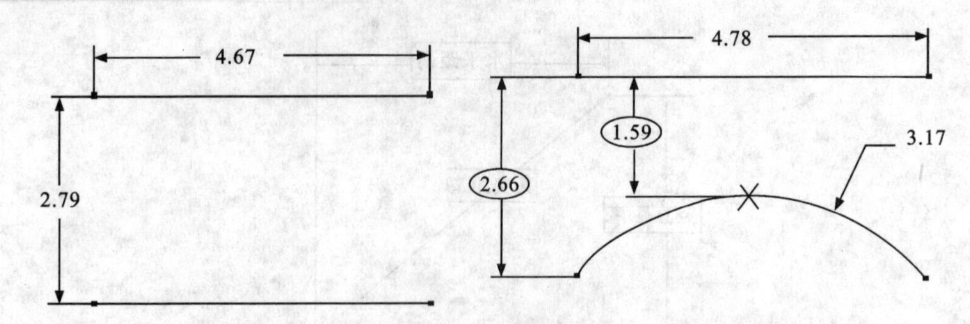

图 2－38　线到线和点到线距离标注

选择标注图标→圆弧→选择第二条圆弧→移动鼠标在合适位置按鼠标中键→选择是水平尺寸还是铅垂尺寸。

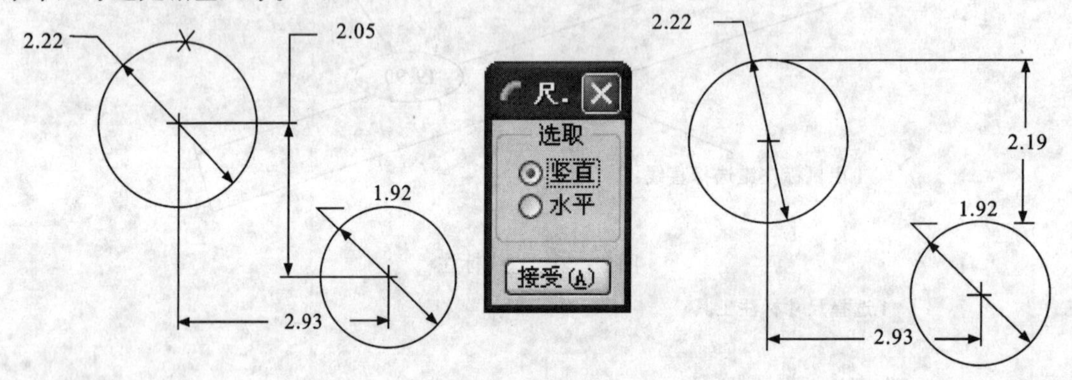

图 2－39　圆弧距离标注

注：标注直线与直线的距离时必须两条直线平行，标注直线到圆弧或圆弧到圆弧的距离时要注意圆弧的选择位置，位置不同，标注的尺寸不同。

（二）直径、半径标注

标注圆的半径尺寸在圆上选择一次，然后在合适位置单击鼠标中键放置尺寸；标注圆的直径尺寸时在圆上选择两次，然后在合适位置单击鼠标中键放置尺寸（图 2－40）。

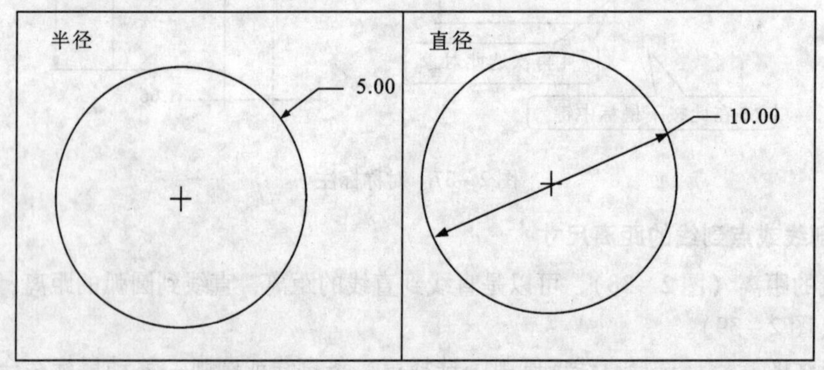

图 2－40　半径和直径标注

（三）角度标注

在 Pro/E 中角度尺寸有三种：直线与直线的夹角、圆弧的圆心角、切线倾斜角度。标注方式如下所述：

1. 直线夹角尺寸

2. 圆心角尺寸（图 2－41）

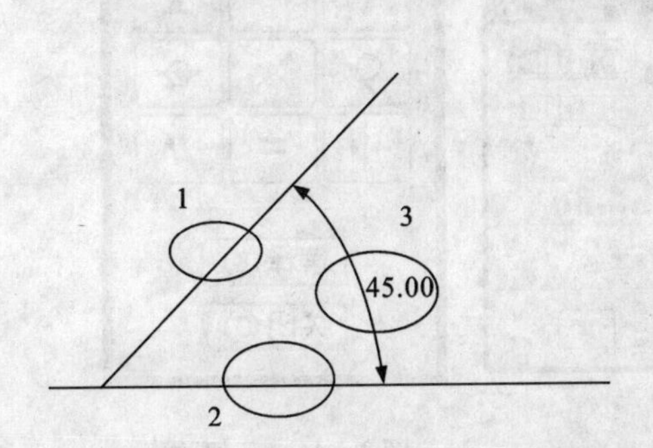

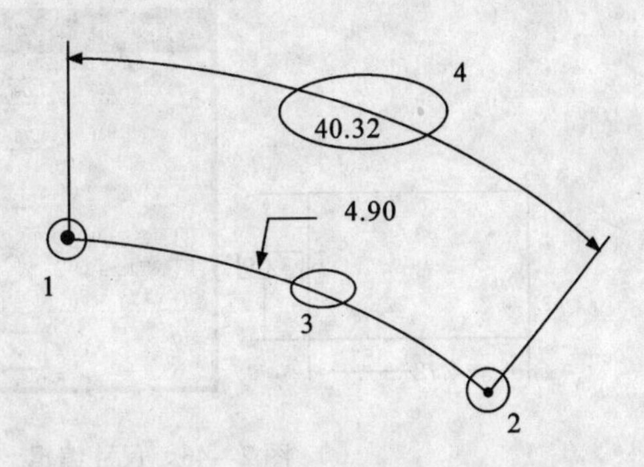

图 2－41　角度尺寸标注

3. 曲线上一点的切线与直线的夹角尺寸（图 2－42）

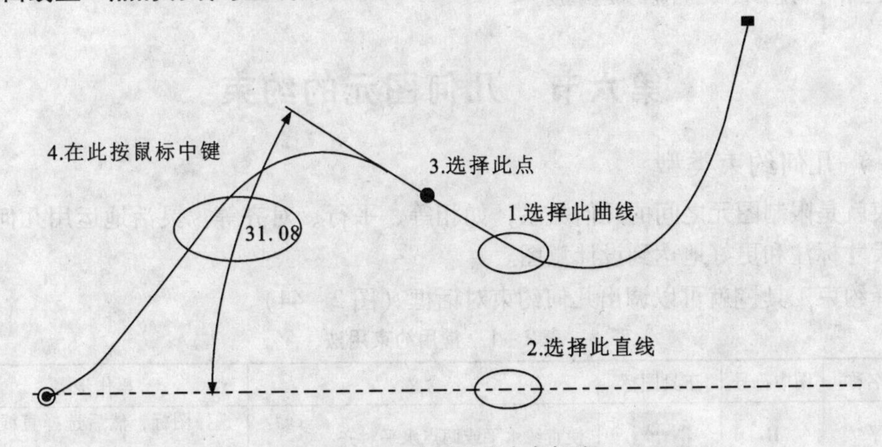

图 2－42　曲线切线夹角标注

第五节　尺寸标注的编辑

（一）单个尺寸编辑

单个尺寸编辑在尺寸文字上双击就可以修改尺寸数值，也可以选择尺寸后，单击鼠标右键选择编辑修改尺寸数值。

（二）尺寸统一编辑

当光标形状为箭头状时，按住 Ctrl 键可以连续选择多个尺寸，然后选择工具图标，系统弹出尺寸编辑对话框，所选中的每一个尺寸都在对话框中显示出来，当前正修改的尺寸在图形中会亮显出来。修改完一个尺寸后直接回车就可以转入下一个尺寸（图 2－43）。

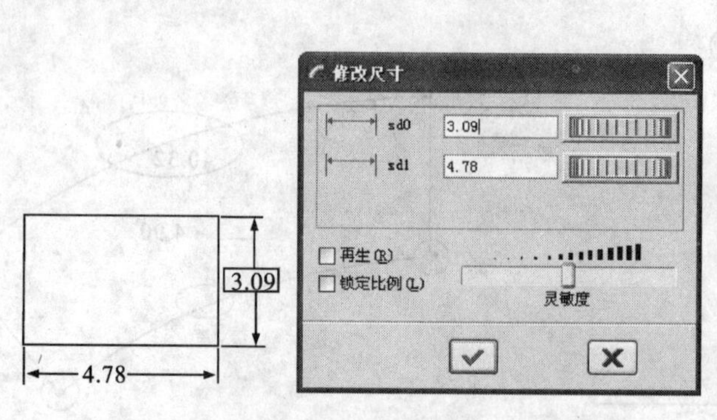

图 2-43　尺寸编辑

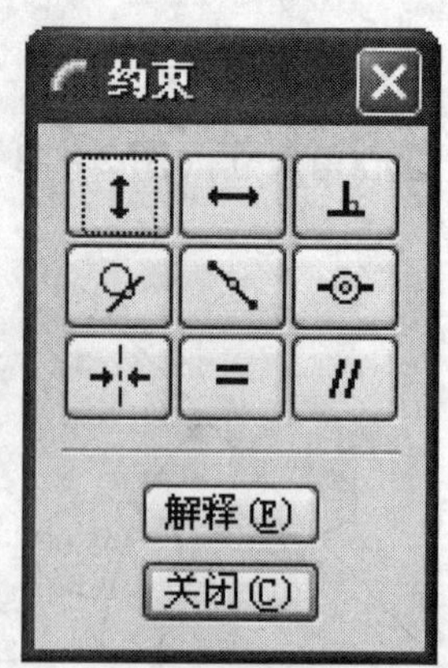

图 2-44　几何约束

再生：该选项选中后修改尺寸会动态地在屏幕上反映出来，一般不要选中；
锁定比例：当修改一个尺寸时，其他尺寸会按比例进行缩放；
敏感度：用于调整修改尺寸滑轮的敏感程度。

第六节　几何图元的约束

(一) 几何约束类型

约束就是限制图元之间的几何关系，如相等、平行、对齐等。灵活地运用几何约束可以简化尺寸标注和更好地达到设计意图。

选择约束工具就可以调出几何约束对话框（图 2-44）。

表 2-1　常用约束用法

约束名称	图中符号	工具图标	含义	操作步骤
水平	H		使直线水平或两点水平对齐	选择图标，然后选择直线或选择两点
铅垂	V		使直线铅垂或两点铅垂对齐	选择图标，然后选择直线或选择两点
垂直	⊥		使两条直线互相垂直，或直线成为曲线的法线	选择图标，然后选择两条直线
相切	T		使直线与曲线或曲线与曲线相切	选择图标，然后选择直线与曲线
中点	M		使点位于支线的二等分点上	选择图标，然后选择点和直线
重合			使点和点重合或线和线重合或点位于线上	选择图标，然后选择点或者线
对称	→←		使两点相对于中心线对称	选择图标，然后选择两点，再选择中心线
相等	Ln 或 Rn		使两条直线等长或两条圆弧半径相等	选择图标，然后选择两条直线或两条圆弧
平行	//		使两条直线互相平行	选择图标，然后选择两条直线

在草图中，约束可以处于不同的状态，含义和显示的符号也略有不同：

- 弱约束：用灰色表示，是系统自动添加上去的缺省约束。
- 强约束：用黄色表示，是用户手工添加上去的或用户加强的弱约束，当与别的约束或尺寸有冲突时需要删除。
- 锁定约束：处于锁定的约束，系统会在符号外边加一个圆圈，此时，图形无论怎么拖动都必须满足约束要求。锁定约束的方法是：绘图时，当出现某一约束符号时，按下 Shift + 鼠标右键就可以锁定该约束（图 2 -45）。
- 禁用约束：在约束符号外边加一条斜线的约束为禁用约束，此时，该约束不起作用。禁用约束的方法：绘图时，当出现某一约束符号时，按鼠标右键就可以禁用该约束（图2 -46）。

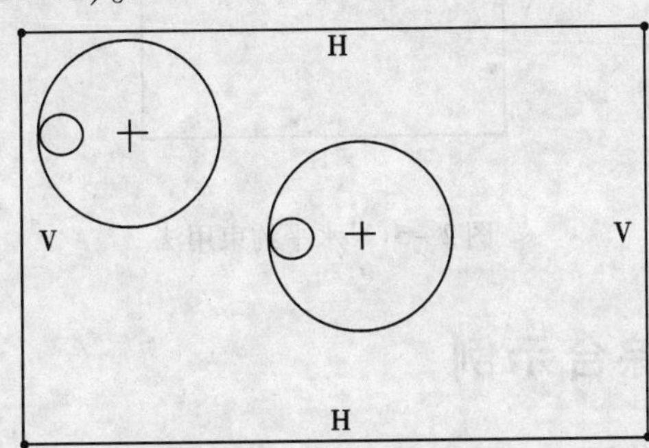

图 2 -45　锁定约束

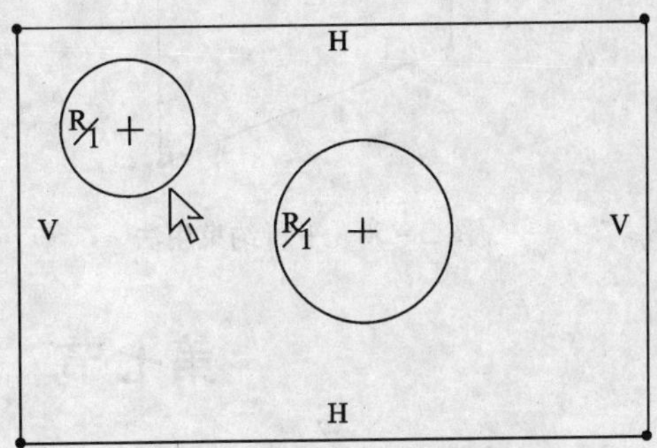

图 2 -46　禁用约束

（二）约束实例（图 2 -47、2 -48、2 -49、2 -50、2 -51）

要求：将（图 2 -47）左图的四边形通过添加几何约束的方法变成右边的矩形。

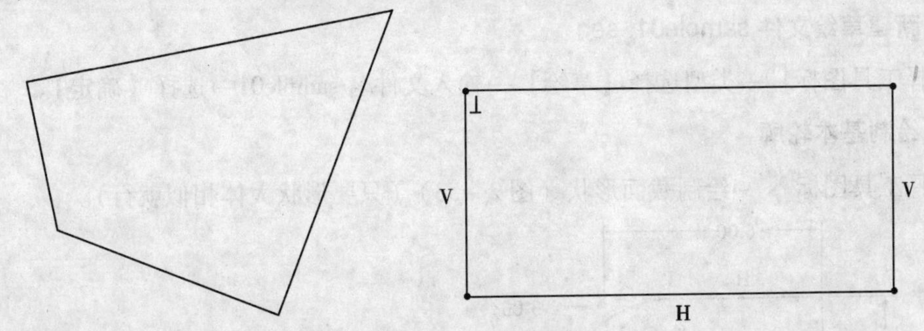

图 2 -47　约束实例

操作步骤：

1. 选择几何约束工具▣。
2. 在对话框中选择铅锤工具▣，选择左边线，结果如图 2 -48。
3. 选择垂直工具▣，顺序选择上边线和左边线，结果如图 2 -49。
4. 选择平行工具▣，顺序选择右边线和左边线，结果如图 2 -50。
5. 选择水平工具▣，顺序选择下边线，结果如图 2 -51。

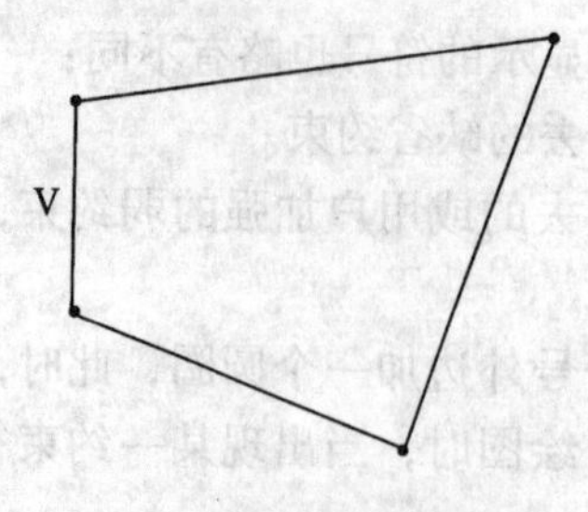

图 2-48　铅锤约束用法

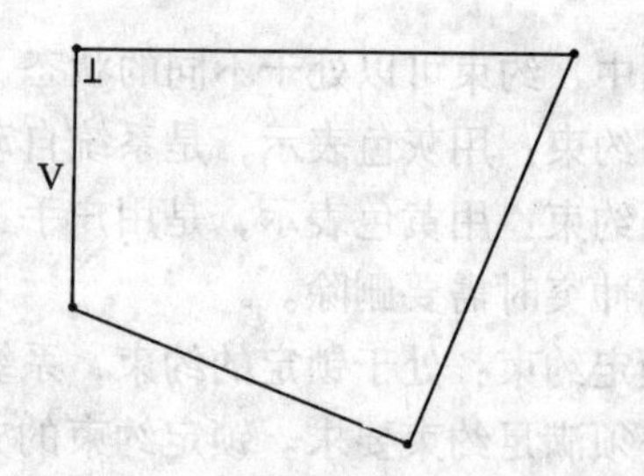

图 2-49　垂直约束用法

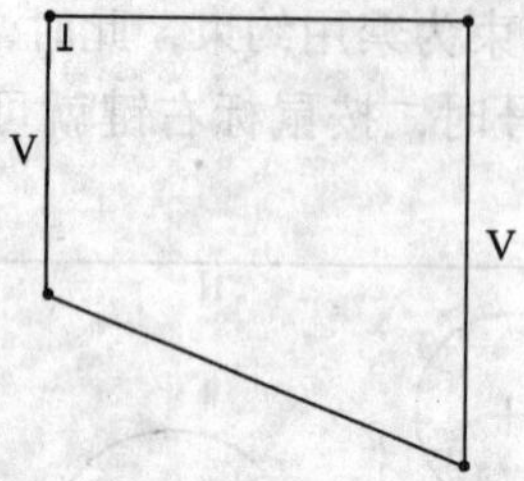

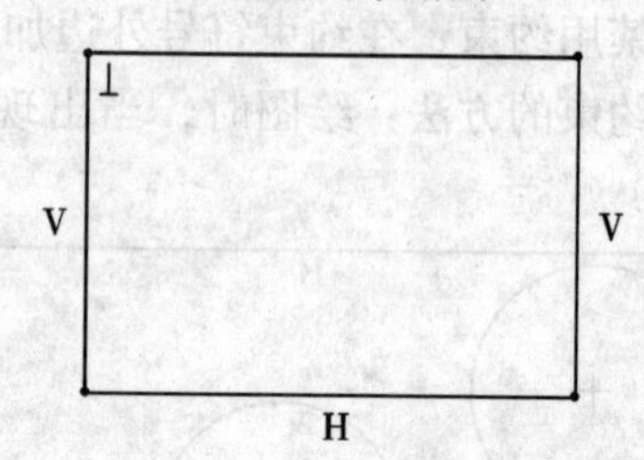

图 2-50　平行约束用法

图 2-51　水平约束用法

第七节　综合示例

（一）实例一　绘制如图 2-52 所示草图

练习目标：

熟悉草绘的基本步骤。

练习步骤：

1. 新建草绘文件 sample01. sec

选择工具图标 →类型选择【草绘】→输入文件名 sample01→选择【确定】。

2. 绘制基本轮廓

选择工具图标 →绘制截面形状（图 2-53）（只要形状大体相似就行）。

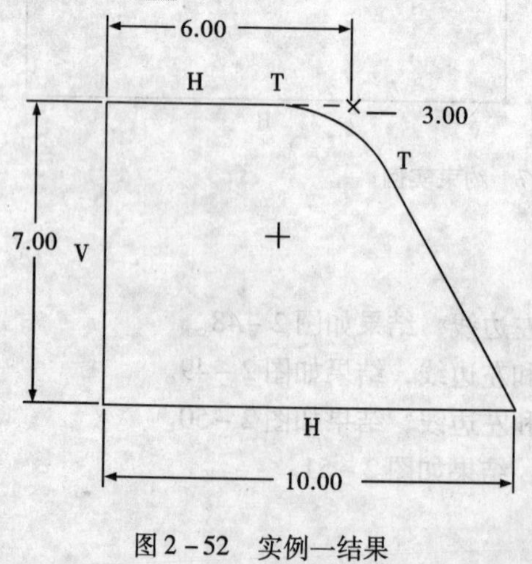

图 2-52　实例一结果

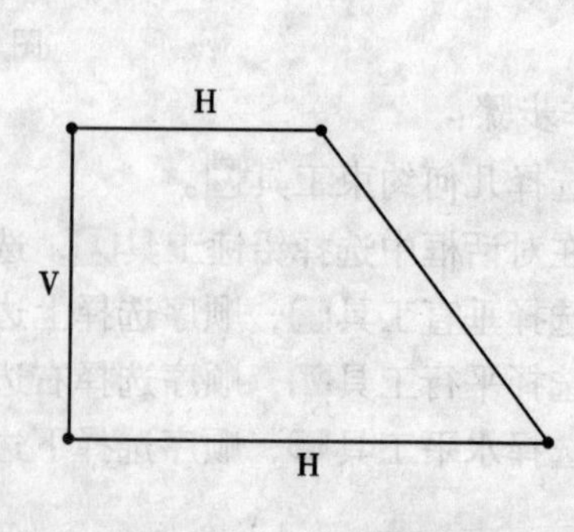

图 2-53　绘制雏形

3. 倒圆角

选择倒圆角工具→依次选择上边直线和斜线（图 2－54）。

4. 绘制点并控制点落在水平线和斜线上

选择点工具→在靠近两条斜线交点的位置单击鼠标左键，系统会自动添加对齐几何约束结果如图2－55所示。

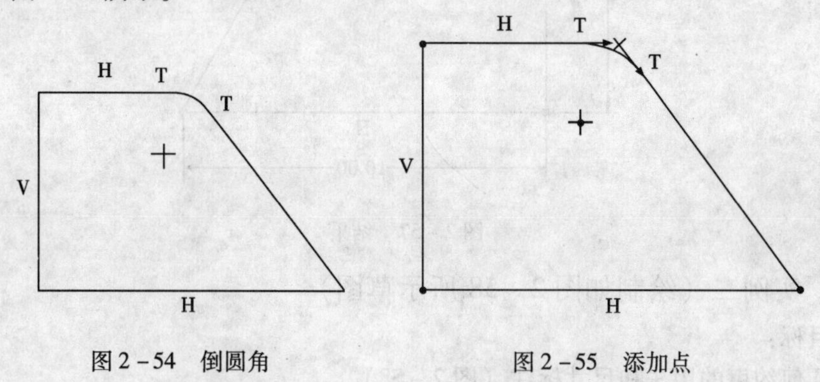

图 2－54　倒圆角　　　　图 2－55　添加点

5. 标注尺寸

- 显示尺寸：按下工具。
- 系统显示尺寸如图 2－56 左图，有部分尺寸不符合要求（此时尺寸均为浅灰色，也就是都是弱尺寸），按住 Ctrl 键选中符合要求的尺寸然后按下 Ctrl＋T，选中的弱尺寸就变成了黄色，即强尺寸。
- 标注角度尺寸：选择标注尺寸工具→选择右边斜线→选择下边水平直线→在尺寸放置位置处按下鼠标中键。
- 标注点到左边铅垂线的距离尺寸：续上→选择点→选择左边铅垂线→在尺寸放置位置处按下鼠标中键，结果如（图 2－56）所示。

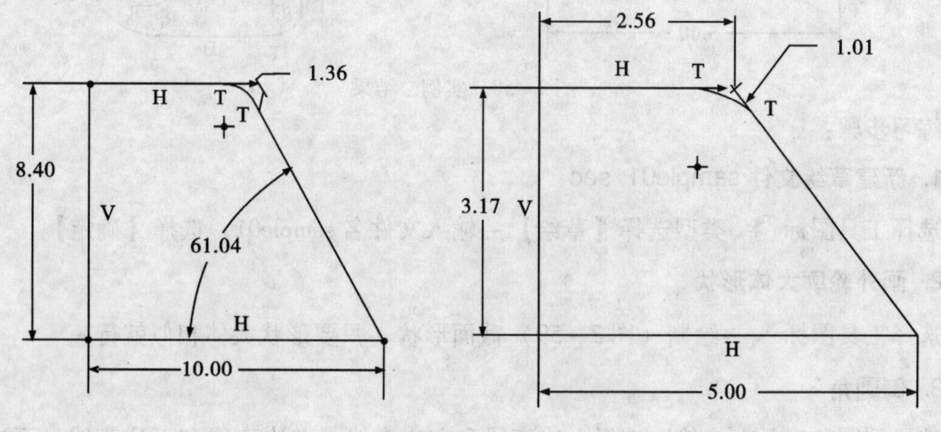

图 2－56　标注缺少的尺寸

6. 修改尺寸

在要修改的尺寸数字上双击鼠标左键，输入尺寸数值，修改后的数值见（图 2－57）。

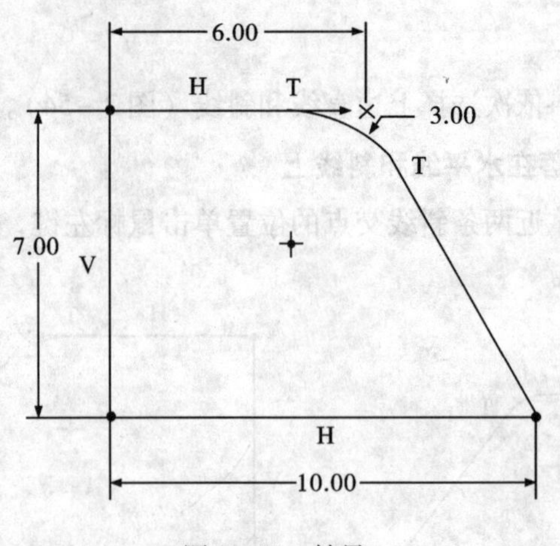

图 2 - 57 结果

（二）实例二（绘制如图 2 - 58 所示草图）

练习目标：

练习几何约束的用法和尺寸标注（图 2 - 58）。

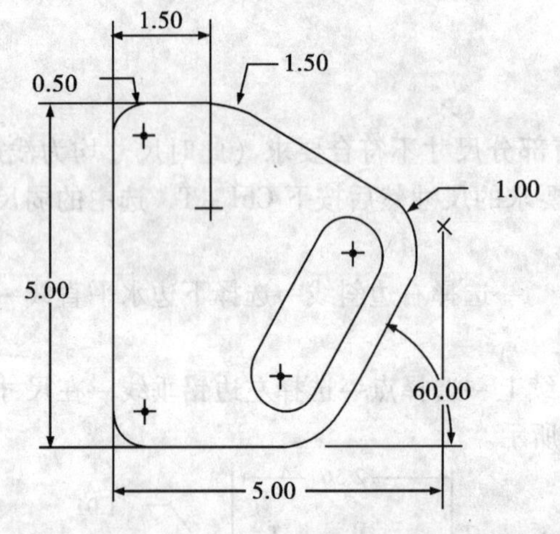

图 2 - 58 实例二结果

练习步骤：

1. 新建草绘文件 sample01. sec

选择工具图标→类型选择【草绘】→输入文件名 sample01→选择【确定】。

2. 画外轮廓大体形状

选择工具图标→绘制（图 2 - 59）截面形状（只要形状大体相似就行）。

3. 倒圆角

选择倒圆角工具→依次选择上边直线和左边直线、左边直线和下边直线、下边直线和右下方直线、右下方直线和右上方直线、右上方直线和上方直线，结果见图 2 - 60。

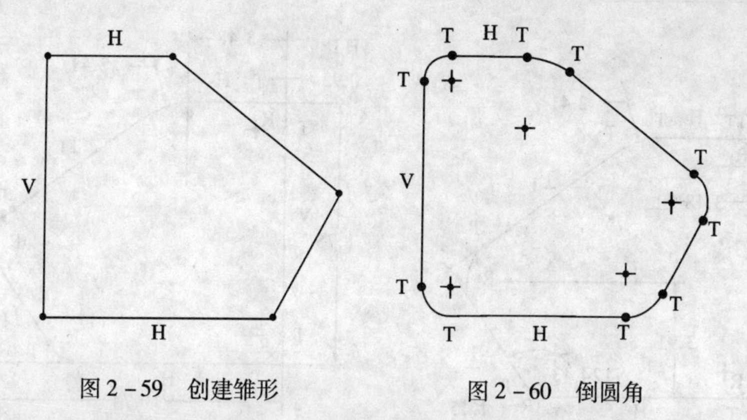

图 2－59　创建雏形　　　　图 2－60　倒圆角

4. 加几何约束限制圆弧半径相等，两条斜线互相垂直

- 限制左边两圆弧的半径相等：选择工具→选择相等工具 **=**→选择左边上方圆弧→选择左边下方圆弧；
- 限制右下方两圆弧半径相等：续上→选择右边下方圆弧和右边中间圆弧；
- 限制右方两条斜线互相垂直：选择工具 ⊥→选择右下方斜线→选择右上方斜线→选择对话框中的【关闭】，结果如图 2－61 所示。

5. 绘制点处在两条斜线的交点上

选择点工具 ×→在靠近两条斜线交点的位置单击鼠标左键，系统会自动添加对齐几何约束（图 2－62）。

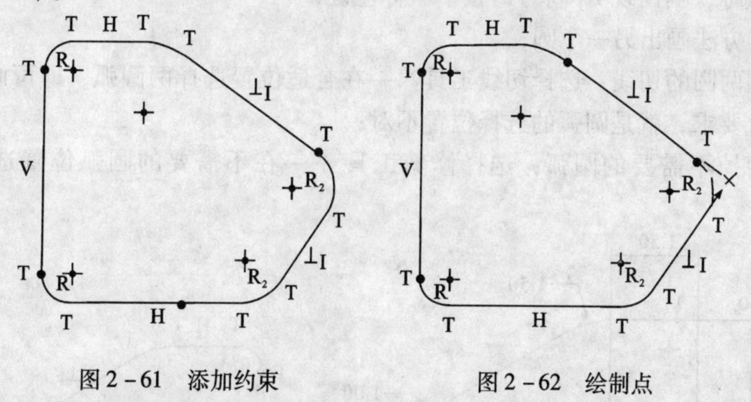

图 2－61　添加约束　　　　图 2－62　绘制点

6. 标注尺寸

- 显示尺寸：按下工具；
- 系统显示尺寸如图左，有部分尺寸不符合要求（此时尺寸均为浅灰色，也就是都是弱尺寸），按住 Ctrl 键选中符合要求的尺寸然后按下 Ctrl＋T，选中的弱尺寸就变成了黄色，即强尺寸；
- 标注角度尺寸：选择标注尺寸工具→选择右下角斜线→选择下边直线→在尺寸放置位置处按下鼠标中键；
- 标注点到左边铅垂线的距离尺寸：续上→选择点→选择左边铅垂线→在尺寸放置位置处按下鼠标中键（图 2－63）。

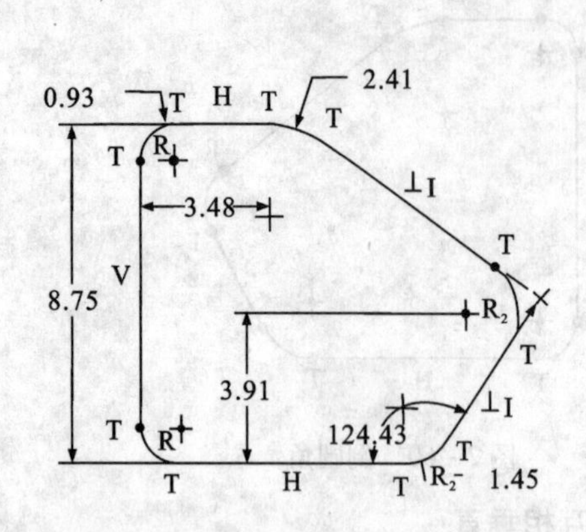

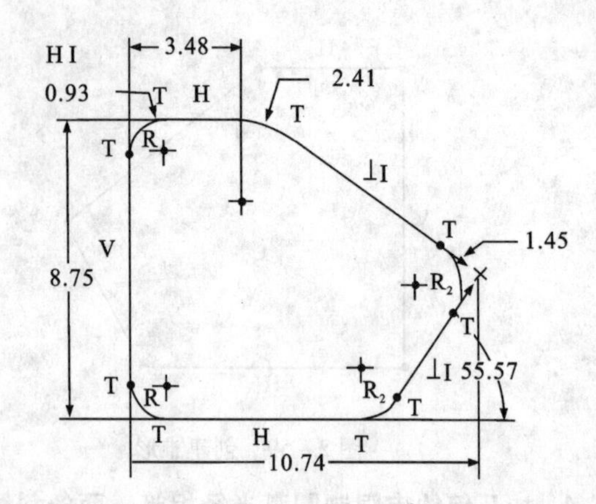

图 2－63　标注缺少的尺寸

7. 修改尺寸

在图形左上方空白处按下鼠标左键不要松开移动鼠标到图形右下方空白处，松开鼠标左键→选择修改尺寸工具→在弹出的尺寸编辑对话框中修改尺寸值→完成后选择确定（图 2－64）。

8. 绘制内部键槽形状

- 绘制两圆：选择画圆工具→在标号为 R_2 的圆弧中心单击鼠标左键（表示同心）→移动鼠标，当出现 R_1 符号时按下鼠标左键；
- 同样方法画出另一个圆；
- 绘制两圆的切线：选择切线工具→在合适位置选择两圆弧，即可画出切线，如果切线不符合要求，就是圆弧的选择位置不对；
- 修剪掉不需要的圆弧：选择修剪工具→在不需要的圆弧位置选择圆弧（图 2－65）。

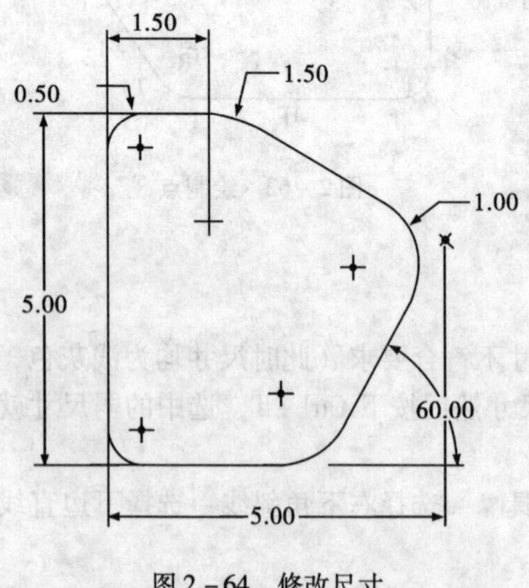

图 2－64　修改尺寸

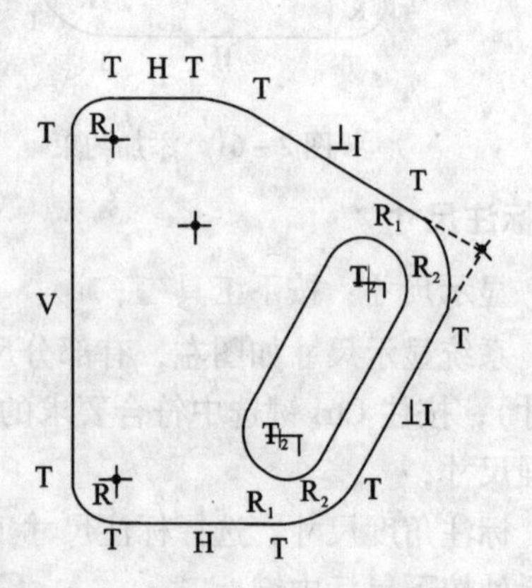

图 2－65　绘制内部形状

第三章　基础实体特征的创建

学习指导

本章主要内容

本章主要讲解 Pro/E 基础实体特征：拉伸、旋转、扫描、混合特征的创建方法。

本章学习要求

1. 了解特征的基本概念

2. 熟练掌握拉伸、旋转、扫描、混合特征的创建过程，能运用它们进行简单零件的造型

第一节　概　述

实体造型是 CAD/CAM/CAE 软件的基础功能，我们可以将复杂的产品分解成若干简单单元，这些简单单元是在造型过程中软件操作的最基本的单位，被称为特征。如图 3－1 产品可以分为立方体（拉伸）、圆角、圆柱（旋转）、孔几个特征组成，因此可以按照（图 3－2）的步骤创建产品模型。

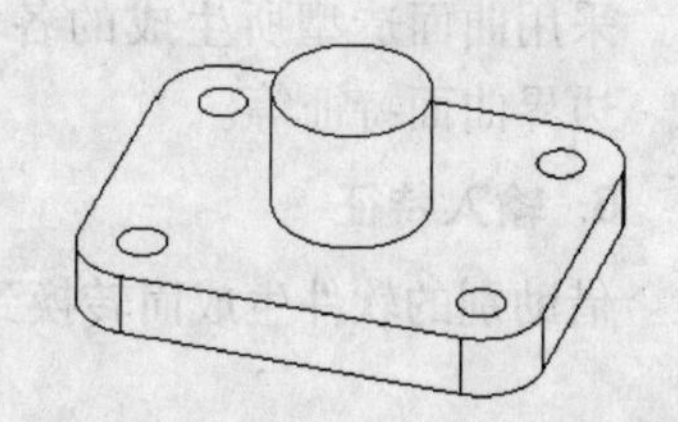

图 3－1　零件的特征

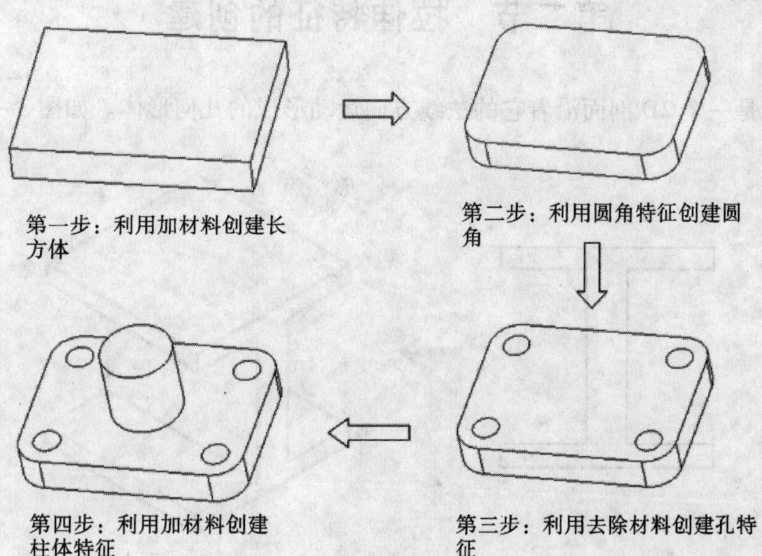

图 3－2　特征组成

根据特征创建的特点、要求、作用的不同，可以分成以下几类：

1. 基准特征

基准特征有基准点、基准面、基准轴、基准曲线、基准平面、基准坐标系等，是创建

模型的基础和参考，提供了产品设计、实体造型、工程图和产品装配、制造等的基准。常用作视角平面、草绘平面、尺寸参考、装配基准等。

2. 基础特征

基础特征是在产品造型过程中一开始就能创建的特征，是以二维截面为基础而生成的特征。基础特征有：拉伸特征、旋转特征、扫描特征、混合特征、扫描混合特征、螺旋扫描特征、变截面扫描特征等。

3. 放置特征

放置特征是在基础特征的基础上生成的特征。放置特征有：孔特征、圆角特征、倒角特征、拔模特征、抽壳特征、筋板特征、轴特征、颈特征、变形特征等。

4. 复制特征

复制特征是在原有特征的基础上创建出和样本特征相同或相似，并具有一定分布规律的特征，如：镜像特征、移动或旋转特征、阵列特征等。

5. 曲面特征

采用曲面造型所生成的各种特征，如：基本曲面特征、复制曲面特征、自由曲面特征、边界曲面特征等。

6. 输入特征

借助别的软件生成而转换到 Pro/E 环境中的特征。

第二节　拉伸特征的创建

拉伸特征是一个 2D 剖面沿着它的法线方向运动形成的几何形体。如图 3－3 所示。

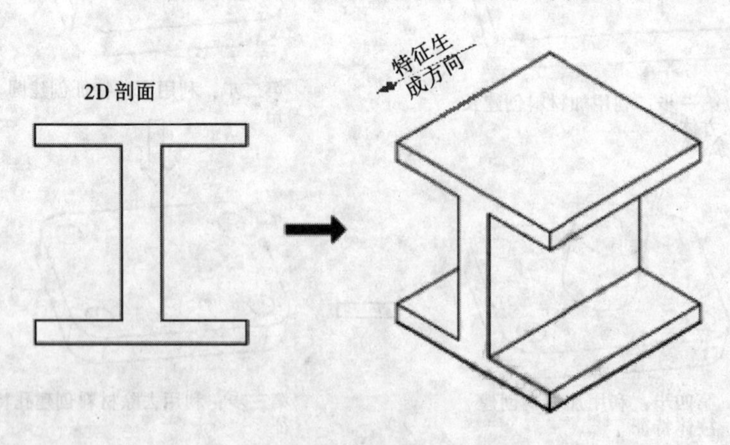

图 3－3　拉伸特征

从此图可以看出，创建拉伸特征的时候，需要指定剖面所在的草绘平面和参考平面、剖面形状、拉伸的类型、拉伸方向、拉伸高度。拉伸特征是基础特征，因此经常作为创建实体时的第一个特征来使用。

（一）拉伸特征的创建方法

1. 拉伸操控面板介绍

单击主菜单中的【插入】→【拉伸】或者单击工具按钮进入拉伸特征的操控面板，如图3－4所示。

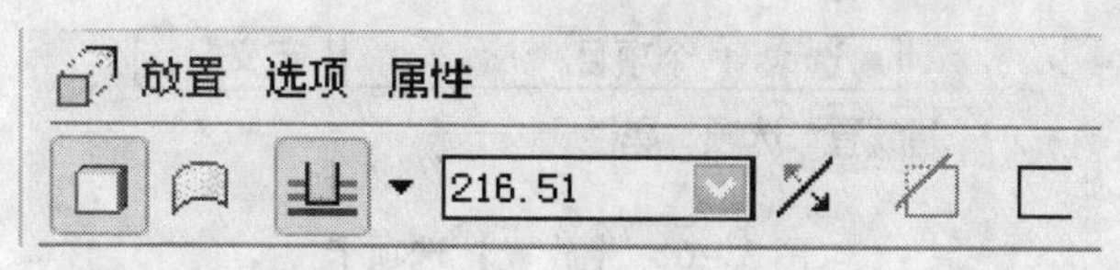

图3－4　拉伸特征操控板

按钮表示创建拉伸实体特征。

按钮表示创建拉伸曲面特征。实体按钮和曲面按钮只能选择一个。

单击下拉菜单，会弹出6个选项，它们与【选项】选项卡内的深度设置选项完全相同，用于控制拉伸高度的给出方式，如（图3－5）所示。

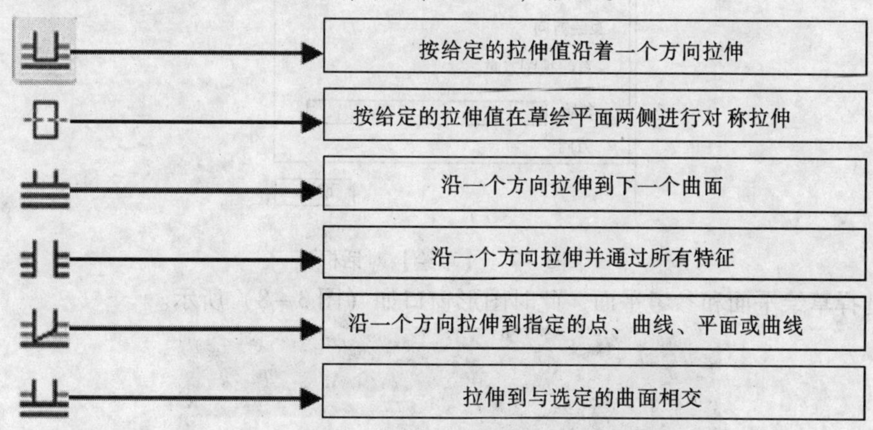

图3－5　拉伸深度设置选项

300.00，用于输入具体的拉伸数值。

按钮用于切换拉伸的方向。如果在【选项】选项卡中规定在两个方向上拉伸，那么用这个切换方向的按钮实际上没有意义。

按钮代表去除材料，这个按钮的含义表示，从现有的实体中减去当前正在创建的这个实体体积。

如果选择拉伸出实体，则可以选择这个按钮。这个按钮的含义是将剖面轮廓加厚，得到拉伸薄壳特征。单击这个按钮之后，会出现两个新的选项：1.56。数值代表厚度，而箭头可以切换加厚的方向：向内、向外、两侧。

2. 拉伸特征的创建步骤

第一步：选择拉伸命令或拉伸工具图标进入拉伸操控面板。

第二步：选择按钮□表示拉伸的类型为实体。

第三步：绘制 2D 剖面。

1）单击操控板上的【放置】选项，打开【放置】选项卡，如（图3－6）所示。

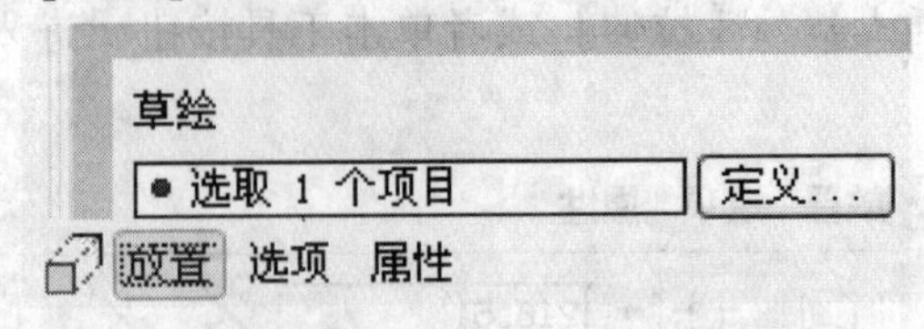

图3－6　【放置】选项卡

2）此时可以直接选择一个已经存在的草图作为拉伸的截面，也可以单击定义...按钮，就会打开【草绘】对话框定义 2D 剖面，如（图3－7）所示。

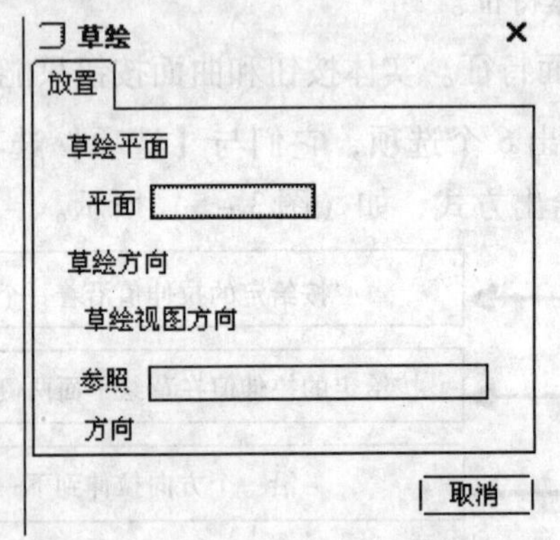

图3－7　【草绘】对话框

3）选择草绘平面和参考平面，此时图形窗口如（图3－8）所示。

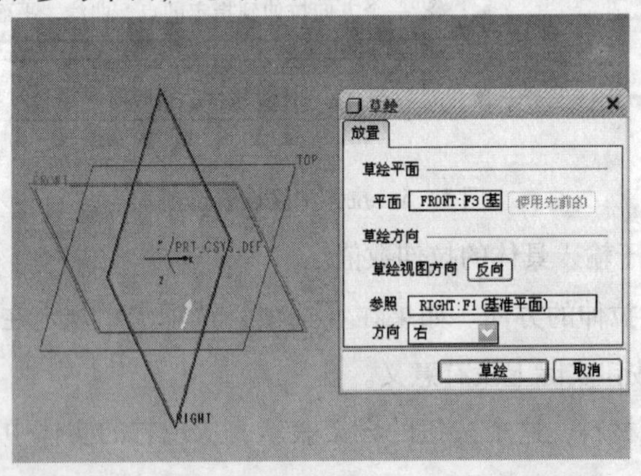

图3－8　选择草绘平面以后的草绘对话框

注意选择草绘平面后，草绘平面边缘的箭头代表草绘视图的方向，也就是说，草绘的时候，箭头方向指向屏幕内部。【草绘】对话框内的参照选项说明。

4）单击【草绘】按钮，进入草绘模式。在草绘模式下，利用草绘器绘制剖面，绘制完成后单击草绘器中的✔按钮退出草绘模式。

第四步：设置深度。

注意：如果特征是第一个实体特征，则高度给出方式的后三个选项并不会出现。

第五步：完成拉伸特征。

单击图形窗口 ✔ 按钮完成拉伸特征。

（二）拉伸特征创建实例 1

利用拉伸创建如图 3－9 所示的实例。

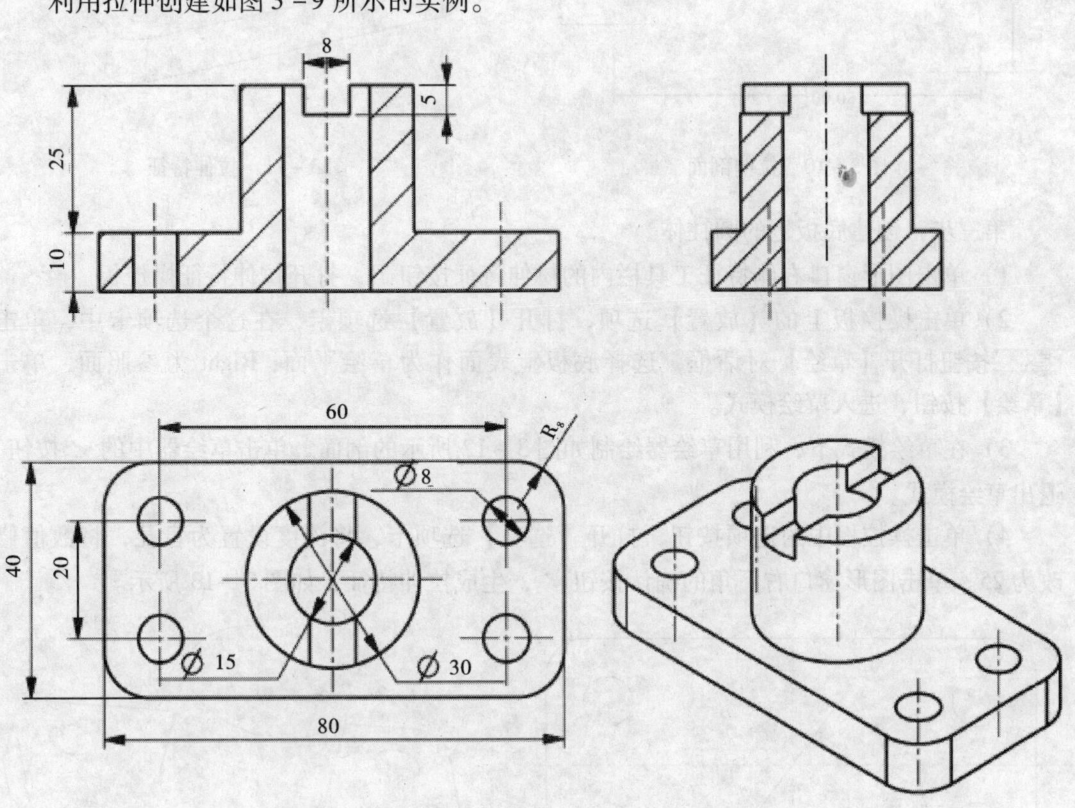

图 3－9　零件形状

第一步：启动 Pro/E，建立新文件，文件类型选择为零件，子类型选择为实体，修改名称为 EX01，单击【确定】按钮。

第二步：用拉伸特征创建底板。

1）单击拉伸工具按钮[定义...]，打开拉伸特征操控板。

2）单击操控板上的【放置】选项，打开【放置】选项卡，在这个选项卡中，单击[定义...]按钮。打开【草绘】对话框，选择 Top 面作为草绘平面，Right 为向右参照面，单击【草绘】按钮，进入草绘模式。

3）在草绘模式下，利用草绘器绘制如图 3－10 所示的剖面。单击草绘器中的 ✔ 按钮，退出草绘模式。

4）单击操控板中的选项按钮，打开【选项】选项卡，将深度设置为盲孔，将数值修改为 10。单击确认按钮 ✔，生成拉伸特征，如图 3－11 所示。

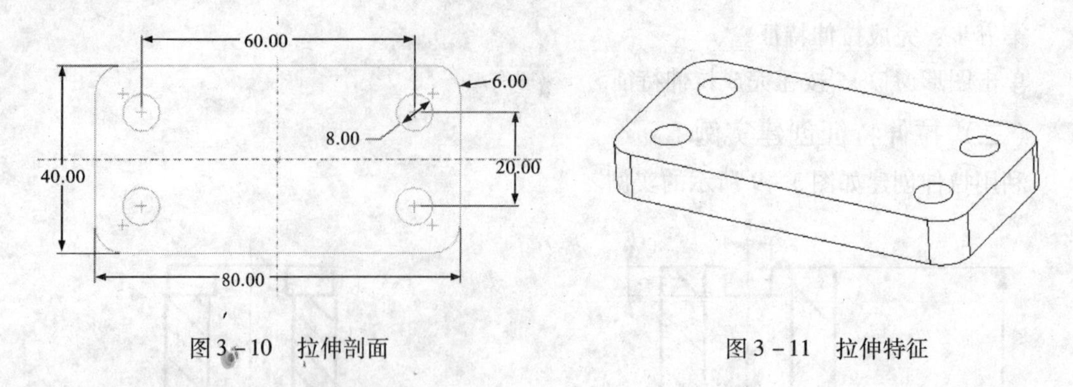

图 3 - 10　拉伸剖面　　　　图 3 - 11　拉伸特征

第三步：创建底板上的圆柱体。

1）单击图形窗口右侧特征工具栏内的拉伸特征按钮，打开拉伸特征操控板。

2）单击操控板上的【放置】选项，打开【放置】选项卡，在这个选项卡中，单击定义...按钮打开【草绘】对话框，选择底板上表面作为草绘平面，Right 为参照面，单击【草绘】按钮，进入草绘模式。

3）在草绘模式下，利用草绘器绘制如图 3 - 12 所示的剖面。单击草绘器中的✔按钮，退出草绘模式。

4）单击操控板中的选项按钮，打开【选项】选项卡，将深度设置为盲孔，将数值修改为 25。单击图形窗口右下角的确认按钮✔，生成拉伸特征，如图 3 - 13 所示。

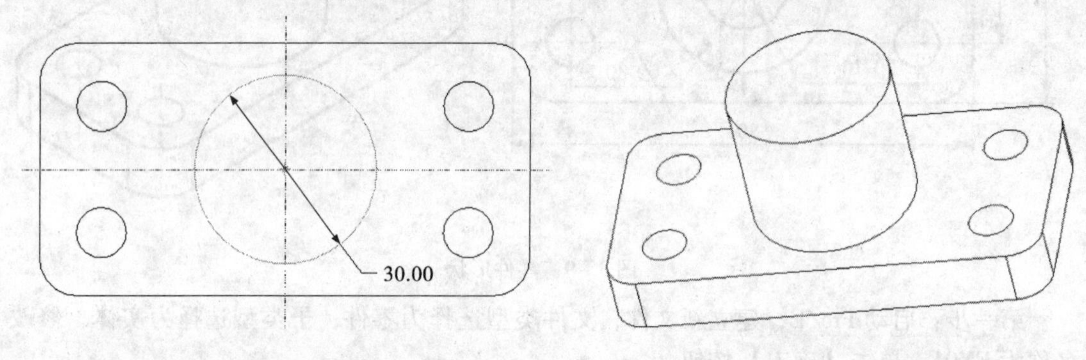

图 3 - 12　ϕ30 柱体剖面　　　　图 3 - 13　ϕ30 柱体

第四步：利用拉伸去除材料创建柱体和底板上的通孔。

1）单击图形窗口右侧特征工具栏内的拉伸特征按钮，打开拉伸特征操控板。

2）单击操控板上的【放置】选项，打开【放置】选项卡，在这个选项卡中，单击定义...按钮。打开【草绘】对话框，选择柱体上表面作为草绘平面，Right 为参照面，单击【草绘】按钮，进入草绘模式。

3）在草绘模式下，利用草绘器绘制如图 3 - 14 所示的剖面。单击草绘器中的✔按钮，退出草绘模式。

4）单击操控板中的选项按钮，打开【选项】选项卡，将深度设置为穿过全部。单击去除材料按钮，单击确认按钮✔完成拉伸特征，如图 3 - 15 所示。

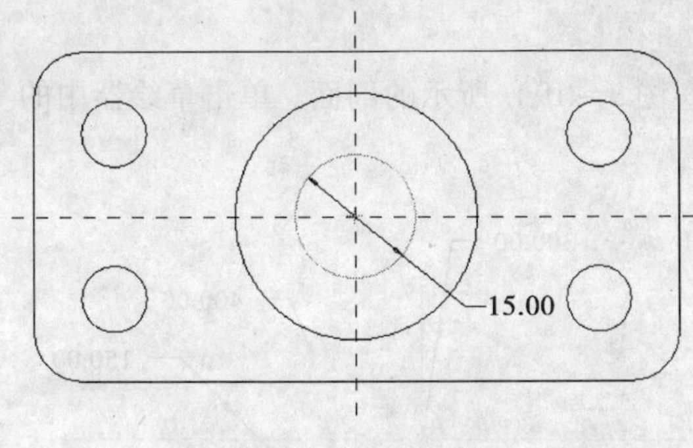

图 3－14　ф15 通孔剖面　　　　图 3－15　ф15 通孔

第五步：利用拉伸去除材料创建柱体上的切槽。

1）单击图形窗口右侧特征工具栏内的拉伸特征按钮，打开拉伸特征操控板。

2）单击操控板上的【放置】选项，打开【放置】选项卡，在这个选项卡中，单击定义...按钮，打开【草绘】对话框，选择 Front 作为草绘平面，Right 为参照面，单击【草绘】按钮，进入草绘模式。

3）在草绘模式下，利用草绘器绘制如图 3－16 所示的剖面。单击草绘器中的✔按钮，退出草绘模式。

4）单击操控板中的选项按钮，打开【选项】选项卡，将深度设置为两侧。两侧分别设置为到选定的，分别选取柱体表面，单击去除材料按钮，单击确认按钮✔，生成拉伸特征，如图 3－17 所示。

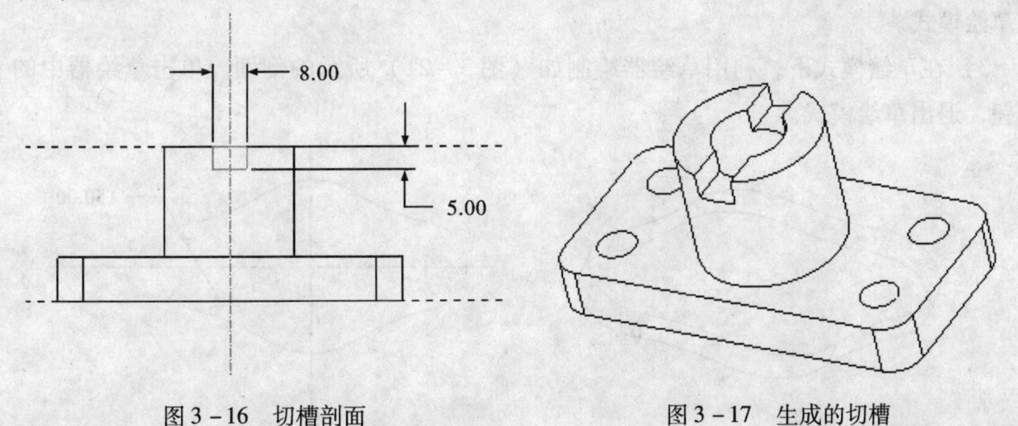

图 3－16　切槽剖面　　　　图 3－17　生成的切槽

（三）拉伸特征创建实例 2

利用拉伸创建如图 3－18 所示的实例。

第一步：启动 Pro/E，建立新文件，文件类型选择为零件，子类型选择为实体，修改名称为 EX02，单击【确定】按钮。

第二步：用拉伸特征创建底板。

1）单击图形窗口右侧特征工具栏内的拉伸特征按钮，打开拉伸特征操控板。

2）单击操控板上的【放置】选项，打开【放置】选项卡，单击定义...按钮。打开【草绘】对话框，选择 Top 面作为草绘平面，Right 为参照面，单击【草绘】按钮，进入草绘模式。

3）在草绘模式下，利用草绘器绘制如（图 3－19）所示的剖面。单击草绘器中的✔按钮，退出草绘模式。

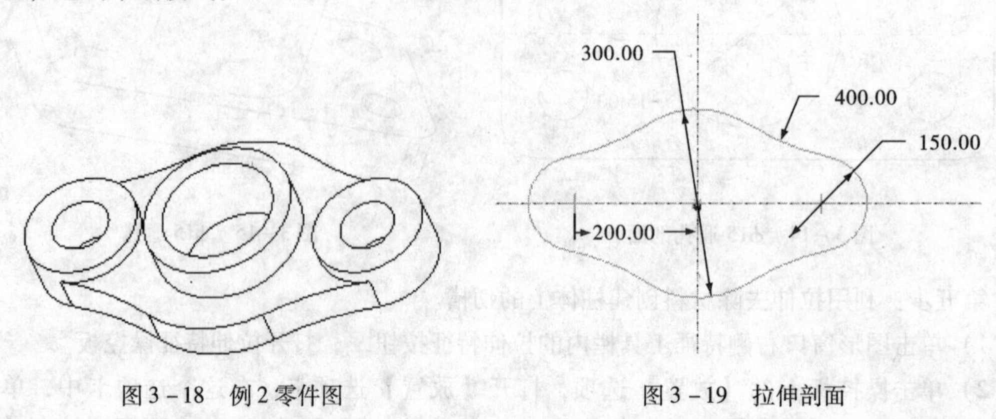

图 3－18　例 2 零件图　　　　图 3－19　拉伸剖面

4）将深度设置为盲孔模式，将数值修改为 50。单击确认按钮✔，生成拉伸特征，如图 3－20 所示。

第三步：创建底板上的高度为 20，直径为 150 的两个圆柱体。

1）单击图形窗口右侧特征工具栏内的拉伸特征按钮，打开拉伸特征操控板。

2）单击操控板上的【放置】选项，打开【放置】选项卡，单击 定义... 按钮。打开【草绘】对话框，选择底板上表面作为草绘平面，Right 为参照面，单击【草绘】按钮，进入草绘模式。

3）在草绘模式下，利用草绘器绘制如（图 3－21）所示的剖面。单击草绘器中的✔按钮，退出草绘模式。

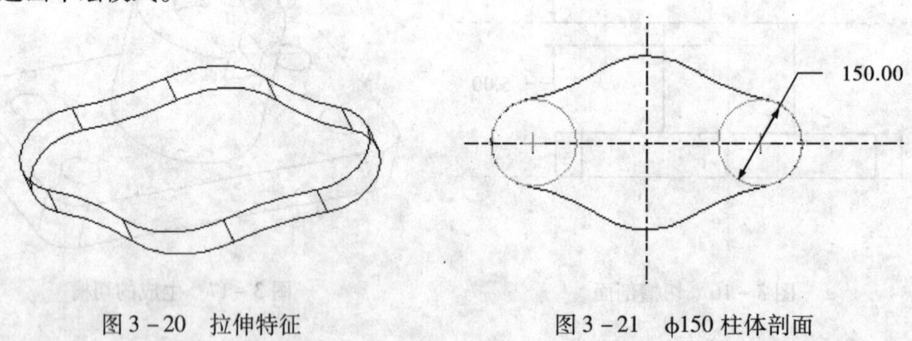

图 3－20　拉伸特征　　　　图 3－21　ϕ150 柱体剖面

4）将深度方式设置为盲孔，将数值修改为 20。单击确认按钮✔，生成拉伸特征，如（图 3－22）所示。

第四步：利用拉伸特征创建高度为 50 直径为 200 的圆柱体。

1）单击图形窗口右侧特征工具栏内的拉伸特征按钮，打开拉伸特征操控板。

2）单击操控板上的【放置】选项，打开【放置】选项卡，单击 定义... 按钮，打开【草绘】对话框，选择底板上表面作为草绘平面，Right 为参照面，单击【草绘】按钮，进入草绘模式。

3）在草绘模式下，利用草绘器绘制如（图 3－23）所示的剖面。单击草绘器中的✓按钮，退出草绘模式。

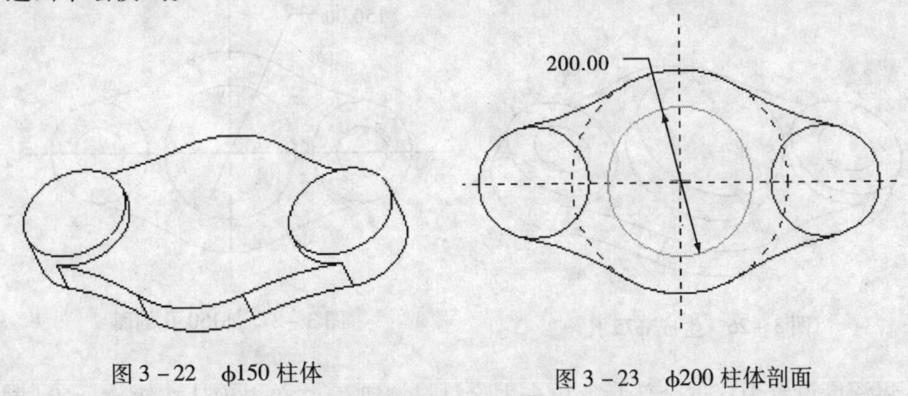

图 3－22　ϕ150 柱体

图 3－23　ϕ200 柱体剖面

4）将深度设置为盲孔，将数值修改为 50。单击确认按钮✓，生成拉伸特征，如图 3－24所示。

第五步：利用拉伸去除材料创建柱体上的两个 ϕ75 的通孔。

1）单击图形窗口右侧特征工具栏内的拉伸特征按钮，打开拉伸特征操控板。

2）单击操控板上的【放置】选项，打开【放置】选项卡，单击「定义...」按钮。打开【草绘】对话框，选择 ϕ150 柱体上表面作为草绘平面，Right 为参照面，单击【草绘】按钮，进入草绘模式。

3）在草绘模式下，利用草绘器绘制如（图 3－25）所示的剖面。单击草绘器中的✓按钮，退出草绘模式。

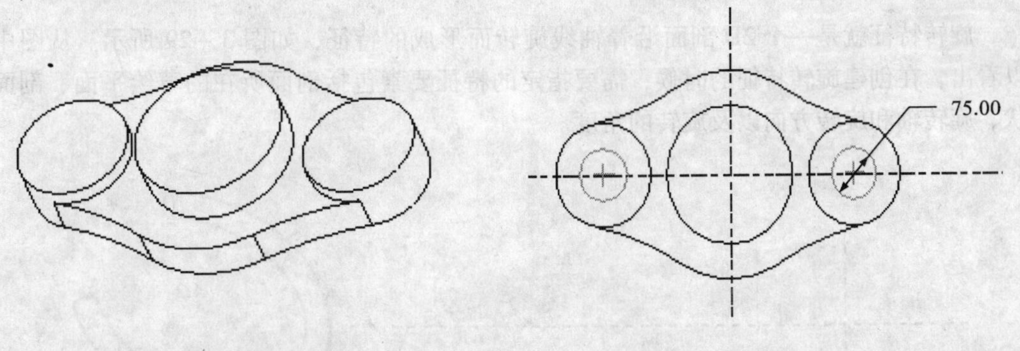

图 3－24　ϕ200 圆柱体

图 3－25　ϕ75 孔剖面

4）将深度设置为穿过全部，单击去除材料按钮，单击确认按钮✓，生成拉伸特征，如（图 3－26）所示。

第六步：利用拉伸特征创建 ϕ150 通孔。

1）单击图形窗口右侧特征工具栏内的拉伸特征按钮，打开拉伸特征操控板。

2）单击操控板上的【放置】选项，打开【放置】选项卡，在这个选项卡中，单击「定义...」按钮，打开【草绘】对话框，选择 ϕ200 柱体上表面作为草绘平面，Right 为参照面，单击【草绘】按钮。

3）进入草绘模式。在草绘模式下，利用草绘器绘制如（图 3－27）所示的剖面。单击草绘器中的✔按钮，退出草绘模式。

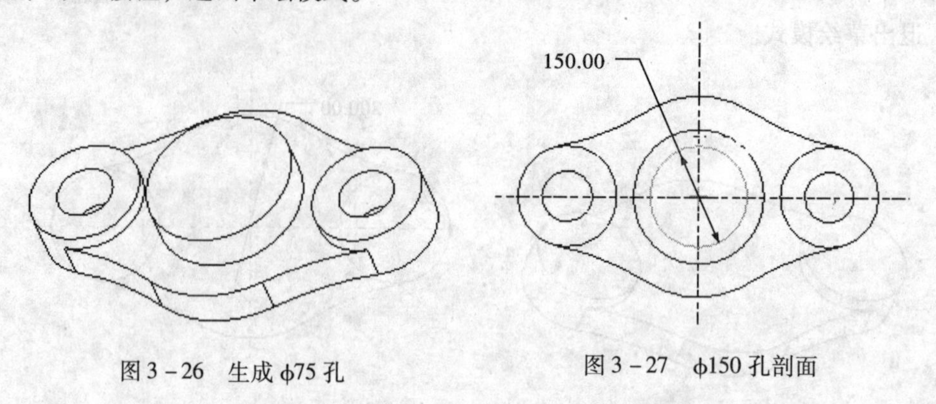

图 3－26 生成 φ75 孔

图 3－27 φ150 孔剖面

4）将深度设置为穿过全部，单击去除材料按钮，单击确认按钮✔，生成拉伸特征，如图 3－28 所示。

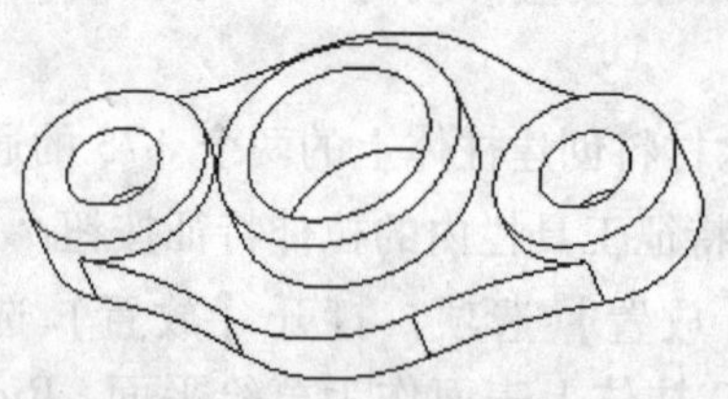

图 3－28 生成 φ150 孔

第三节 旋转特征的创建

旋转特征就是一个 2D 剖面沿着轴线旋转而形成的特征，如图 3－29 所示。从图中可以看出，在创建旋转特征的时候，需要指定的特征要素包括剖面所在的草绘平面、剖面形状、旋转轴和旋转方向以及旋转的角度。

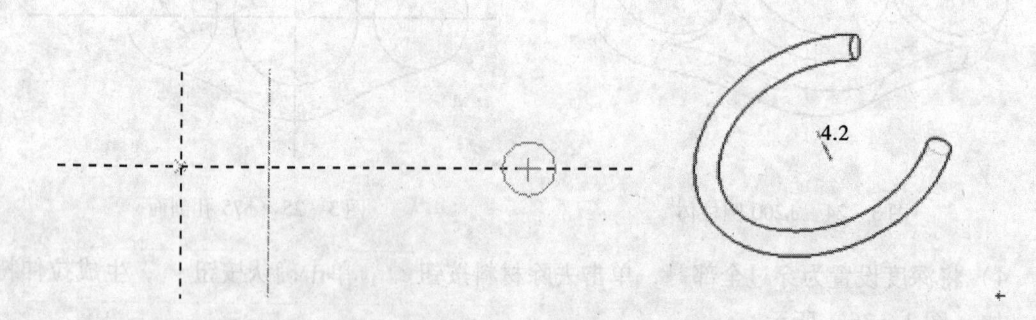

图 3－29 旋转特征

（一）旋转特征的创建方法

1. 旋转特征的操控面板

与拉伸特征一样，Pro/E 把旋转特征相关的命令都集中在旋转工具操控板上，可以选择主菜单中的【插入】→【旋转】或者选择旋转工具按钮进入旋转操控面板。

旋转工具操控板如（图3－30）所示。

图3－30 旋转特征操控板

按钮表示创建旋转实体特征。

按钮表示创建旋转曲面特征。实体按钮和曲面按钮只能选择一个。

指定旋转轴，在野火版2.0中，旋转特征可以使用内部轴线，也可以使用外部轴线。

：给出2D剖面旋转范围的确定方法，选择该按钮后的倒三角符号将有多种方法可以选择，每种方法的具体含义和拉伸高度确定方法中的对应选项相同。

按钮用于切换旋转的方向。如果在【选项】选项卡中规定在两个方向上旋转，那么用这个切换方向的按钮实际上没有意义。

、 和拉伸控制面板中的对应选项含义相同。

2. 旋转特征的创建步骤

第一步：选择旋转命令或者选择旋转工具 打开旋转特征操控板。

第二步：绘制剖面。

（1）单击操控板上的【放置】选项，打开【放置】选项卡，单击 定义... 按钮，就会打开【草绘】对话框。选择合适的草绘平面和第二参考，然后选择【草绘】按钮进入草绘界面。

（2）在草绘模式下，利用草绘器绘制剖面，完成后单击草绘器中的✔按钮，退出草绘模式。

注意：

- 草绘旋转剖面时，要用中心线表示的旋转轴线。
- 草绘旋转剖面必须是封闭的，且位于旋转轴线的一侧。若剖面有两条以上的中心线，系统默认第一条中心线为旋转轴。

第三步：选择合适的方法指定旋转角度。

第四步：选择按钮✔生成旋转特征（图3－31）。

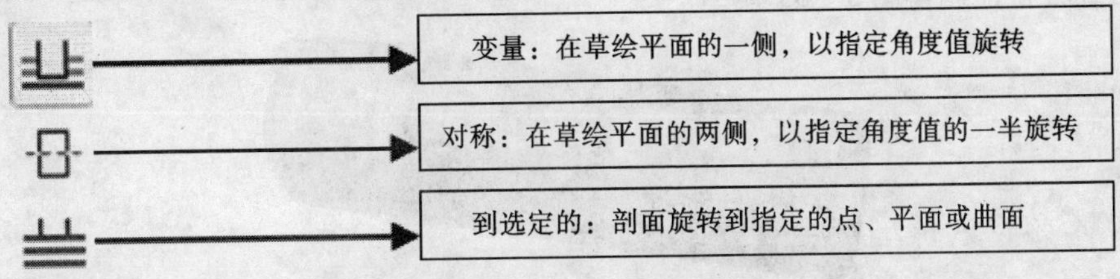

图3－31 旋转特征指定角度设置选项

（二）旋转特征范例 1

利用旋转特征创建图 3－32 模型。

第一步：建立新文件，文件类型选择为零件，子类型选择为实体。

第二步：选择旋转工具按钮 ⸸，打开旋转特征操控板。

第三步：绘制 2D 剖面。

1）单击操控面板上的【放置】选项，打开【放置】选项卡，单击 定义... 按钮，就会打开【草绘】对话框，选择 Front 面作为草绘平面，Right 平面向右。单击【草绘】按钮，进入草绘模式。

2）在草绘模式下，利用草绘器绘制剖面，如（图 3－33）所示。单击草绘器中的 ✔ 按钮，退出草绘模式。

图 3－32　结果图 1

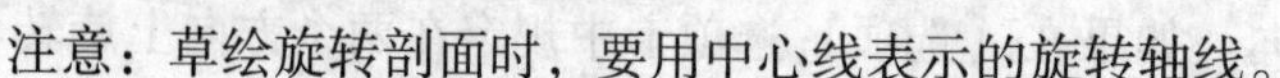

注意：草绘旋转剖面时，要用中心线表示的旋转轴线。

第四步：指定角度。

设置旋转角度给出方式为 ⊥（变量），设置角度值为 360°。

第五步：单击按钮 ✔ 完成旋转特征如（图 3－34）所示。

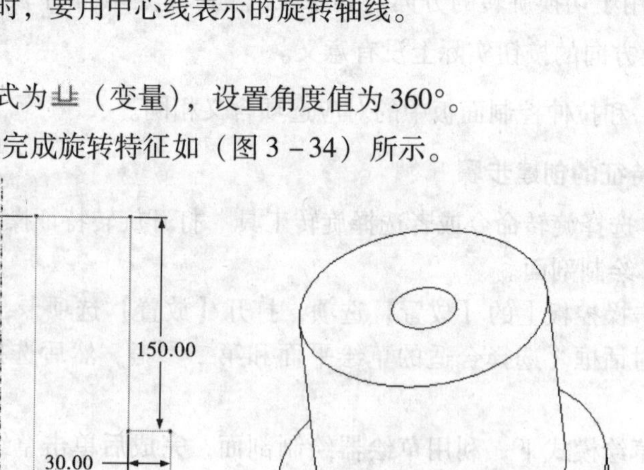

图 3－33　剖面形状　　　　图 3－34　生成的旋转特征

（三）旋转特征范例 2

利用旋转特征创建图 3－35 模型。

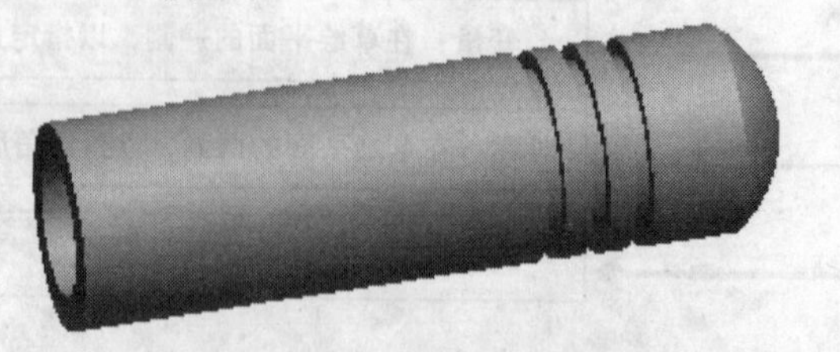

图 3－35　结果图 2

第一步：建立新文件，文件类型选择为零件，子类型选择为实体。

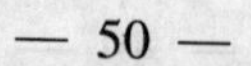

第二步：利用旋转特征生成零件外形。

1）选择旋转工具按钮，打开旋转特征操控板。

2）绘制 2D 剖面：

● 单击操控面板上的【放置】选项，打开【放置】选项卡，单击定义...按钮，就会打开【草绘】对话框，选择 Front 面作为草绘平面，Right 平面向右。单击【草绘】按钮，进入草绘模式。

● 在草绘模式下，利用草绘器绘制剖面，如（图 3－36）所示。单击草绘器中的✔按钮，退出草绘模式。

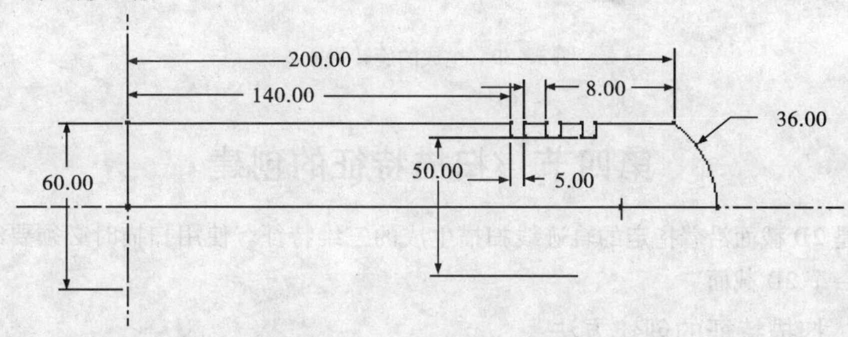

图 3－36 剖面形状

3）指定角度：设置旋转角度给出方式为（变量），设置角度值为 360°。

4）生成旋转特征：单击确认✔按钮，生成旋转特征，如图 3－37 所示。

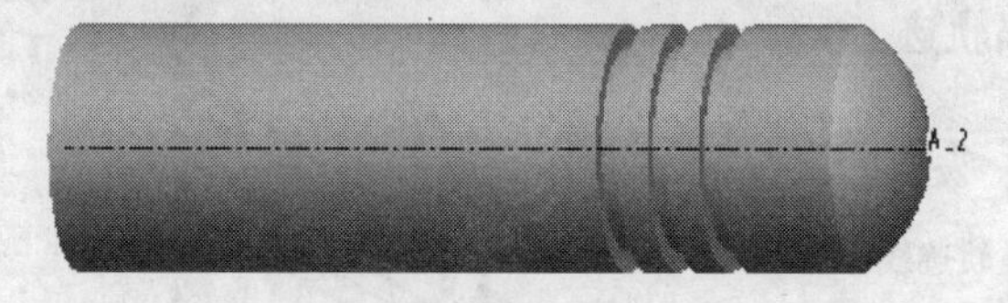

图 3－37 生成的旋转特征

第三步：利用旋转工具生成内孔。

1）选择旋转工具按钮，打开旋转特征操控板。

2）绘制 2D 剖面。

● 单击操控面板上的【放置】选项，打开【放置】选项卡，单击定义...按钮，就会打开【草绘】对话框，选择【使用先前的】按钮。单击【草绘】按钮，进入草绘模式。

● 在草绘模式下，利用草绘器绘制剖面，如图 3－38 所示。单击草绘器中的✔按钮，退出草绘模式。

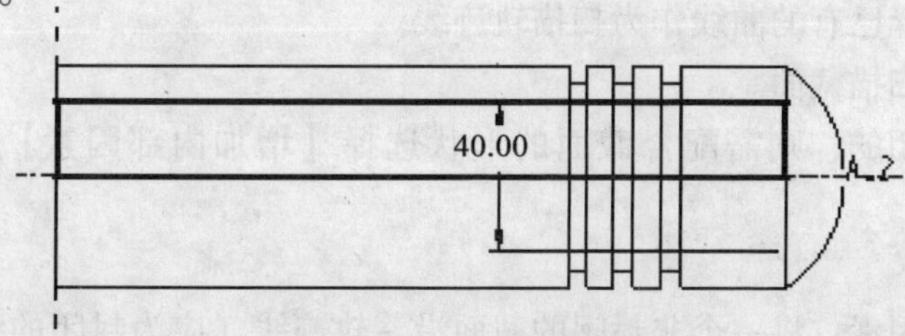

图 3－38 剖面形状

3）指定角度：设置旋转角度给出方式为⊥（变量），设置角度值为360°。单击移除材料按钮◿。确保材料移除方向箭头指向剖面内部。

4）旋转特征：单击确认按钮✔，生成旋转特征，如图 3－39 所示。

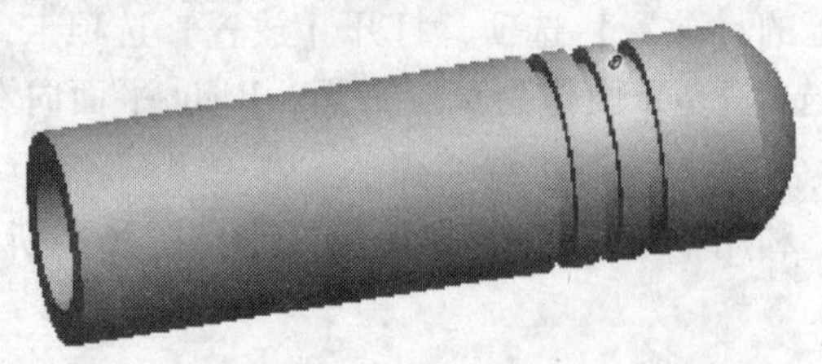

图 3－39　生成的旋转特征 2

第四节　扫描特征的创建

扫描是 2D 截面沿着指定的轨迹线扫描生成的三维特征。使用扫描时必须要绘制一条轨迹线和一个 2D 截面。

（一）扫描特征的创建方法

扫描特征的创建步骤：

第一步：单击菜单【插入】→【扫描】→【伸出项】（或【切口】选项，创建的特征如果是第一个特征，此选项不可用），系统弹出扫描轨迹确定对话框。

第二步：确定扫描轨迹。

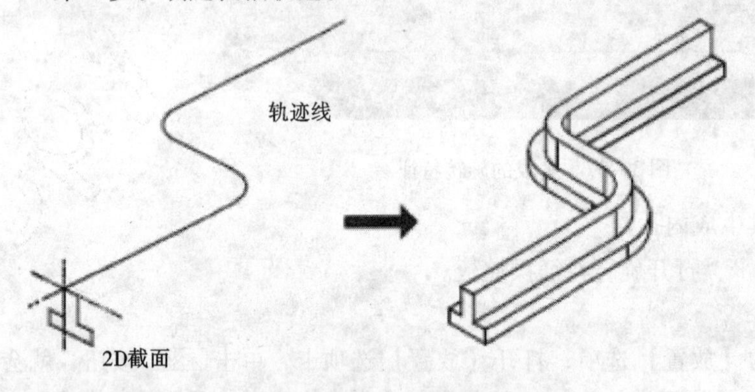

图 3－40　扫描特征

图 3－41　扫描轨迹菜单

草绘轨迹：在草绘图中绘制扫描轨迹线。

选取轨迹：选择已有的曲线作为扫描轨迹线。

第三步：创建扫描截面。

如果轨迹为封闭的，则需配合截面的形状选择【增加内部因素】或【无内部因素】选项。

提示：

- 增加内部因素：将一个非封闭的截面沿着轨迹线（应为封闭的线条）扫描出“没有封闭”的曲面，然后系统自动在开口处加入曲面，成为封闭曲面，并在封闭的曲面内部自动填补材料成为实体。如图 3－42 所示为绘制的截面与轨迹线。

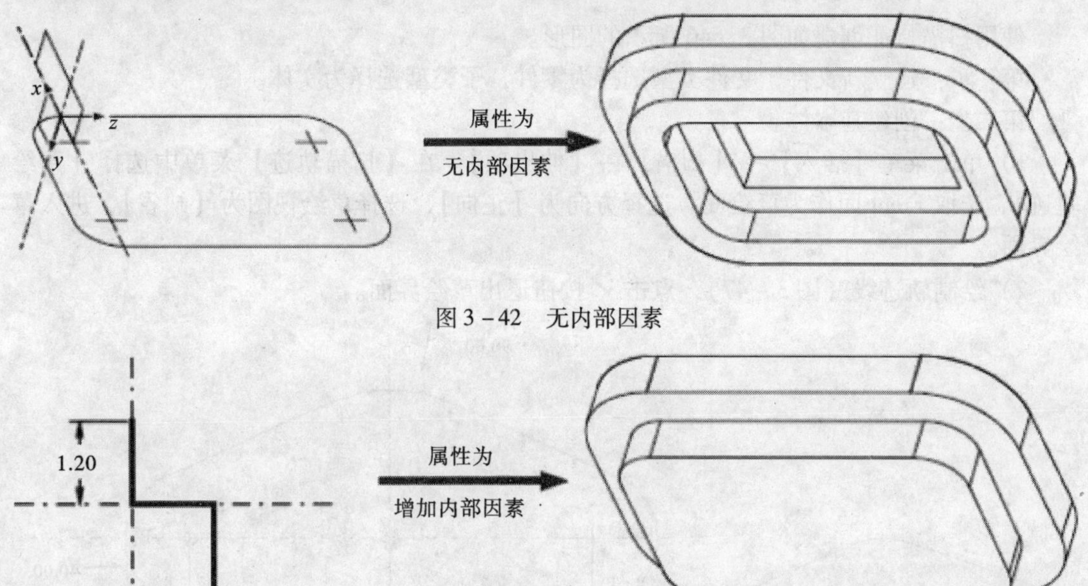

图 3－42 无内部因素

图 3－43 增加内部因素

- 无内部因素：将一个封闭的截面沿着轨迹线（可为封闭或非封闭的线条）扫描出实体。如图 3－43 所示为绘制的截面与轨迹线。

如果轨迹线为开放轨迹并与实体相接合，则应确定轨迹的首尾端为【自由终点】还是【合并终点】。如图 3－44 所示为【自由终点】扫描的结果；如图 3－45 所示为【合并终点】扫描的结果。

图 3－44 【自由终点】扫描的结果图　　图 3－45 【合并终点】扫描的结果图

在自动进入的草绘工作区中绘制扫描截面并标注尺寸（注：位置尺寸的标注必须以轨迹起点的十字线的中心为基准）。

第四步：单击模型对话框中的“预览”按钮，观察扫描结果，单击鼠标中键完成扫描特征。

注意：

- 绘制的草绘特征截面不可彼此相交。
- 截面与轨迹设置不当会造成扫描干涉，不能完成扫描特征的建立。

（二）扫描特征范例 1

使用扫描特征创建如图 3－46 所示的图形。

第一步：建立新文件，文件类型选择为零件，子类型选择为实体。

第二步：创建基本体。

1）单击菜单【插入】→【扫描】→【伸出项】，在【扫描轨迹】菜单中选择【草绘轨迹】，选取 Front 面作为草绘面，选择方向为【正向】，选择草绘视图为【缺省】，进入草绘界面。

2）绘制轨迹线（图 3－47），点击 ✔ 按钮退出草绘界面。

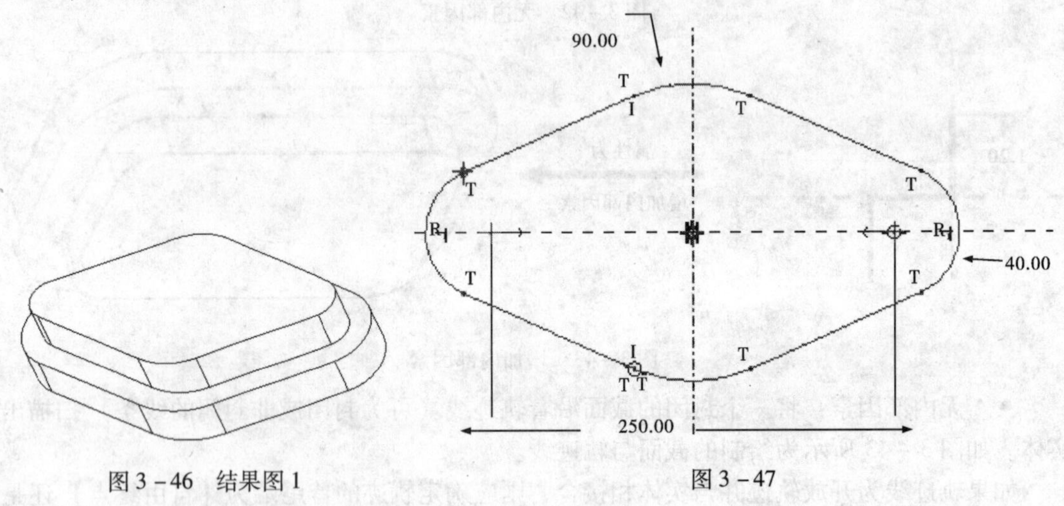

图 3－46　结果图 1　　　　图 3－47

3）选择属性为【添加内部因素】，单击完成，进入截面草绘环境，绘制剖面，如(图 3－48)所示。

4）单击 ✔ 按钮，单击确定，生成如图 3－49 所示的扫描实体。

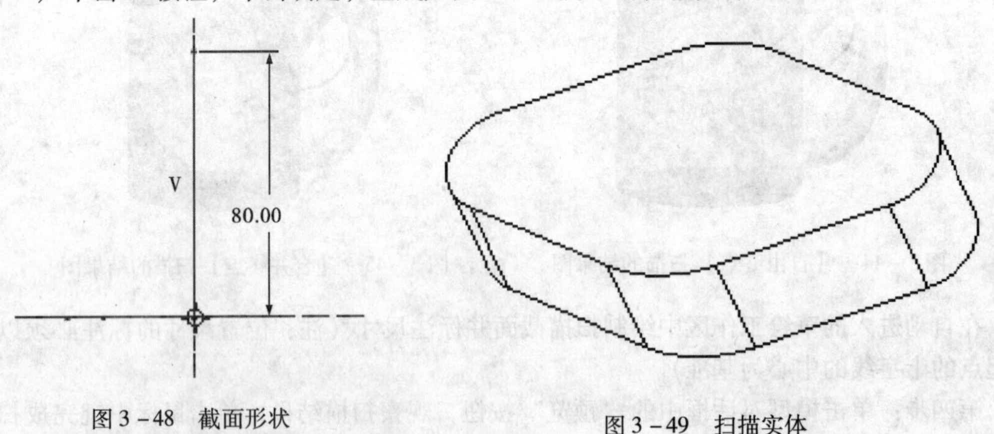

图 3－48　截面形状　　　　图 3－49　扫描实体

第三步：创建切口扫描。

1）选择主菜单【插入】→【扫描】｜【切口】→选择【选择轨迹线】。

2）在菜单中选择【相切链】→选取基本体顶面的上轮廓线→选择【完成】→接受【正向】（图 3－50）。

3）绘制（图 3－51）截面。

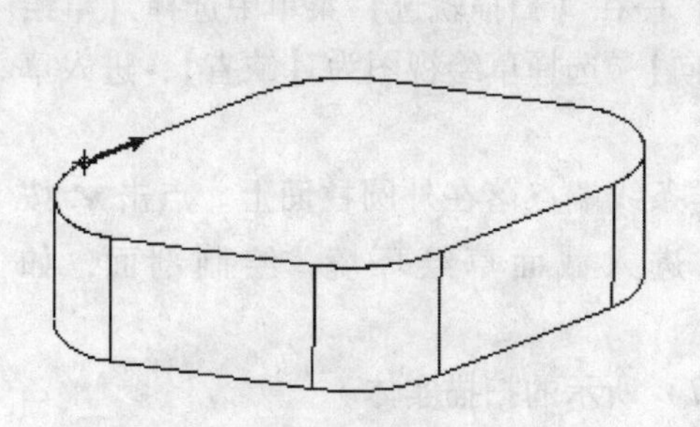

图 3－50　扫描轨迹

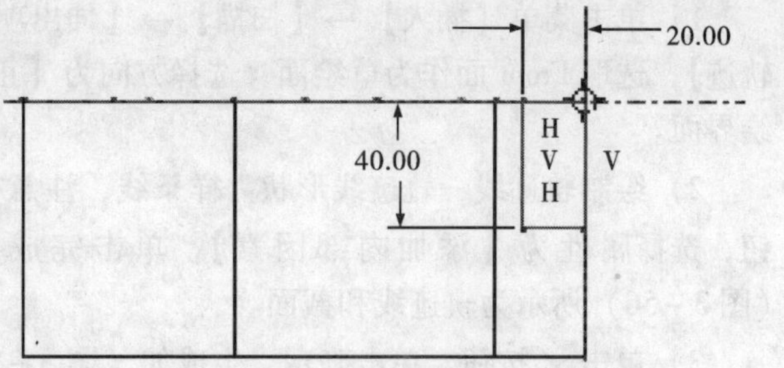

图 3－51　扫描截面

4）单击✔按钮退出草绘界面→正向→单击确定，生成如图 3－52 所示的扫描实体。

（三）扫描特征范例 2

使用旋转、扫描特征创建图 3－53 所示的杯子。

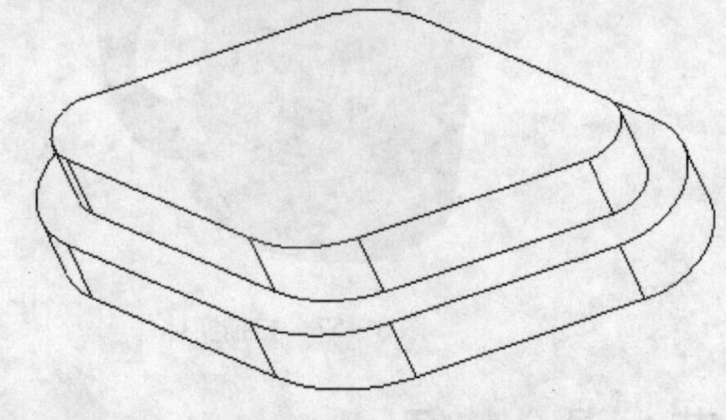

图 3－52　扫描结果

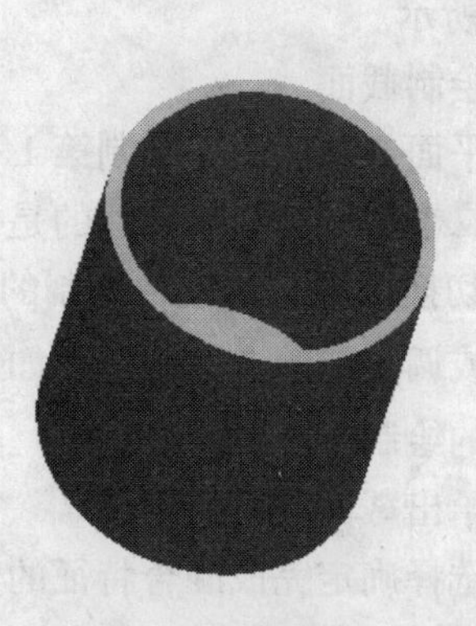

图 3－53　结果图 2

第一步：建立新文件，文件类型选择为零件，子类型选择为实体。

第二步：利用旋转特征创建杯体。

单击旋转工具按钮⁂→选择 Front 面作为草绘平面，Right 平面向右→草绘→绘制截面如（图 3－54）所示→选择✔按钮，退出草绘模式→旋转角度 360°，按鼠标中键完成特征创建。

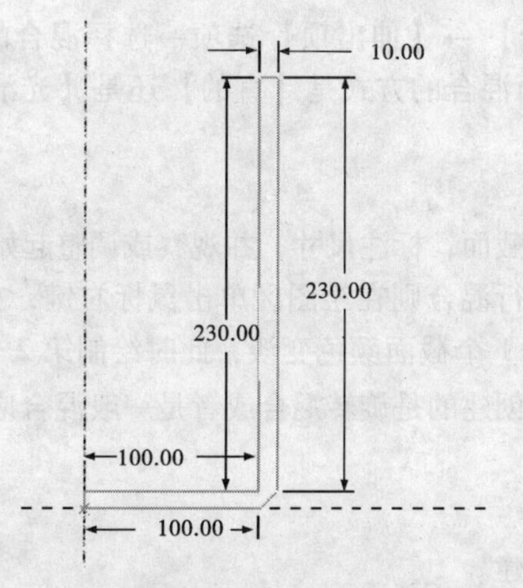

图 3－54　剖面形状

图 3－55　旋转实体

第三步：利用扫描特征创建杯把。

1）单击菜单【插入】→【扫描】→【伸出项】→在【扫描轨迹】菜单中选择【草绘轨迹】，选取 Front 面作为草绘面，选择方向为【正向】，选择草绘视图为【缺省】，进入草绘界面。

2）绘制轨迹线，轨迹线形状为样条线，注意样条线端点落在外圆柱面上。点击✔按钮，选择属性为【添加内部因素】，单击完成，进入截面草绘环境，绘制剖面，如（图 3－56）所示为轨迹线和截面。

3）单击✔按钮，单击确定，生成如（图 3－57）所示的扫描实体。

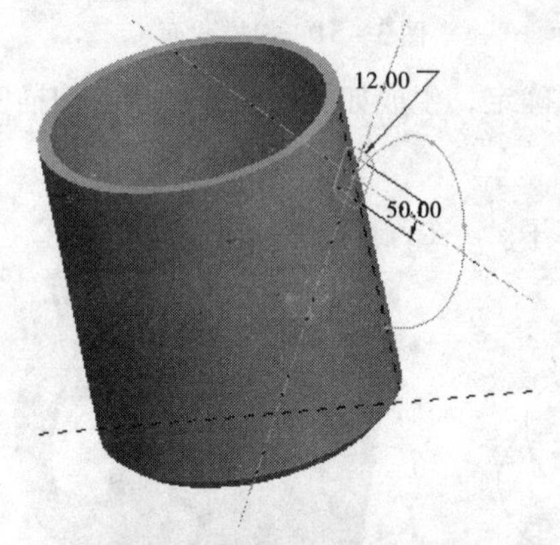

图 3－56　轨迹线和截面图

图 3－57　扫描实体

第五节　混合特征

由多个截面按照一定的规律连接起来形成的特征称为混合特征。按截面之间位置关系的不同，混合特征分为三种：平行混合、旋转混合、一般混合。平行混合的各个截面互相平行，旋转混合的各个截面相对 y 轴有一定的夹角，而一般混合的截面位置则更为自由。

（一）混合特征的创建方法

混合特征的创建步骤：

第一步：单击菜单【插入】→【混合】→【伸出项】选项→选择混合的类型→选择完成→在弹出的【属性】菜单中确定截面混合的方式是【直的】还是【光滑】，如图 3－58 及图 3－59 所示。

第二步：绘制截面。

选择草绘平面与参照面，绘制第 1 个截面，标注尺寸，并观察或调整起始点的位置。

切换到第二个截面：如果创建的是平行混合则在绘图区单击鼠标右键，在弹出的快捷菜单中单击【切换剖面】选项，绘制的第 1 个截面颜色变淡，此时绘制第 2 个截面，标注尺寸，并观察或调整起始点的位置；如果创建的是旋转混合或者是一般混合应该选择✔进入下一个截面的绘制。

第三步：给出截面之间的距离。

第四步：选择确定完成混合特征的创建。

注意：

1. 在建立混合特征时，无论采用何种混合形式，所有的混合截面必须具有相同的节点个数，当数量不同时，可通过如下方式解决：

- 使用草绘命令工具栏中的【分割】按钮。
- 利用【混合顶点】命令→单击菜单【草绘】→【特征工具】→【混合顶点】选项指定草绘截面的1个点作为一条边。

2. 在绘制特征截面时应注意截面起始点的位置不同，混合后的结果有所不同。截面的起始点就是截面绘制完后，截面中出现的箭头位置，通过右键菜单中的【起始点】选项，可以更改起始点的位置。

（二）混合特征范例1

利用混合特征创建如（图3－60）所示的图形。

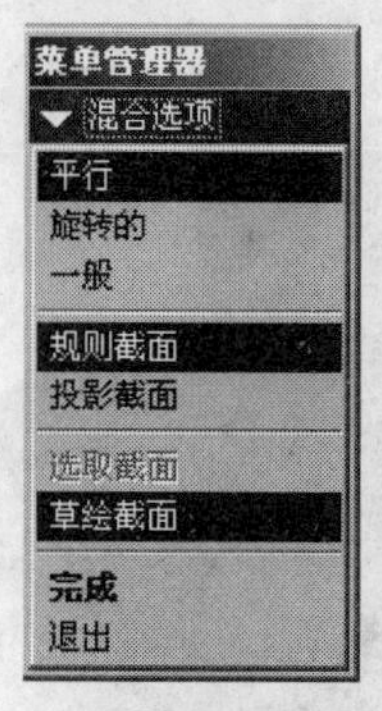

图3－58　混合选项菜单

图3－59　属性菜单

图3－60　结果图

第一步：建立新文件，文件类型选择为零件，子类型选择为实体。

第二步：创建混合特征。

（1）单击菜单【插入】→【混合】→【伸出项】选项。在弹出的【混合选项】菜单中选择【平行】|【规则截面】|【草绘截面】选项。

（2）在弹出的【属性】菜单中确定截面混合的方式是【直的】。

（3）选择草绘平面为Top面，参照面为缺省，绘制第1个截面，如（图3－61）所示。

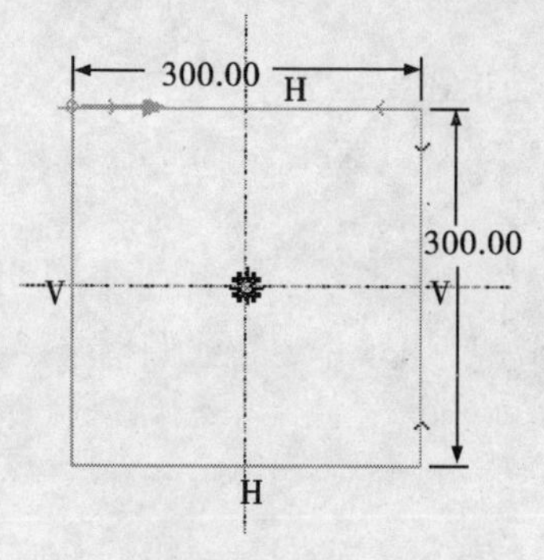

图3－61　截面1

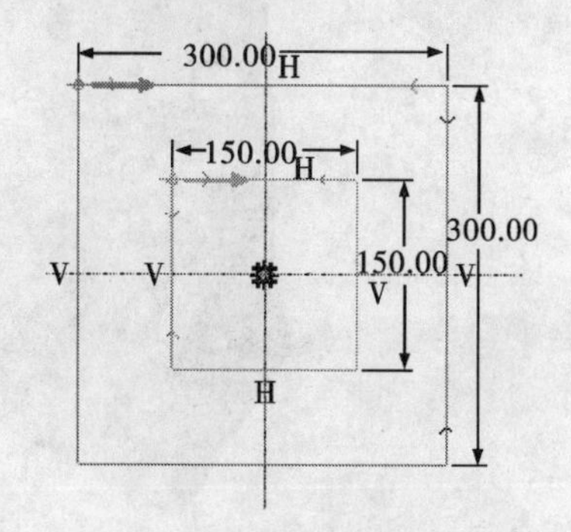

图3－62　截面2

（4）在绘图窗口单击右键，在弹出的快捷菜单中单击【切换剖面】选项，绘制的第1个截面颜色变淡，此时绘制第2个截面，如（图3－62）所示。

（5）在绘图窗口单击右键，在弹出的快捷菜单中单击【切换剖面】选项，绘制的第1、2个截面颜色变淡，此时绘制第3个截面，如（图3－63）所示。

(6) 单击草绘工具栏中的✓按钮，完成混合截面的绘制。

(7) 系统在信息提示区会弹出输入框，确定相邻截面间的距离分别为 100、100，单击✓按钮，完成截面深度的输入。

(8) 单击模型对话框中的【确定】按钮，完成混合特征的建立，如图 3－64 所示。

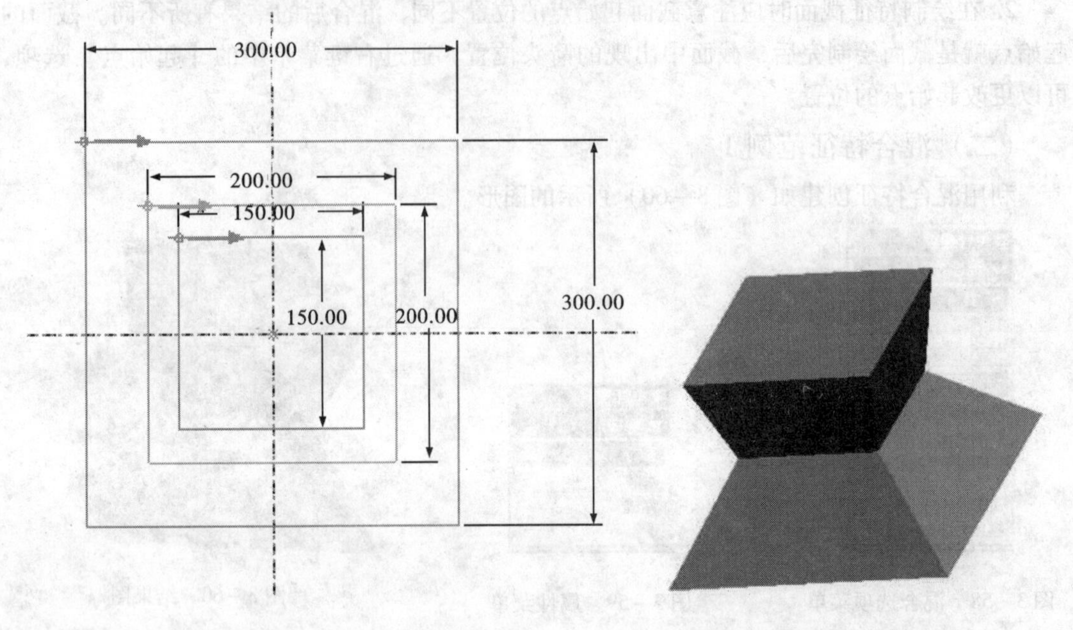

图 3－63　截面 3　　图 3－64　最终结果

(三) 混合特征范例 2

利用混合特征创建图 3－65 所示的图形。

图 3－65　结果图

第一步：建立新文件，文件类型选择为零件，子类型选择为实体。

第二步：创建混合特征。

(1) 单击菜单【插入】→【混合】→【伸出项】选项。在弹出的【混合选项】菜单中选择【平行】|【规则截面】|【草绘截面】选项。

（2）在弹出的【属性】菜单中确定截面混合的方式是【光滑】。

（3）选择草绘平面为 Top 面，参照面为缺省，绘制第 1 个截面，如图 3－66 所示。

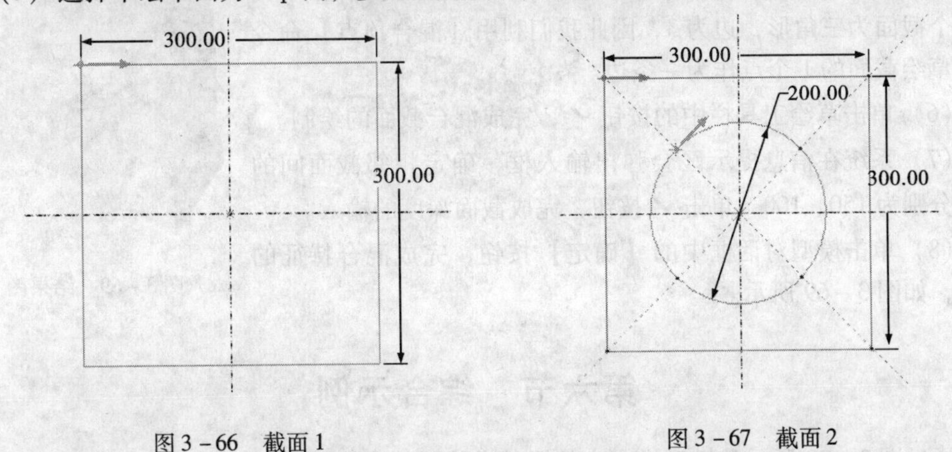

图 3－66　截面 1　　　　图 3－67　截面 2

（4）在绘图窗口单击右键，在弹出的快捷菜单中单击【切换剖面】选项，绘制的第 1 个截面颜色变淡，此时绘制第 2 个截面，如图 3－67 所示。

注意：

- 在建立混合特征时，无论采用何种混合形式，所有的混合截面必须具有相同数量的边，第一个截面为矩形，边为 4，因此第二个截面不能简单地绘制一个圆，因此我们使用草绘命令工具栏中的【分割】按钮，将圆分为 4 段圆弧。
- 在分割圆的时候要注意起点的方向，如果与第一个截面起点的方向相反的话，那我们选择起点，单击鼠标右键，在快捷菜单中选取起始点命令，将方向改为与第一个截面起点方向一致。

（5）在绘图窗口单击右键，在弹出的快捷菜单中单击【切换剖面】选项，绘制的第 1、2 个截面颜色变淡，此时绘制第 3 个截面，如图 3－68 所示。

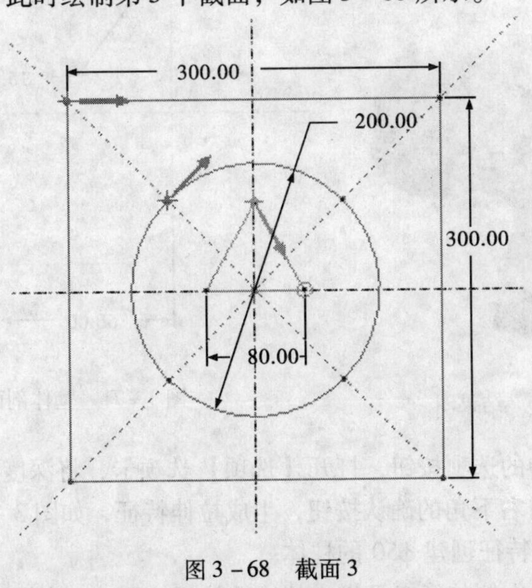

图 3－68　截面 3

注意：在建立混合特征时，无论采用何种混合形式，所有的混合截面必须具有相同数量的边，第一个截面为矩形，边为4，第三个截面为三角形，边为3，因此我们利用【混合顶点】命令指定草绘截面的1个点作为一条边。

（6）单击草绘工具栏中的按钮✔，完成混合截面的绘制。

（7）系统在信息提示区会弹出输入框，确定相邻截面间的距离分别为150、100，单击✔按钮，完成截面深度的输入。

（8）单击模型对话框中的【确定】按钮，完成混合特征的建立，如图3－69所示。

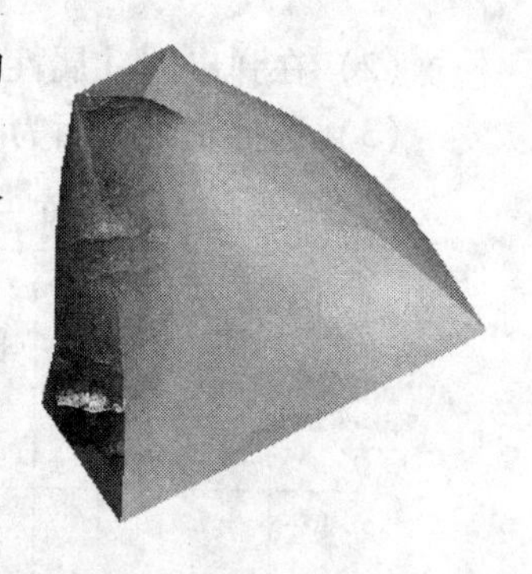

图3－69　结果图

第六节　综合示例

通过图3－70所示的模型进一步掌握基本特征创建的一般方法和步骤。

第一步：建立新文件，文件类型选择为零件，子类型选择为实体，文件名为 solid－example. prt。

第二步：利用拉伸特征创建基体。

（1）单击图形窗口右侧特征工具栏内的拉伸特征按钮，打开拉伸特征操控板。单击操控板上的【放置】选项，打开【放置】选项卡，在这个选项卡中，单击定义...按钮。

（2）打开【草绘】对话框，选择底板上 Top 面作为草绘平面，参照面为缺省，单击【草绘】按钮，进入草绘模式。在草绘模式下，利用草绘器绘制如图3－71所示的剖面。单击草绘器中的✔按钮，退出草绘模式。

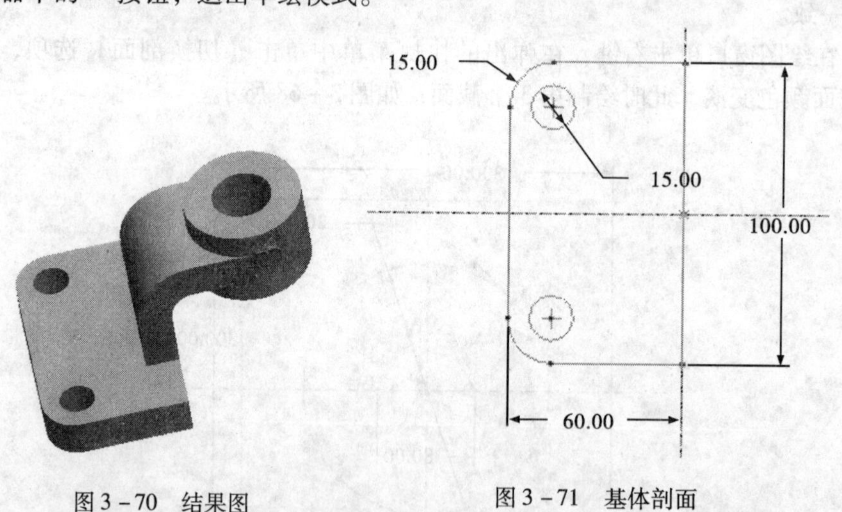

图3－70　结果图　　图3－71　基体剖面

（3）单击操控板中的选项按钮，打开【选项】选项卡，将深度设置为盲孔，将数值修改为15。单击图形窗口右下角的确认按钮，生成拉伸特征，如图3－72所示。

第三步：利用旋转特征创建 ϕ50 的柱体。

（1）单击图形窗口右侧特征工具栏内的旋转特征按钮，打开旋转特征操控板。单击操控板上的【放置】选项，单击定义...按钮，就会打开【草绘】对话框，选择 Front 面作为草绘平面。

(2) 单击【草绘】按钮，进入草绘模式。在草绘模式下，利用草绘器绘制剖面，如图3－73所示。单击草绘器中的✔按钮，退出草绘模式。

图3－72　拉伸基体特征

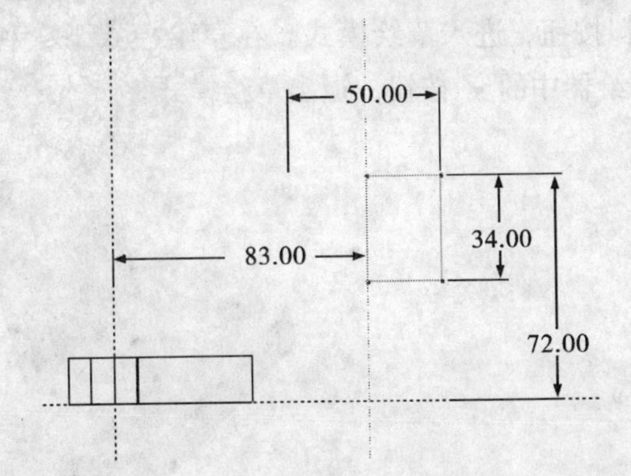

图3－73　剖面形状

(3) 指定角度。单击拉伸特征操控板上的【选项】按钮，弹出【选项】选项卡，将第一侧深度设置为⊔（变量），设置角度值为360°。

(4) 生成旋转特征。单击图形窗口右下角的确认按钮，就可以生成旋转特征，如图3－74所示。

图3－74　生成φ50的柱体

第四步：利用扫描特征基体与柱体之间的连接特征。

(1) 单击菜单【插入】→【扫描】→【伸出项】，在【扫描轨迹】菜单中选择【草绘轨迹】，选取Front面作为草绘面，选择方向为【正向】，选择草绘视图为【缺省】，进入草绘界面。

(2) 绘制轨迹线，点击✔按钮，选择属性为【无内部因素】，单击完成，进入截面草绘环境，绘制剖面，如图3－75所示为轨迹线和截面。

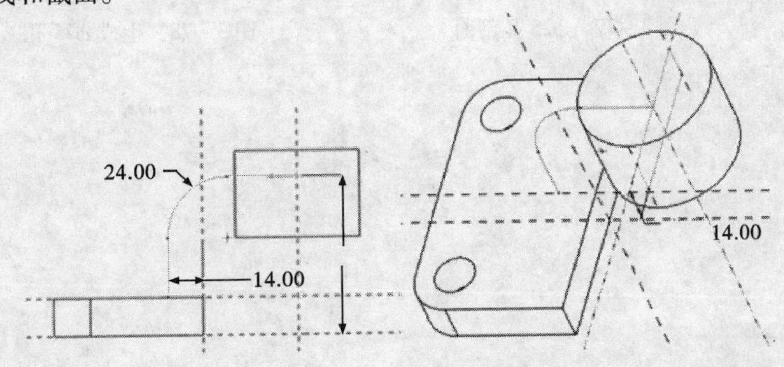

图3－75　轨迹线和截面

(3) 单击✔按钮，单击确定，生成如（图3－76）所示的扫描实体。

第五步：利用拉伸去除材料创建φ50柱体上φ25的孔。

（1）单击图形窗口右侧特征工具栏内的拉伸特征按钮，打开拉伸特征操控板。单击操控板上的【放置】选项，打开【放置】选项卡，在这个选项卡中，单击定义...按钮。

（2）打开【草绘】对话框，选择 ϕ50 柱体上表面作为草绘平面，默认参照面，单击【草绘】按钮，进入草绘模式。在草绘模式下，利用草绘器绘制如图 3－77 所示的剖面。单击草绘器中的✔按钮，退出草绘模式。

图 3－76　扫描实体

（3）单击操控板中的选项按钮，打开【选项】选项卡，将深度设置为穿过全部，单击去除材料按钮，单击图形窗口右下角的确认按钮，生成拉伸特征，如图 3－78 所示。

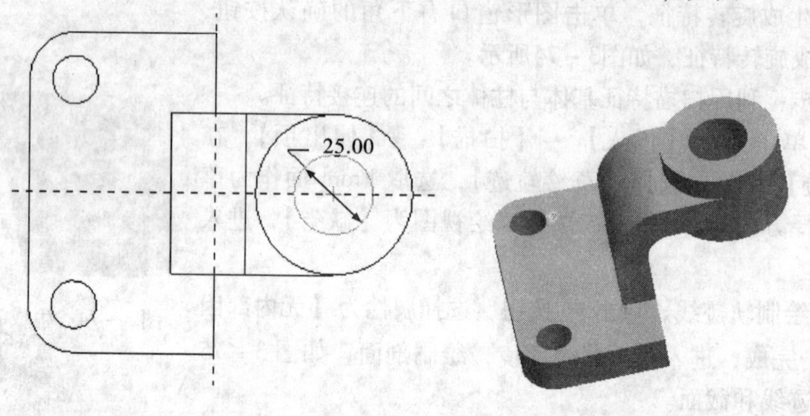

图 3－77　ϕ25 孔剖面　　　图 3－78　生成 ϕ25 孔

第四章　基准特征

学习指导

本章主要内容

基准特征：基准平面、基准轴、基准点和坐标系的用途和创建方法。

本章学习要求

1. 了解基准平面的用途，掌握基准平面的创建方法和创建步骤
2. 了解基准轴的用途，掌握基准轴的创建方法和创建步骤
3. 了解基准点的用途，掌握基准点的创建方法和创建步骤
4. 了解坐标系的用途，掌握坐标系的创建方法和创建步骤

第一节　概 . 述

在 Pro/Engineer 中，基准是建立模型的参考，虽然它不具有几何形状，但也是特征的一种。基准特征是指在创建几何模型或几何实体时，用来添加定位、约束、标注等定义时的参照特征。

基准的主要用途是在三维几何设计时作参考或基准。无论在草绘、曲面设计还是实体设计时都需要利用基准来确定其在空间的位置。

基准特征包括：基准平面、基准轴、基准点和坐标系等。

当我们在 Pro/Engineer Wildfire 中新建一个设计文件后，系统会自动建立如图 4－1 所示的默认基准，包括 3 个相互正交的基准平面 Top、Front 和 Right，一个坐标系 PRT_CSYS_DEF,如果还需要其他基准则可以自己创建。

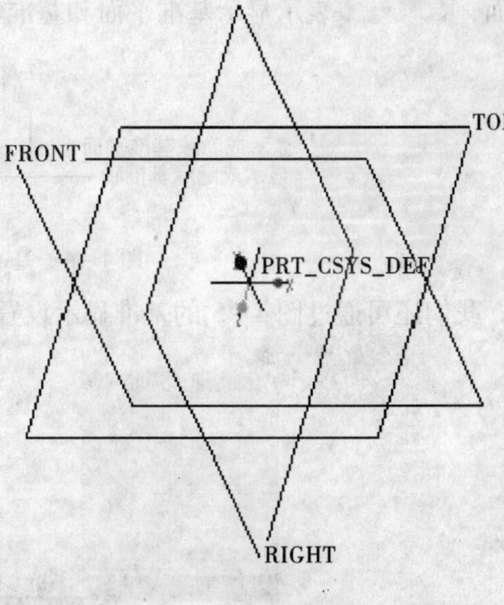

图 4－1　系统默认基准

（一）基准特征创建的途径

在零件模式下创建基准特征有两种途径：

1. 在菜单栏单击【插入】→【模型基准】如图 4－2 所示菜单命令中相应的命令。
2. 选择基准特征工具栏中相应的图标，如图 4－3 所示。

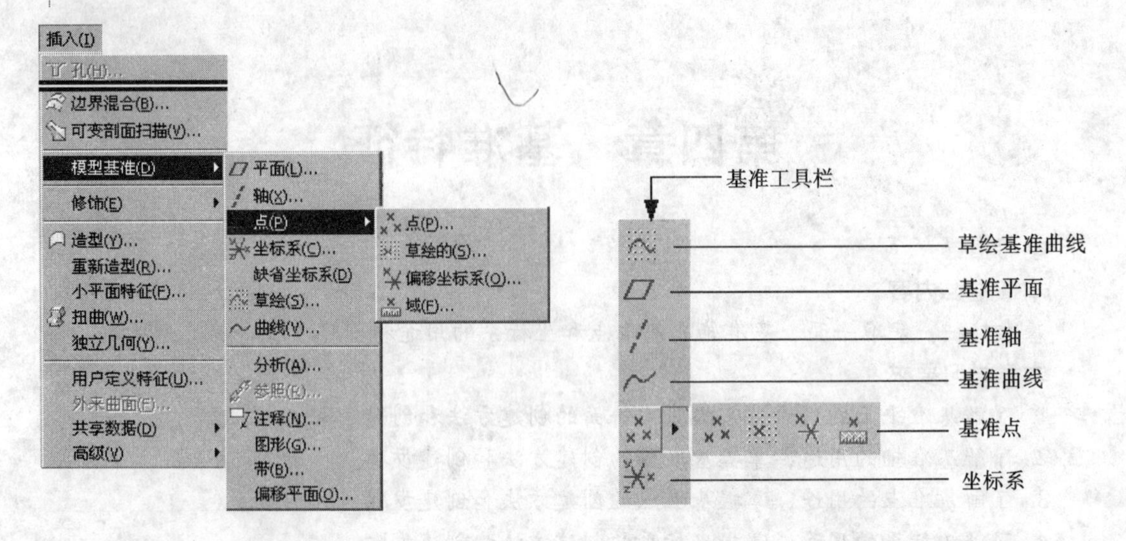

图 4－2　创建基准的命令菜单　　　　图 4－3　创建基准特征工具栏

(二) 基准显示的开关和设置

基准特征的存在给我们进行设计带来很大帮助，但有时也使屏幕显得凌乱，这时候我们可以通过工具栏中有关工具来控制基准的显示或隐藏。例如：表示只显示基准平面，表示显示基准平面和基准轴。

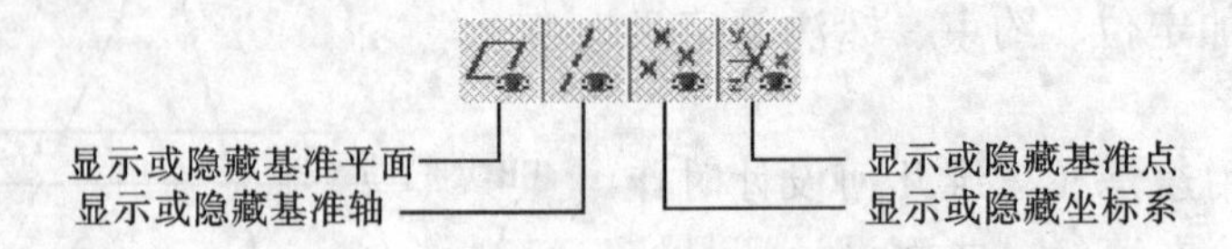

图 4－4　基准显示/隐藏控制工具

我们还可通过图 4－5 的基准显示设置命令进行基准显示的系统设置。

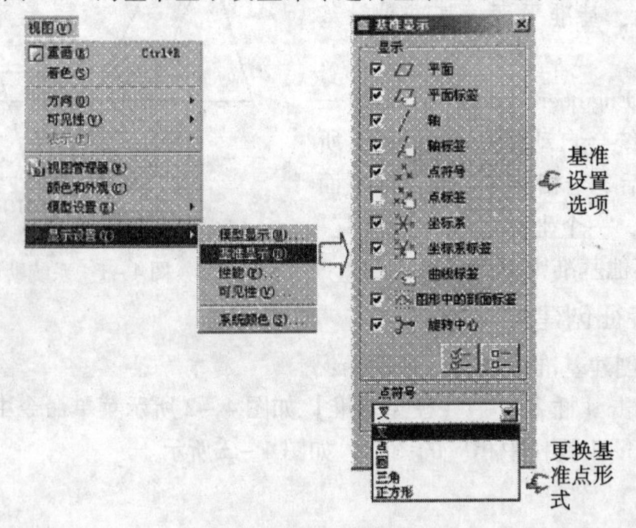

图 4－5　基准显示设置

我们创建的每一个基准特征系统都会自动命名，但是在复杂的图形中，如果我们能给基准特征一个具有实际代表意义的名称，将对我们的后续编辑操作带来方便。要更改基准特征的名称，只要直接在模型树中双击需更改基准特征名称或选中后单击鼠标右键选重命名，即可实现更名操作。

第二节　基准平面

基准平面是一个无限大但实际上不存在的平面，它没有质量和体积，始终适应于实体模型的大小，以方框的形式显示，并且在方框的附近标有基准平面的名称，如 Top、Right、DTM1、DTM2 等，在实体创建的过程中起参考的作用。

（一）基准平面的用途

1. 尺寸标注参照：利用基准面标注零件的位置尺寸。

2. 确定 3D 零件的方位。

3. 作为草绘平面。

4. 作为装配零件相互配合的参考面。

5. 作为剖视图产生的平面。

6. 作镜像平面：利用基准平面作镜像时候的参照面，可镜像特征或零件。

基准平面有正负向之分，其正负两面分别默认用黄、红两种颜色表示。利用基准平面来设定 3D 物体的方向时，需要指定正向那一侧的面应朝向的方向。

（二）创建基准平面

1. 创建基准平面的步骤

（1）按▱或者在菜单栏选【插入】→【模型基准】→【平面】，见图 4－2 创建基准的菜单命令，打开【基准平面】对话框（图 4－6）。

（2）在绘图区中从现有零件上选取点、线、面等参考几何（按住 Ctrl 键可以拾取多个参考几何）。

（3）定义要创建的基准平面与选中的对象之间的约束关系。

（4）选择对话框中的确定按钮，完成基准平面的创建。

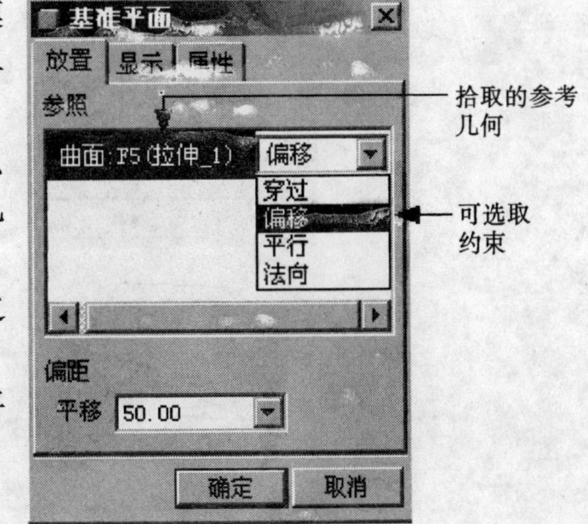

图 4－6　【基准平面】对话框

2. 基准平面的创建

在创建基准平面时，可以通过以下几种常用的条件进行组合来创建基准平面：

- 过任意三点（三点不能共线）。
- 过一条直线和直线外一点（过一点并垂直于一轴线或一条边）。
- 过共平面的两条直线（通过特征的两条边）。
- 过一条直线垂直于一平面（过一轴线或特征边并垂直于一平面）。

- 过一条直线平行于一平面（过一轴线或特征边并平行于一平面）。
- 过一点并平行于一平面。
- 过一点并与一圆柱面相切。
- 将一平面偏移一个距离。
- 将一坐标系偏移一个距离。
- 过一直线并与一平面成某一定角度。

下面，我们用两个例子来说明创建基准平面的步骤。

1. 过一条直线垂直于一平面创建基准平面

- 打开 4－2. Prt 文件。
- 在基准特征工具栏单击▱，弹出如图 4－6 所示的【基准平面】对话框。
- 按 Ctrl 同时单击鼠标左键选取平面 A 和棱边 B（图 4－7）。

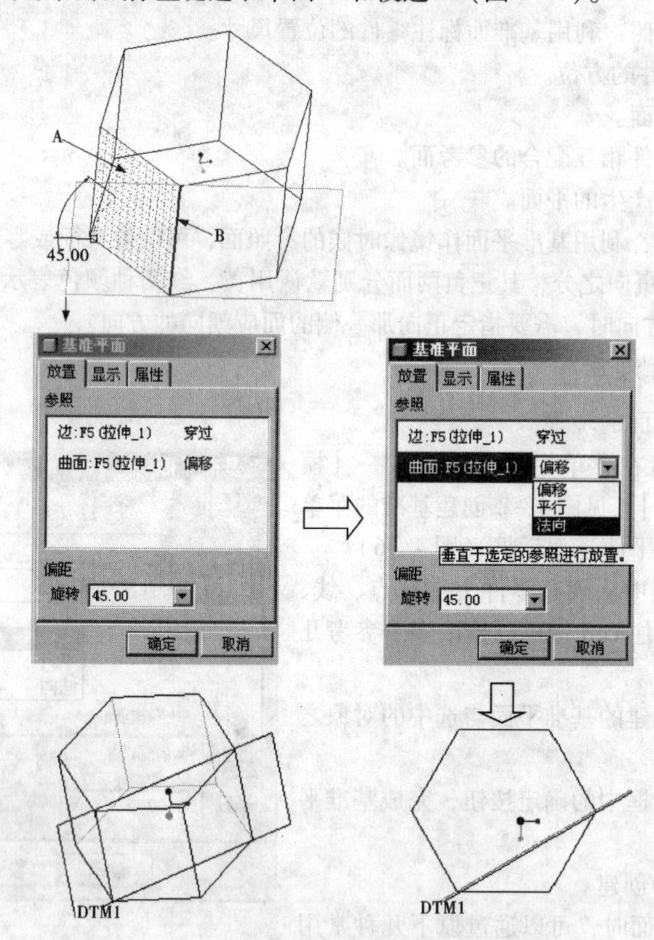

图 4－7　基准平面的创建 1

- 定义平面 A 的约束为法向（即垂直）。
- 单击【确定】，完成后结果见图 4－7。

2. 过一直线与一平面成某一定角度创建基准平面

1）打开 4－2. Prt 文件。

2）在基准特征工具栏单击▱，弹出如图 4－6 所示的【基准平面】对话框。

3）按住 Ctrl 键，同时单击鼠标左键选取平面 A 和棱边 B。

4）在【旋转】对话框中输入旋转角度 30°。

5）单击【确定】，新建基准平面 DTM1 如图 4－8 所示。

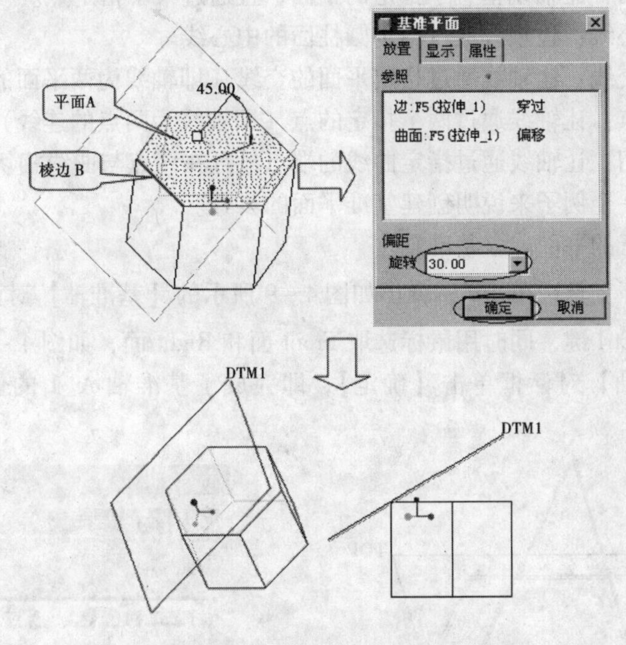

图 4－8　基准平面的创建 2

第三节　基准轴

基准轴也可以用作特征创建的参照。基准轴的产生有两种情况，一是基准轴作为一个单独的特征来创建；二是当采用拉伸、旋转或者孔等方法生成回转体特征时，系统会自动生成相应的基准轴线，这些特征轴线与单独建立的基准轴不同，它们不是独立的特征，不能被重定义和删除。基准轴创建后系统自动命名为 A_1、A_2、A_3 等。

（一）基准轴的作用

1. 尺寸标注参照：利用基准轴标注零件的位置尺寸。
2. 作为零件装配参考。
3. 作为阵列的参照。

（二）创建基准轴的用户界面

创建基准轴的步骤和用户界面如下：

1. 在基准特征工具栏单击/，弹出【基准轴】对话框（图 4－9）。
2. 从现有零件中选取点、线、面等参考几何。
3. 根据需要修改约束条件。
4. 单击【确定】。

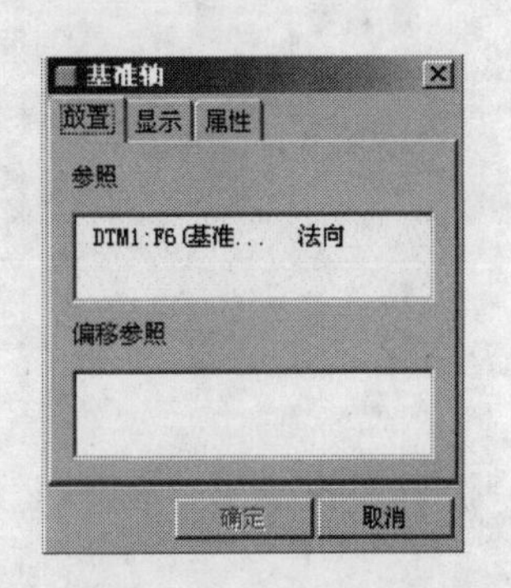

图 4－9　【基准轴】对话框

（三）基准轴的创建

我们可以通过以下几种常用的方法来创建基准轴。

- 通过边：让轴线通过指定的某条边或直线。
- 垂直于平面：让轴线垂直于指定的平面，且通过某个指定点。
- 圆柱面中心线：让轴线通过指定圆柱面的中心线。
- 两个平面交线：让轴线通过指定平面的交线（即轴线为两平面的交线）。
- 通过两个点：让轴线通过两个指定的点（即轴线为两点的连线）。
- 与圆弧相切：让轴线通过指定曲线的端点，且在该点与曲线相切。

下面，我们用一个例子来说明创建基准平面的步骤。

选择两个不平行的平面建立基准轴。

- 在基准特征工具栏单击 ，弹出如图 4－9 所示的【基准轴】对话框。
- 按住键盘 Ctrl 键，同时用鼠标选取 Front 面和 Right 面，如图 4－10 所示。
- 在【基准轴】对话框单击【确定】，即完成了基准轴 A_1 的创建，如图 4－10 所示。

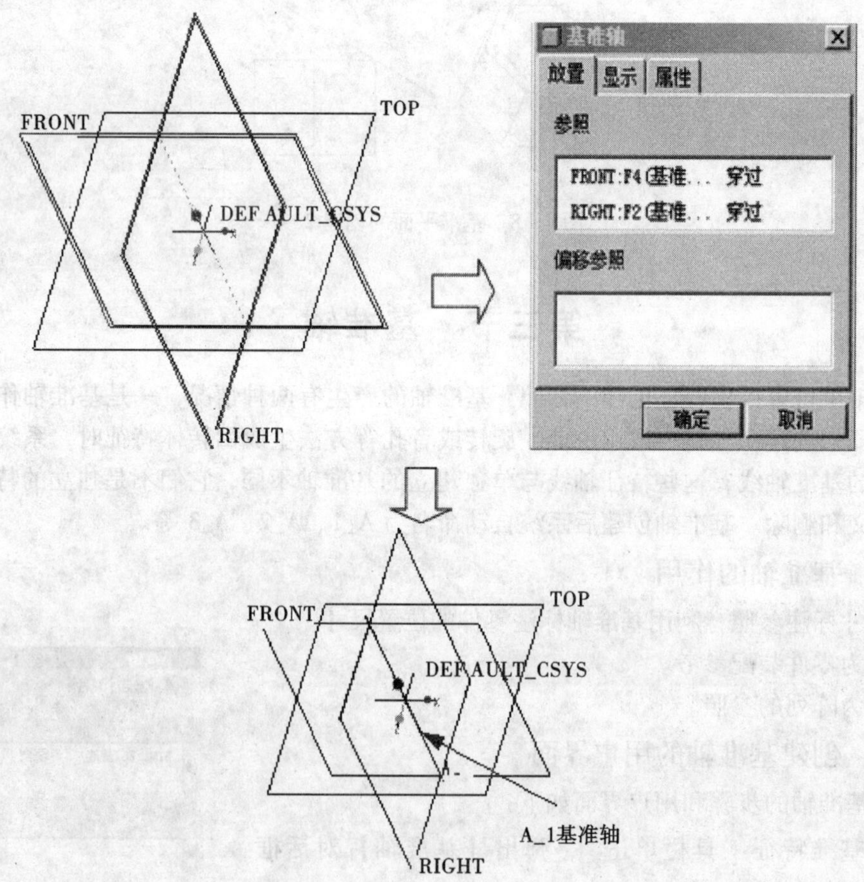

图 4－10　基准轴的创建

第四节　基准点

基准点的默认显示样式为“×”，系统按照建立的先后顺序，自动命名为 PNT0、PNT1、PNT2 等。

（一）基准点的用途

在 Pro/Engineer 中基准点常用作以下用途：

- 作为基准平面、基准轴与曲线的建立参照。
- 作为倒圆角半径的控制点。
- 用来定义特征深度。
- 用作孔定位参照。

（二）创建基准点的用户界面和步骤

创建基准点的步骤如下：

单击基准点工具按钮右侧的按钮，将弹出如图 4－11 所示的基准点创建工具按钮。

1. 普通基准点

在三维建模的过程中，如果需要根据现有的面、线的交点来创建基准点，可采取如下步骤：

- 在基准工具栏中单击，打开如图 4－12 所示的【基准点】对话框。
- 用鼠标在绘图区中选择建立基准点的参照几何（按住 Ctrl 键可以选择多个参照几何）。
- 单击基准点对话框中的【确定】，即完成基准点的建立。

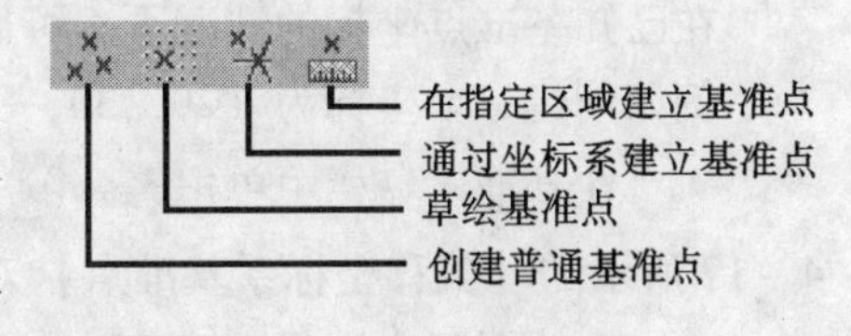

图 4－11　基准点创建工具

2. 在平面上草绘基准点

在已知基准点所在平面的情况下，可以在平面上草绘基准点。创建步骤如下：（以 4－4. prt 为例）

- 在基准工具栏单击→，打开如图 4－13 所示的【草绘基准点】对话框。

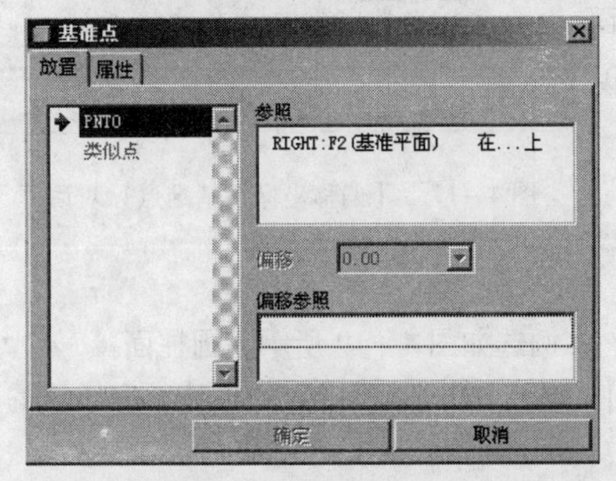

图 4－12　【基准点】对话框

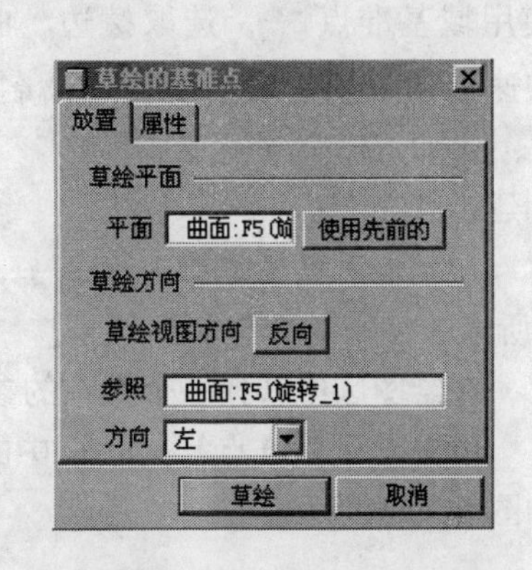

图 4－13　【草绘基准点】对话框

- 选择如图 4－14 所示的草绘平面，然后单击【草绘基准点】对话框中【草绘】按钮，进入草绘界面。
- 用草绘点工具绘制如图 4－15 所示的两点 A 和 B。
- 单击【草绘基准点】对话框中的【确定】按钮，创建的基准点如图 4－16 所示。

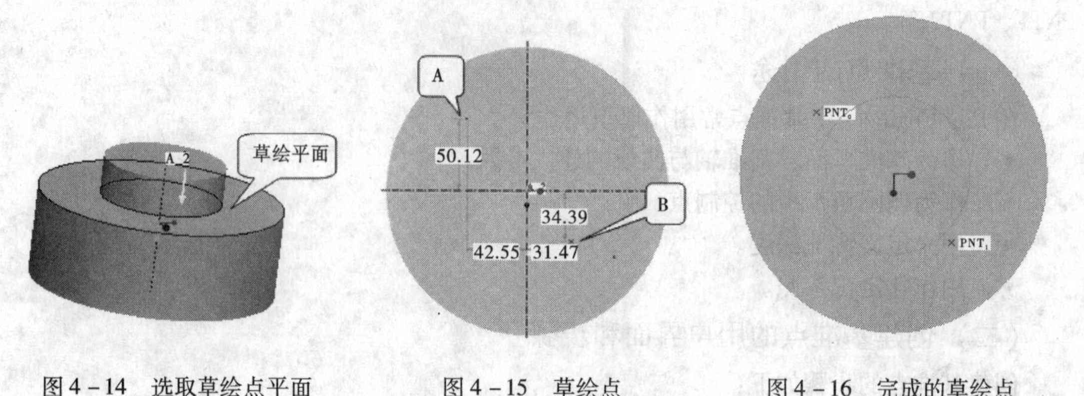

图 4－14　选取草绘点平面　　　图 4－15　草绘点　　　图 4－16　完成的草绘点

3. 通过偏移三维坐标系建立基准点

在已知基准点坐标的情况下，可以使用坐标系偏移来创建基准点。具体方法如下：例如创建一个坐标为（20，30，80）的基准点。

- 在基准工具栏中单击 → ，打开如图 4－17 所示的【偏移坐标系基准点】对话框。
- 在绘图区中选择一个存在的坐标系 DEFAULT_CSYS。
- 在对话框中输入偏移坐标值（20，30，80）。
- 在【偏移坐标系基准点】对话框单击【确定】按钮，即完成基准点的创建。

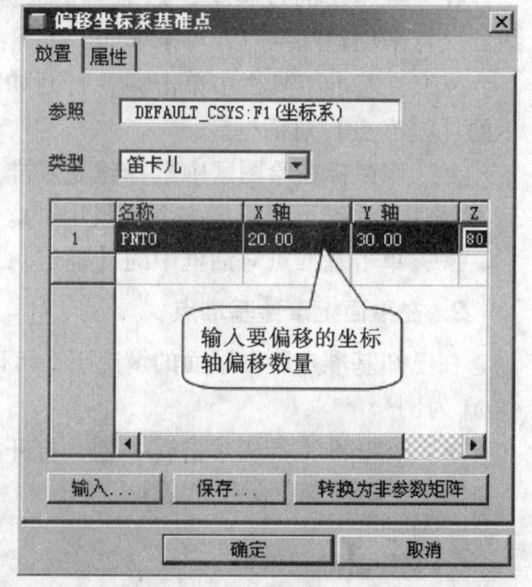

图 4－17　【偏移坐标系基准点】对话框

4. 在指定区域内创建基准点

如果基准点的具体位置精度要求不高，我们可以使用域基准点 ，选取棱边、曲线、曲面等来快速创建，创建后系统自动命名为 FPNT0、FPNT1、FPNT2……

创建步骤如下：

- 在基准工具栏中单击 → ，打开如图 4－18 所示的【域基准点】对话框。
- 在绘图区中选择一个存在的参照几何，本例选如图 4－19 所示的圆柱面。
- 单击【域基准点】对话框中的【确定】按钮，即完成基准点的创建，完成后的基准点如图 4－19 所示。

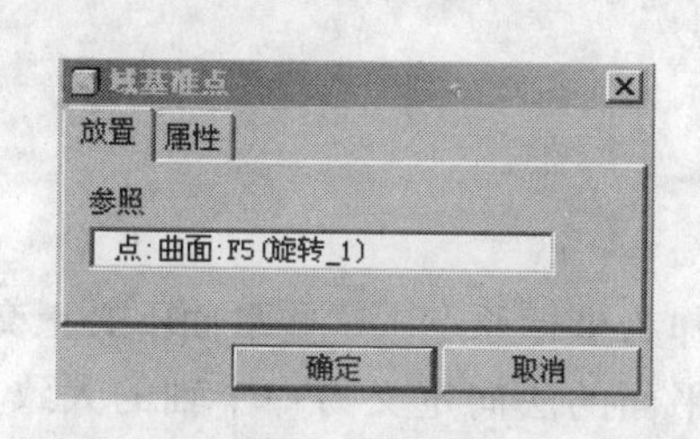

图 4-18　【域基准点】对话框

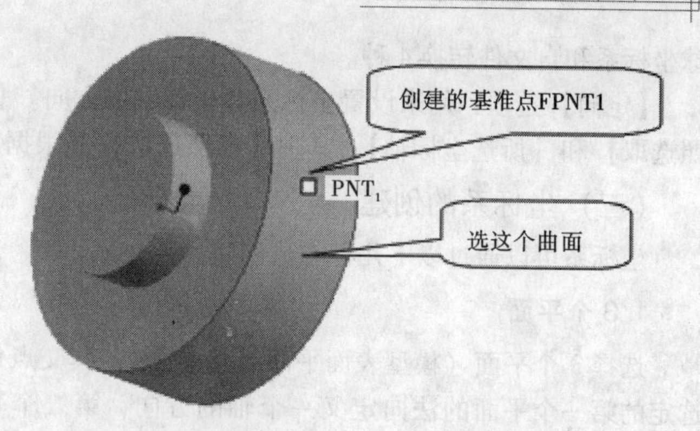

图 4-19　创建域基准点

第五节　坐标系

坐标系显示为三条互相正交的褐色短直线，系统默认以 PRT_CSYS_DEF 来表示，以后建立的自动命名为 CS0、CS1、CS2……

（一）基准坐标系的作用

基准坐标系主要用作以下用途：

- 用作建模时的方向参照。
- CAD 数据输入与输出：IGES、FEA、STL 等数据的输入或输出都要设置坐标系。
- 用作组件装配参照。
- 用作刀具轨迹生成参照：在 NC 加工模块中，生成 NC 加工程序必须有坐标系作参照。

（二）创建坐标系的用户界面

创建一个基准坐标系需要使用六个参照，其中三个相对独立的参照用于确定原点位置，另外三个相对的参照用于确定坐标系方向。

单击基准特征工具栏，弹出如图 4-20 所示的【坐标系】对话框。

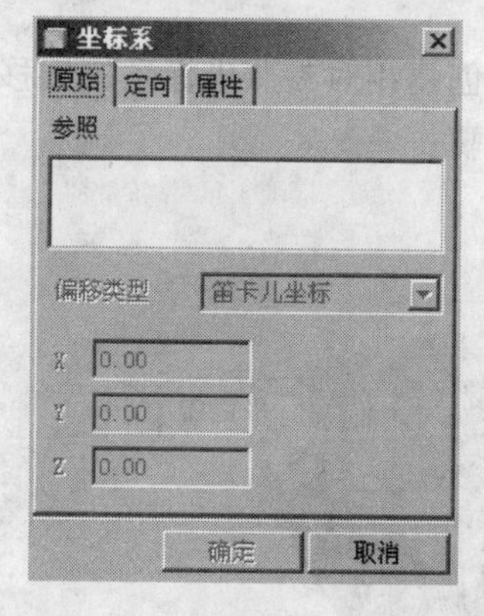

图 4-20　【坐标系】原始选项

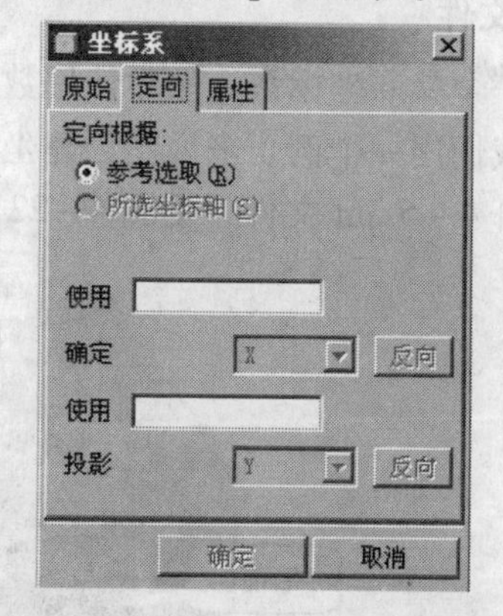

图 4-21　【坐标系】定向选项

【原始】选项：用来定义坐标系的参照和类型，其中【参照】中收集和显示创建坐标系所用的参照特征；【偏移类型】用来定义坐标系的形式，包括笛卡儿坐标系、柱坐标系、球坐标系和自文件转换 4 种。

【定向】选项：用来设置坐标系各坐标轴的方向。【定向根据】（图 4 - 21）包括【参照选取】和【所选坐标轴】，其中【参照选取】是根据所选取的平面。

（三）坐标系的创建

坐标系可以通过以下几种方法创建：

1. 3 个平面

选择 3 个平面（模型表面平面或基准面），其交点作为坐标原点。这些平面不必正交，选定的第一个平面的法向定义一个轴的方向，第二个平面的法向定义另一个轴的大致方向，系统应用右手定则确定第三轴。

2. 一点和不相交的两个轴

选择一点作为坐标系的原点，然后定义其他两个坐标轴。点可以是基准点、顶点、端点。轴可以是模型的边、基准轴、中心轴线、曲线。

3. 两个相交的轴

选取两条轴线或直线，系统在它们的交点处设置原点，然后用户自定义坐标轴的方向即可确定一个坐标系。

4. 偏移坐标系

通过由参照坐标系偏移和旋转来创建坐标系。

5. 偏移视图平面

通过参照坐标系偏移来创建与屏幕正交的坐标系（Z 轴垂直于屏幕并指向用户）。系统要求用户选择参照坐标系，然后提示指定 Z 轴与屏幕垂直，系统自动确定偏移坐标系与参照坐标系间的旋转角。

6. 一个平面和两个不相交轴

指定一个平面和两个轴来创建坐标系。坐标系的原点为平面与第一个选定轴线的交点。

7. 通过文件

先指定一个参照坐标系，然后使用数据文件，创建相对参照坐标系的偏移坐标系。

下面，我们用一个例子来说明创建坐标系的步骤：

- 打开 4 - 5. prt 文件，见图 4 - 22。

图 4 - 22　4 - 5. prt 零件图

● 单击基准特征工具栏![icon]，打开如图4－20所示的【坐标系】对话框。

● 在绘图区选取平面A。

● 在【坐标系】对话框中单击【定向】按钮，打开如图4－21所示的【坐标系】定向选项，按图4－23进行修改（用平面A来确定Z轴方向）。

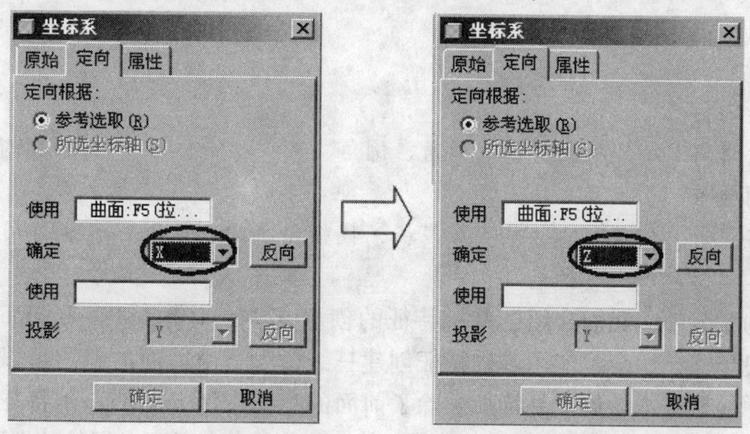

图4－23　修改定向

● 在【坐标系】对话框中单击【原始】按钮，打开如图4－20所示的【坐标系】原始选项。

● 按住键盘Ctrl键用鼠标选取平面B和平面C，【坐标系】对话框设置后如图4－24所示。

● 在图4－24对话框中单击【确定】，即完成了坐标系CS0的创建，完成后的坐标系如图4－25所示。

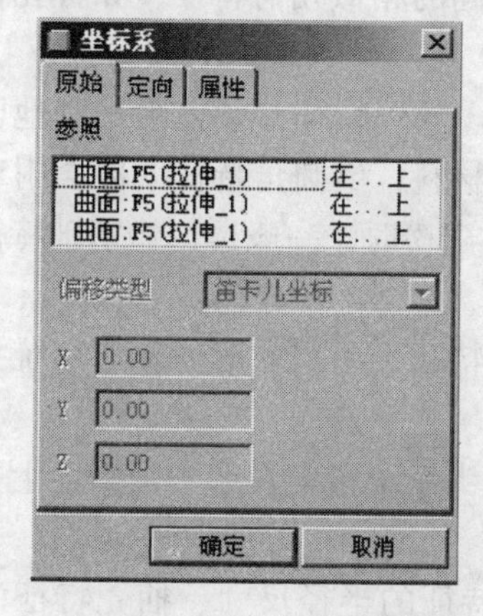

图4－24　【坐标系】对话框设置后

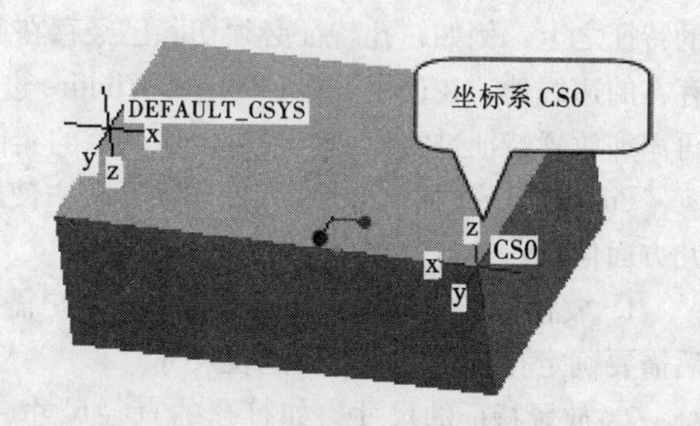

图4－25　创建的坐标系CS0

第五章 放置特征的创建

学习指导

本章主要内容

本章主要讲解Pro/E放置特征：圆角、倒角、孔、抽壳、筋板、拔模特征的创建方法。

本章学习要求

熟练掌握圆角、倒角、孔、抽壳、筋板、拔模特征的创建过程，能运用它们进行零件的造型。

在前面的章节中，我们介绍了基础特征的创建方法，了解了Pro/Engineer创建三维实体模型的一般步骤，学会了使用基础特征创建三维模型。由前面的介绍可以知道，一个三维实体模型，它最基本的单位是特征，除了前面的章节中所介绍的基础特征以外，还有一类非常重要的，在工程中使用非常多的特征，这就是本章中所要介绍的放置特征。

第一节 放置特征概述

Pro/Engineer Wildfire提供了许多种放置特征，如孔、圆角、倒角、拔模、变形、抽壳、轴、颈、唇等特征。

零件建模的放置特征通常是指由系统提供的或用户自定义的一类模板特征。它的特征几何形状是确定的，由用户通过改变其尺寸，得到不同的相似几何特征，如打孔，用户通过改变孔的直径尺寸，可得到一系列大小不同的孔。

放置特征的一个显著特点是它并不能够单独存在。放置特征必须依附于其他已经存在的特征之上，例如，孔特征必须切除已经存在的实体材料，倒圆角特征一般会附着在已经存在的边线处。在使用Pro/Engineer Wildfire进行实体建模时，一般选创建基础特征，然后再添加放置特征进行修饰，最后生成满意的实体模型。

Pro/Engineer Wildfire在零件建模过程中使用放置特征，用户一般需要给系统提供以下几方面信息：

1. 放置特征的位置：如打孔特征，用户需要首先为系统指定在哪一个平面上打孔，然后需要确定孔在该平面上的定位尺寸。

2. 放置特征的尺寸：如打孔的直径尺寸、圆角特征的半径尺寸、抽壳特征的壁厚尺寸等。

第二节 圆角特征

圆角在机械零件中应用非常广泛，在零件的棱边上添加圆角，可以使边之间的连接过渡更加光滑、自然，也更加美观，同时还可以避免因锐利的棱边引起的误伤。铸造等加工造型方法中，更是要求棱边全部使用圆角。

在 Pro/E 中，提供了强大的倒圆角功能。可以实现常半径倒圆角、变半径倒圆角、全圆角；可以使用边倒圆角、面和边倒圆角、面面倒圆角；还可以控制圆角的截面形状等。如图 5－1 所示为四种常用圆角类型的示意图。

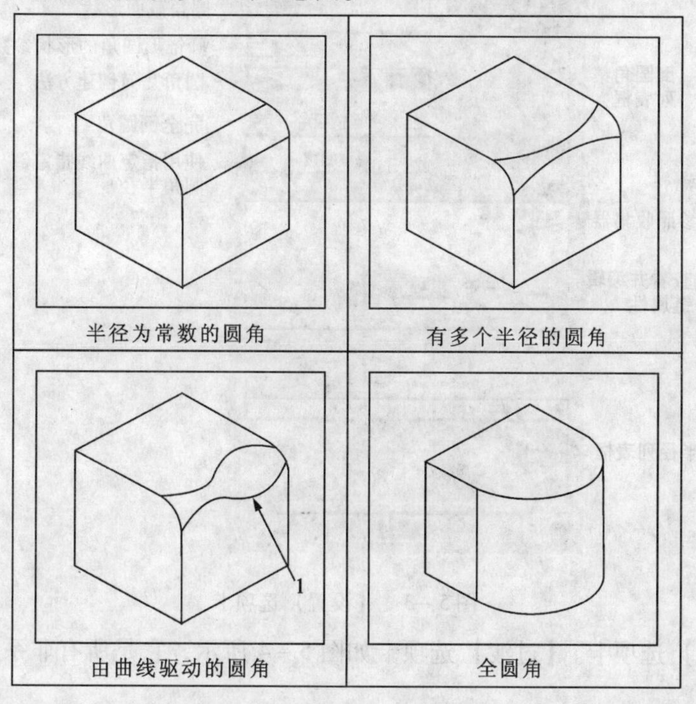

图 5－1　四种常用圆角类型

（一）圆角特征的创建方法

1. 圆角特征操控板介绍

在野火版中，有两种方法使用圆角特征：

（1）单击主菜单中的【插入】→【倒圆角】。

（2）单击图形窗口右边的圆角工具按钮。

在圆角特征操控板内可以定义圆角特征的所有参数，如图 5－2 所示。

图 5－2　圆角特征操控板

倒圆角工具操控板非常简单，只有三个选项，分别用于设置当前模式和设置圆角半径，主要的功能都是在选项卡中完成。

：打开【圆角】设定模式。

：打开【圆角过渡】模式。

2.10：定义圆角半径大小。

倒圆角工具操控板中共有 4 个功能性的选项卡，下面分别介绍一下【设置】【过渡】【段】【选项】四个选项卡：

(1)【设置】选项卡。【设置】选项卡如图 5－3 所示，它是最重要的选项卡，其中功能包括圆角集设置、圆角创建方法设置、截面形状设置等。

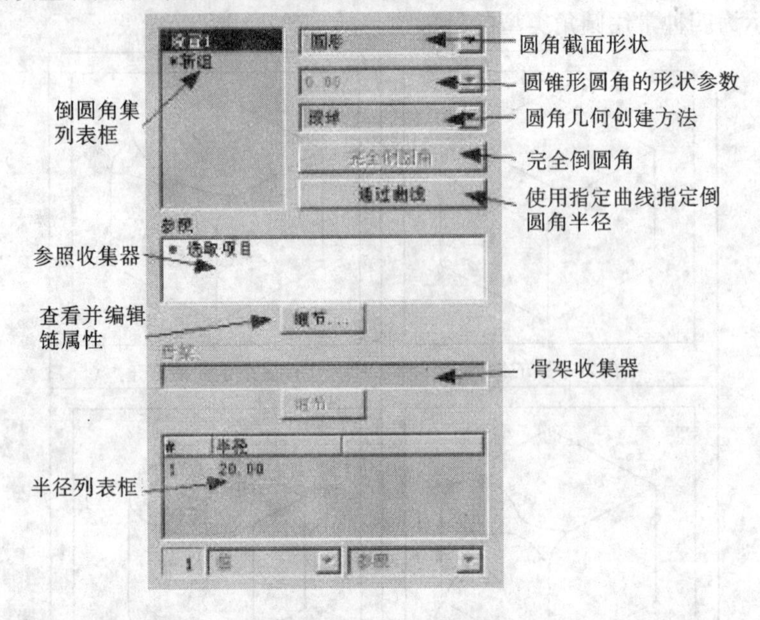

图 5－3　【设置】选项卡

(2)【过渡】选项卡。【过渡】选项卡如图 5－4 所示，它是所有非系统缺省设置的圆角过渡的列表。

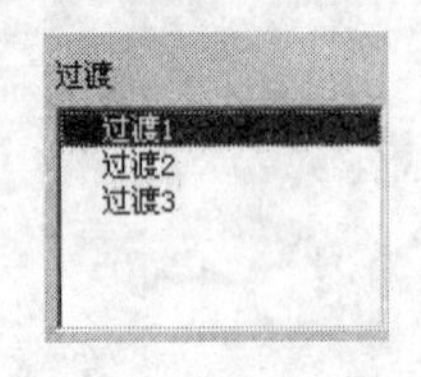

图 5－4　【过渡】选项卡

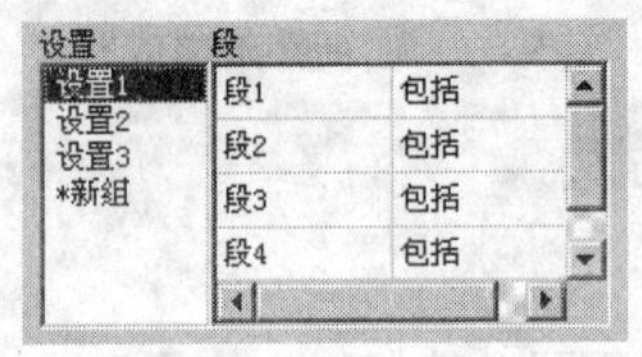

图 5－5　【段】选项卡

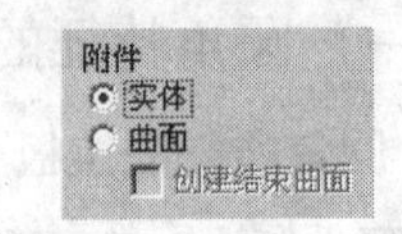

图 5－6　【选项】选项卡

(3)【段】选项卡。【段】选项卡如图 5－5 所示，可使用【段】选项卡执行倒圆角段管理，包括查看倒圆角特征的全部倒圆角集，查看当前倒圆角集中的全部倒圆角段，修剪、延伸或排除这些倒圆角段以及处理放置模糊问题等。

(4)【选项】选项卡。【选项】选项卡如图 5－6 所示，包含下列选项：

实体：创建倒圆角特征为与现有几何相交的实体。仅当选取实体作为倒圆角集参照时，此连接类型才可用。如果选取实体作为倒圆角集参照，则 Pro/E 会缺省选中此选项。

曲面：创建倒圆角特征为与现有几何不相交的曲面。仅当选取实体作为倒圆角集参照时，此连接类型才可用。

创建结束曲面：创建结束曲面，以封闭倒圆角特征的所有倒圆角段端点。仅当选取了有效几何以及【曲面】或【新面组】连接类型时，此复选框才可用。

2. 圆角特征的创建方法

(1) 创建常半径圆角特征。

常半径圆角特征的圆角半径参数不变，常常用于创建尺寸均匀一致的圆角。

如果只是在一条或者几条边线上创建单一尺寸的倒圆角特征，那直接在图形界面中选中这几条边线后，在　　文本框中写入圆角半径即可。如果要在模型上创建较复杂的恒定圆角特征，需要在“设置”选项卡中详细设置，下面介绍步骤：

步骤1：设定圆角集

前面已经介绍过，一个倒圆角特征是由倒圆角集和圆角过渡构成的。一个倒圆角特征中可能有多个倒圆角集，因此创建倒圆角特征的第一步是创建倒圆角集。

在倒圆角特征工具操控板中，单击【设置】，进入【设置】选项卡（图5－3），即可在倒圆角集列表框中对倒圆角集进行操作，包括创建和删除。

创建倒圆角集

在倒圆角集列表框中，单击【＊新组】，则系统自动创建一个空的倒圆角集，空的倒圆角集前以红色圆点表示，如图5－7所示。

在倒圆角集列表框中右击，在弹出的快捷菜单中单击【添加】按钮，也可以创建新的倒圆角集（图5－8）。

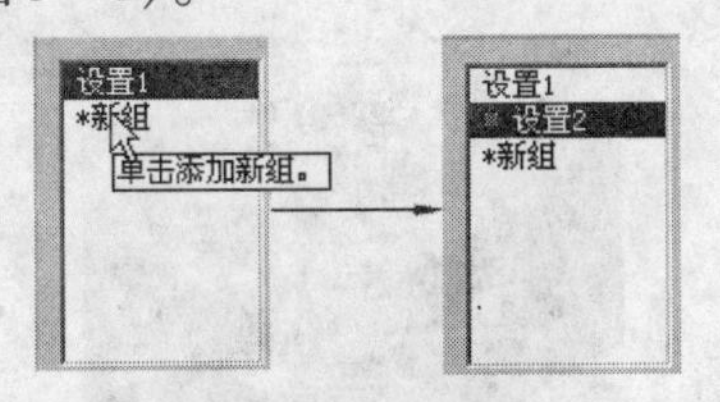

图5－7　创建倒圆角集

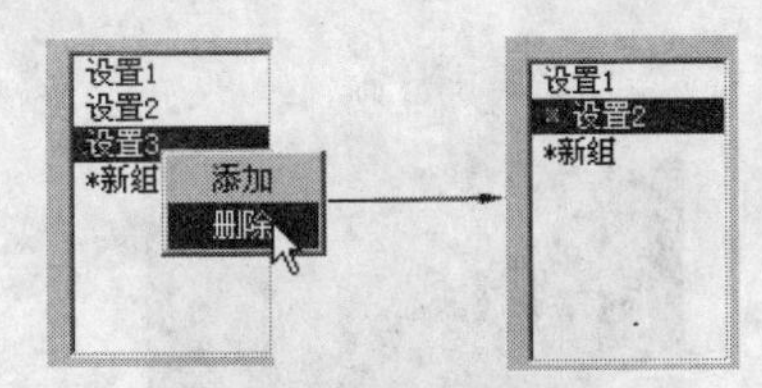

图5－8　删除倒圆角集

删除倒圆角集

选中某一倒圆角集后，在其上右击，在弹出的快捷菜单中单击【删除】选项后，系统就删除该倒圆角集。所有倒圆角集按照创建的先后顺序，重新编号。

步骤2：设定圆角形状参数

圆角形状包括多种：

如图5－9所示，在创建方式下拉列表中选择相应的创建方式即可，Pro/E中提供了两种创建方式，分别是【滚球】和【垂直于骨架】。

- 圆角截面形状

如图5－10所示，在截面形状下拉列表中选择相应的选项即可，Pro/E中提供了三种创建方式，分别是【圆锥】、【圆球】和【D1×D2圆锥】。

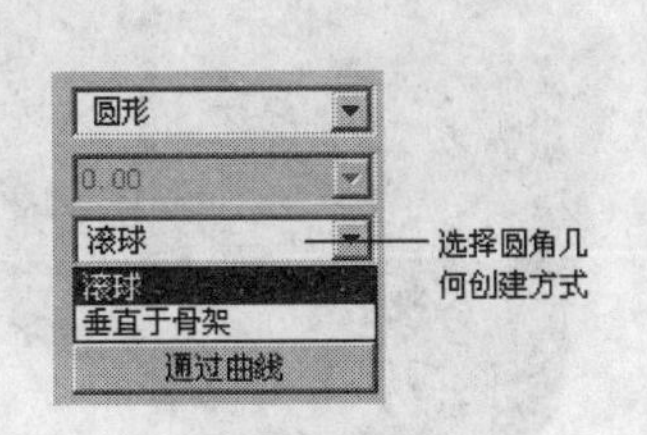

图5－9　选择圆角几何创建方式

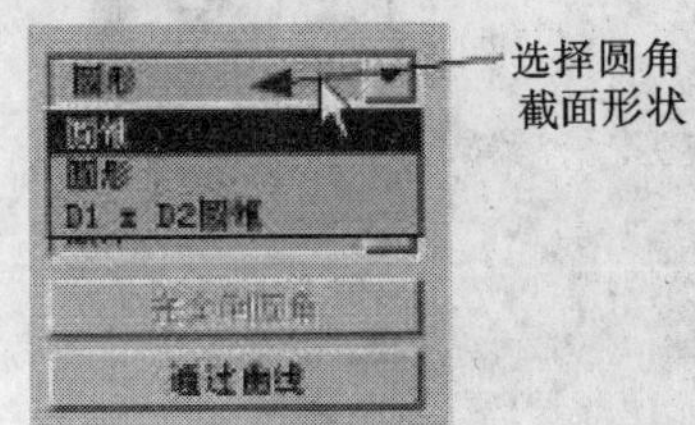

图5－10　选择圆角截面形状

当使用【圆锥】选项时，可使用圆锥参数来控制圆锥的锐度，圆锥参数的范围在0.05到0.95之间。

当使用【D1×D2】选项时，需要使用圆锥参数和两个不同的半径值。

- 圆角半径值

在圆角半径列表框中，输入所需要的圆角半径值即可。

- 其他

可以使用【全圆角】和【通过曲线】按钮。全圆角即使用曲面作为参照，创建与曲面自动拟合的完全倒圆角特征；通过曲线是以曲线为参照创建倒圆角特征。

步骤 3：指定圆角参照

Pro/E 中，使用边或者边链作为参照，创建圆角特征。

- 使用单条边作为圆角参照

使用单条边作为圆角参照时，可以用鼠标从图形窗口中直接选择边，如图 5－11 所示。

- 使用多条边作为圆角参照

使用多条边作为圆角参照时，按住 Ctrl 键，然后从图形窗口中选择所需要的边，如图 5－12 所示。

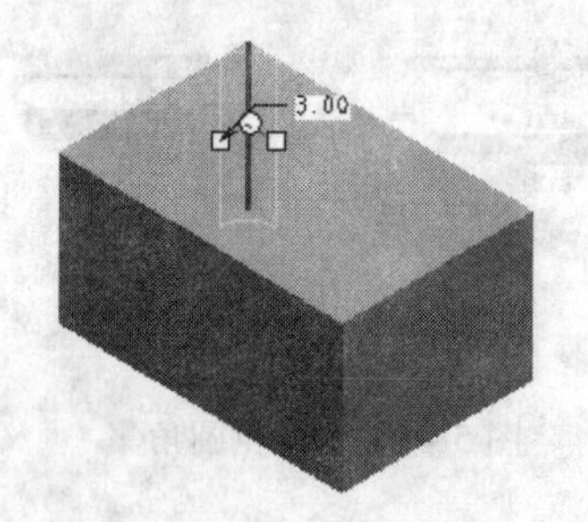

图 5－11　单条边

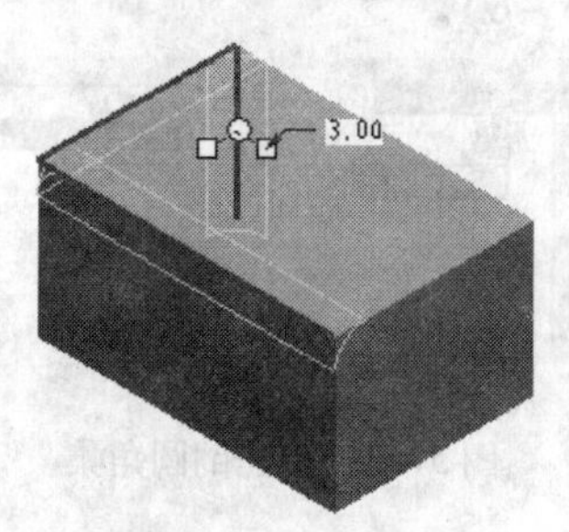

图 5－12　多条边

- 使用边链作为圆角参照

当作为圆角参照的边组成一个闭合链时，可以按住 Shift 键后，再用鼠标选择其中的两条边，系统自动根据已有的两条边选择整个闭合链作为圆角参照，如图 5－13 所示。

- 使用相切链

若实体模型中有首尾顺序相连、相切的相切链，当选中相切链的一部分时，系统会自动将整条相切链作为圆角参照，如图 5－14 所示。用户也可以用鼠标一次选取整个相切链。

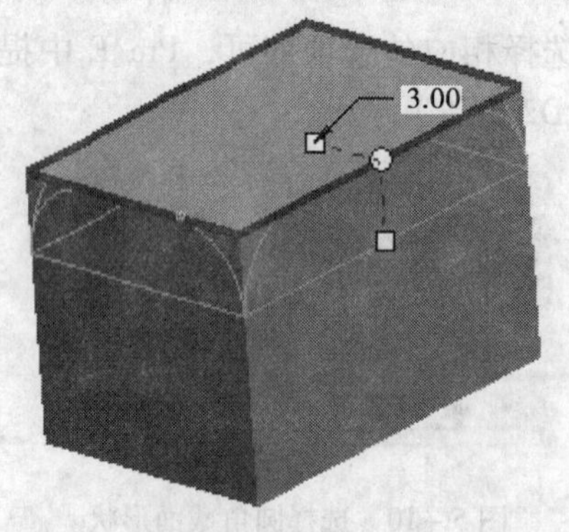

图 5－13　边链

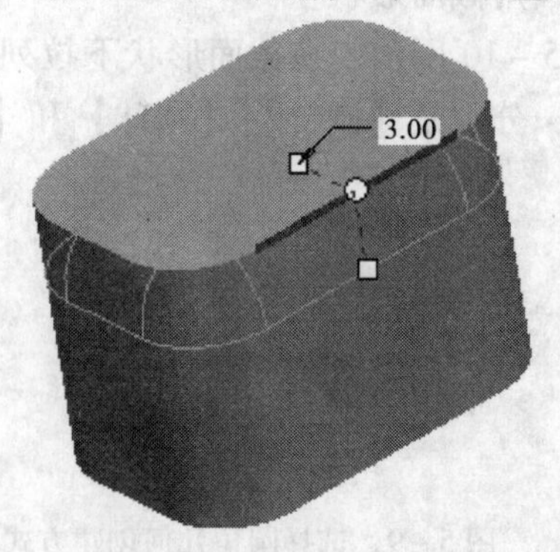

图 5－14　使用整个相切链

步骤 4：定义圆角半径

可以使用直接输入半径尺寸值、使用参照定义半径尺寸、动态调整半径尺寸三种方式定义圆角半径大小，如图 5－15 所示，选择圆角参照后，系统会自动在圆形窗口中显示圆角特征预览，其中的方形黑色点就是用于控制圆角半径大小的。使用鼠标选中该点后拖动，可以动态地调整圆角半径大小，同时在图形窗口中，圆角特征的预览也会随之动态变化。

步骤 5：定义圆角过渡

在倒圆角特征工具操控板中，单击按钮后，系统转换到过渡模式，同时在图形窗口中也更改为过渡显示模式。

Pro/E 中，提供了如下几种圆角过渡类型：

- 缺省：Pro/E 确定最适合几何环境的过渡类型，过渡类型括在圆括号中。
- 混合：使用边参照在倒圆角段之间创建圆角曲面。
- 连续：将倒圆角几何延伸到两个倒圆角段。
- 相交：以向彼此延伸的方式延伸两个或更多个重叠倒圆角段，直至它们会聚形成锐边界。
- 仅限倒圆角 1：使用复合倒圆角几何创建过渡。其中包括使用包络最大半径的倒圆角段周围的扫描，对由三个重叠倒圆角段所形成的拐角过渡进行倒圆角。
- 仅限倒圆角 2：使用复合倒圆角几何创建过渡。
- 拐角球：球面拐角对由三个重叠倒圆角段所形成的拐角过渡进行倒圆角。
- 曲面片：在三个或四个倒圆角段重叠的位置处创建曲面片曲面。
- 终止实例：使用由 Pro/E 配置的几何终止倒圆角。
- 终止于参照：在指定的基准点或基准平面处终止倒圆角几何。

在过渡显示模式中，使用白色线条显示圆角过渡，用灰色线条显示圆角段特征，如图 5－16 所示。使用鼠标在图形窗口中选中某个圆角过渡后，可以在圆角过渡类型下拉列表框中选择圆角过渡类型，所有非缺省圆角过渡将会被添加到【过渡】选项卡中。

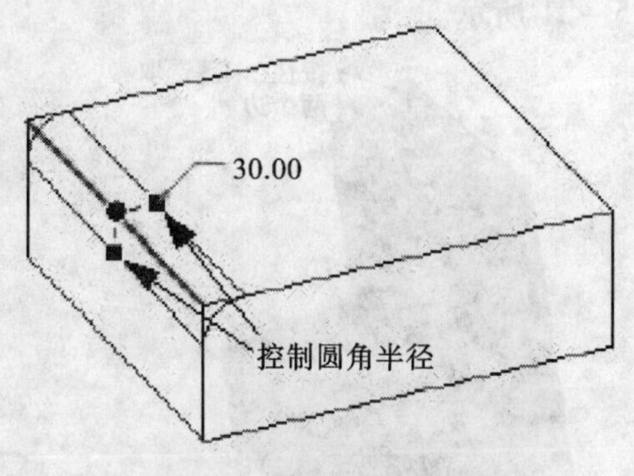

图 5－15　动态调整圆角尺寸

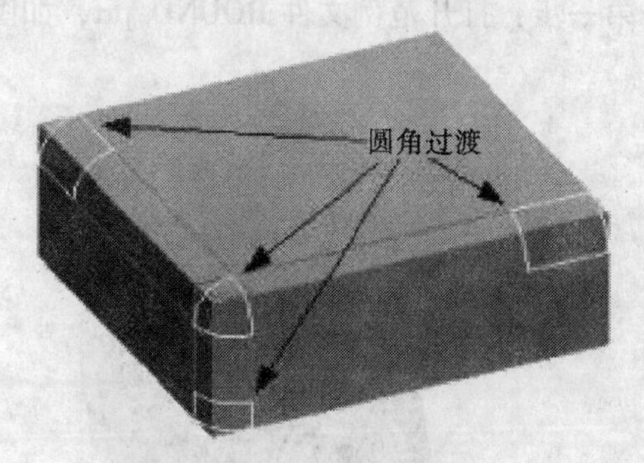

图 5－16　过渡显示模式

（2）创建变半径圆角特征。

变半径圆角是指圆角半径值并不恒定的倒圆角特征。可变圆角的创建过程和恒定圆角的创建过程大体相同，只是在指定圆角半径时，需要指明在每一个控制点处的圆角半径值。

在【设置】选项卡下部的【圆角半径】列表框中右击，在弹出的快捷菜单中单击【添加半径】（图 5－17）后，系统自动按照当前圆角参照的设置，添加控制点，如图 5－18 和图 5－20 所示。

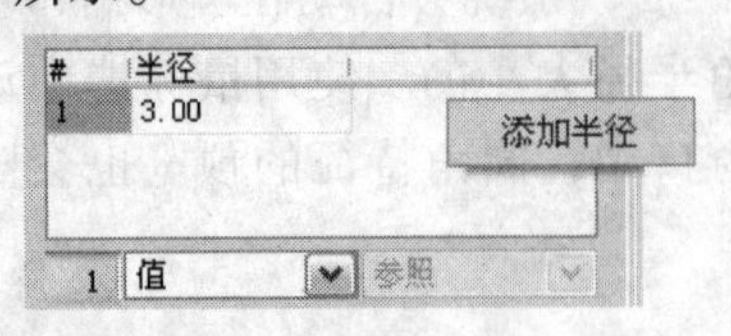

#	半径
1	3.00

图 5－17　添加半径

#	半径	位置
1	3.00	0.50
2	3.00	0.70
3	3.00	0.90

4 值　比率

图 5－18　系统自动添加的控制点

用户也可以使用同样的方法，添加自己需要的控制点，用户设置的控制点如图 5－19 和图 5－20 所示。用户定义的控制点和可变拔模特征相似，参数定义方法也基本相同。但倒圆角特征中，一旦输入位置参照，就不能使用鼠标拖动的方法来改变控制点位置了。

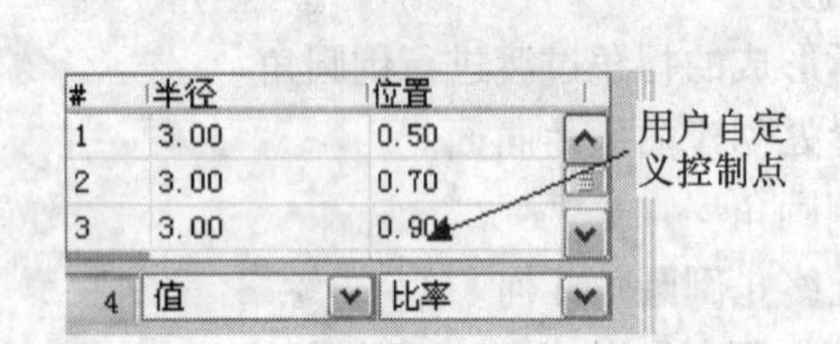

#	半径	位置
1	3.00	0.50
2	3.00	0.70
3	3.00	0.90

图 5－19　用户自定义控制点

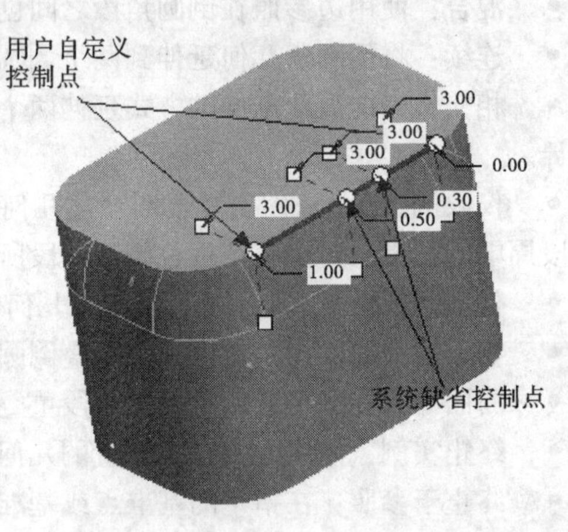

图 5－20　图形窗口中的控制点

（二）圆角特征创建实例

第一步：打开范例文件 ROUND. prt，如图 5－21 所示。

图 5－21　ROUND. prt

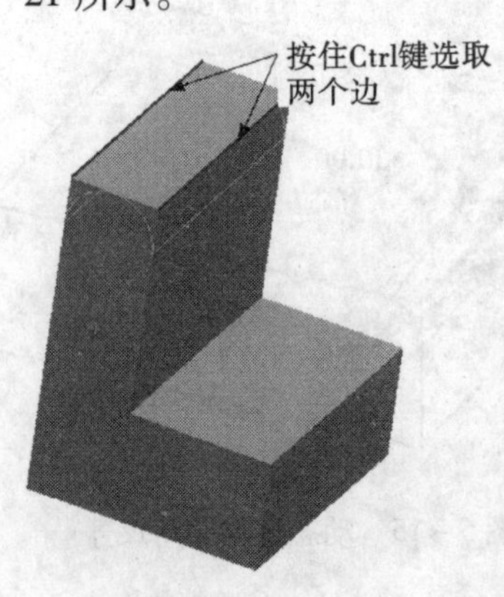

图 5－22　选取边

第二步：单击按钮，打开圆角特征操控板。

第三步：单击【设置】按钮，在打开的面板中设定圆角类型为全圆角，参照里面按住 Ctrl 键选取如图 5 – 22 所示的两个边。

第四步：单击✔按钮，完成全圆角特征的建立，如图5 – 23 所示。

第五步：单击✔按钮，打开圆角特征操控板。

第六步：单击【设置】按钮，参照里面选取如图 5 – 24 所示的边，输入半径为20。

第七步：单击✔按钮，完成圆角特征的创建，如图 5 – 25 所示。

图 5 – 23　全圆角特征

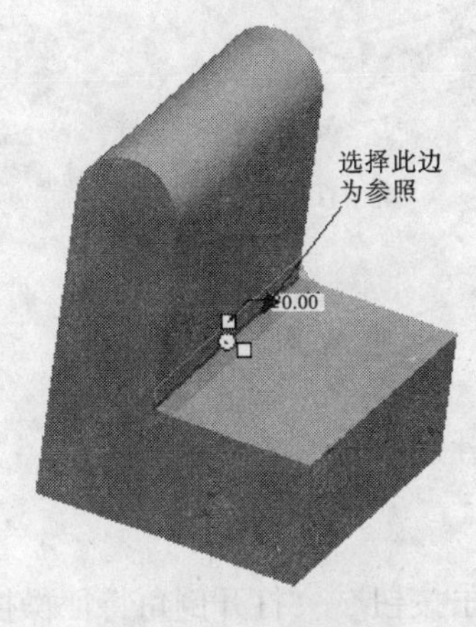

图 5 – 24　参照边

图 5 – 25　生成圆角

第三节　倒角特征

倒角特征和倒圆角特征非常相似。它们都是对实体模型的边线或者拐角进行加工，所不同的是倒圆角特征使用曲面光滑连接相邻曲面，而倒角特征则是直接使用平面相连接，类似于切削加工。在机械零件中，为方便零件的装配，常常使用倒角特征对零件的端面进行加工。

Pro/Engineer Wildfire 提供两种方式的倒角，即边倒角和拐角倒角，并可对多边构成的倒角接头进行过渡设置。

在野火版中，有两种方法使用圆角特征：

1. 单击主菜单中的【插入】→【倒角】。
2. 单击图形窗口右边的倒角工具按钮。

在倒角特征操控板内可以定义倒角特征的所有参数，如图 5 – 26 所示。

图 5 – 26　倒角特征操控板

建立倒角的基本原则同倒圆角。

边倒角包括 4 种倒角类型，如图 5－27 所示：

45×D：在距选择的边尺寸为 D 的位置建立 45°的倒角，此选项仅适用于在两个垂直平面相交的边上建立倒角。

D×D：距离选择边尺寸都为 D 的位置建立一倒角。

$D_1 \times D_2$：距离选择边尺寸分别为 D_1 与 D_2 的位置建立一倒角。

角度×D：距离所选择边为 D 的位置，建立一个可自行设置角度的倒角。

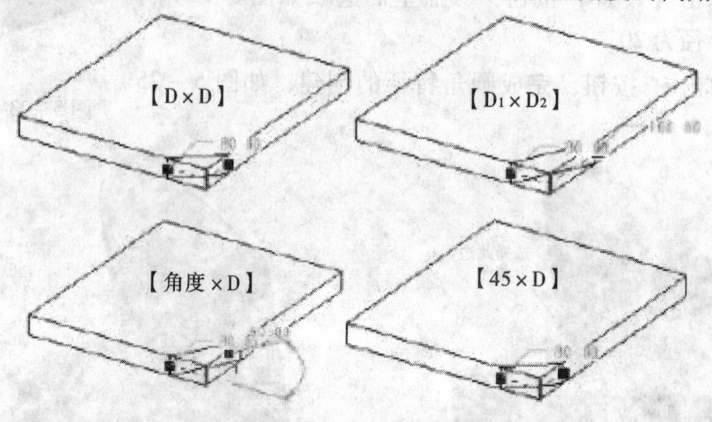

图 5－27　倒角特征标注形式

（一）倒角特征的创建方法

（1）单击菜单【插入】→【倒角】命令；或单击按钮，打开倒角特征操控板。

（2）单击 D×D 按钮，在打开的面板中设定倒角类型。

（3）设置倒角参数。

（4）单击【预览】按钮，观察生成的倒角，单击✔按钮，完成倒角特征的建立。

（二）倒角特征创建实例

第一步：打开范例文件 chamfer. prt，如图 5－28 所示。

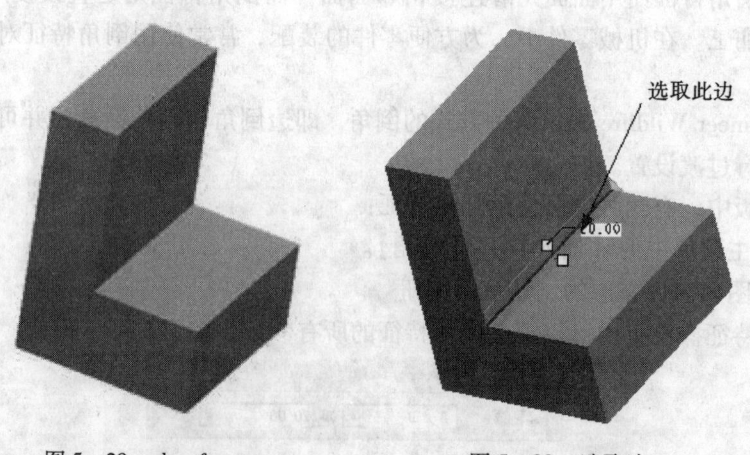

图 5－28　chamfer. prt　　　图 5－29　选取边

第二步：单击按钮，打开倒角特征操控板。

第三步：单击 D x D 按钮，选取如图 5－29 所示的边。在 D 20.00 输入 D 的值为 20。

第四步：单击 ✔ 按钮，完成倒角特征的建立，如图 5－30 所示。

图 5－30　倒角特征

第四节　孔特征

在 Pro/Engineer Wildfire 中把孔分为【简单孔】、【草绘孔】和【标准孔】三类。除使用减料功能制作孔外，还可直接使用 Pro/Engineer Wildfire 提供的【孔】命令，从而更方便、快捷地制作孔特征。

在使用孔命令制作孔特征时，只需指定孔的放置平面并给定孔的定位尺寸及孔的直径、深度即可。

（一）孔特征的创建方法

在 Pro/Engineer Wildfire 中，所有与孔相关的菜单选项都集成在孔特征操控面板中。打开孔特征操控面板有两种方法：

（1）单击图形窗口右侧特征工具栏内的孔特征按钮。

（2）选择主菜单中【插入】→【孔】。

孔特征操控板如图 5－31 所示。

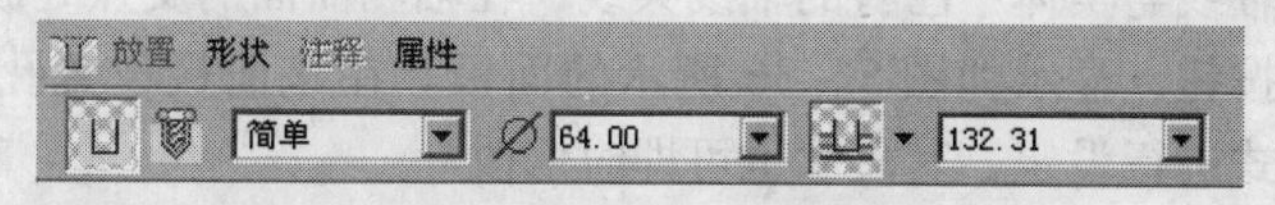

图 5－31　孔特征操控板

放置：单击该按钮，显示如图 5－32 所示的面板，在该面板进行放置孔特征的操作。

主参照：该栏中定义孔的放置平面信息。

次参照：在该栏定义孔的定位信息。

反向：改变孔放置的方向。

线性：使用两个线性尺寸定位孔，标注孔中心线到实体边或基准面的距离，如图 5－33 所示，标注的信息将显示在图 5－34 所示的面板中。

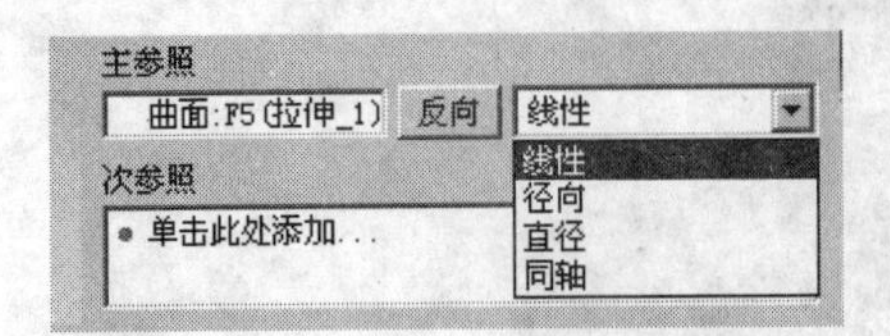

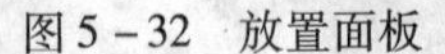

图 5－32　放置面板

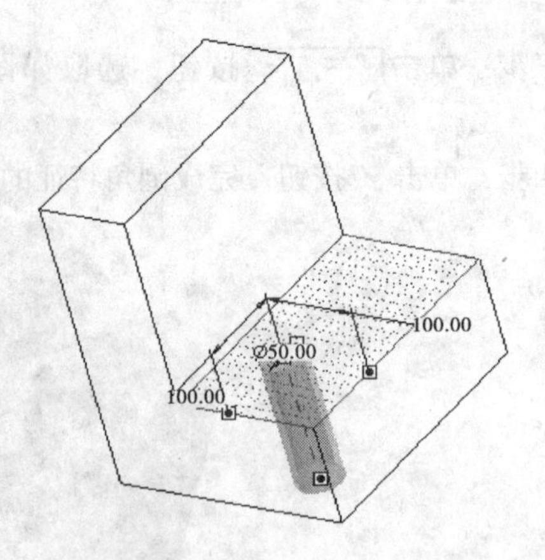

图 5－33　使用两个线性尺寸定位孔

径向：使用一个线性尺寸和一个角度尺寸定位孔，以极坐标的方式标注孔的中心线位置。此时应指定参考轴和参考平面，以标注极坐标的半径及角度尺寸，如图 5－35 所示。

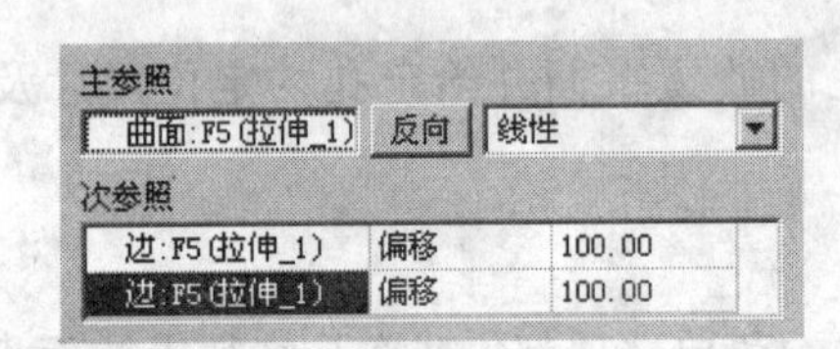

图 5－34　标注两个线性尺寸

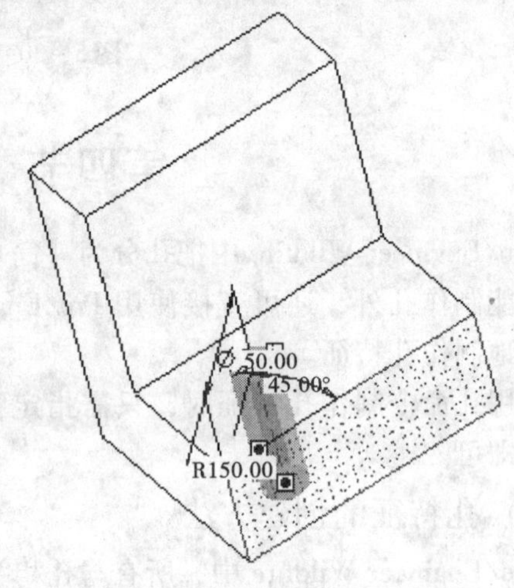

图 5－35　标注极坐标的半径及角度

直径：使用一个线性尺寸和一个角度尺寸定位孔，以直径的尺寸标注孔的中心线位置，此时应指定参考轴和参考平面，以标注极坐标的直径及角度尺寸。

同轴：使孔的轴线与实体中已有的轴线共线，在轴和曲面的交点处放置孔。

形状：单击此按钮，显示如图 5－36 所示的面板。在该面板设置孔的形状及其尺寸，并可对孔的生成方式进行设定，其尺寸也可即时修改。

注释：当生成【标准孔】时，单击该选项，显示该标准孔的信息。

属性：单击该选项，在打开的面板中显示孔的名称（可进行更改）及其相关参数信息。

：单击此按钮，可创建【简单孔】或【草绘孔】。

简单：该按钮被选中时，操控板显示该按钮，其下拉菜单包含【简单】和【草绘】两个选项。

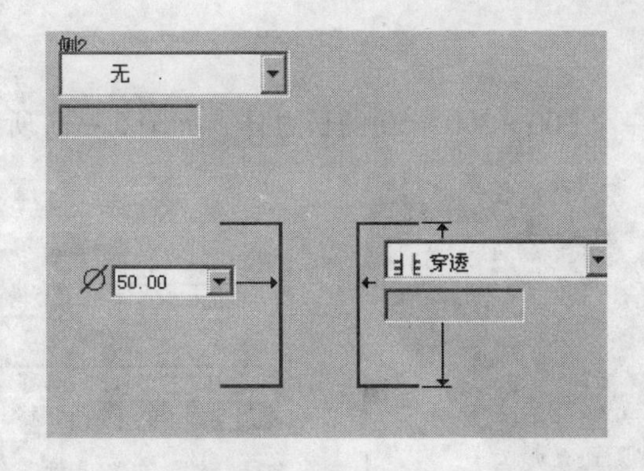

图 5－36　形状面板

：在该栏显示或修改孔的直径尺寸。

：该按钮的下拉列表中显示孔的各种生成方式，根据要求进行设定。

：单击此按钮，可创建标准孔，操控板显示如图 5－37 所示。

图 5－37　标准孔操控板

：设置标准孔的螺纹类型，包括 ISO、UNC、UNF 三个标准。

：输入或选择螺钉尺寸。

：选中该按钮，则以攻丝钻孔方式生成符合标准的孔径。

：孔的形状为埋头空钻孔。

：孔的形状为沉孔钻孔。

提示：建立简单孔，只需选定放置平面，给定形状尺寸与定位尺寸即可，而不需要设置草绘面、参考面等，这也是将孔特征归为放置特征的原因。

草绘孔一般用于形状比较复杂的孔特征的创建。

一般情况下，对于草绘孔的截面有以下几个要求：

- 必须有一条中心线作为回转轴；
- 草绘截面必须是闭合截面，且无交叉；
- 全部截面必须位于回转轴的同一侧；
- 草绘截面中，至少有一条线段垂直于回转轴。如果草绘截面中仅有一条线段与回转轴垂直，则该线段与参照平面对齐，若有多条线段与回转轴垂直，则最上端的线段与参照平面对齐。

（二）孔特征创建实例

1. 建立一个新文件

建立一个新文件，文件类型设定为零件，子类型设定为实体。

2. 建立基体特征

利用拉伸特征创建一个 200×200×50 的长方体，如图 5－38 所示。

图 5－38　长方体

主参照		
曲面:F5(拉伸_1)	反向	线性
次参照		
边:F5(拉伸_1)	偏移	100.00
边:F5(拉伸_1)	偏移	100.00

放置　形状　注释　属性

图 5－39　设置参数

3. 指定孔的位置

单击图形窗口右侧特征工具栏内的孔特征按钮，打开孔特征操控板。单击操控板上的【放置】按钮，弹出【放置】选项卡，在【放置】选项卡我们对孔特征进行设置。设置如图 5－39 所示，主参照和次参照的选择如图 5－40 所示。

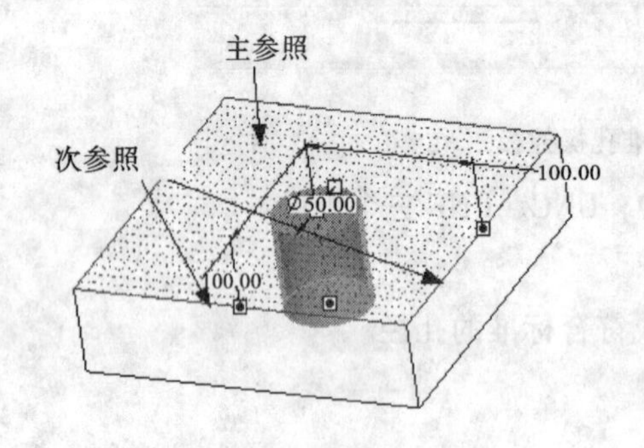

图 5－40　主、次参照的选择

图 5－41　生成孔特征

4. 生成孔特征

单击图形窗口右下角的 ✓ 按钮，生成孔特征，如图 5－41 所示。

第五节　抽壳特征

抽壳特征通过挖去实体模型的内部材料，获得均匀的薄壁结构。使用抽壳特征创建的实体模型，使用材料少，重量轻，常用于创建各种薄壁结构和各种容器。

与基础特征切口相比，抽壳特征通过简单的操作步骤，得到复杂的薄壁容器，具有极大的优越性。

（一）抽壳特征的创建方法

建立抽壳特征的操作步骤如下：

(1) 单击菜单【插入】→【壳】选项，或单击按钮，打开抽壳特征操控板，如图 5－42 所示。

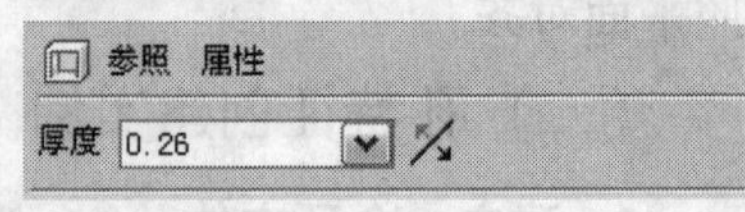

图 5－42　抽壳特征操控板

抽壳特征操控板界面也包括三个部分，下面分别介绍：

1）【抽壳特征】工具栏

抽壳特征工具栏中，只有两种工具：

厚度 0.26：设置抽壳特征厚度值；

：更改厚度方向。

2）【参照】选项卡

在抽壳特征工具操控板中，单击【参照】，系统显示【参照】选项卡，如图 5－43 所示。【参照】选项卡中，分为两部分，分别用于设定移除的曲面和非缺省厚度。

图 5－43　【参照】选项卡

- 移除的曲面：创建抽壳特征时，在实体上移除的曲面。如果没有选取任何曲面，则将实体内部掏空，创建封闭的壳。按住 Ctrl 键可以选择多个截面。
- 非缺省厚度：选取不同厚度的曲面，然后为这些曲面分别指定厚度值，其余曲面将全部使用所设定的抽壳特征厚度值。

（2）在模型中选择要移除的面。如果要移走多个面，应按下 Ctrl 键，然后依次单击要移走的面。

（3）设定壳体厚度及去除材料方向。

（4）单击【预览】按钮，观察抽壳情况，单击 ✔ 按钮，完成抽壳特征。

（二）抽壳特征创建实例

利用拉伸、抽壳特征完成图 5－44 所示图形。

1. 建立一个新文件

建立一个新文件，文件类型设定为零件，子类型设定为实体。

2. 建立基体特征

利用拉伸特征创建一个 ϕ100 高度为 120 的圆柱体，如图 5－45 所示。

图 5－44　结果图

图 5－45　ϕ100 高度为 120 的圆柱体

3. 建立抽壳特征

单击按钮，打开抽壳特征操控板（图 5－46）。单击操控板中的【参照】按钮，会弹出（图 5－47）面板。选择的面（图 5－48），设定移出表面厚度为 2，指定面的厚度为 15。

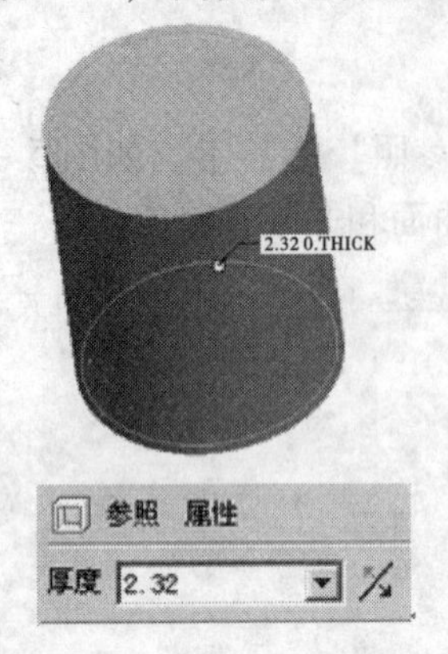

图 5－46 抽壳特征操控板

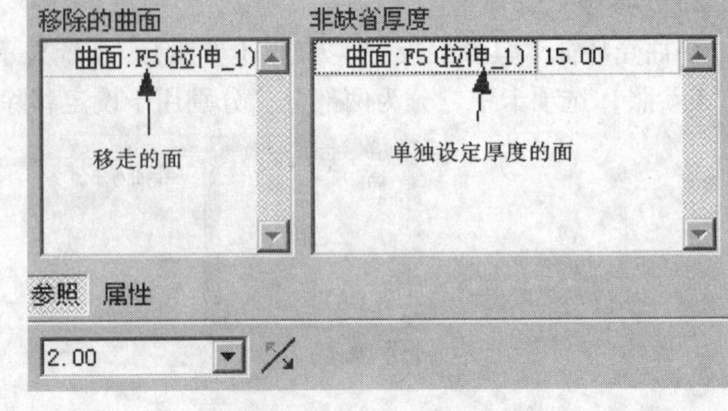

图 5－47 【参照】面板

4. 完成抽壳特征

单击✔按钮，完成抽壳特征，如图 5－49 所示。

注意：创建壳特征时，被移除的曲面不能具有与之相切的相邻曲面，否则将无法创建特征。如图 5－50 所示，由于模型的上表面边线处创建的倒圆角特征，因此该表面具有多个相切的相邻曲面，所以不能选择移除曲面。

图 5－48 选取的面

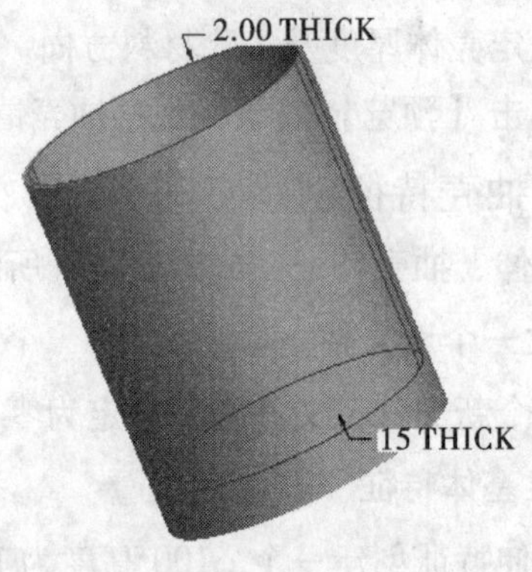

图 5－49 完成的抽壳特征

图 5－50 移除曲面

第六节　筋板特征

筋板特征是在两个或两个以上的相邻平面间添加加强筋，该特征是一种特殊的增料特征。

（一）筋板特征的创建方法

筋板特征创建步骤：

（1）单击图形窗口右侧特征工具栏内的筋板特征工具按钮，或者单击菜单【插入】→【筋板】选项，打开筋板特征操控板。

（2）单击操控板上的【参照】按钮，打开选项卡，如图 5－51 所示。

图 5－51　【参照】选项卡

- 定义：建立或修改筋板特征的草绘截面（对已有的筋板特征进行修改时，该按钮显示为【编辑】）。
- 反向：控制筋板特征的生成方向是向外还是向内。

（3）在【草绘】对话框内，选取 Front 面作为草绘平面，接受其余默认设置，单击【草绘】进入草绘模式。

（4）绘制剖面，单击草绘器中的【完成】选项，退出草绘模式。

（5）在筋板特征操控板上，设置厚度值。

（6）单击 ✔ 按钮，完成筋板特征。

（二）筋板特征创建实例

利用拉伸、筋板特征完成如图 5－52 所示的模型。

图 5－52　筋板特征

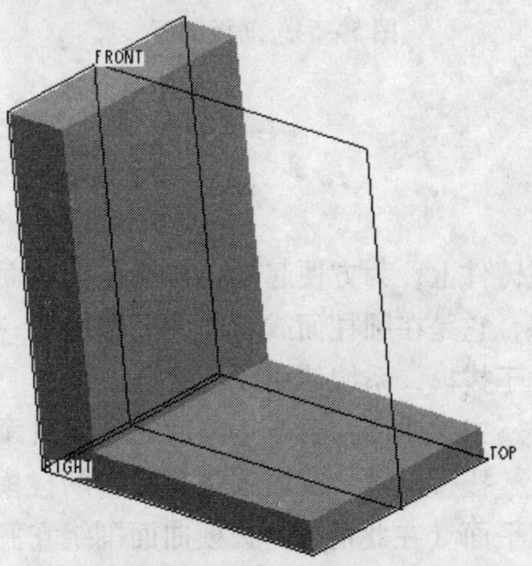

图 5－53　拉伸特征

1. 建立一个新文件

建立一个新文件，文件类型设定为零件，子类型设定为实体。

2. 建立基体特征

利用拉伸特征创建如图 5－53 所示的图形。

3. 建立筋板特征

（1）单击图形窗口右侧特征工具栏内的筋板特征工具按钮，打开筋板特征操控板。单击【放置】按钮，在【放置】选项卡中选择定义按钮，弹出【草绘】对话框，在【草绘】对话框内，选取 Front 面作为草绘平面，接受其余默认设置，单击【草绘】进入草绘模式。

（2）绘制如图 5－54 所示剖面，单击草绘器中的【完成】选项，退出草绘模式。

（3）在筋板特征操控板上，设置厚度值 15。

4. 完成筋板特征

单击✔按钮，完成筋板特征，如图 5－55 所示。

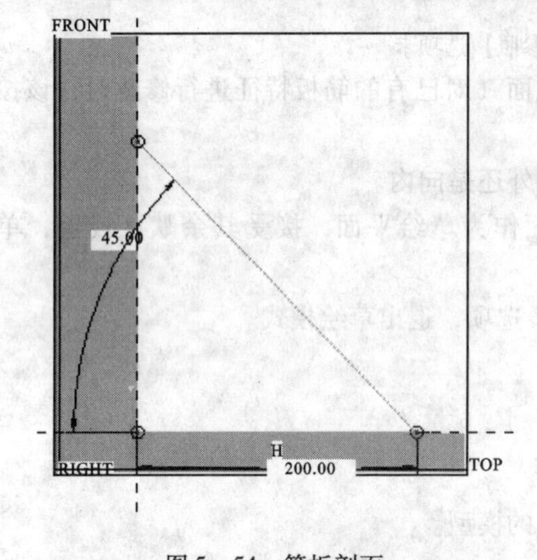

图 5－54　筋板剖面

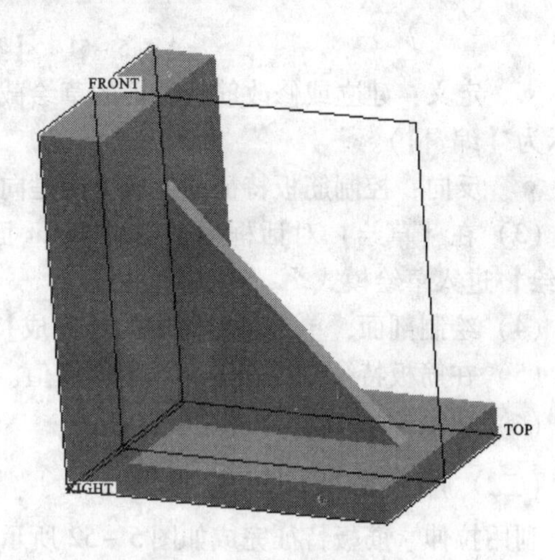

图 5－55　生成筋板特征

第七节　拔模特征

在铸件上，为方便起模，往往在其表面上添加拔模斜度。而 Pro/E 中的拔模特征也与此相似，它是在圆柱面或者曲面上添加了一个介于－30°和＋30°之间的拔模角度而形成的。

对于拔模，系统使用以下术语：

- 拔模曲面：要产生斜度的模型曲面。
- 拔模枢轴：曲面围绕其旋转的拔模曲面上的线或曲线（也称作中立曲线）。可通过选取平面（在此情况下拔模曲面围绕它们与此平面的交线旋转）或选取拔模曲面上的单个曲线链来定义拔模枢轴。
- 拖动方向：用于测量拔模角度的方向。通常为模具开模的方向。可通过选取平面（在这种情况下拖动方向垂直于此平面）、直边、基准轴或坐标系的轴来定义它。

- 拔模角度：拖动方向与生成的拔模曲面之间的角度。如果拔模曲面被分割，则可为拔模曲面的每侧定义两个独立的角度。拔模角度必须在 -30° ~ +30°范围内。

（一）普通拔模特征创建方法

普通拔模特征是指所有拔模曲面都指向同一方向，且使用相同拔模角度的拔模特征。创建普通拔模特征可以按照以下步骤：

步骤1：进入拔模特征工具操控板

在主菜单中单击【插入】→【拔模】，或者单击图形窗口右侧特征工具栏内的按钮，系统显示拔模特征工具操控板。

步骤2：选取拔模曲面

选取拔模曲面是创建拔模特征的第一步。在 Pro/E 中，提供了丰富的拔模曲面选择工具，既可以使用简单的步骤选取单个或者少量曲面，也可以选取大量曲面。

选取单个或者少量曲面：

单击【参照】，进入【参照】选项卡中，激活【拔模曲面】列表框后，在图形窗口中选择所需的曲面即可。若要选择多个曲面，按住 Ctrl 键，再使用鼠标左键选取。

使用【曲面集】对话框选取曲面：

在【参照】选项卡中，单击【拔模曲面】列表框右侧的【细节】按钮后，系统弹出【曲面集】对话框，如图 5－56 所示。

在【曲面集】对话框中，用户自由选择曲面来定义拔模曲面。如图 5－57 所示的【曲面集】对话框中，一共包括 2 个拔模曲面。

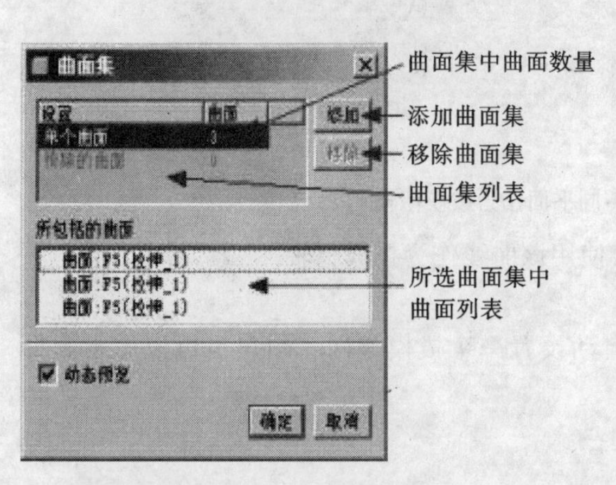

图 5－56　【曲面集】对话框

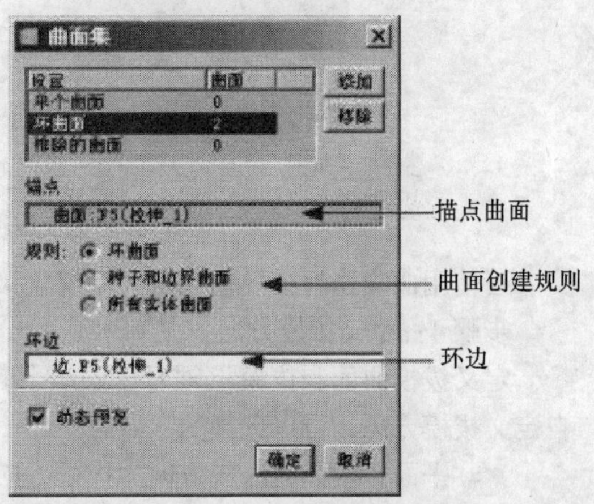

图 5－57　创建环曲面

系统默认的曲面集中，使用鼠标逐一选取的方式定义拔模曲面，这样做效率极低，用户可以单击【添加】按钮，创建新的曲面集。新建曲面集有着灵活的曲面选择和定义方式，如图 5－57 所示，灵活使用这些曲面选择方法，可以提高工作效率。如图 5－58 所示，使用普通方式逐次选择四个平面与使用环曲面方式选择的结果完全一致，但使用环曲面方式定义步骤简单，尤其在创建复杂的拔模特征时，具有极大优势。

完成拔模曲面选择后，如果发现有某些曲面不符合需要，可以使用【排除的曲面】曲面集，激活该曲面集后，选中不需要拔模的曲面后，该曲面即会从拔模曲面中排除。当需要排除多个曲面时，请按住 Ctrl 键进行选择。

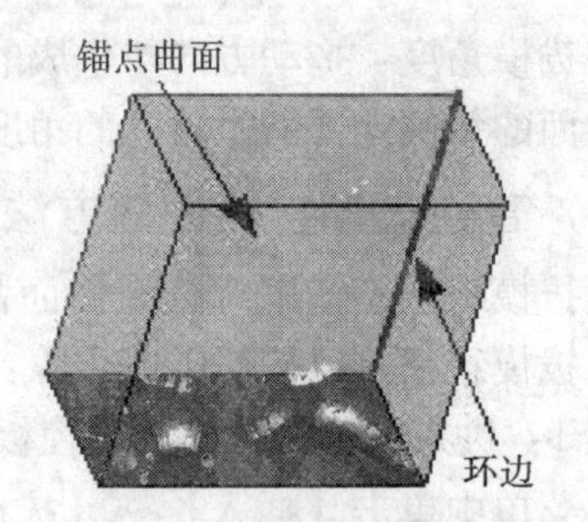

图 5－58　曲面选择方式比较

步骤 3：选择拔模枢轴

拔模枢轴就是拔模特征旋转的旋转轴。在 Pro/E 中，可以选择平面或者曲线作为拔模枢轴。

当使用平面作为拔模枢轴时，该平面与拔模曲面的交线即为拔模特征的旋转轴。被选作拔模枢轴的曲面，可以和拔模曲面相交，也可以不相交，如图 5－59 所示。

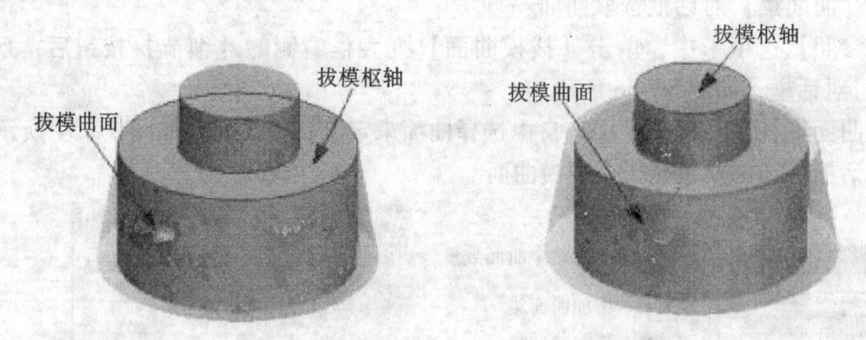

图 5－59　使用不同平面作为拔模枢轴

当使用曲线作为拔模枢轴时，系统直接使用该曲线作为拔模枢轴。

步骤 4：定义拔模方向

定义拔模曲面和拔模枢轴后，系统会自动设置一个拔模方向。用户也可以选择参照，自定义拔模方向，可以选择的参照有：

- 平面：平面的法线方向为拔模方向；
- 轴线：轴线方向为拔模方向；
- 两个点：两点连线方向为拔模方向；
- 坐标系：坐标轴的指向为拔模方向。

定义拔模方向后，还可以使用【反向】按钮对拔模方向进行调整。

步骤 5：定义拔模角度

在【拔模特征】工具栏中的文本框中直接输入拔模角度值即可。按钮用于反转角度以添加或去除材料。

（二）分割拔模特征的创建方法

分割拔模特征与普通拔模特征的创建步骤基本相同，只是需要定义分割类型。

在拔模特征工具操控板中，单击【分割】，进入【分割】选项卡，如图 5－60 所示。【分割】选项卡中，提供了三种分割方法：

图 5－60　【分割】选项卡

- 不分割：不分割拔模曲面，在拔模面上创建单一参数的拔模特征。
- 根据拔模枢轴分割：根据拔模枢轴分割拔模面，在拔模面两个分割区内分别设置拔模参数。
- 根据分割对象分割：根据基准平面或者基准曲线分割拔模面，在拔模面的两个分割区内分别设置拔模参数。

当使用【根据分割对象分割】方法创建分割拔模特征时，【分割对象】收集器可用，如图 5－60 所示。激活收集器后，可以直接选取已经存在的基准平面、基准曲线作为分割对象，也可以单击【定义】按钮，临时草绘分割对象。

【侧选项】下拉列表用于设置分割拔模特征的分割属性，列表中共有四种选项，各个选项的说明如下，示例如图 5－61 所示。

- 独立拔模侧面：使用不同的角度向分割的每一侧分别添加斜度；
- 从属拔模侧面：使用相同的角度向分割的每一侧添加斜度；
- 只拔摸第一侧：只向分割的第一侧添加斜度；
- 只拔摸第二侧：只向分割的第二侧添加斜度。

图 5－61　分割属性示意图

（三）创建可变拔模特征

普通拔模特征中，由统一的拔模角度生成拔模特征。在 Pro/E 中，可以在一个拔模特征中，使用多个拔模角度，这样的拔模特征就称为可变拔模特征。

可变拔模特征与普通拔模特征的创建步骤基本相同，主要区别在于需要指定拔模角度的方法不同。在拔模特征工具操控板中单击【角度】，进入【角度】选项卡后，即可设置可变角度值。

在【角度】选项卡中，选中角度值后，单击鼠标右键，在弹出的快捷菜单中单击【添加】角度后，角度列表中将新增一行，且每个角度的参数都会增加【参照】和【位置】两项，如图 5－62 所示。【参照】项为角度控制点所在几何项目的名称，而【位置】表示控制点在该几何项目上的相对位置，位置的值在 0～1 之间，用户可以自由设定。

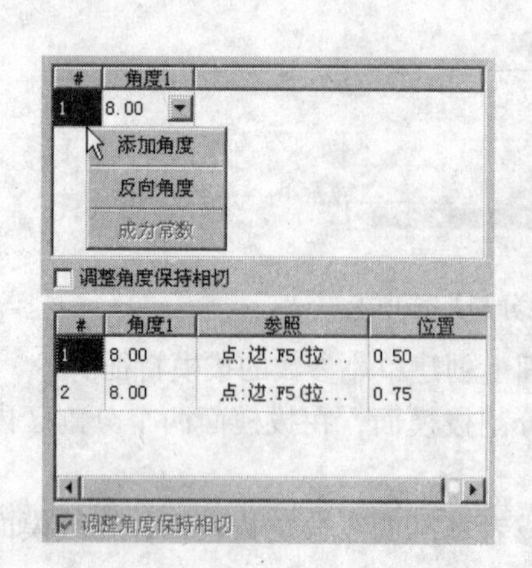

图 5-62　创建可变角度

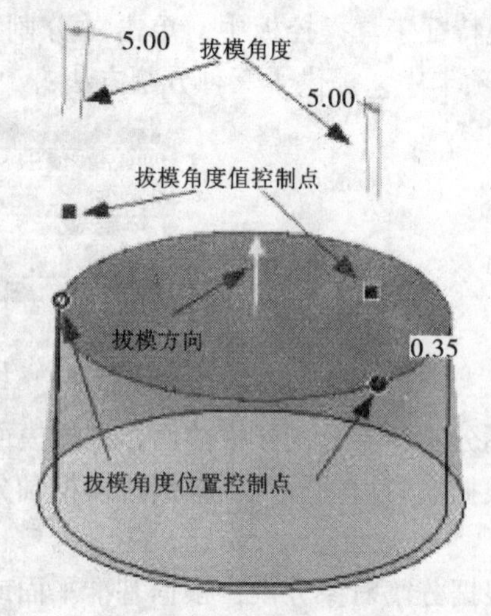

图 5-63　图形窗口预览

当使用可变角度时，图形窗口中的预览如图 5-63 所示。其中值得注意的是拔模角度位置控制点的使用（圆形点），用鼠标选中该点后，拉着它拖动即可改变拔模角度控制点的位置。同样，拖动拔模角度值控制点也可以改变拔模角度值的大小，而单击表示拔模方向的箭头，则会改变拔模方向。

第六章　特征操作

学习指导

本章主要内容

特征复制的种类和复制操作，阵列的类型和阵列操作，特征再生失败的处理，特征重定义，特征修改操作。

本章学习要求

1. 了解特征复制的种类，熟悉各种特征复制的操作步骤。
2. 了解特征阵列的种类，熟悉各种特征阵列的操作步骤。
3. 了解特征失败的出现时机，熟悉特征失败的处理方法。
4. 了解特征编辑的途径，熟悉特征重定义的操作步骤。
5. 了解特征修改的主要内容，掌握修改特征尺寸、更改特征顺序、隐含和恢复特征及设置特征父子关系的操作方法。

第一节　概　述

Pro/E 给我们提供了丰富的特征操作方法，设计者可以使用移动、镜像、复制等方法快速创建与模型中已有特征相似的新特征，使用阵列的方法能够大量复制已经存在的特征。此外，还可以通过特征重定义、特征修改来修复在建模过程中出现的错误或修改设计意图。

特征操作是对以特征为基础的 Pro/E 实体建模技术的一个极大补充，合理地使用特征操作，可以大大简化设计过程、提高效率、实现对模型的参数化管理。本章中，将着重介绍特征操作方法。

第二节　特征的复制

在零件建构过程中，常常需要构建一些相同或相似的特征，例如孔特征。此时，若一个接一个地重复创建，将浪费大量的时间。Pro/E 为我们提供特征复制命令，可以方便地对指定特征进行不同形式的复制，可以大大提高零件的建模速度。

复制命令可以复制出选中的所有特征，不仅可在同一个零件模型中进行特征复制，还可以在不同零件模型间进行复制。

特征复制包括：移动和旋转复制、镜像复制、相同参照复制、新参照复制等。

（一）命令及界面介绍

特征复制的命令或工具图标位置如（图 6－1）。

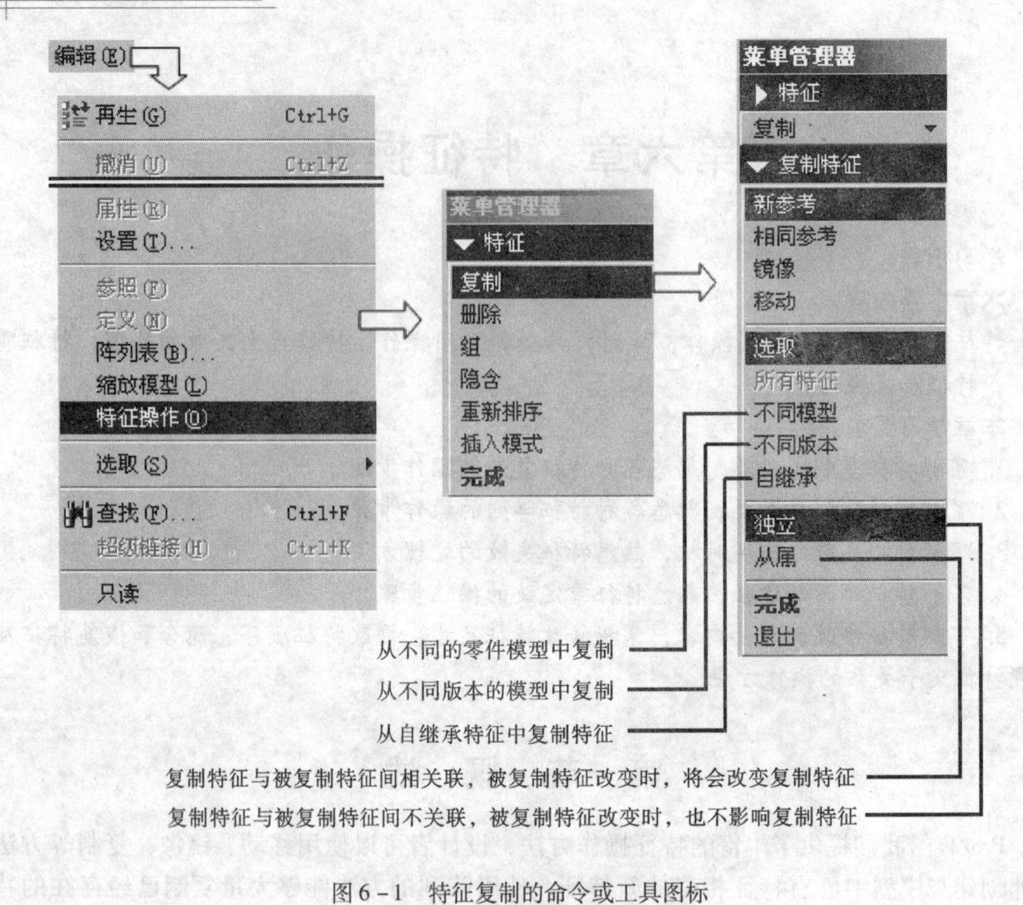

图 6－1　特征复制的命令或工具图标

（二）移动复制

移动复制命令有平移和旋转两种模式。

通过平移和旋转进行复制时，必须指定平移和旋转的参考方向：平面、曲线/边/轴或坐标系。

下面，我们用两个例子来说明用【移动复制】命令进行特征的复制。

1. 平移复制

- 打开 6－1. prt 文件 。
- 在主菜单中，单击【编辑】→【特征操作】，系统弹出如图 6－1【特征】菜单。
- 在【特征】菜单中选择【复制】，弹出如图 6－1【复制特征】菜单。
- 在【复制特征】菜单中选择【移动】→【选取】→【独立】→【完成】→选取图 6－4 中圆柱特征→【完成】，系统弹出如图 6－2【移动特征】菜单。
- 在【移动特征】菜单中选择【平移】，弹出如图 6－3【选取方向】菜单。
- 在【选取方向】菜单中选择【曲线/边/轴】，并选取如图 6－4 所示边，箭头指示出移动方向，弹出如图 6－5【方向】菜单。
- 在【方向】菜单中选择正向。
- 在信息提示区提示 输入偏距距离 0.0000 ，输入 100 并回车，弹出【组可变尺寸】菜单。

- 直接单击【完成】→【确定】→【完成】。
- 复制完成后结果如图 6－6 所示。

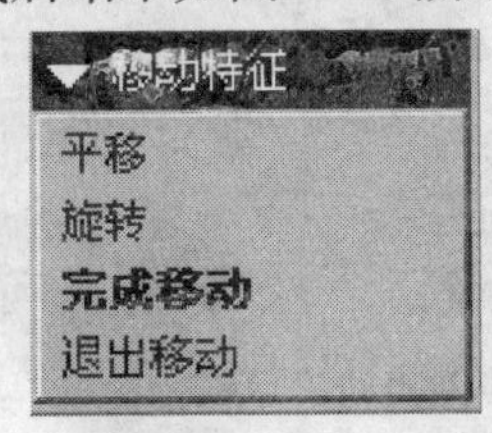

图 6－2 【移动特征】菜单

图 6－3 【选取方向】菜单

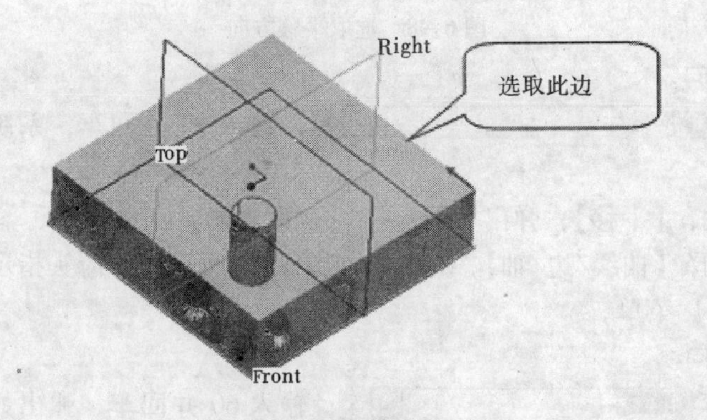

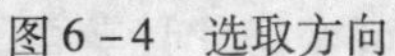

图 6－4 选取方向

图 6－5 【方向】菜单

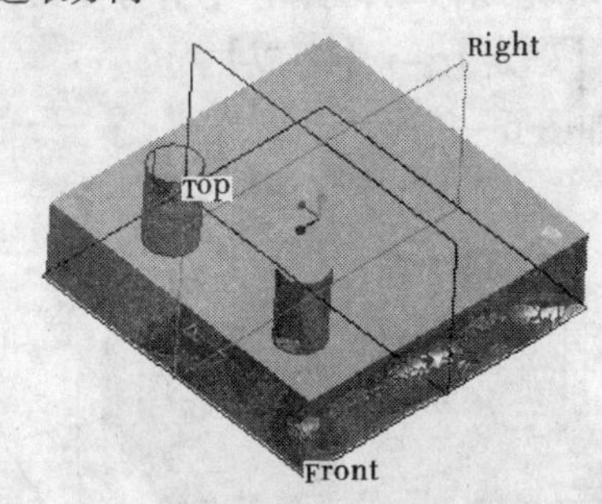

图 6－6 移动复制完成

2. 旋转复制

- 打开 6－2. prt 文件。
- 在主菜单中，单击【编辑】→【特征操作】，系统弹出如图 6－1【特征】菜单。
- 在【特征】菜单中选择【复制】，弹出如图 6－1【复制特征】菜单。
- 在【复制特征】菜单中选择【移动】→【选取】→【独立】→【完成】→选取图 6－7 中圆柱特征→【完成】，系统弹出如图 6－2【移动特征】菜单。
- 在【移动特征】菜单中选择【旋转】，弹出如图 6－3【选取方向】菜单。
- 在【选取方向】菜单中选择【曲线/边/轴】，并选取如图 6－7 所示边，箭头指示出移动方向，弹出如图 6－5【方向】菜单。

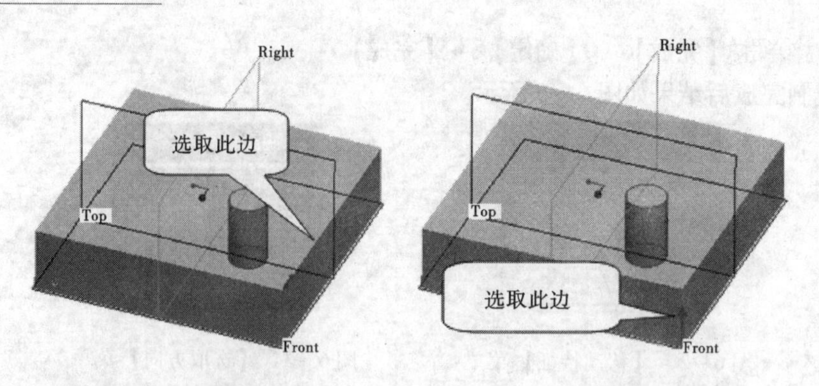

图 6－7　选取旋转方向　　　　图 6－8　选取平移方向

- 在【方向】菜单中选择正向。
- 在信息提示区提示 输入旋转角度 90 ，输入 90 并回车，系统弹出如图 6－2【移动特征】菜单。
- 在【移动特征】菜单中选择【平移】，弹出如图 6－3【选取方向】菜单。
- 在【选取方向】菜单中选择【曲线/边/轴】，并选取如图 6－8 所示边，箭头指示出移动方向，弹出如图 6－5【方向】菜单。
- 在【方向】菜单中选择反向。
- 在信息提示区提示 输入偏距距离 0.0000 ，输入 60 并回车，弹出如图 6－2【移动特征】菜单，选取完成移动，弹出【组可变尺寸】菜单。
- 直接单击【完成】→【确定】→【完成】。
- 旋转复制完成后效果如图 6－9 所示。

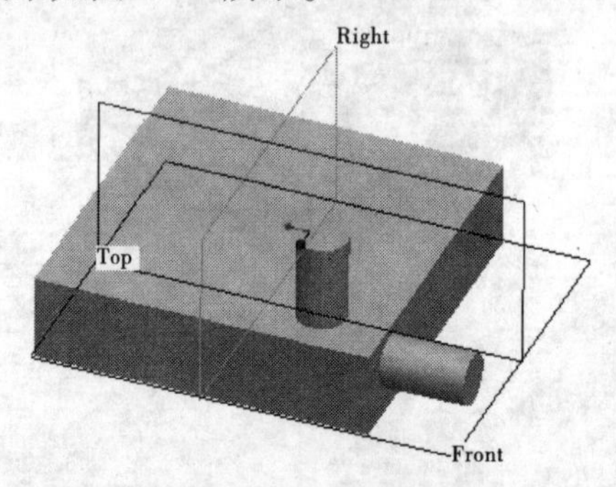

图 6－9　旋转完成

（三）镜像复制

镜像复制命令可让我们把平面当做镜子，以镜像的方式来复制特征的方法，主要用在对称实体的特征复制上。

下面，我们用一个例子来说明用【镜像复制】命令进行特征复制的具体方法。

- 打开 6－3. prt 文件。
- 在主菜单中，单击【编辑】→【特征操作】，系统弹出如图 6－1【特征】菜单。
- 在【特征】菜单中选择【复制】，弹出如图 6－1【复制特征】菜单。
- 在【复制特征】菜单中选择【镜像】→【选取】→【独立】→【完成】→选取图 6－4 中圆柱特征，系统弹出如图 6－10【设置平面】菜单。

- 在【设置平面】菜单中选择【平面】，选取图中 Right 面，弹出如图 6－1【复制特征】菜单→【完成】。
- 完成后效果如图 6－11 所示。

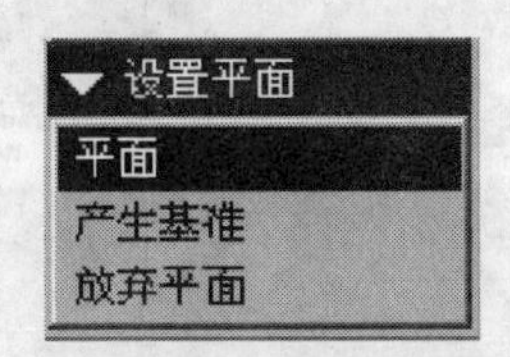

图 6－10　【设置平面】对话框

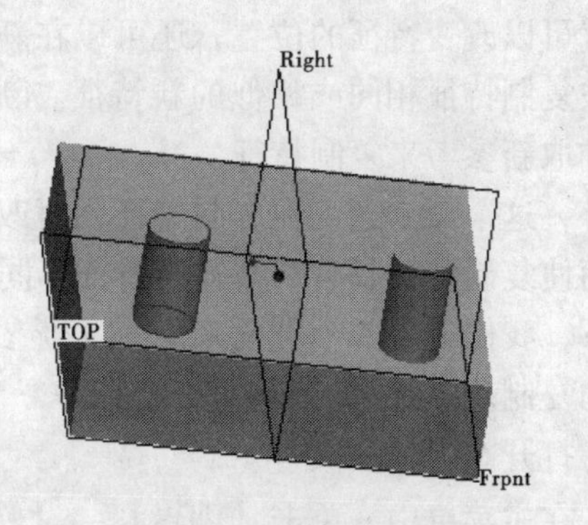

图 6－11　镜像复制完成

（四）相同参考复制

相同参考复制特征将保留被复制特征的参考。

以下，我们就用一个例子来说明【相同参考】命令进行特征的复制。

- 打开 6－4. prt 文件。
- 在主菜单中，单击【编辑】→【特征操作】，系统弹出如图 6－1【特征】菜单。
- 【特征】菜单中选择【复制】，弹出如图 6－1【复制特征】菜单。
- 在【复制特征】菜单中选择【相同参考】→【选取】→【从属】→【完成】，系统弹出【选取特征】菜单。
- 选取图 6－12 中圆柱特征，并单击【选取特征】菜单中的【完成】，弹出如图 6－13【组可变尺寸】菜单。

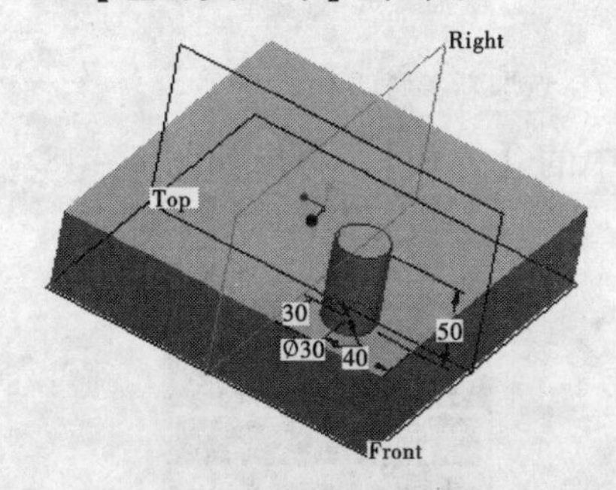

图 6－12　选取圆柱特征

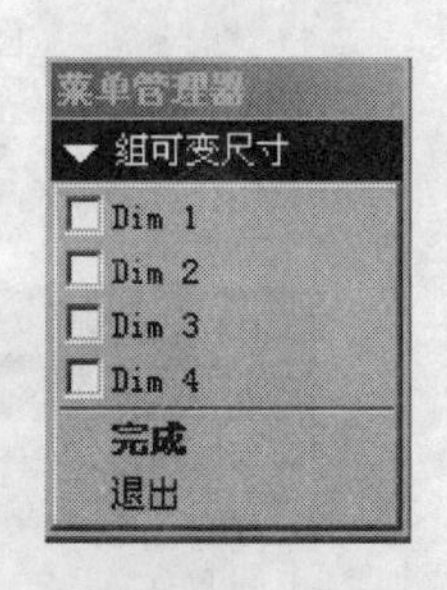

图 6－13　【组可变尺寸】菜单

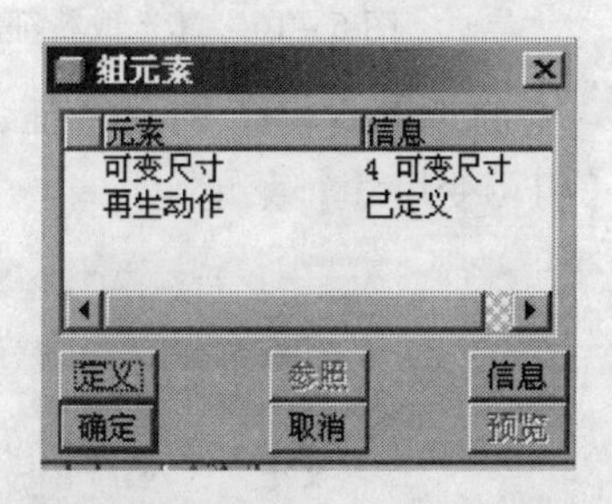

图 6－14　【组元素】对话框

- 勾选 Dim3、Dim4，单击【完成】。
- 在信息提示区提示依次输入 Dim3→100 并回车、Dim4→150 并回车。
- 弹出如图 6－14【组元素】对话框，单击【确定】→【完成】。
- 完成后结果如图 6－15 所示。

（五）新参考复制

特征本来就是依靠选定的参考来创建的，只要改变参考，就可以改变特征的位置，还可以在新的参考上创建出与被复制特征相同或相似的新特征。新参考复制就是通过选取新参考来复制特征。

另外，这个命令还可在复制特征同时改变特征的尺寸，从而使复制特征具有与被复制特征不同的尺寸。

以下，我们就用一个例子来说明【新参考】命令进行特征的复制。

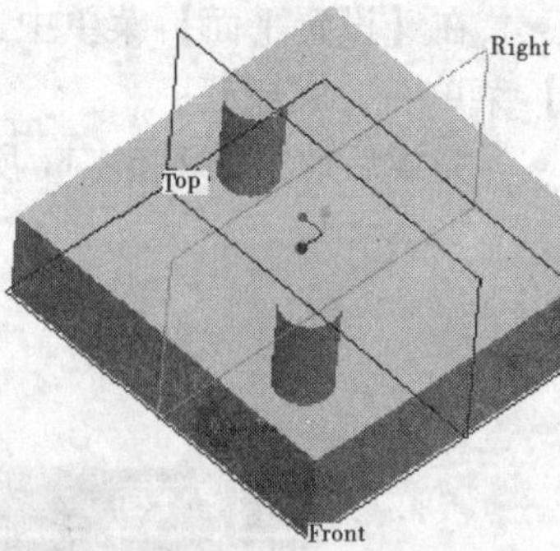

图 6－15　相同参考复制完成

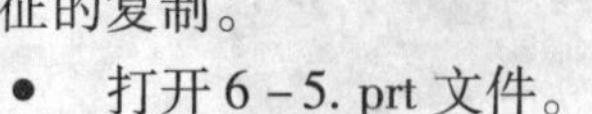

- 打开 6－5. prt 文件。

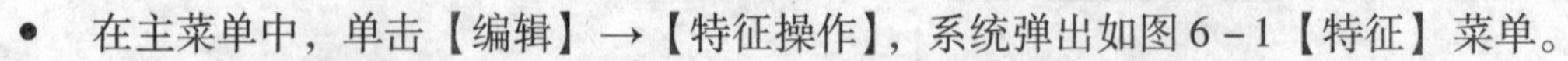

- 在主菜单中，单击【编辑】→【特征操作】，系统弹出如图 6－1【特征】菜单。
- 【特征】菜单中选择【复制】，弹出如图 6－1【复制特征】菜单。
- 在【复制特征】菜单中选择【新参考】→【选取】→【独立】→【完成】，系统弹出如图 6－16【选取特征】菜单。

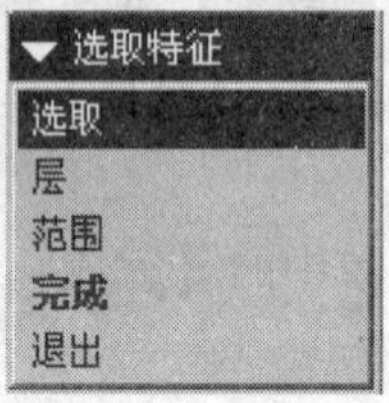

图 6－16　【选取特征】菜单

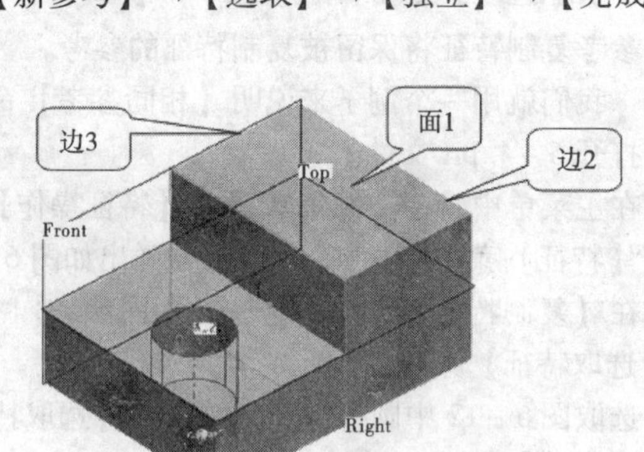

图 6－17　选取新参考

选取图 6－17 中孔特征，并单击【选取特征】菜单中的【完成】，弹出如图 6－18【组可变尺寸】菜单。

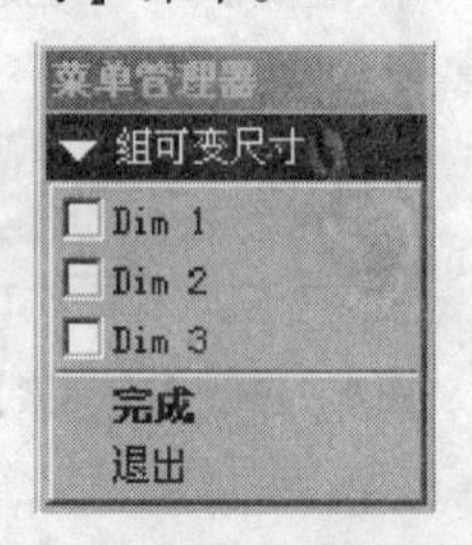

图 6－18　【组可变尺寸】菜单

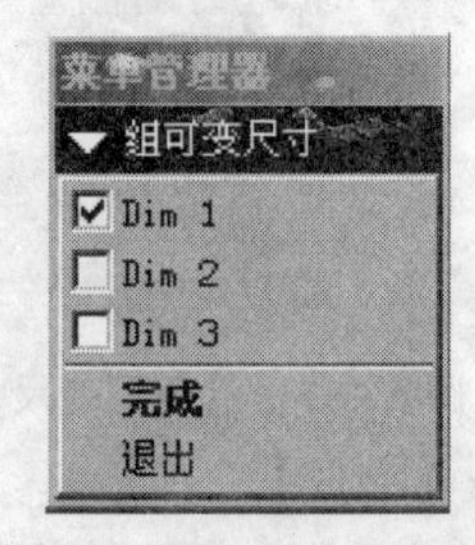

图 6－19　选取可变尺寸

图 6－20　【参考】菜单

勾选 Dim1 更改孔的直径，单击【完成】（图 6－19）。

信息提示区提示 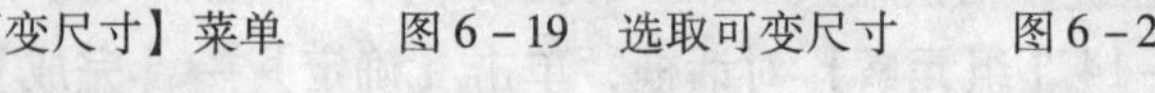 输入Dim 1 120 ，输入 120 并确定，弹出如图 6－20【参考】菜单。

在【参考】菜单中选【替换】，此时将被替换的参考依次变为绿色，我们按照信息提示区提示依次选取图 6－17 中面 1、边 2、边 3（或选相同）。

弹出如图 6－21【组放置】菜单，单击【完成】，即完成了该孔特征的新参考复制，完成后结果如图 6－22 所示。

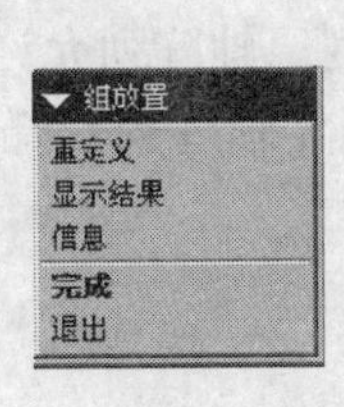

图 6－21　【组放置】菜单

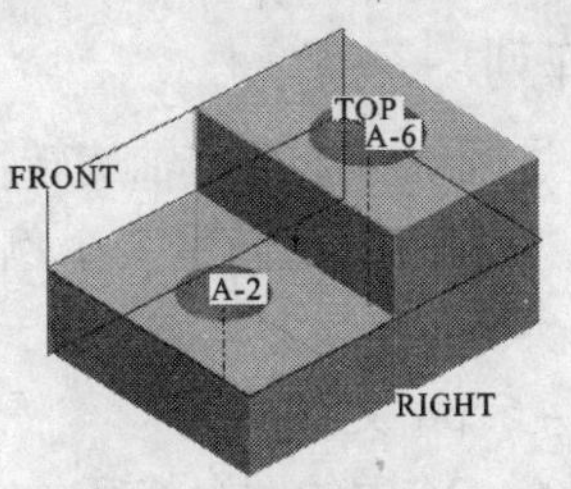

图 6－22　新参考复制完成

第三节　阵　列

创建实体模型时，有时候需要在模型上按照一定的规律创建多个完全相同的特征，这时候就可以使用特征阵列的方法。特征阵列是指定对象按一定的规律进行重复的复制。使用特征阵列的方法，可以快速、准确地创建大量按一定规律排列，形状相同或者相似或有一定变化规律的结构。

使用阵列特征的方法有如下优点：

- 创建阵列是重新生成特征的快捷方式。
- 阵列是参数控制的。因此，通过改变阵列参数，比如实例数、实例之间的间距和原始特征尺寸，可修改阵列。
- 修改阵列比分别修改特征更为有效。在阵列中改变原始特征尺寸时，Pro/E 自动更新整个阵列。
- 对包含在一个阵列中的多个特征同时执行操作，比操作单独特征，更为方便和高效。例如，可方便地隐含阵列。

Pro/E 只允许阵列单个特征。要阵列多个特征，可创建一个【局部组】，然后阵列这个组。

Pro/E 提供了多种方法阵列特征，阵列创建方法各不相同，这取决于阵列类型。

（一）命令及用户界面介绍

进行特征阵列时，首先需要选中阵列的特征对象，然后，在主菜单中单击【编辑】→【阵列】，或者单击右侧【编辑特征】工具栏中的 按钮，系统弹出【阵列】特征操控板，如图 6－23 所示。

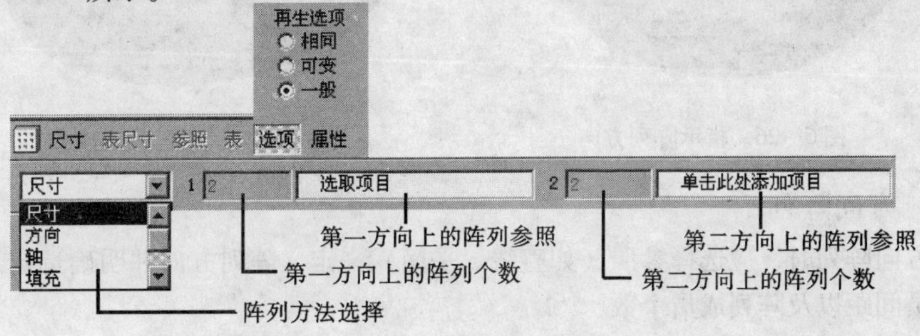

图 6－23　【阵列】特征操控板

如图 6－23 所示，阵列特征工具栏可分为两部分。其中第一部分为下拉列表框用于选择特征阵列方法；第二部分为参照收集器，用于收集阵列参照并设置阵列成员个数。

（二）轴阵列

轴阵列是通过围绕一个选定轴旋转特征创建阵列。轴阵列允许用户在角度和径向两个方向上放置成员。下面，我们用一个例子来说明用【轴阵列】命令进行特征阵列的具体方法。

- 打开 6－6. prt 文件。
- 选中图 6－24 中的圆台特征。
- 单击右侧【编辑特征】工具栏中的按钮，打开【阵列】特征操控板如图 6－23 所示。
- 在图 6－23 的阵列方法框中选取【轴】，弹出如图 6－25 所示【轴阵列】对话框。
- 在绘图区中选取图 6－24 中的基准轴A_3。
- 在图 6－26 创建轴阵列对话框中，分别输入第一方向（如图 6－26 箭头 1 所示）阵列个数 6、旋转角度 60°和第二方向阵列的列数 2、列间距 －40（和图 6－26 箭头 2 方向相反）。
- 单击鼠标中键确认。
- 阵列完成后结果如图 6－27 所示。

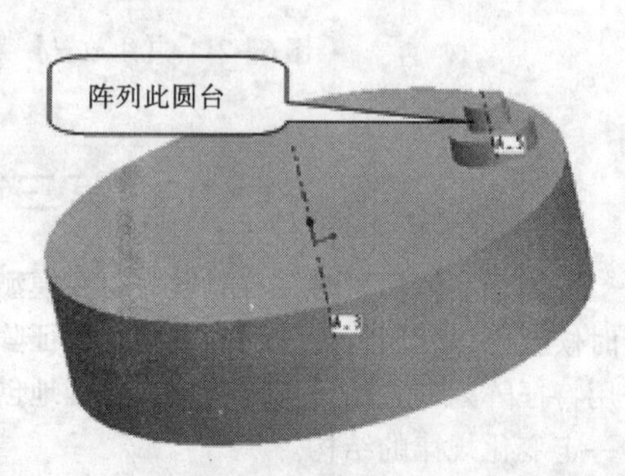

图 6－24 零件

图 6－25 【轴阵列】对话框

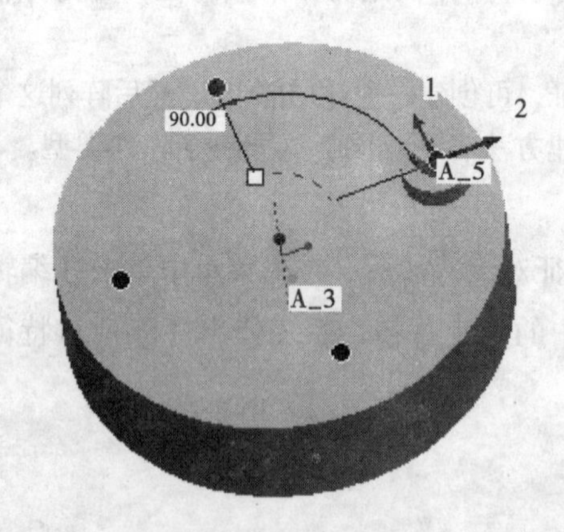

图 6－26 指示阵列方向

图 6－27 轴阵列完成

（三）方向阵列

创建方向阵列时，应选择参照（如直线、平面）来定义阵列方向并明确选定尺寸方向的阵列成员间距以及阵列成员个数。

下面，我们用一个例子来说明创建方向阵列的步骤：

- 打开 6－7. prt 文件。
- 在图形窗口选取圆柱特征。
- 单击右侧【编辑特征】工具栏中的按钮，打开【阵列】特征操控板如图 6－23 所示。
- 在图 6－23 的阵列方法框中选取【方向】，此时第一方向的收集器变为激活状态。
- 选取图 6－28 的边作为方向参照的对象，定义阵列的第一方向（可以作为方向参照的对象有：直边、平面、平曲面、线性曲线、坐标系的轴和基准轴）。
- 键入第一方向的阵列成员数 3，更改阵列成员之间的距离为 60。
- 单击第二方向收集器，然后选取如图 6－29 所示边为第二方向参照。

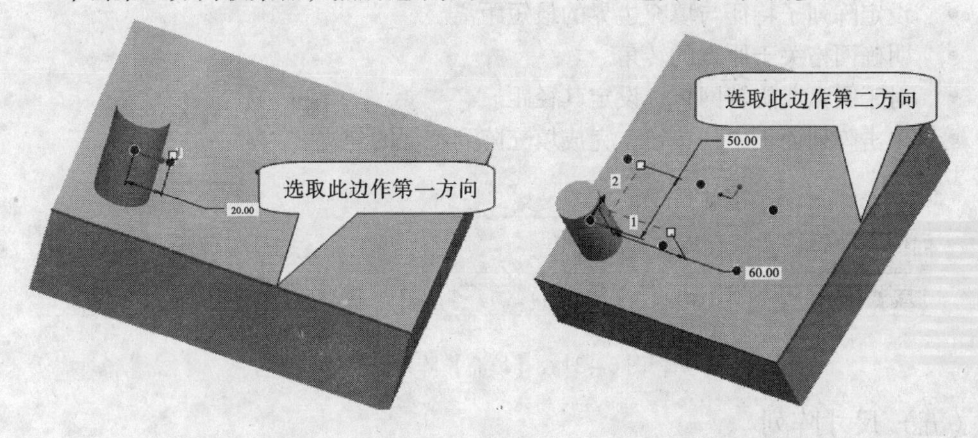

图 6－28　选取第一方向参照　　　　图 6－29　选取第二方向参照

- 键入第二方向阵列成员数 2，更改第二方向阵列成员之间的距离为 100。

图 6－30　方向阵列完成

- 单击鼠标中键确认，完成特征阵列的建立。
- 方向阵列完成后如图 6－30 所示。

（四）填充阵列

使用填充阵列可在指定的区域内创建阵列特征。指定的区域可通过草绘一个区域或选择一条草绘的基准曲线来构成该区域。草绘的基准曲线与阵列特征没有联系，在以后修改该曲线时，它对阵列特征无影响。使用填充草绘区域的方法，则可通过曲线网格来定位阵列特征的成员。

建立填充阵列的操作步骤如下：

- 选择要创建阵列的特征，单击右侧【编辑特征】工具栏中的按钮，打开如图 6－23【阵列】特征操控板。
- 在图 6－23 的阵列方法框中选择【填充】。
- 单击如图 6－31【填充】阵列操控板中【参照】面板中的【定义】按钮，打开【草绘】对话框，选择草绘平面后，进入草绘环境，并草绘要创建阵列的区域。
- 选择阵列网格类型。
- 设定阵列子特征之间的间距。
- 设定阵列子特征与填充边界的最短距离。
- 明确网格关于原点的转角。
- 对于圆弧或旋转网格，设定其径距。
- 单击阵列面板中的按钮，完成填充阵列特征的建立。

图 6－31　【填充】阵列操控板

（五）尺寸阵列

典型的尺寸阵列如图 6－32 所示。

在尺寸阵列中，有下面的几个要素：

- 导引特征：也就是要阵列的特征；
- 导引尺寸：用来发生改变的尺寸；
- 阵列组数：要阵列生成的数目；
- 尺寸增量：前后两个阵列实例的尺寸增量。

进入阵列的对话框后，如图 6－33 所示，激活相应的栏然后选择/添加相应的值便可。

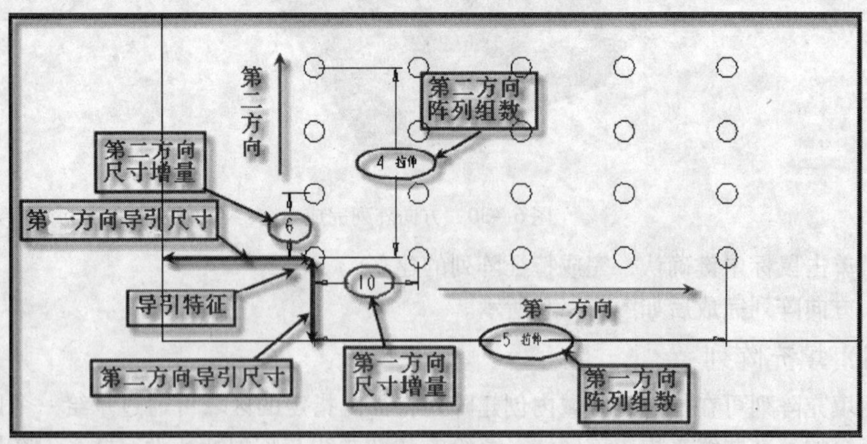

图 6－32　尺寸阵列参数示意

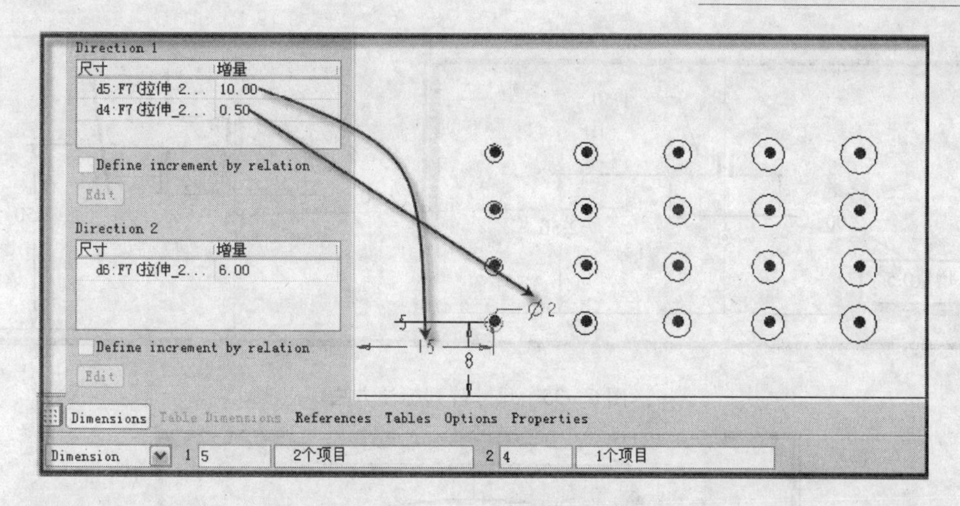

图 6－33　尺寸阵列控制面板

需要注意的是同一个方向上允许有多个变化的尺寸值。要添加多个变化尺寸值，可以在按住 Ctrl 键的前提下选择多个要作为变化尺寸的尺寸值。比如图 6－34，在第一方向上除了水平距离发生变化外，柱子的直径也逐渐增大 。

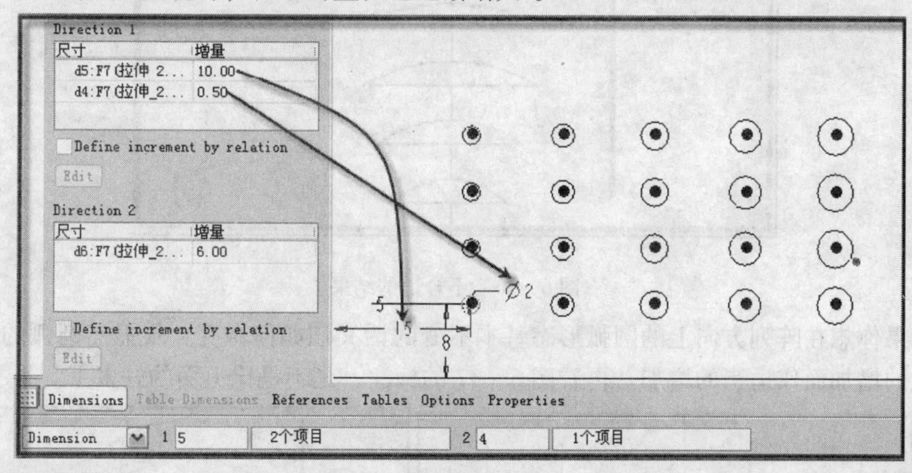

图 6－34　尺寸阵列

尺寸阵列中最关键的是第一个导引特征的标注以及参考方法，基本上所有尺寸阵列的失败原因都是因为导引特征的问题。所以要特别注意导引特征的标注方法。比如要阵列左下截面拉伸的特征，假设弦长的增量为 0.5，而圆弧的半径维持 R1.5 不变的话，那么阵列到第四个实例的时候弦长变为 3.5，而圆弧直径只有 3.0，这样这个截面就会失败从而导致阵列的失败。而同样形状的截面，如果改为图 6－35 的标注方法，则不管弦长如何变化，阵列都不会失败。

但是如果用右上图的标注方式进行阵列的话，就会发现，虽然阵列是成功了，但是在阵列方向上随着弦长增加而显得越来越“瘦”了，这个原因很简单，弦长变长了而弧高不变，所以圆弧的半径变化就越来越大，从而显得圆弧越来越瘦了。如图 6－36 所示。

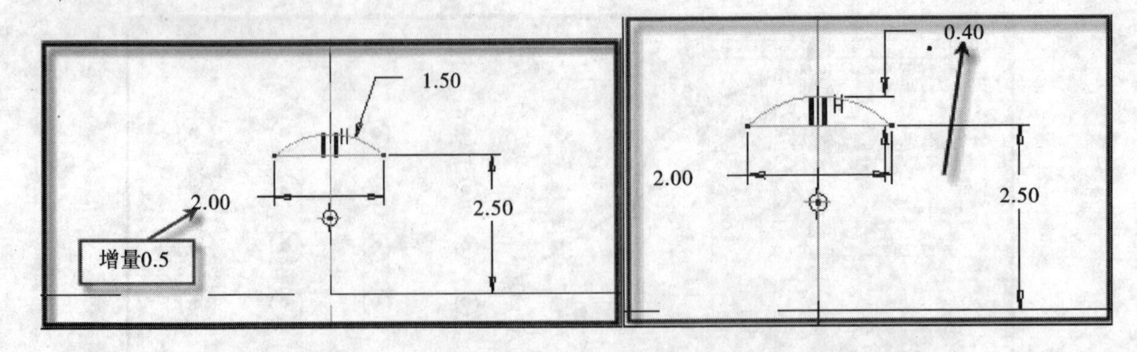

图 6－35　尺寸阵列标注方法

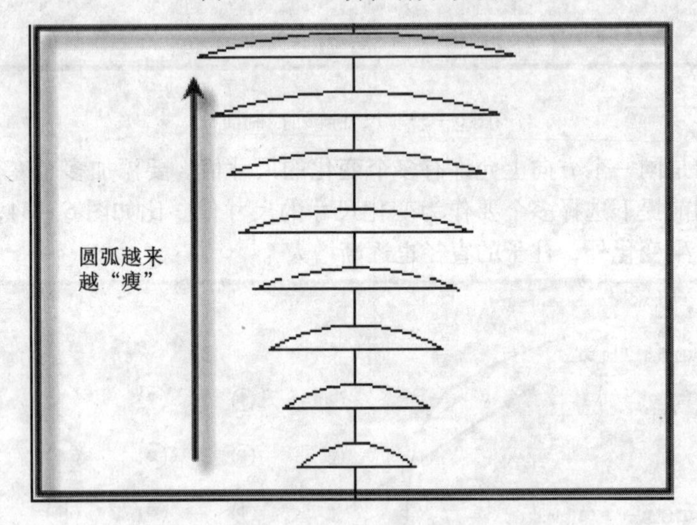

图 6－36　不合适的结果

如果你想在阵列方向上的圆弧形态基本不变的话又该如何做呢，很显然圆弧的半径要随弦长的增加而作适当的增加。再看图 6－37 的标注，是不是比上面的好多了。

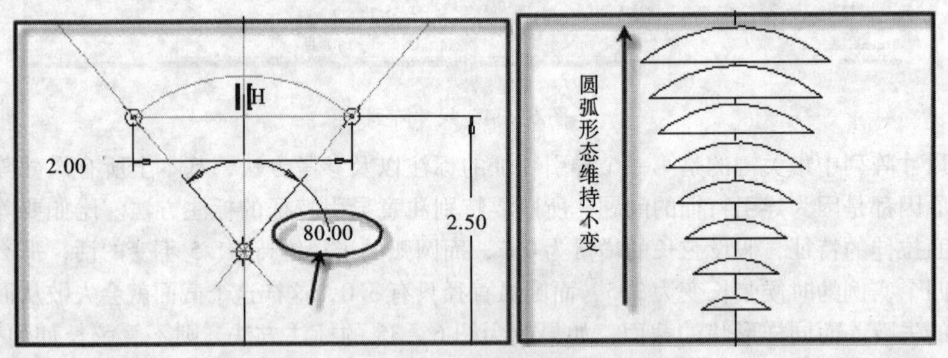

图 6－37　修正后的结果

（六）阵列的再生和删除

在阵列特征操控板中还有一个重要功能按钮【选项】，单击该按钮，弹出如图所示 6－23 的再生选项，供用户选择阵列特征的生成模式。

（1）【相同】模式的阵列特征，是所有阵列特征中最简单的一种。用【相同】模式建立的阵列特征有如下特点：

- 建立的阵列特征都具有相同的尺寸。
- 建立的阵列特征都在同一平面上。
- 建立的阵列特征不能相互干涉。

(2)【可变】模式的阵列特征较为复杂，使用该模式可以建立特征尺寸不同的阵列特征。【可变】模式的阵列特征具有如下特点：

- 建立的阵列特征可具有不同的尺寸。
- 建立的阵列特征可在不同平面上。
- 建立的阵列特征不能相互干涉。

(3)【一般】模式建立阵列特征最灵活，几乎没有什么条件限制，可形成复杂的阵列特征。

(4) 阵列特征的删除。

若要删除阵列特征中的子特征，应使用【删除阵列】命令。

第四节　失败操作

在 Pro/E 中，用户可以根据需要对模型进行修改，比如更改特征参数、删除特征、插入新特征、调整特征顺序等，修改后需要重新生成实体模型，但是，并不是任何时候模型再生都会成功的，不恰当的修改有可能导致模型再生的失败。这时候就需要对再生失败的模型进行处理，以获得正确结果。

(一) 失败操作的出现

Pro/E 再生模型时，会按特征原来的创建顺序并根据特征间父子关系的层次逐个重新创建模型特征，如果修改中存在断开的父子关系以及参照丢失或给定数据不当等原因都会导致再生失败。模型再生失败的原因，可以分为以下几类：

1. 错误尺寸参数

在创建实体模型时，如果提供了不合适的尺寸参数，有可能导致模型再生失败。如在创建筋板特征时，如果筋板的厚度不合适（一般情况下是较小），有可能导致特征生成失败。

2. 错误的方向参照

在创建实体模型时，如果提供了错误的方向，也有可能导致模型再生失败。如在创建筋板特征时，如果筋板特征的厚度生成方向指定错误，则会出现特征生成失败。

3. 错误的父子关系

在调整特征顺序或者插入子特征，或者修改已有特征时，对某特征的父特征进行修改，从而造成了父子关系错误时，也会出现模型的再生失败。

(二) 失败操作的解决方法

如果出现再生失败，将弹出如（图 6－38）。

图 6-38 【诊断失败】对话框

这时，需要分析失败产生的原因，选择如（图 6-39）【求解特征】对话框中的一项，来解决失败的问题。

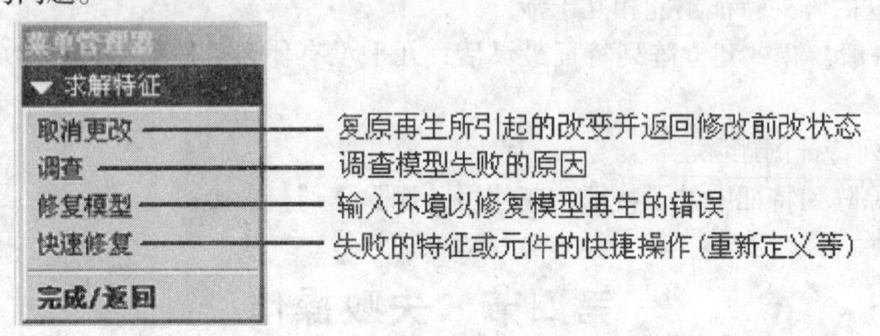

图 6-39 【求解特征】对话框

1. 取消更改

- 在如图 6-39【求解特征】对话框中选择【取消更改】。
- 在【确认信息】对话框中选择【确定】，即放弃了对特征的修改。

2. 删除特征

- 在如图 6-39【求解特征】对话框中选择【快速修复】。
- 在如图 6-40【快速修复】对话框中选择【删除】。
- 在【确认信息】对话框中选择【确定】。
- 信息提示区提示失败已解决。是否退出"解决特征模式"?。
- 在如（图 6-41）【Yes/No】对话框中选择【Yes】，即删除了生成失败的特征。

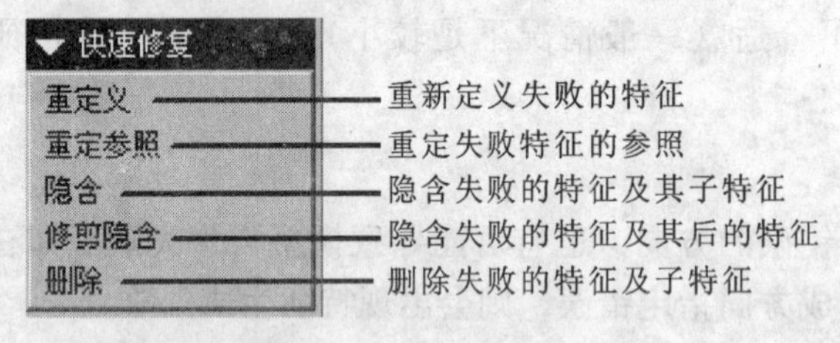

图 6-40 【快速修复】对话框

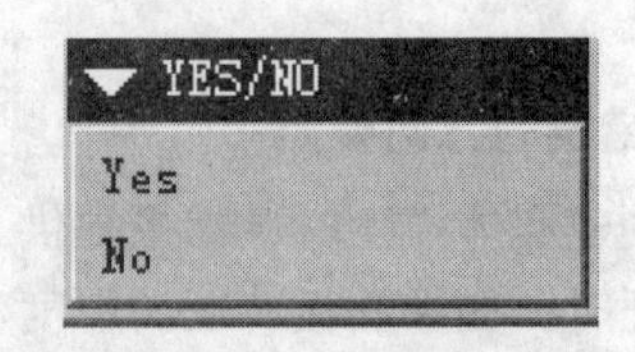

图 6-41 【Yes/No】对话框

3. 重定义特征

- 在如（图 6-39）【求解特征】对话框中选择【快速修复】。
- 在如（图 6-40）【快速修复】对话框中选择【重定义】。
- 在【确认信息】对话框中选择【确定】。
- 系统转入被修改特征创建时的界面，即可以重新创建该特征。

4. 隐含特征

- 在如（图6－39）【求解特征】对话框中选择【快速修复】。
- 在【快速修复】对话框中选择【隐含特征】。
- 在【确认信息】对话框中选择【确定】。
- 信息提示区提示 ➪失败已解决。是否退出"解决特征模式"?。
- 在如（图6－41）【Yes/No】对话框中选择【Yes】，即隐藏了生成失败的特征。

第五节　特征重定义

Pro/E允许用户重新定义已有的特征，以改变该特征的创建过程。选择不同的特征，其重定义的内容也不同。

（一）操作步骤

重定义特征的操作步骤如下：

- 在模型树或图形区选择要重新定义的特征。
- 单击鼠标右键，在弹出的快捷菜单中单击【编辑定义】选项见（图6－42），或者在菜单栏选择【编辑】→【定义】来打开【模型】对话框或【特征】操控板（图6－43）。
- 若打开【特征】操控板，则选择适当的选项，以重定义特征；若打开【模型】对话框，则双击要进行重定义的项目或单击该项目，然后单击【定义】按钮；若出现【重定义】菜单，则应选择相应的选项，然后单击【完成】选项。
- 按系统提示进行操作，完成特征重定义。

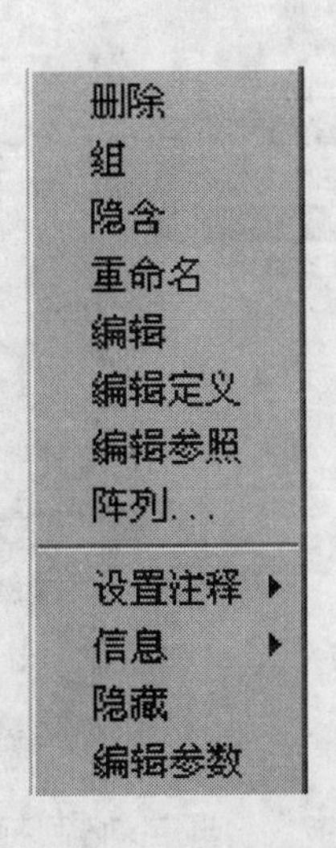

图6－42　快捷菜单

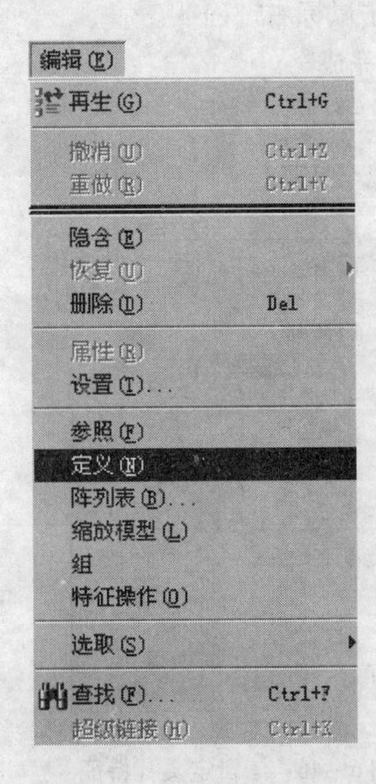

图6－43　【定义】命令

（二）重定义操作实例

下面，我们用一个例子来说明创建特征重定义的步骤：

把（图 6－44）所示模型修改为（图 6－45）所示模型，变更内容如下：

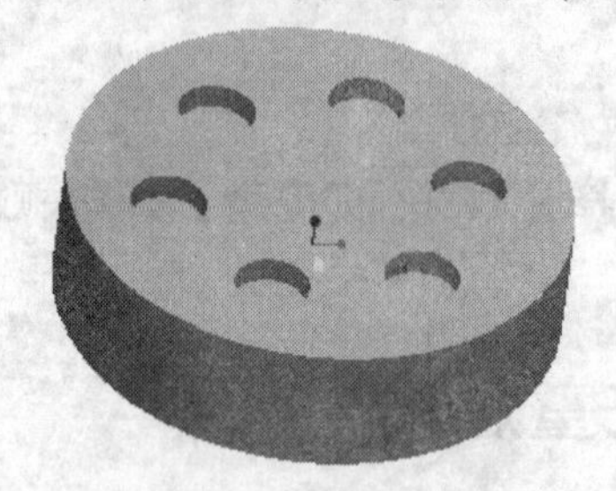

图 6－44　修改前

图 6－45　修改后

1. 改为通孔

2. 将孔的阵列个数由 6 个改为 4 个

重定义步骤如下：

- 打开 6－5. prt 文件。
- 在模型树中选中孔 1【1】特征并单击鼠标右键，弹出快捷方式，选择【编辑定义】见（图 6－46）。
- 在弹出的特征操作面板中，更改孔的属性为 ，并单击鼠标中键确认。
- 在模型树中选中阵列 1of 孔 1 特征并单击鼠标右键，弹出快捷方式，选择【编辑定义】见（图 6－47）。
- 在弹出的阵列特征操控板中，更改阵列个数由 6 个改为 4 个，阵列成员的夹角改为 90°，并单击鼠标右键确认。
- 更改完成。

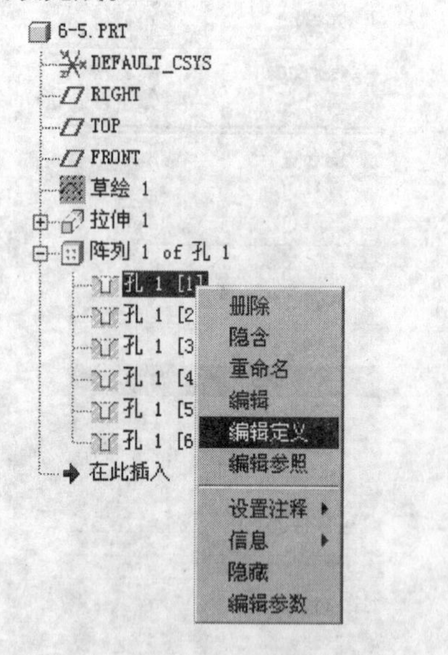

图 6－46　编辑定义孔特征

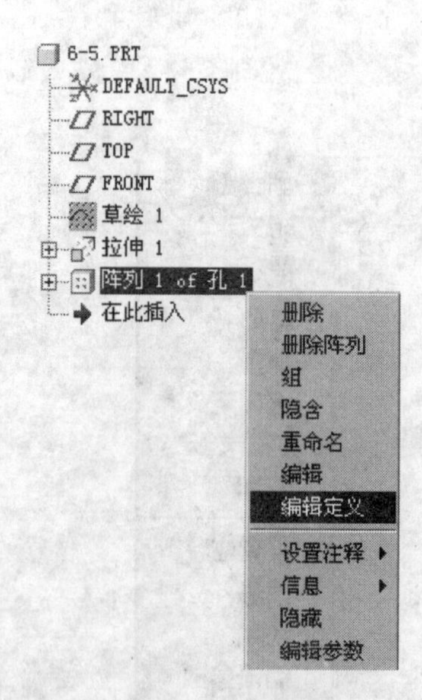

图 6－47　编辑定义阵列特征

第六节　特征修改

在建模过程中，由于我们的误操作或者设计的变更，需要修改模型的特征。在 Pro/E 中，修改模型特征的方法主要包括修改模型的尺寸、特征的顺序、特征的隐含和恢复，此外我们还需了解一些有关特征父子关系的知识，它在建模过程中起着很重要的作用。

(一) 修改特征尺寸

特征的尺寸值可以通过鼠标右键快捷菜单中的【编辑】命令来编辑，步骤如下：

- 在模型树中或直接在绘图区选中需要修改的特征。
- 单击鼠标右键，在弹出的快捷菜单中选【编辑】命令见（图6－48）。

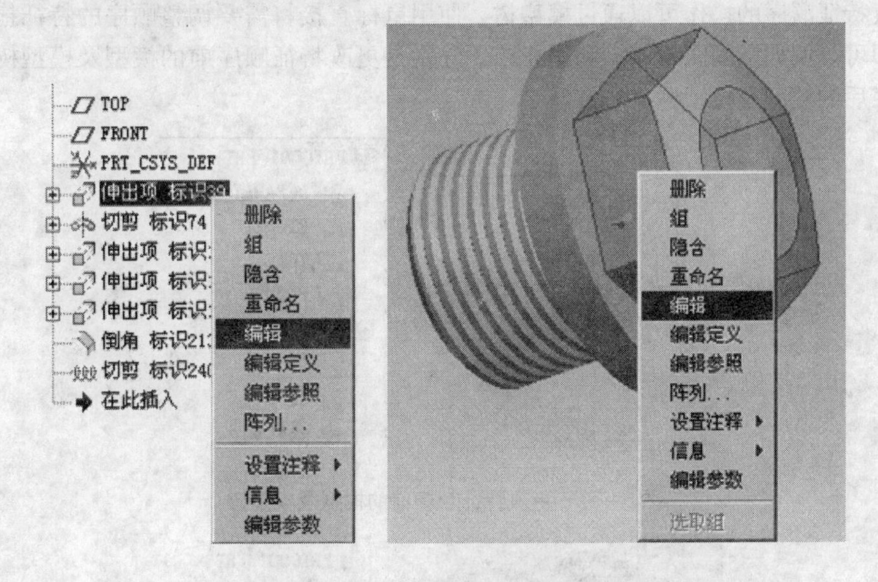

图6－48　快捷菜单中的编辑命令

- 这时绘图区会显示与此特征相关的所有尺寸值，双击要修改的尺寸值，该尺寸数值呈修改状态；输入需要修改成的数值，并回车确认见（图6－49）。

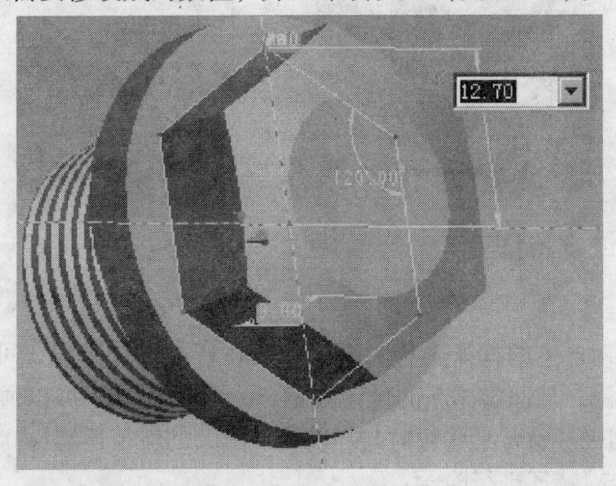

图6－49　修改特征尺寸

● 修改后的数值以绿色显示，单击【编辑】菜单的【再生】按钮，系统更新模型到尺寸修改后的状态见（图 6－50）。

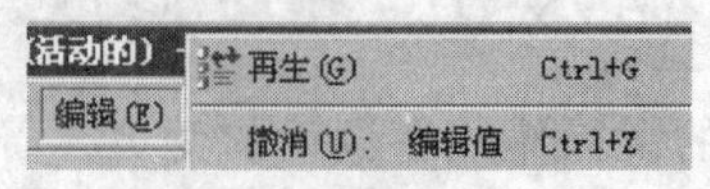

图 6－50 特征再生

（二）更改特征顺序

在 Pro/E 中，一个复杂模型是由数个特征组合起来的，特征建立的先后顺序会影响到最后生成的结果，如果建模的过程中顺序安排不当，还可能会出现特征失败，这时我们需要调整特征的顺序，即重新排序。

更改特征顺序的操作可以通过模型树，使用鼠标直接将需要调整顺序的特征拖放到新的位置即可。例如下面图 6－51 和图 6－52 分别是更改特征顺序前的模型及模型树和更改特征顺序后的模型及模型树。

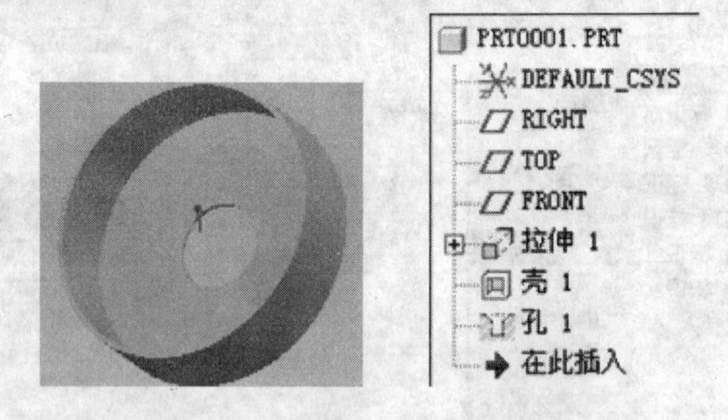

图 6－51 更改特征顺序前的模型及模型树

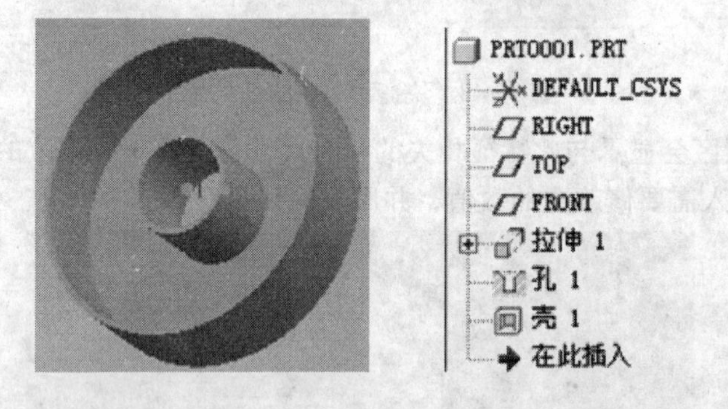

图 6－52 更改特征顺序后的模型及模型树

（三）隐含和恢复特征

1. 隐含特征

Pro/E 允许用户对产生的特征进行隐含。一般在产品设计阶段，可以将某些特征通过【隐含】命令临时删除，从而尝试新的设计方案，一旦反悔，还可以通过【恢复】命令将隐含掉的特征恢复回来。隐含某些暂时与当前设计无关的特征还能提高工作效率。

一般在如下场合对特征进行隐含：

- 通过隐含、隐藏其他特征，使当前工作区只显示目前的操作状态。
- 在“零件”模式下，零件中的某些复杂特征显示时通常会占据较多系统资源，将其隐含可以节省模型再生或刷新的时间。
- 使用组件模块进行装配时，隐含装配件中复杂的特征可减少模型再生时间。
- 隐含某个特征，在该特征之前添加新特征。

如果隐含的特征具有子特征，则隐含特征后，其相应的子特征也随之隐含。若不想隐含子特征，则可通过使用【编辑】→【参照】命令，重新设定特征的参照，解除特征间的父子关系。

隐含特征的操作步骤如下：

- 在模型树或图形窗口中选择要删除或隐含的特征。
- 单击右键，在弹出的快捷菜单中单击【隐含】或【删除】选项，在模型树中被选择的特征及其子特征高亮显示，同时弹出一提示框，以确认要删除或隐含的特征，如图6－53所示。
- 单击【隐含】对话框中的【确定】按钮，完成选定特征及其子特征的隐含；若想保留子特征则单击【隐含】对话框中的【选项】按钮，打开如图6－54所示的【子项处理】窗口。在【子项处理】窗口中，选定该子特征的相应处理方式。

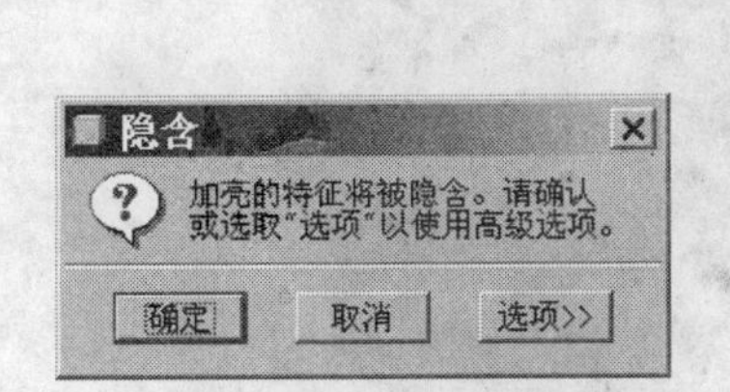

图6－53 【隐含】提示框

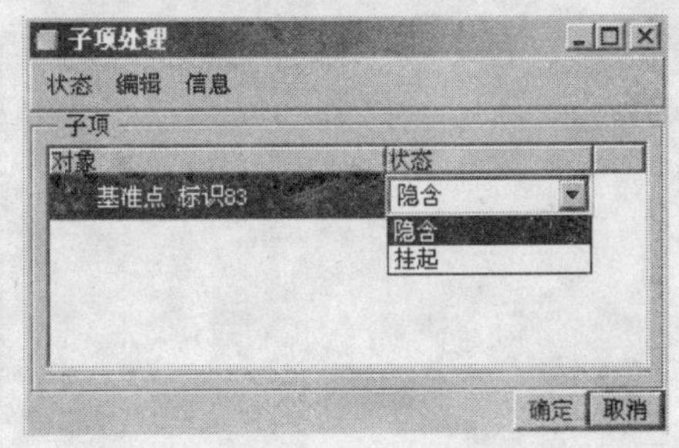

图6－54 【子项处理】对话框

- 单击【确定】按钮，完成特征的隐含。

注意：为了以后可以方便地恢复隐含特征，应尽量使隐含掉的特征仍能显示在模型树中，具体方法是：进入在导航选项卡→模型树→点击导航选项卡的【设置】→树过滤器→打开【模型树项目】对话框→在对话框左侧勾选【隐含的对象】选项→确定；这样，在模型树中隐含对象以加“■”方式显示，可以方便地恢复。

2. 隐含特征的恢复

要恢复被隐含的特征，在菜单栏单击【编辑】→【恢复】选项，系统弹出如图6－55所示选择提示框，选择其中的一项即可。

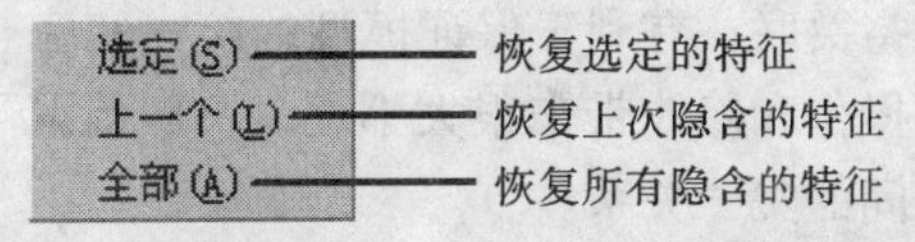

图6－55 特征恢复选择提示框

要恢复被隐含的特征，还可以在选择要恢复被隐含征特征后，单击菜单【编辑】→

【隐含】选项，即可完成对选定特征的隐含。

（四）设置特征父子关系

在 Pro/E 中，父子关系实际上是一种参照关系，在模型构建过程中，如果一个几何要素参照了其他几何要素，则被参照的几何要素称为父项，而参照方称为子项。父子关系导致模型中的几何要素发生关联性，子项的状况受制于父项。首先，子项参照父项，父项发生改变后，子项将随之改变。例如在图 6－56 中，中间的圆柱体部分是基座的子项，其高度参照基座的上表面。如果将基座的高度放大，再生模型后，不仅基座发生变化，圆柱体的高度同样发生改变，从而保证与基座上表面的参照关系。

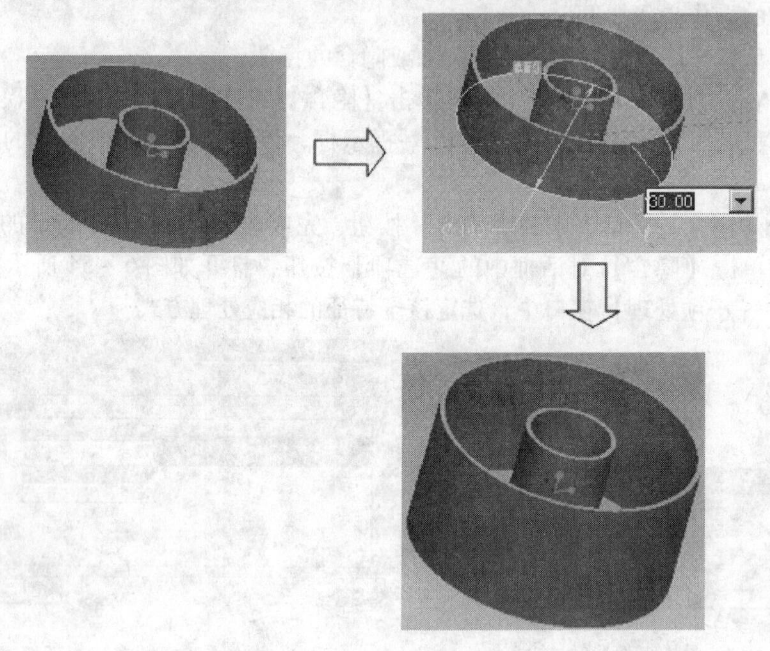

图 6－56　父子关系实例

特征之间的参照关系虽然是通过个别的几何要素产生的，但我们也习惯于称具有参照关系的特征为父特征和子特征。子项依附于父项，如果删除父项，则子项将同时被删除。

Pro/E 中，多种操作可以引入父子关系，例如使用草绘平面时，会将所选取的草绘平面及草绘参照作为草绘图的父特征；创建工程特征时，往往需要设定特征的定位参照，作为参照的特征就是后来创建特征的父特征；创建基准特征时，需要选择参照，这些作为参照的特征就是所创建基础特征的子特征；使用特征复制、阵列等方式操作特征时，原始特征就是子特征的父特征。

Pro/E 中特征的父子关系无法避免。父子关系的存在，有利也有弊。有利的方面在于，父子特征可以在特征之间操持关联，有利于保证模型的统一和完整；不利的方面在于，过于复杂的父子关系会给特征操作和修改带来很大不便。一般情况下，在使用 Pro/E 创建实体模型时，会尽量简化特征间的父子关系。

此外，如果要修改特征之间的父子关系可以通过编辑参照等操作来完成。

第七章　曲　　面

学习指导

本章主要内容

本章主要讲解曲线、曲面的创建和编辑的各种方法。

本章学习要求

1. 掌握曲线的创建编辑方法。
2. 掌握曲面创建的基本方法，了解高级曲面的创建。
3. 熟悉曲面的常用编辑方法。

第一节　概　　述

在三维零件造型中，零件的成型方法有实体造型和曲面造型两种方法。实体特征造型可以成型一些形状简单规范的零件，曲面则可以成型力学、审美学等方面要求很高的产品，使造型过程更加灵活，更容易满足生产、生活、产品功能上的需要。

（一）曲面的特点

曲面造型方法灵活多样，在造型过程中具有很重要的地位，和实体造型相比有以下特点：

- 造型方法多样：曲面既可以采用和实体特征完全相同的方法进行创建，还有自己独到的创建方法。既可以借助已经存在的实体模型，也可以很方便地转换成实体模型。
- 包含的几何信息不同：曲面模型虽然操作灵活，但包含的几何信息并不完整，因此用于产品的生产制造、模型的分析上有很多不足，所以最终都要转成实体模型。
- 可以包含的物理信息不同：曲面模型不包含物理属性，所以无法进行力学分析，因此要进行力学方面的分析必须转换成为实体特征。
- 显示的形式不同：在着色状态时，曲面和实体的显示相同，在线框状态，实体模型的边线是白色的，而曲面的边线显示状态则根据不同的性质，显示的颜色也各不相同。例如，内部边显示为紫色，破孔边显示为洋红色。

（二）常用曲面创建方法

在 Pro/E 野火版中曲面成型的方法既可以用实体特征成型的方法，也可以用其他的方法成型，常用的方法有：

- 用拉伸、旋转、扫描、混合等方法形成曲面。
- 用边界曲面或变截面扫描的方法形成曲面。
- 采用自由造型形成自由曲面。
- 逆向工程方法形成曲面。
- 输入曲面。

（三）常见曲线创建

创建曲面最关键的是通过各种方法获得曲面的边界曲线和内部形状控制曲线。常见的创建曲线的基本方法有：

1. 草绘曲线

在指定绘图平面上绘制平面曲线，工具图标是 。

2. 过点曲线

通过选择的点创建曲线。如（图 7－1）所示可以用这种方法创建通过 1、2、3 这三点和 4、5、6 这三点的两条曲线，创建方法如下：

1）打开文件 thru_point_curve. prt。

2）选择工具图标 →【经过点】|【完成】→【样条】|【整个阵列】|【增加点】→依照顺序选择第 1 点、第 2 点、第 3 点→双击对话框中的【相切】选项→【起始】|【曲线/边/轴】|【相切】→选取曲线 1→反向（确认切线方向由 1 点指向 2 点）→【正向】→【中止】|曲线/边/轴】|【相切】→选取曲线 2→【反向】（确认切线方向由 2 点指向 3 点）→【正向】→【完成】→【确定】。

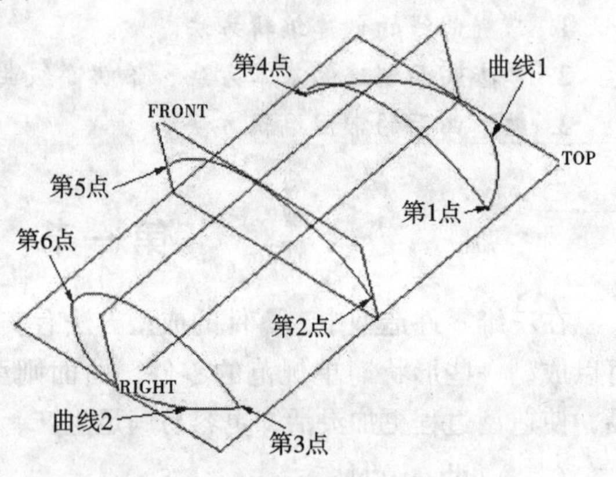

图 7－1　原图

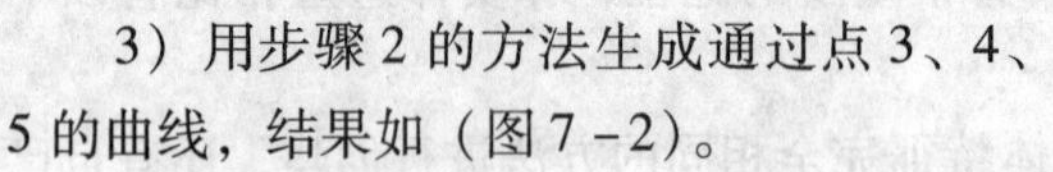

3）用步骤 2 的方法生成通过点 3、4、5 的曲线，结果如（图 7－2）。

3. 输入曲线：由 . igs 或者 . ibl 文件创建曲线

单击工具图标 →【由文件】|【完成】→选择坐标系→选择文件 gear. igs→得到如图 7－3 所示曲线。

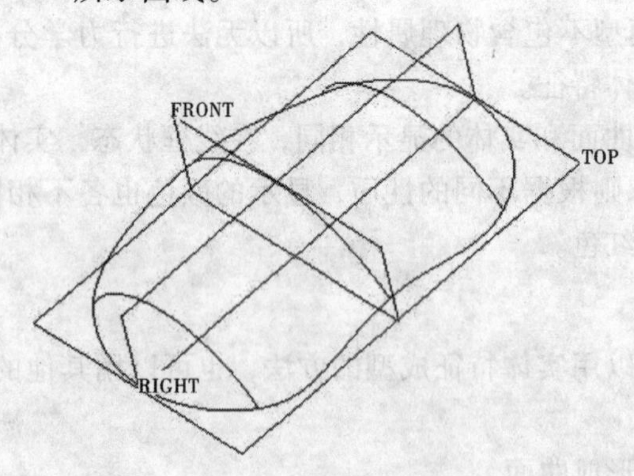

图 7－2　通过点曲线

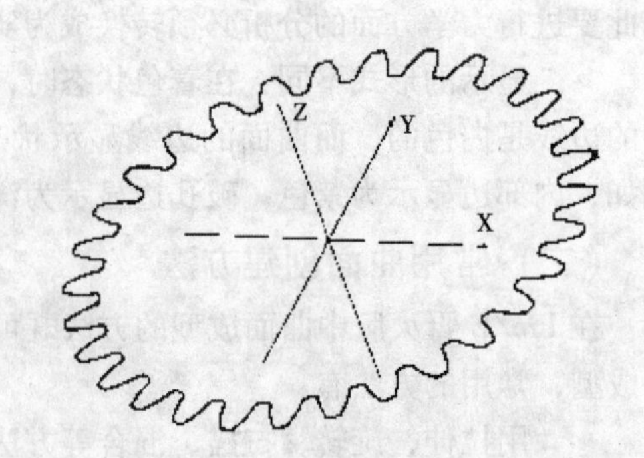

图 7－3　输入曲线

4. 公式曲线

输入曲线的方程式创建曲线。

已知一个齿轮的模数为3，齿数为40，压力角为20°，绘制齿轮的渐开线齿廓。

单击工具图标~→【从方程】|【完成】→【选取坐标系】→【迪卡尔】→输入如下方程：

m=3

z=40

angle=20

DB= m*z*cos（angle）

r=DB/2

theta=t*90

x=r*cos（theta）+r*sin（theta）*theta*pi/180

y=r*sin（theta）-r*cos（theta）*theta*pi/180

z=0

图7-4　公式曲线

→【文件】→【退出】→【保存】→【确定】→得到标准的渐开线齿廓如图7-4。

5. 交线（Intersect）

创建由两个曲面或者一个曲面与一个基准平面的交线。

（1）打开文件Insection_curve. prt。

（2）选择图7-5中曲面1和曲面2。

（3）选择【编辑】→【相交】，完成相交曲线的创建。

图7-5　相交曲线

6. 投影曲线

将一条曲线投影到曲面上所得的曲线，用来投影的曲线可以是已经存在的曲线，也可以是草绘曲线。投影方向可以是沿指定方向也可以沿曲面的法线方向见（图7-6）。

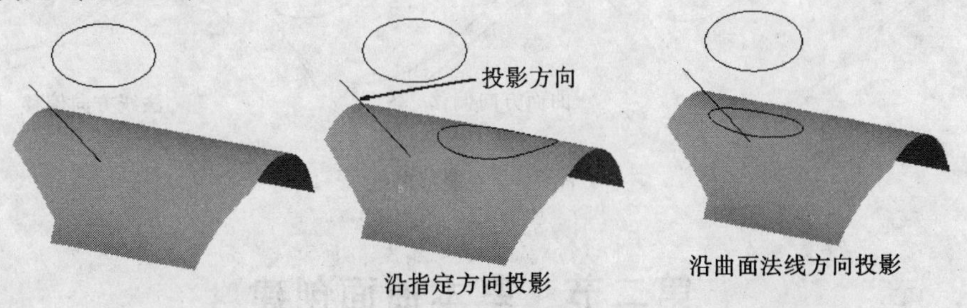

图7-6　投影曲线

投影实例：

（1）打开文件Project. prt。

（2）选择【编辑】|【投影】→【参照】→【投影草绘】→定义...。

（3）选择Front基准面作为草绘平面，Right面向右，绘制如（图7-7）草图。

（4）退出草图环境，选择外圆锥面作为投影面，Front面作为投影方向平面，结果如图7-8。

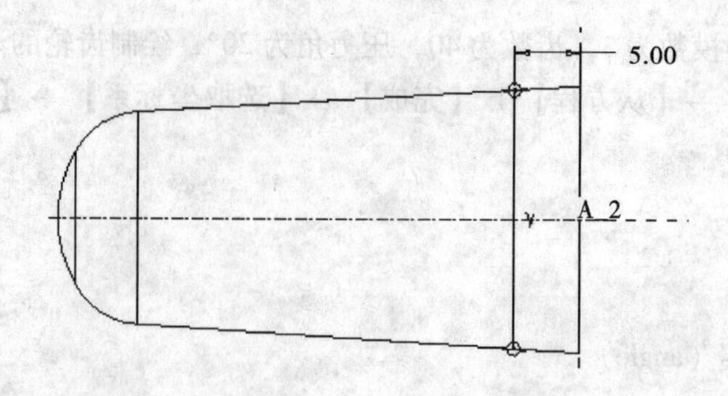

图 7 –7　草图

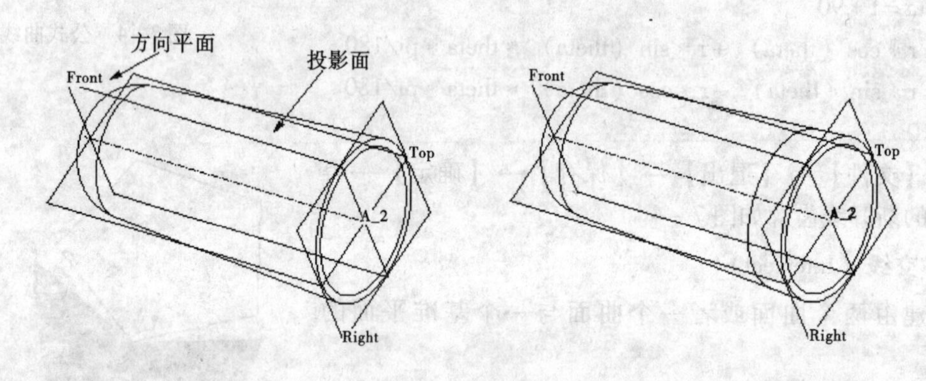

图 7 –8　投影曲线

7. 偏移曲线

通过偏移曲面上的一条曲线，得到新的曲线。偏移曲线可以沿曲面方向偏移，也可以沿曲面的法线方向偏移，而且可以使曲线上各点的偏移距离各不相同见（图 7 –9）。

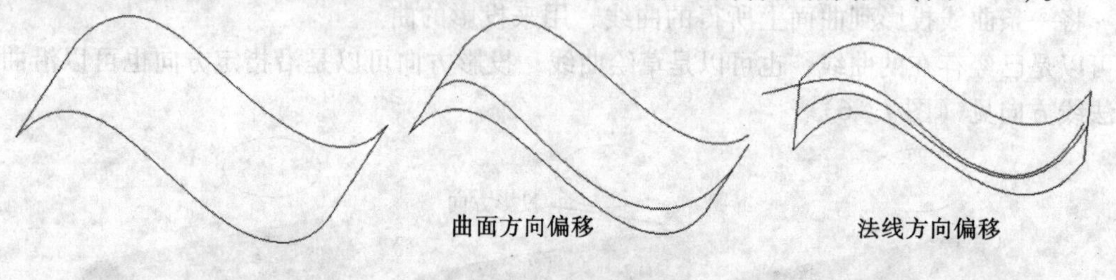

图 7 –9　偏移曲线

第二节　基本曲面创建

（一）拉伸曲面的创建

利用拉伸特征形成曲面和用拉伸形成实体的方法基本相同，操作步骤是：

- 选择拉伸工具。
- 控制面板中选择曲面工具。
- 定义截面形状。
- 定义曲面参数。

用拉伸形成曲面时，曲面裁剪和在【操作】选项卡下的【封闭终点】选项是区别于实体拉伸特征的主要选项。

- 曲面裁剪是用当前曲面特征去裁剪已经存在的曲面（该选项在后面详细说明）。
- 封闭终点和开放终点是指曲面在曲面端口处是否封闭（要求曲面的截面封闭）如（图 7－10）所示。

图 7－10　拉伸曲面终点控制

拉伸实例：

（1）新建文件 Extrude. prt。

（2）创建曲线见（图 7－11）。

选择工具图标→【从方程】｜【完成】→【选取坐标系】→【迪卡尔】→输入如下方程：

x＝360＊t

y＝100＊sin（x）

z＝0

（3）创建拉伸曲面

选择拉伸工具→在控制面板上选择曲面工具→【放置】｜【定义】→Front 面作为草绘平面，Right 面向右，复制上一步绘制的曲线作为草图截面→→给出拉伸高度 200→，结果如（图 7－12）。

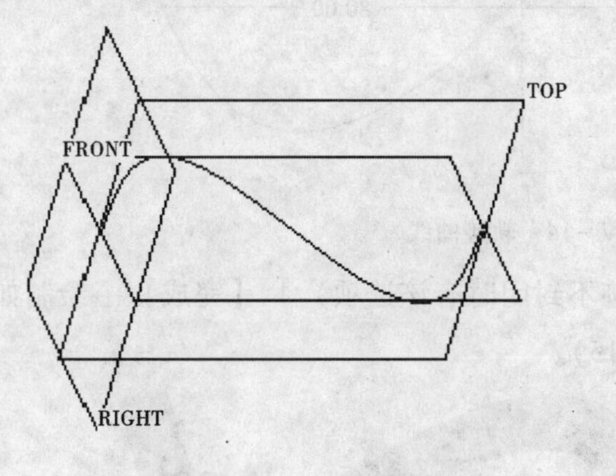

图 7－11　公式曲线

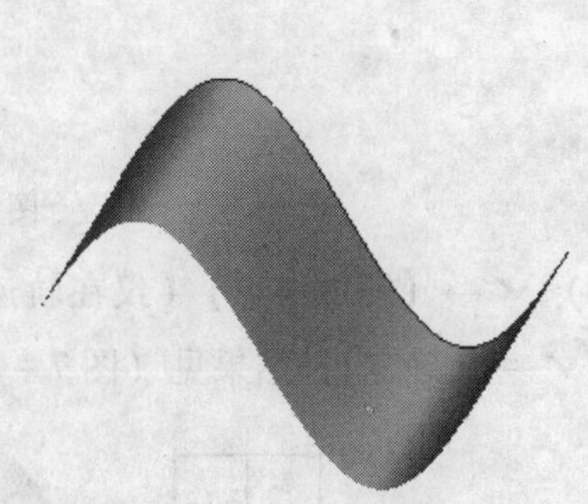

图 7－12　拉伸曲面

（二）旋转曲面的创建

旋转曲面特征的创建过程和拉伸曲面特征的创建过程基本相同。下面通过实例介绍旋转曲面的创建过程。

（1）新建文件 Revolve. prt。

（2）选择旋转工具→→【放置】｜【定义】。

选择 Front 面作为草绘平面，Right 面向右，绘制如下草图→→给出旋转角度 360→，结果如（图 7－13）。

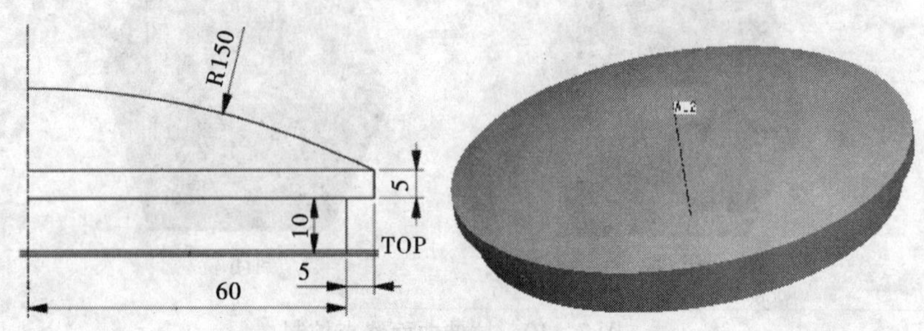

图 7－13 旋转曲面

（三）扫描曲面的创建

当曲面可以用一个截面沿一条轨迹运动生成时，就采用扫描曲面。扫描曲面特征和扫描实体特征的创建方法基本相同。下面通过实例介绍扫描曲面的创建过程：

（1）新建文件 Swept. prt。

（2）【插入】→【扫描】→【曲面】→【草绘轨迹】→选择 Front 平面作为轨迹草绘平面，Right 平面向右，用样条线绘制如图 7－14 草图。

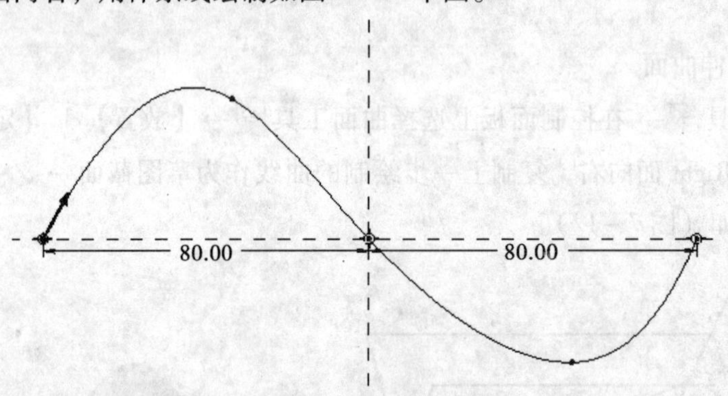

图 7－14 轨迹曲线

（3）✔→【开放终点】（仅在轨迹不封闭时有该选项）｜【完成】→绘制如图所示截面→✔→【确定】。结果见（图 7－15）。

图 7－15 截面和扫描曲面

（四）混合曲面的创建

当已知曲面某一方向上的若干截面时可以采用混合曲面来创建。创建混合曲面的方法、要求、步骤和创建混合实体基本相同。下面用实例加以说明：

（1）创建新零件 Blend. prt。

（2）【插入】→【混合】→【曲面】→【平行】｜【规则截面】｜【草绘截面】｜【完成】→【直的】｜【封闭端】｜【完成】。

（3）选择 Top 平面作为草绘平面→【反向】（曲面长成方向向上）→【正向】→【缺省】。

（4）绘制如下截面（注：第二截面和第一截面重合，在第二截面的 A 和 B 点加混合节点）→✓→输入截面距离 1. 25→【确定】。结果如（图 7－16）。

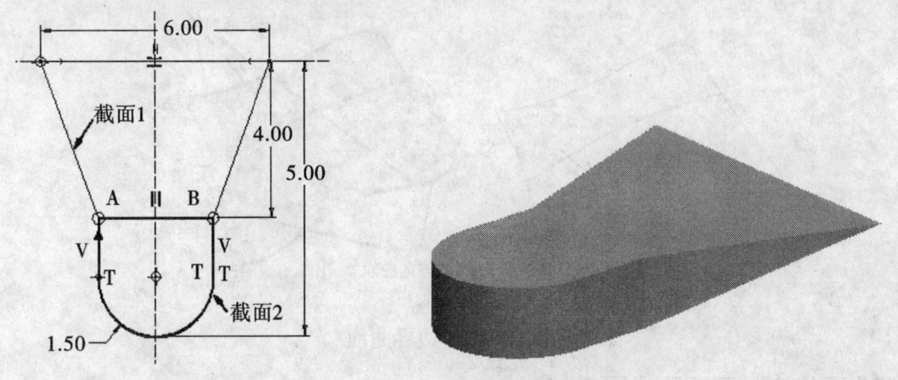

图 7－16　混合曲面

（五）填充曲面

创建平面曲面的最简单直接的方法就是填充曲面见（图 7－17）。如创建（图 7－17）所示的平整曲面的步骤是：

- 新建文件 flat_surf. prt。
- 选择【编辑】｜【填充】→定义内部草图。
- 选择 Top 面作为草绘平面，Right 面向右，绘制草图。

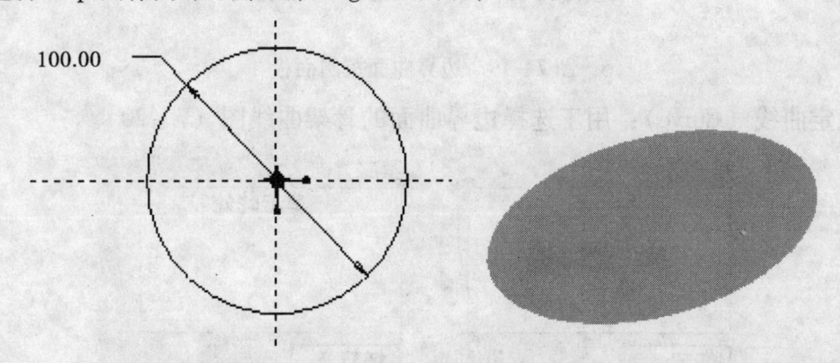

图 7－17　填充曲面

- 选择✓退出草绘→选择✓完成填充曲面的创建。

（六）边界曲面（Boundary Blend）创建

当已知曲面的边界线或者要求创建的曲面与相邻的曲面有相切、连续、垂直等要求时可以采用边界曲面进行创建。它可以用一个方向或者两个方向的曲线做出平滑曲面。如果采用一个方向的曲线时，曲线如果相交，那么所有曲线必须交于一点，且曲线之间不允许有相切；如果采用两个方向的曲线时，要求第二方向的每一条曲线必须和第一个方向的每一条曲线相交。如图 7－18 所示。

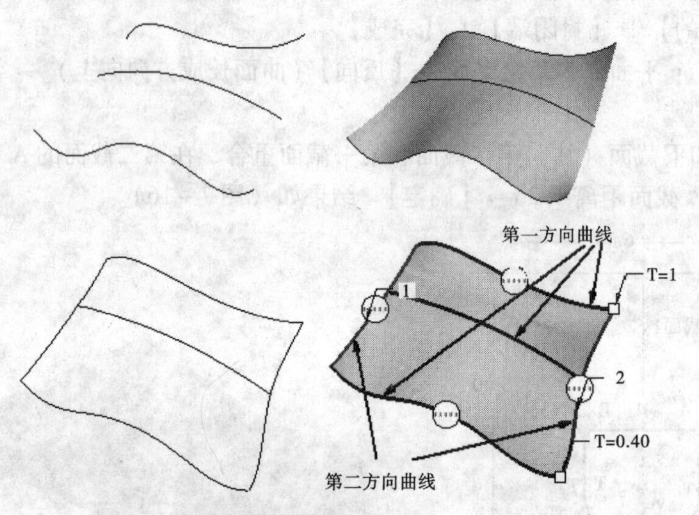

图 7－18　边界曲面

边界曲面的控制面板见（图 7－19）。

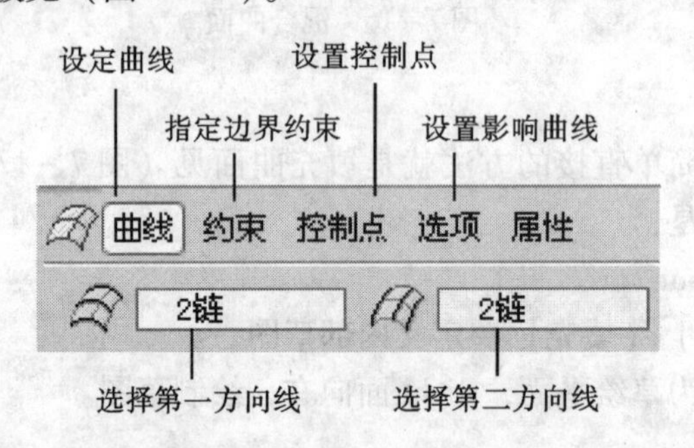

图 7－19　边界曲面控制面板

- 设定曲线（Curve）：用于选择边界曲面的骨架曲线图（7－20）。

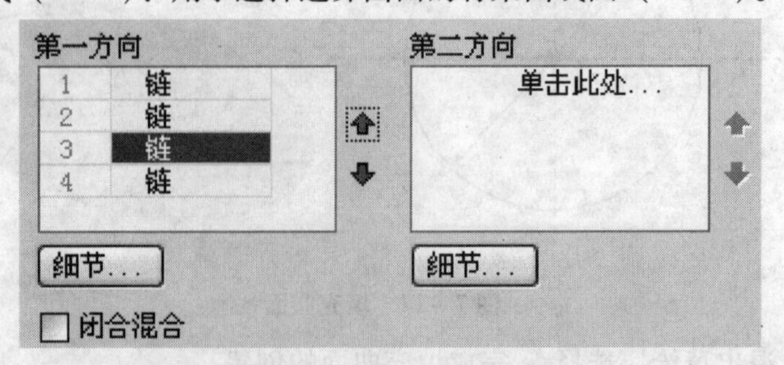

图 7－20　边界曲面的【曲线】选项

⇧和⇩：控制曲线的连接次序。

细节...：控制选择【链】的选择规律。

□闭合混合：控制曲面是否封闭端口。

- 设置约束（Constraints）：可以在这里设置面的边界条件（自由、相切、连续、垂直）。
- 设置控制点对（Control Points）：如果边界是由多组具有类似段数组成的话，应当设置合适的控制点对以减少生成面的 Patch 数目。
- 设置影响曲线选项（Options）：可以添加额外的曲线来调整面的形状。

边界曲面实例一

（1）打开文件 Boundary_1. prt。

（2）选择工具图标。

（3）按照图 7－21 中顺序依次选择四条曲线。

（4）预览结果如图 7－21（b）。

（5）选中曲线标签下的闭合混合结果如图 7－21（c）。

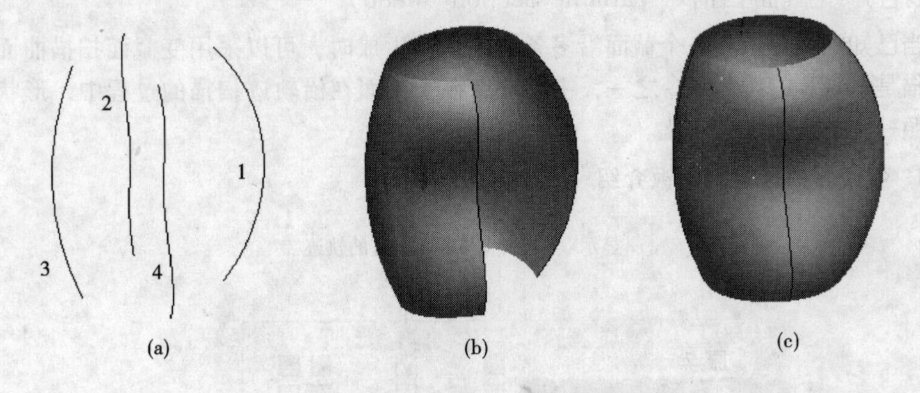

图 7－21 单方向控制曲线的边界曲面

边界曲面实例二

（1）打开文件 Boundary_2. prt。

（2）选择工具图标。

（3）按顺序依次选择图 7－22（a）中方向 1 的三条曲线。

（4）在绘图区空白处单击鼠标右键选择“第二方向曲线”。

（5）选择方向 2 的两条曲线，预览结果如图 7－22（b）。

（6）选择控制标签页下拟合方式为段到段，预览结果如下图 7－22（c）。

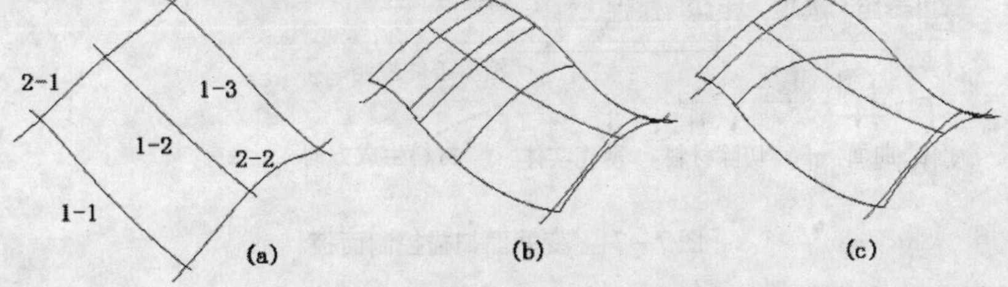

图 7－22 有两个方向控制曲线的边界曲面

边界曲面实例三

（1）打开文件 boundary_3. prt。

（2）选择工具。

（3）选择（图 7－23）中曲线 1 和曲线 2。

（4）在曲线 1 的上单击鼠标右键，改变边界约束条件为切线，同样方法改变另一边的约束条件也是切线，预览结果如图 7－23（c）。

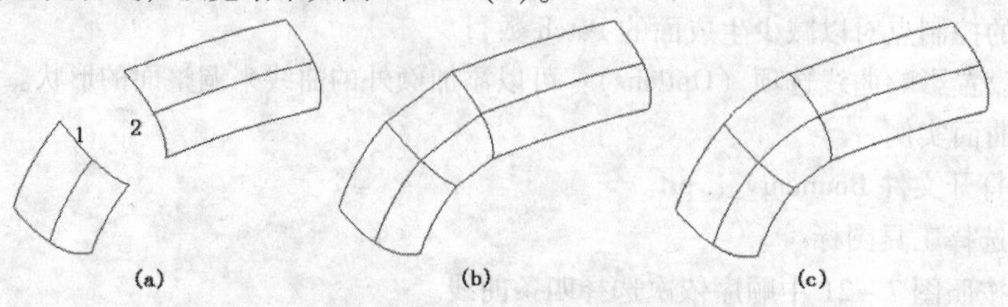

图 7－23　边界曲面的边界条件

（七）变截面扫描（Variable Section Sweep）——

当已知曲面可以由一个截面沿多条轨迹运动生成时，可以采用变截面扫描曲面。变截面扫描是 Pro/E 的特色命令之一，主要特点在于截面在沿轨迹扫描的过程中，形状尺寸可以按照一定的规律发生变化。

1. 变截面扫描控制面板介绍（图 7－24）

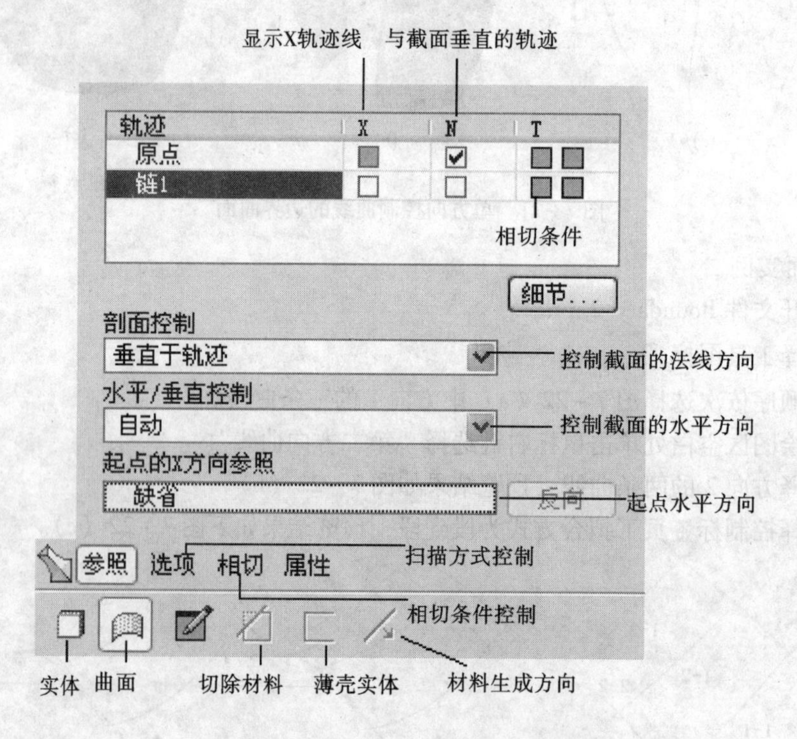

图 7－24　变截面扫描控制面板

（1）截面草绘法线方向控制：

- 【垂直轨迹】：选择此选项，可以在【水平/垂直控制】选项中选择【自动】，这种情况下，可以选择任意基准平面、线性边、坐标系、两点作为方向参考。
- 【垂直于投影】：截面的 Y 轴平行于规定的方向，Z 轴与原始轨迹线沿着规定方向的投影相切。如果选择此选项，需要选择一个方向参考。
- 【恒定的法向】：如果选择此选项，需要选择一个方向参照。

（2）水平/垂直方向控制：

- 【自动】：系统自动判断。
- 【X 轨迹】：用轨迹线控制截面的 X 方向，用这个选项可以实现系统的扭转变形（图 7－25）。

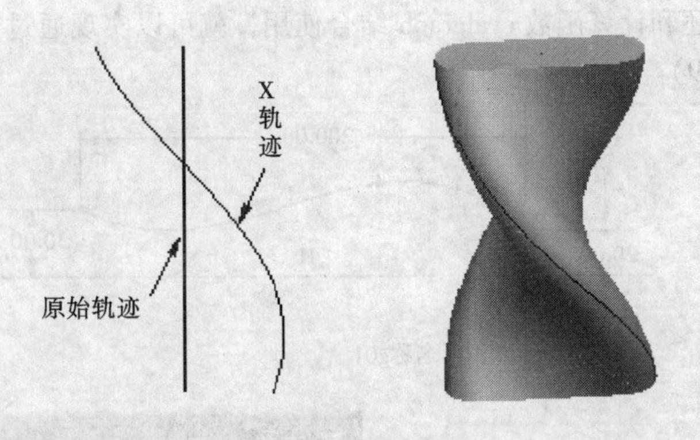

图 7－25 X 轨迹线用法

（3）起点水平方向控制：

用于控制变截面扫描起点的 X 方向。

在【选项】菜单中可以选择变截面或者是恒定截面的命令，可以控制截面放置的位置（图 7－26）。

- 【可变剖面】：用作变截面扫描。
- 【恒定剖面】：用作截面不发生变化的扫描。
- 【草绘放置点】：控制截面的放置位置。

可变剖面
恒定剖面
草绘放置点
原点

图 7－26 截面控制

（4）相切：

控制生成的曲面与临接面的相切关系。

2. 截面形状的变化控制

截面形状可以用轨迹、关系式、基准图形控制其变化规律。

（1）轨迹线控制（图 7－27）：

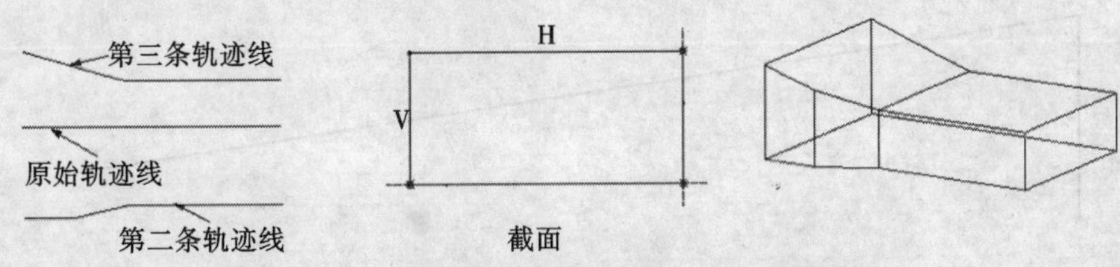

图 7－27 使用轨迹线控制截面变化的变截面扫描

(2) 关系式控制（图 7－28）：

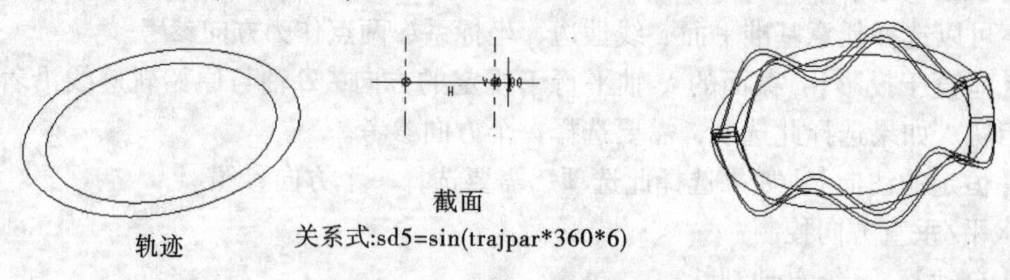

图 7－28 用关系式控制的变截面扫描

(3) 基准图形控制：

轨迹参数通常还和计算函数 evalgraph 结合使用，就可以实现通过 graph 图表来控制截面的目的（图 7－29）。

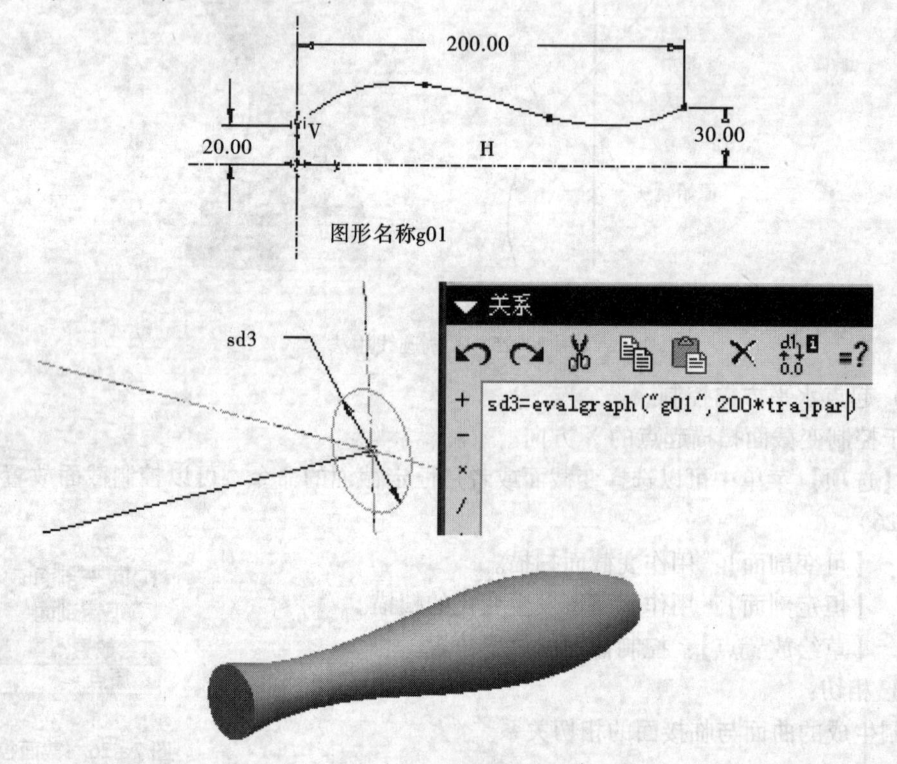

图 7－29 用基准图形控制的变截面扫描

3. 实例一

(1) 打开文件 V_Swept_1. prt（图 7－30）。

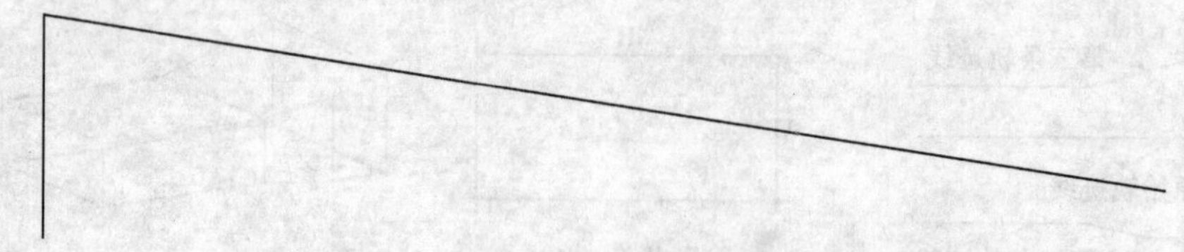

图 7－30 轨迹线

（2）选择工具图标开始创建变截面扫描。

- 选择原始轨迹线为铅锤竖线，按住 Ctrl 键选择另一条斜线作为轨迹线。
- 选择工具图标绘制截面（注意，结构线圆必须过草绘平面与轨迹线的交点，只有这样才可以用轨迹线控制结构线圆在沿着原始轨迹扫描的过程中，大小发生变化）见（图 7－31）。
- 选择✔退出草图→选择工具图标表示创建实体特征→选择✔完成特征创建（图 7－32）。

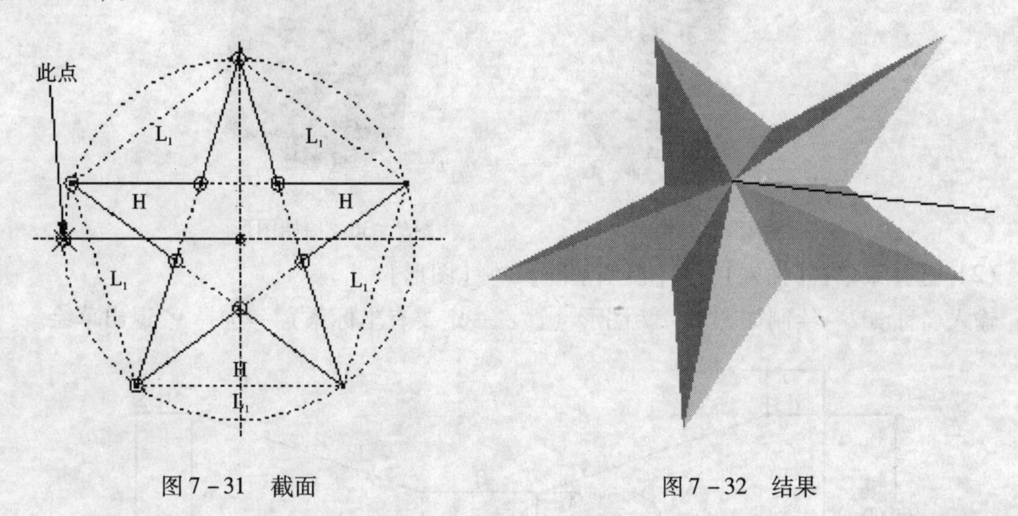

图 7－31　截面　　　　图 7－32　结果

4. 实例二

（1）打开文件 V_swept_02. prt（图 7－33）。

（2）选择工具图标开始创建变截面扫描→选择图中曲线作为轨迹线。

- 选择工具图标绘制截面（图 7－34 ）。

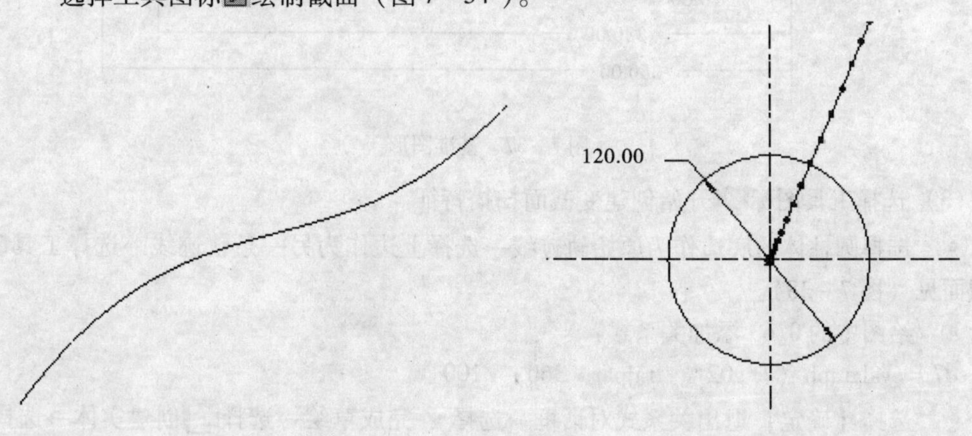

图 7－33　轨迹　　　　图 7－34　截面 2

- 选择菜单【工具】|【关系】→输入关系式：

sd3 = 120 + 12 * sin（30 * trajpar * 360）

- 选择【确定】退出对话框→选择✔退出草绘→选择工具表示创建实体→选择✔完成特征创建（图 7－35）。

5. 实例三

（1）打开文件 V_swept_3. prt（图 7－36）。

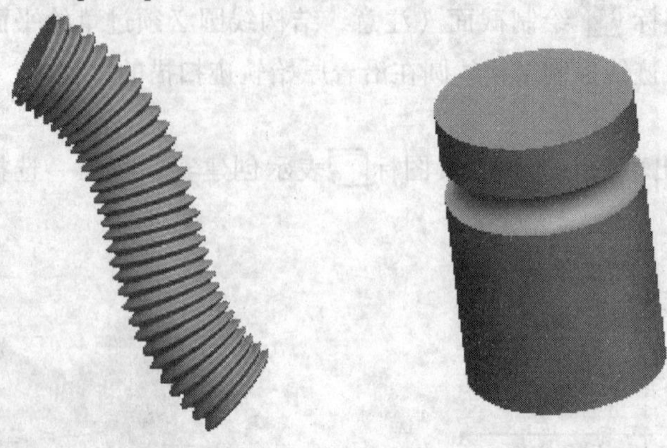

图 7－35　结果 2　　　图 7－36　原始图形

（2）选择菜单：【插入】→【模型基准】→【图形】。

输入名称 g02→绘制如图 7－37 图形（注：一定要有坐标系）→选择✔退出草绘。

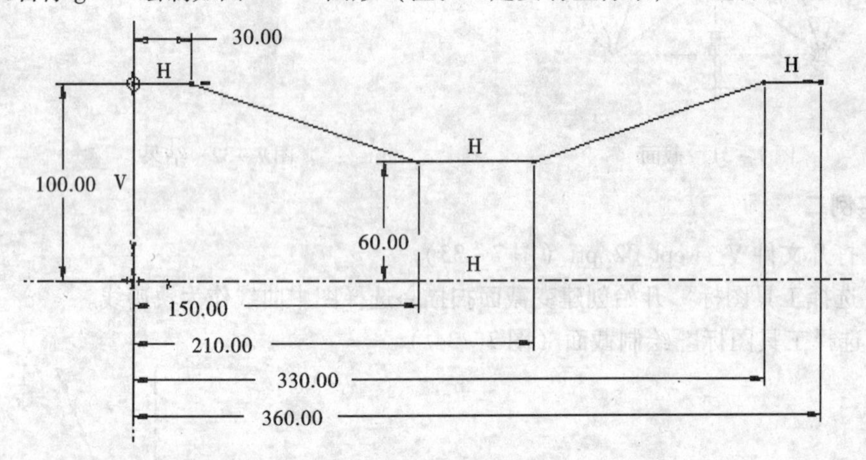

图 7－37　基准图形

（3）选择工具图标开始创建变截面扫描特征。

- 选择圆柱体的底边作为原始轨迹线→选择上边作为另一条轨迹线→选择工具绘制截面见（图 7－38）。
- 给图中的 0. 63 添加关系式：

sd7 = evalgraph（" g02"，trajpar ∗ 360）/100

- 选择【确定】退出关系式对话框→选择✔完成草绘→选择创建实体→选择表示去除材料→选择✔完成特征创建（图 7－39）。

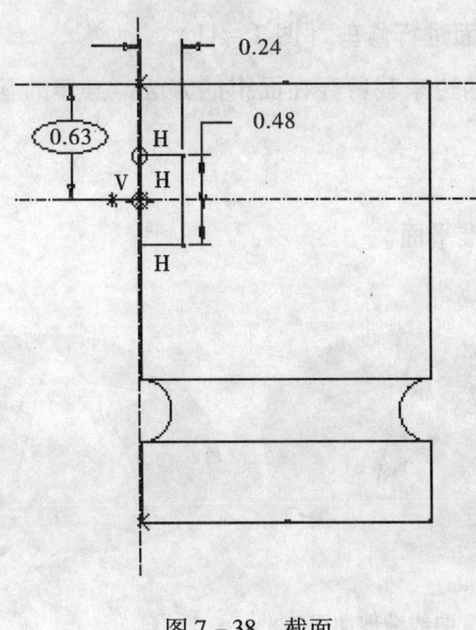

图 7－38　截面

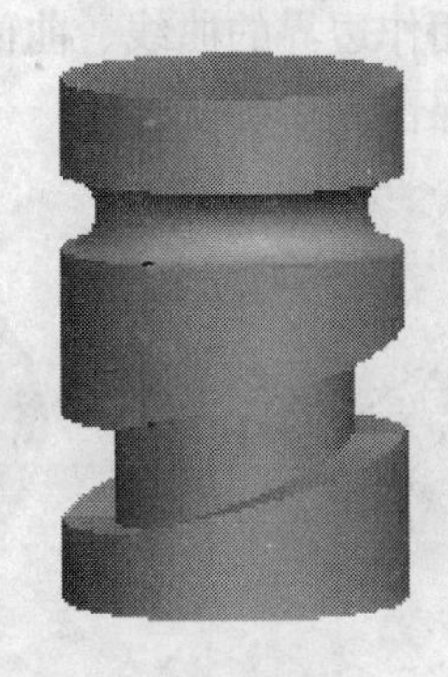

图 7－39　结果 3

第三节　曲面操作

（一）曲面的修剪

曲面修剪就是将已经存在的曲面修剪成为预定的形状，可以采用以下方法进行：

- 用拉伸、旋转、扫描、混成等基本特征进行修剪。
- 用存在的曲面进行修剪。
- 用存在的曲线、边、基准平面进行修剪。
- 用阴影线修剪。

1. 创建基本特征进行修剪（图 7－40）

这种方法的基本步骤是：

（1）选择拉伸或者旋转→选择→选择（如果选择是其他基本特征，则选择该特征菜单下的【曲面裁剪】）。

（2）定义截面草图。

（3）通过单击按钮选择保留侧。

（4）按中键确认。

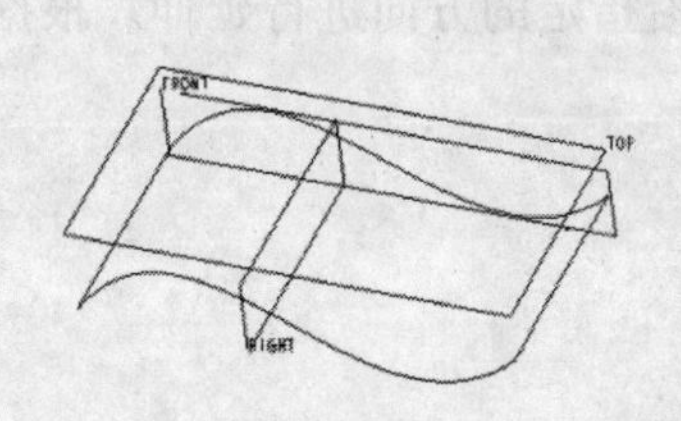

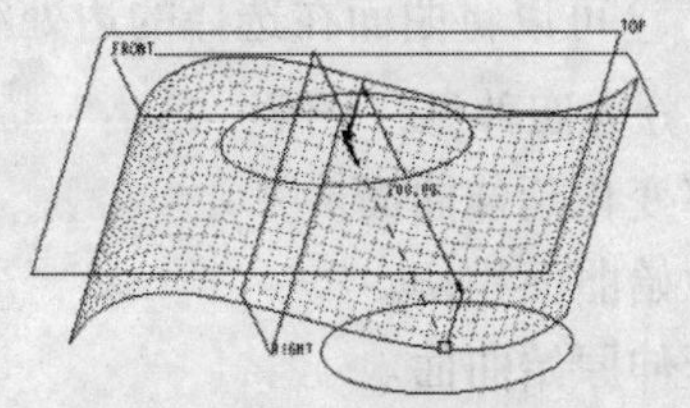

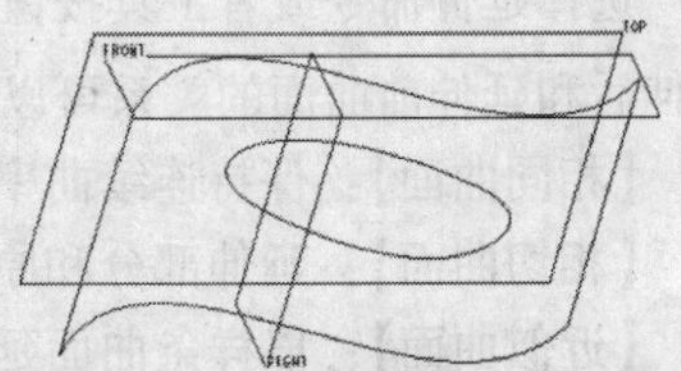

图 7－40　拉伸曲面裁剪

2. 用存在的曲线、边、曲面、基准平面进行修剪（图 7－41）

即使用落在面组上的曲线或者曲面上的边来裁剪存在面组的方法，操作的基本步骤是：

（1）选择面组。

（2）选择裁剪工具 。

（3）选择用作边界的曲线、曲面、基准平面。

（4）改变保留侧后确认。

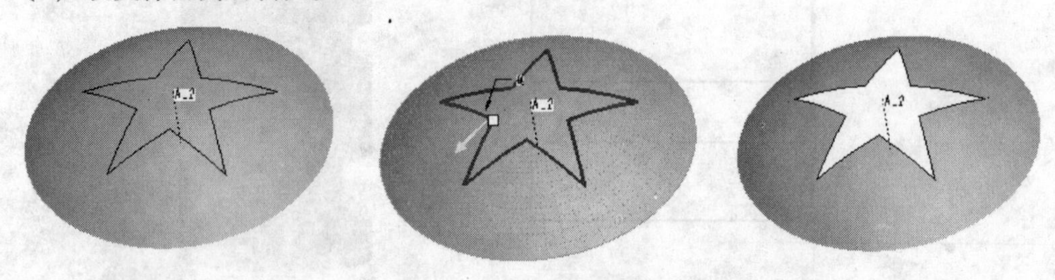

图 7－41　曲线裁剪曲面

3. 用阴影线修剪（图 7－42）

用这种方法可以很方便地获得型腔模的分模线，基本方法如下：

（1）选择面组。

（2）选择裁剪工具 。

（3）选择一平面定义获得阴影线的方向。

（4）选择保留侧，并确认。

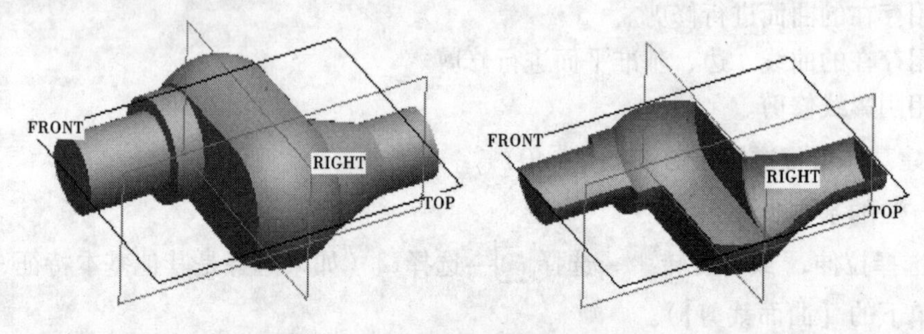

图 7－42　阴影线裁剪

（二）曲面延伸（Extend）

选择延伸命令或者工具按钮 可以将曲面在选择的边处沿指定的方向进行延伸。根据延伸后和延伸前曲面的关系可以分为四种见（图 7－43）：

【相同曲面】：保持连续曲率变化延伸曲面。

【相切曲面】：延伸部分和原始曲面相切。

【近似曲面】：以样条曲面延伸原始曲面。

【延伸到平面】：沿垂直于指定平面的方向上延伸原始曲面。

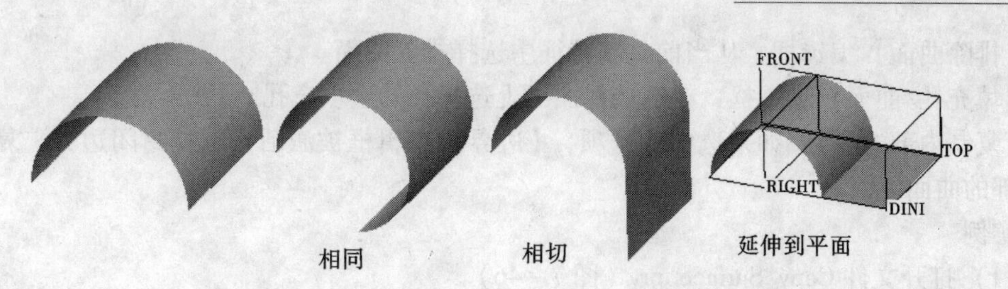

图 7－43　曲面延伸

延伸出来的曲面侧边和延伸边的关系（图 7－44）：

【沿边】：延伸曲面的侧边是沿原始曲面的侧边方向延伸后形成。

【法向边界】：延伸曲面的侧边与原始曲面的延伸边垂直。

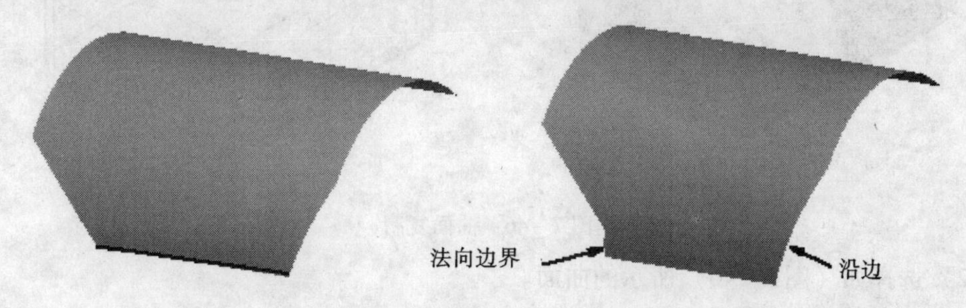

图 7－44　延伸曲面的侧边形式

（三）曲面合并

使用曲面合并可以将两个或多个面组合并成为一个整体。曲面合并的命令是【编辑】|【合并】，工具按钮是 。合并的形式有【相交】和【连接】两种。

【相交】：合并两相交的面组，可以通过单击 和 改变面组的保留侧（默认选项）。

【连接】：合并一个面组的有一条边落在另一个面组上的两个面组。一般情况下用默认选项就可以了，如果有时候没有办法得到需要的结果，可以试着改用该选项。

（四）曲面复制

将已经存在的实体或曲面表面复制成为一个独立且与原曲面的形状大小完全相同的面组称为曲面复制。曲面复制的方法非常简单：选中需要复制的曲面，按下 Ctrl + C，接着按下 Ctrl + V，进行复制选项选择就可以完成曲面复制。

曲面复制有三个选项见（图 7－45）。各选项含义：

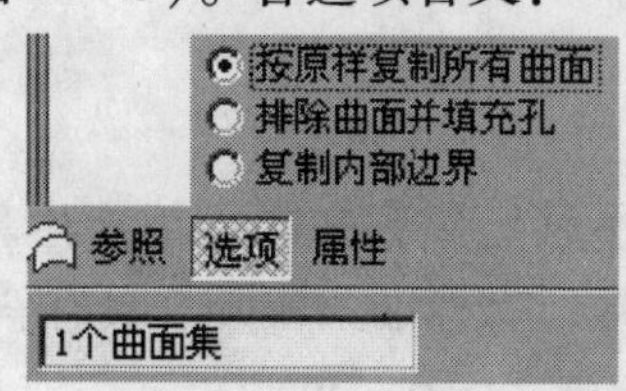

图 7－45　曲面复制控制面板

【按原样复制所有曲面】：复制所有选择的曲面。

【排除曲面并填充孔】：如果选择此选项，下面两个编辑框被激活。

【排除曲面】编辑框：从当前复制特征中选择排除曲面。

【填充孔/曲面】编辑框：在已选择曲面上选择孔的边填充孔。

【复制内部边界】：如果选中此选项，【边界】编辑框被激活，选择封闭边界，复制边界内部的曲面。

实例

(1) 打开文件 Copy_Surface. prt（图 7－46）。

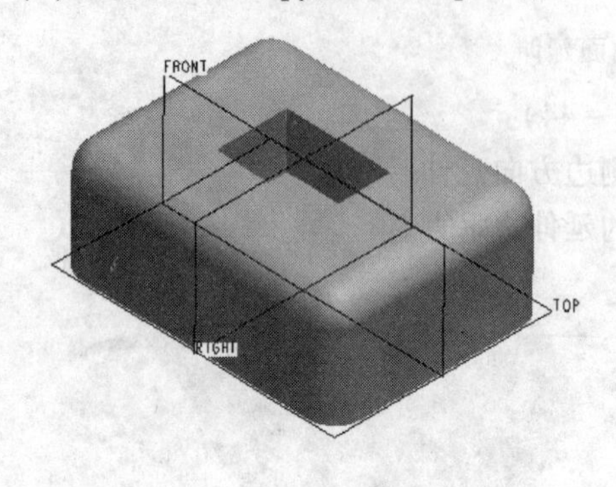

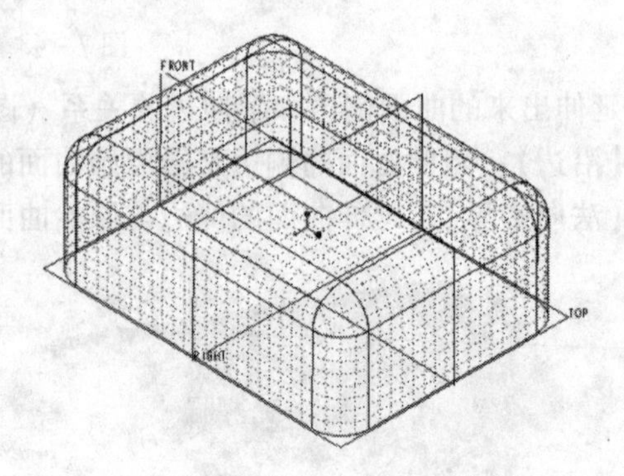

图 7－46 曲面复制

(2) 选择如（图 7－46）所示的曲面。

(3) 选择复制工具图标，选择粘贴工具图标。

(4) 在控制面板上选择【选项】（Options）选项，选择【排除曲面并填充孔】，激活【填充孔/曲面】对话框。

(5) 单击孔的边界，按中键结束复制操作（图 7－47）。

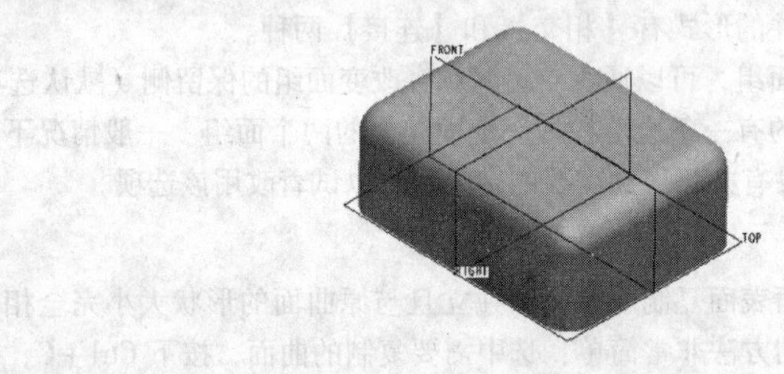

图 7－47 复制结果

(6) 存储文件。

(五) 曲面偏移（）

曲面偏移就是在指定的方向平移已经存在的面组产生新的面组的方法。在野火版 2.0 中曲面偏移的命令功能得到了加强，有标准、展开、具有斜度、替换四种形式。

(1) 标准（Standard）——（图 7－48）。

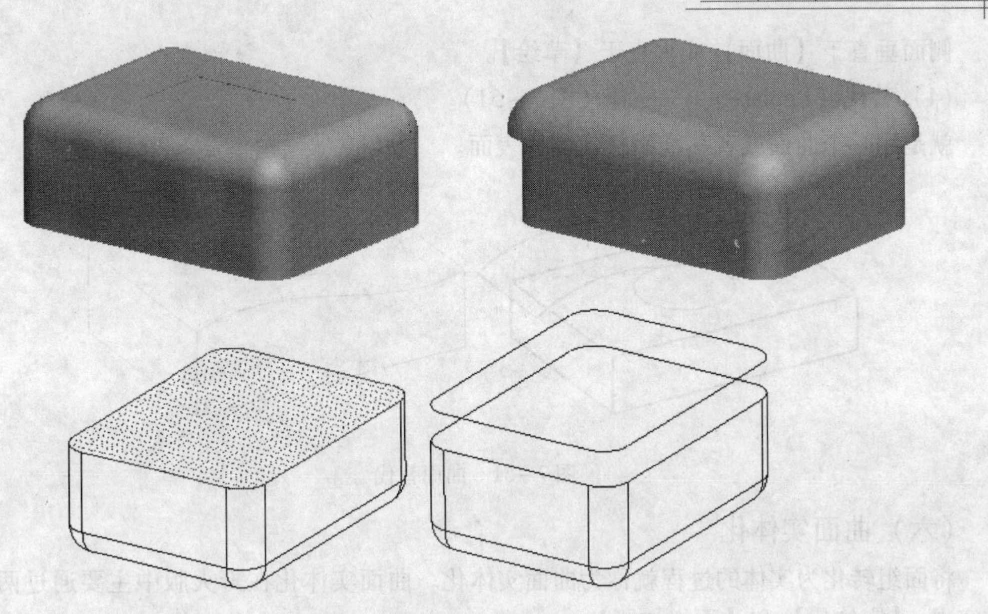

图 7－48　曲面偏移——标准

（2）展开（Expand）——（图 7－49）。

将实体或者曲面的整体或者部分进行偏移。

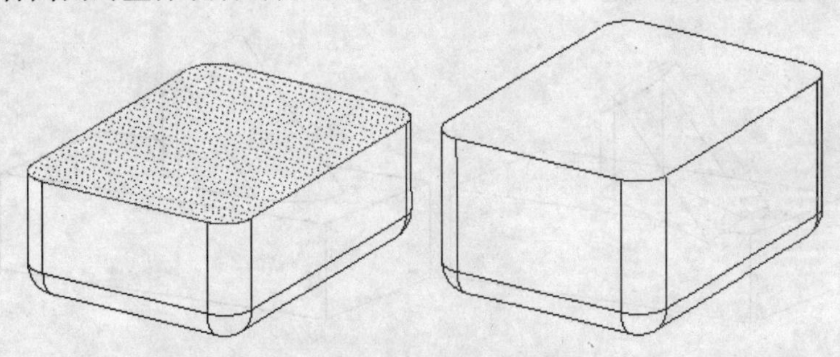

图 7－49　曲面偏移——展开

（3）具有斜度的（With Draft）——（图 7－50）。

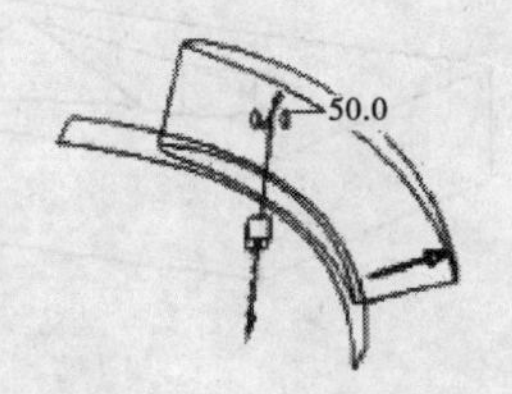

图 7－50　带拔模偏移

具有斜度的偏移可以对曲面的一部分或者部分实体表面进行有拔模斜度的偏移。

具有斜度的偏移控制面板介绍：

【垂直于曲面】：偏移曲面的大小和曲率与原始曲面相比发生了变化，曲率中心和原曲面对应点的曲率中心重合。

【平移】：偏移曲面的大小和曲率与原始曲面相同。

侧面垂直于【曲面】或垂直于【草绘】。

（4）替代（Replace）——（图 7－51）。

就是用一个曲面或者基准面替代实体表面。

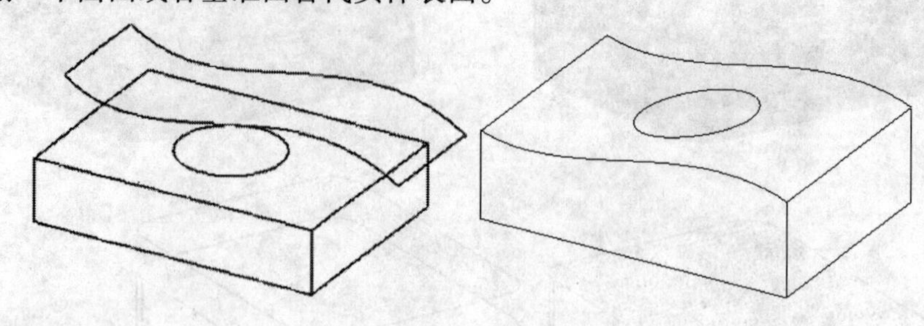

图 7－51　曲面替代

（六）曲面实体化

将面组转化为实体的过程就称为曲面实体化。曲面实体化在野火版中主要通过两个命令实现：【实体化】和【面组加厚】。

实体化。选择要实体化的面组→选择菜单【编辑】→【实体化】，就可以进入实体化界面：

（1）使用面组创建实体凸起（图 7－52）。

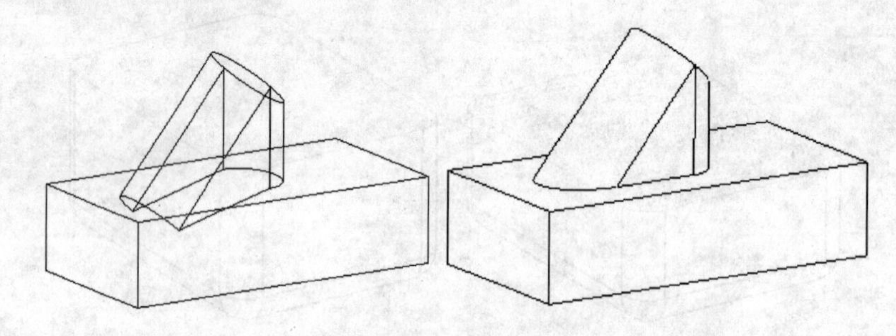

图 7－52　实体化

（2）使用面组创建实体的凹槽部分结构（图 7－53）。

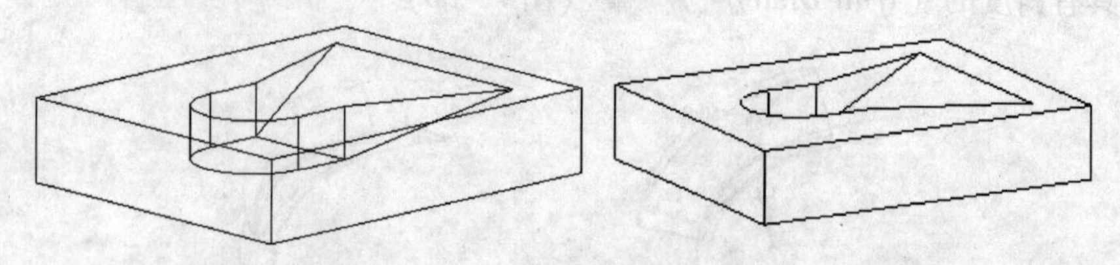

图 7－53　去除材料的实体化

（3）又称为曲面补丁面（图 7－54）。

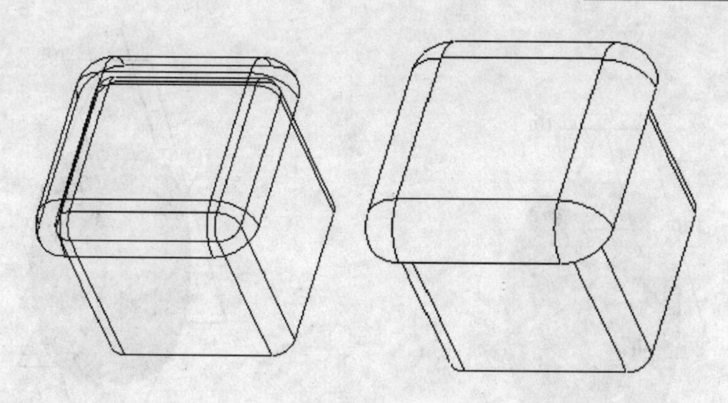

图 7－54 补丁面

（4）面组加厚。使用已经存在的面组生成均匀厚度的实体特征（图 7－55）。

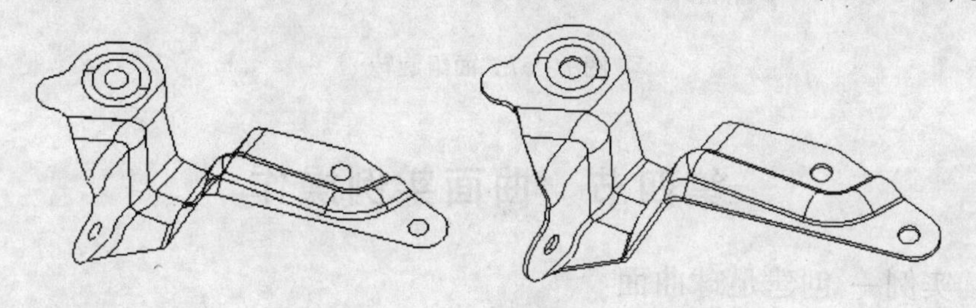

图 7－55 面组加厚

（七）曲面的转换

曲面转换就是对已经存在的面组进行平移、旋转和镜像复制操作。曲面既可以像实体那样进行特征转换也可以进行曲面转换。

（1）面组的镜像（图 7－56）。

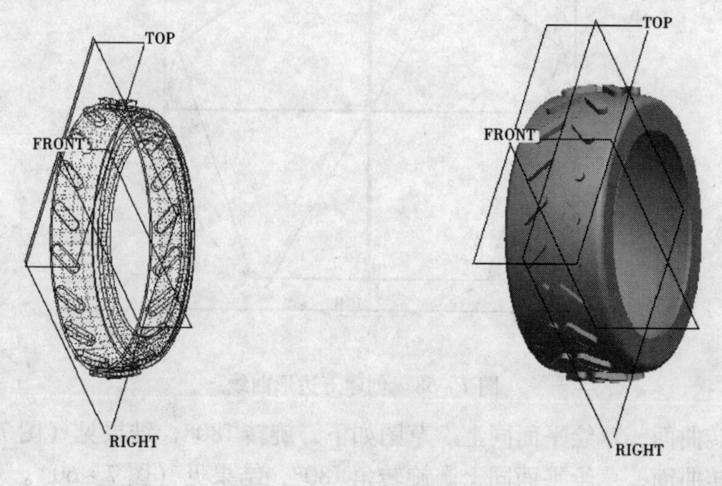

图 7－56 面组镜像操作

（2）面组的平移旋转复制（图 7－57）。

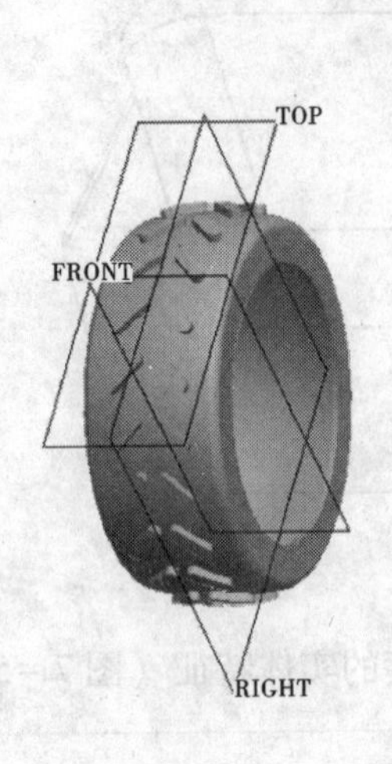

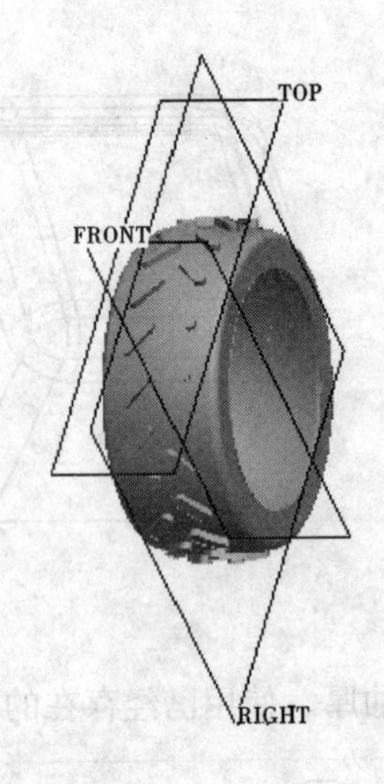

图 7－57　面组旋转

第四节　曲面实例操作

(一) 实例一 创建足球曲面

(1) 新建零件 football1，单位选择公制。

(2) 草绘正五边形曲线，草绘平面选择 Top 面，Right 面向右（图 7－58）。

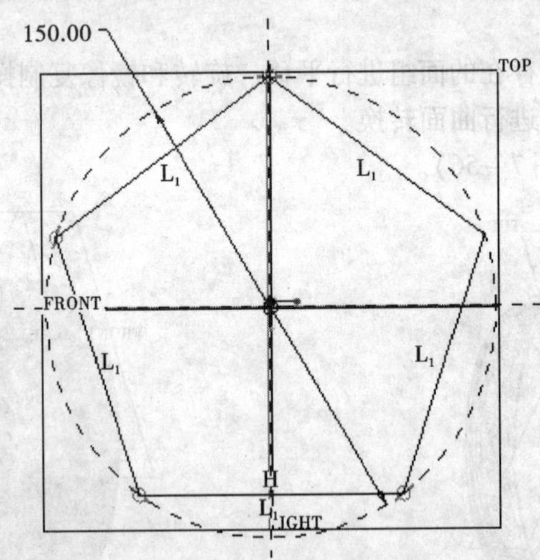

图 7－58　创建五边形曲线

(3) 作旋转曲面，草绘平面同上。草图如下，旋转 180°，结果见（图 7－59）。

(4) 作旋转曲面，草绘平面同上。旋转角 180°，结果见（图 7－60）。

(5) 求第 3、4 步曲面的交线，隐藏 3、4 步曲面（图 7－61）。

(6) 过第 5 步交线和第 2 步垂直 Right 面的线作基准平面 dtm1，如图 7－62 左图。

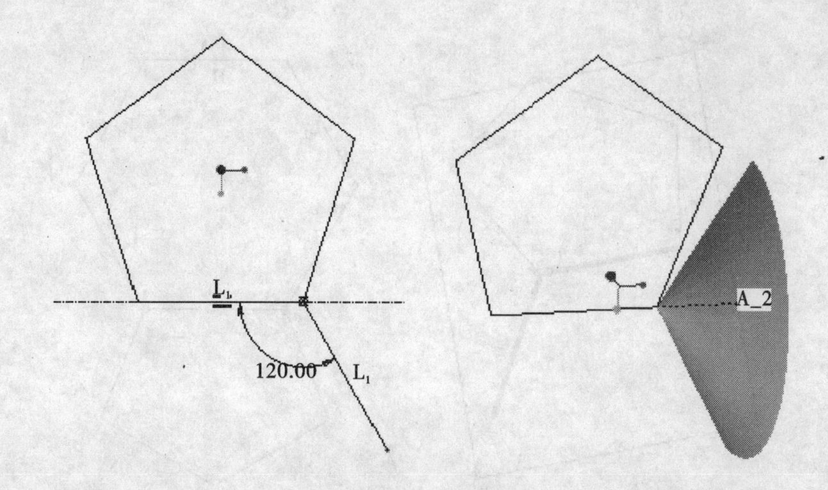

图 7－59　创建旋转曲面 1

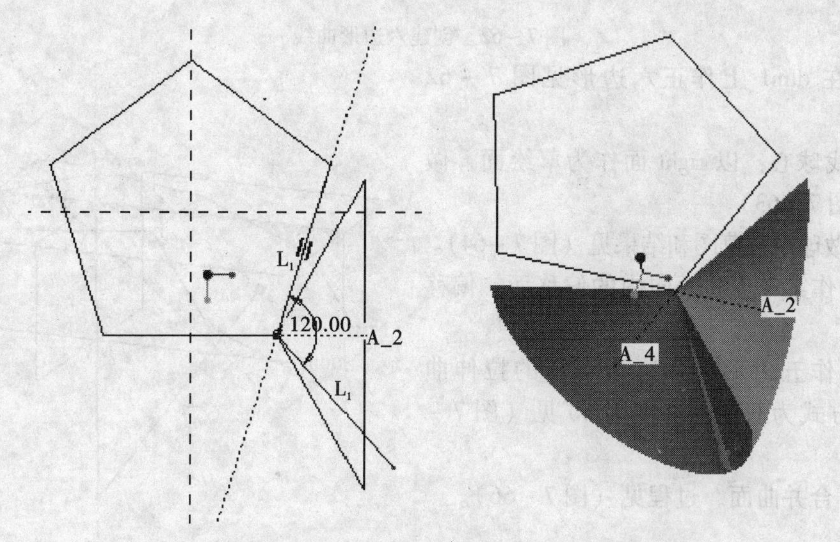

图 7－60　创建旋转曲面 2

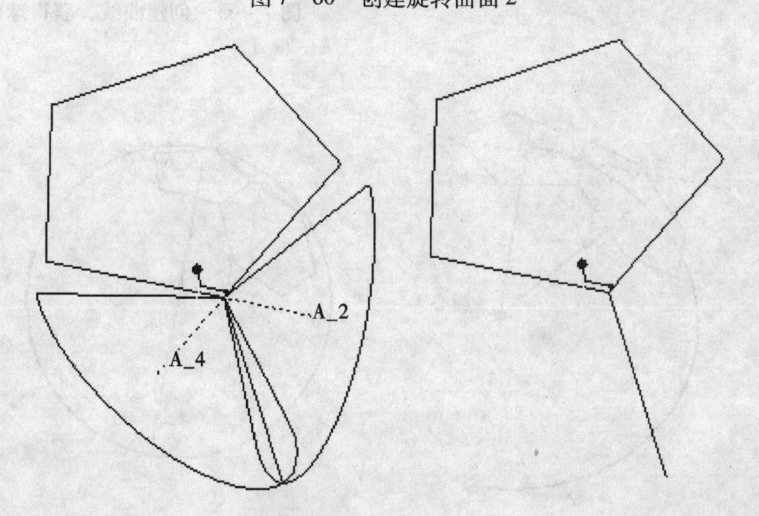

图 7－61　创建交线

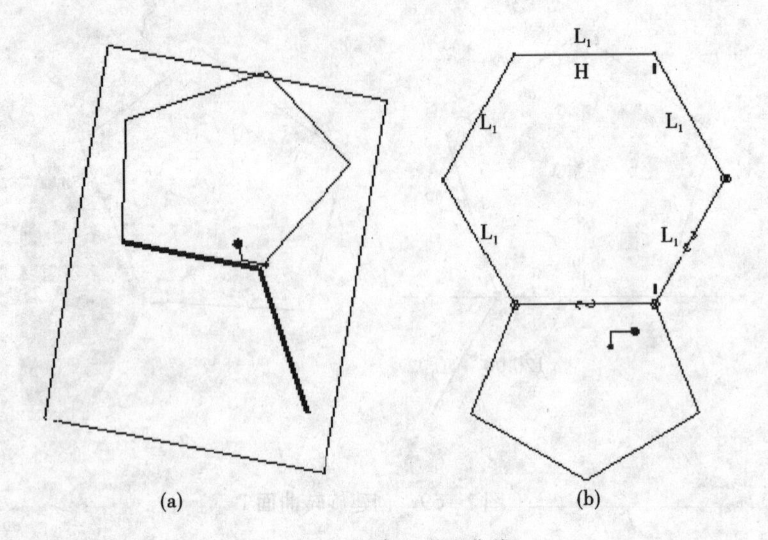

图 7-62　创建六边形曲线

(7) 在 dtm1 上作正六边形见图 7-62 (b)。

(8) 找球心：以 right 面作为草绘面，做草绘见（图 7-63）。

(9) 做球面，草图和结果见（图 7-64）。

(10) 作第 9 步曲面向内的偏移面，偏移距离 10。

(11) 作五边形和六边形草图的拉伸曲面，拉伸方式为双向，高度为 60 见（图 7-65）。

(12) 合并曲面，过程见（图 7-66）。

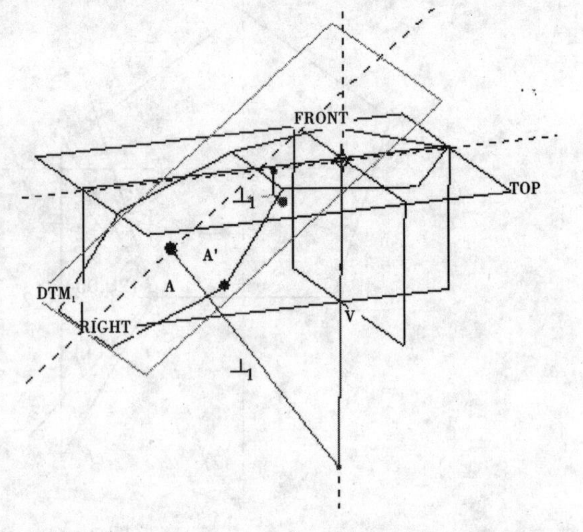

图 7-63　创建曲线，获得球面的中心

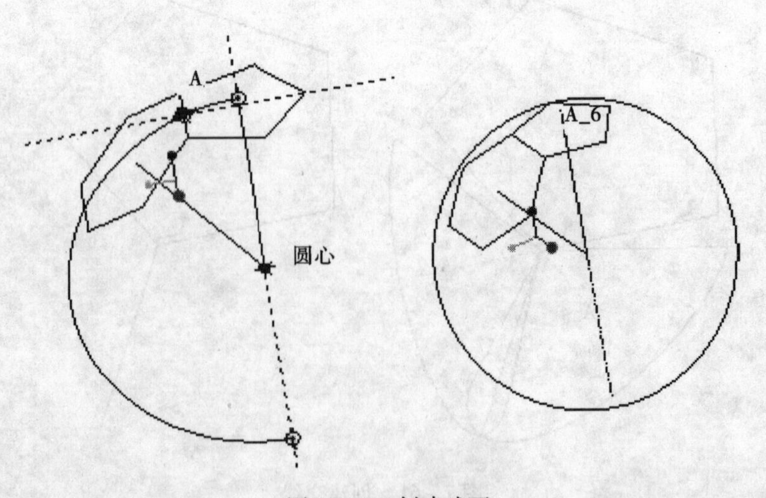

图 7-64　创建球面

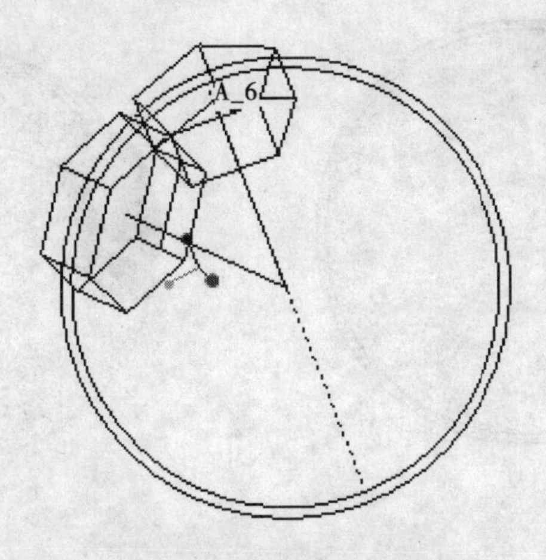

图 7－65　创建拉伸曲面

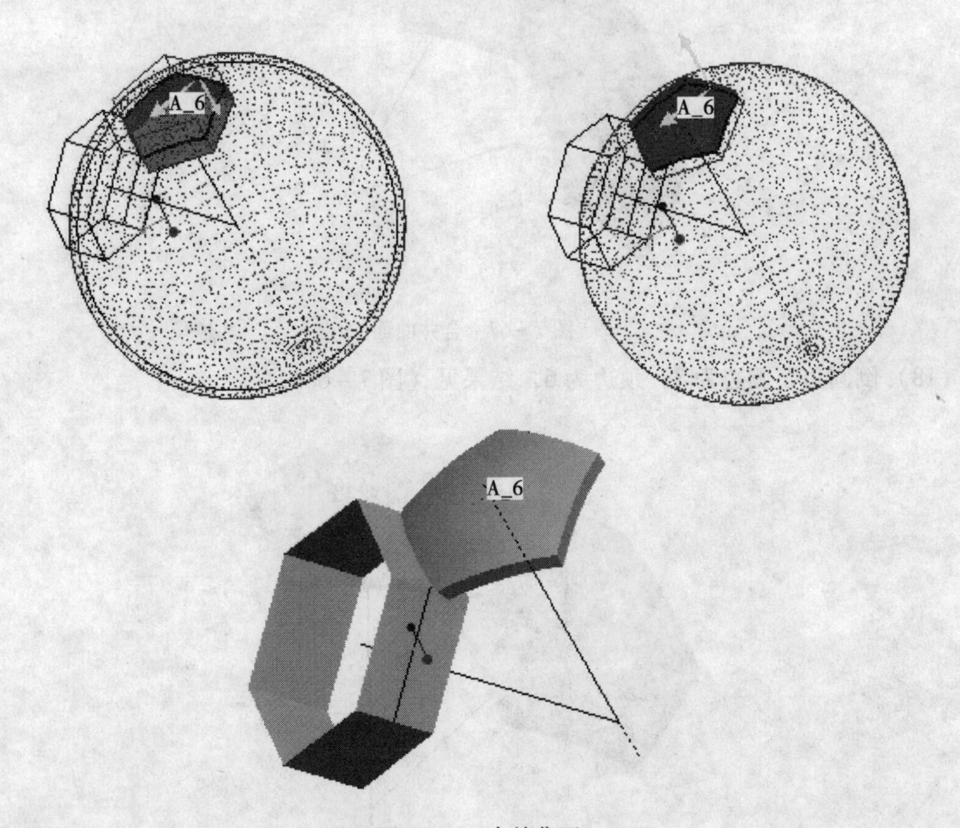

图 7－66　合并曲面

（13）将第 9 步所作球面作为当前特征。

（14）做球面的复制面。

（15）将第 12 步合并完成后的曲面作为当前特征。

（16）做第 14 步曲面的偏移面，偏移距离 10。

（17）合并曲面，过程见（图 7－67）。

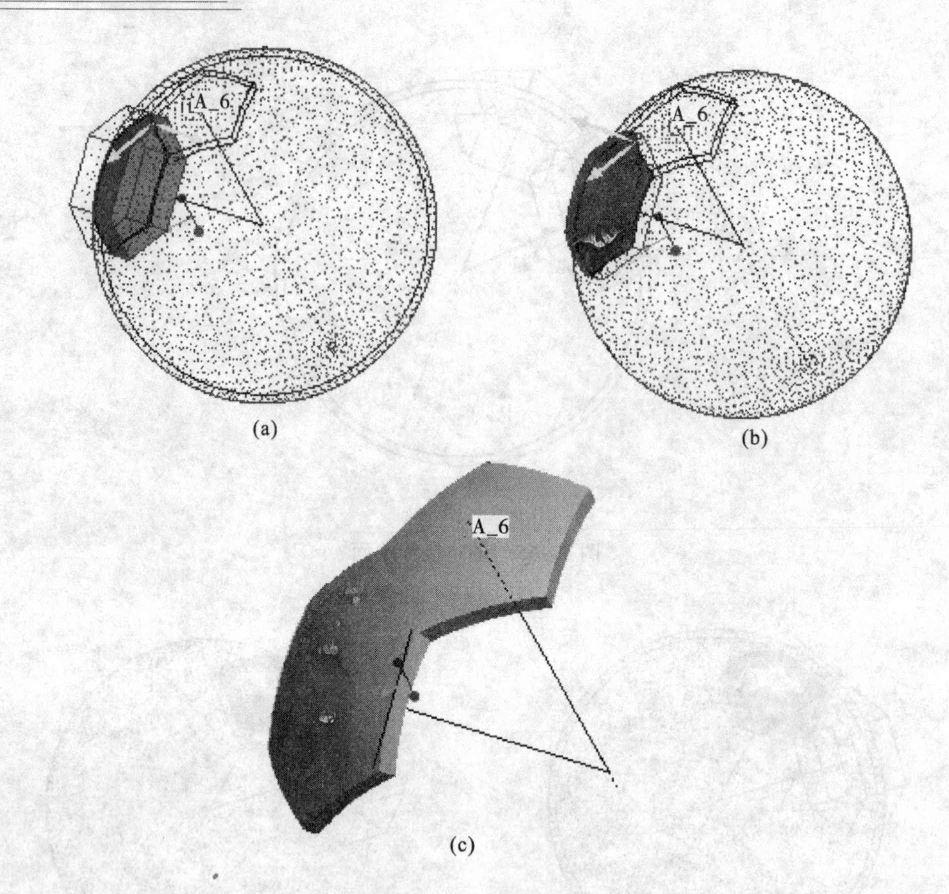

(a)　　(b)

(c)

图 7-67　合并曲面

（18）倒圆角，侧边为 8，顶边为 6，结果见（图 7-68）。

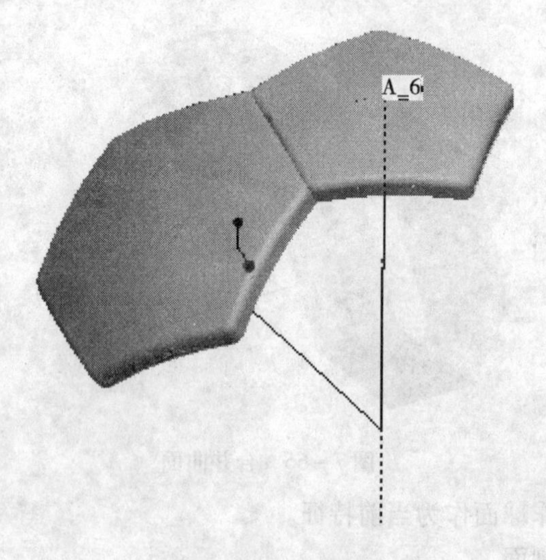

图 7-68　倒圆角

（19）保存文件。

（二）零件二 做法

（1）做六边形曲面面组的旋转复制，角度72°，旋转轴为y轴（图7－69）。

（2）阵列1复制的曲面，个数为4，驱动尺寸为角度，角度增量为72见（图7－70）。

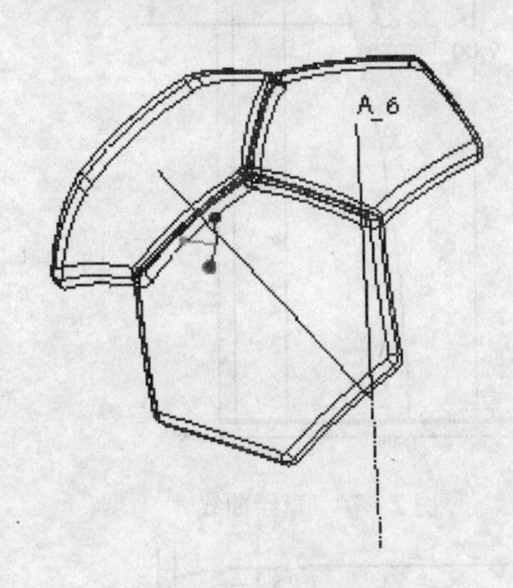

图7－69　旋转复制曲面

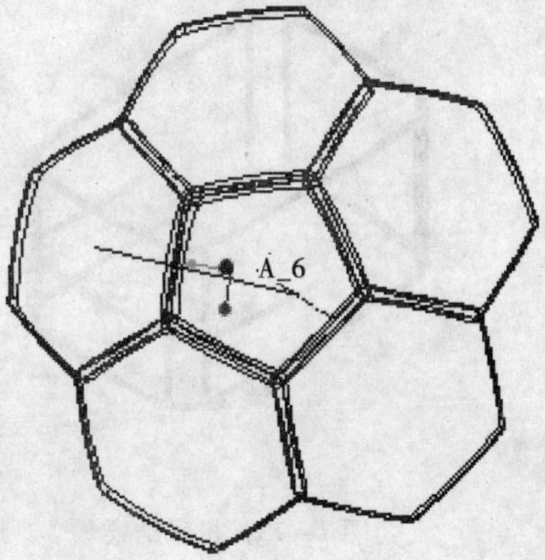

图7－70　阵列1

（3）文件另存为football2。

（三）实例二　创建如图所示曲面

（1）创建拉伸曲面，草绘平面Top，Right面向右，草图尺寸如图7－71，拉伸曲面高度为6。

（2）在侧边倒圆角，圆角半径为1。

（3）做投影曲线，草图平面Front面，Right面向右，投影方向为草绘平面的法线方向，草图如（图7－72）。

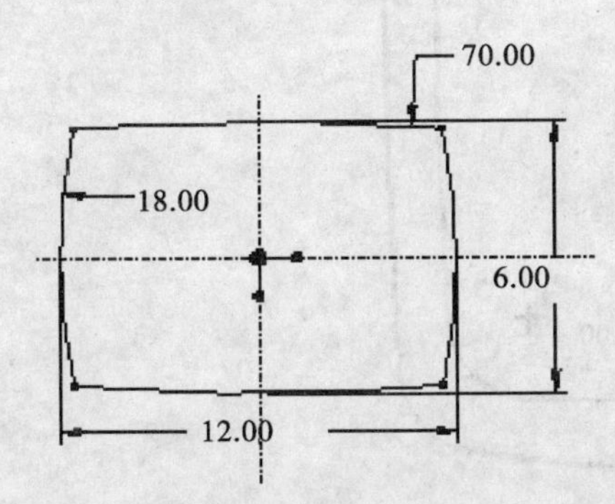

图7－71　拉伸曲面的草图

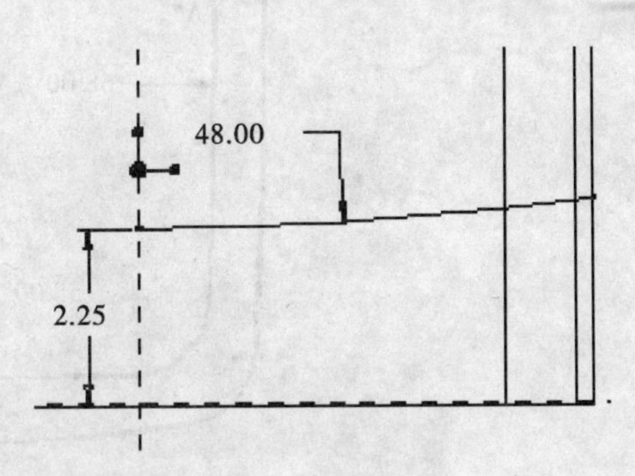

图7－72　投影草图

投影结果如（图7－73）。

（4）做草绘曲线一，草绘平面为Front，Right面向右，草图如（图7－74）。

（5）作草绘曲线二和三，草绘平面Right，Top面向上，草图如（图7－75）。

（6）做草绘曲线四，草绘平面Top，Right面向右，草图如（图7－76）。

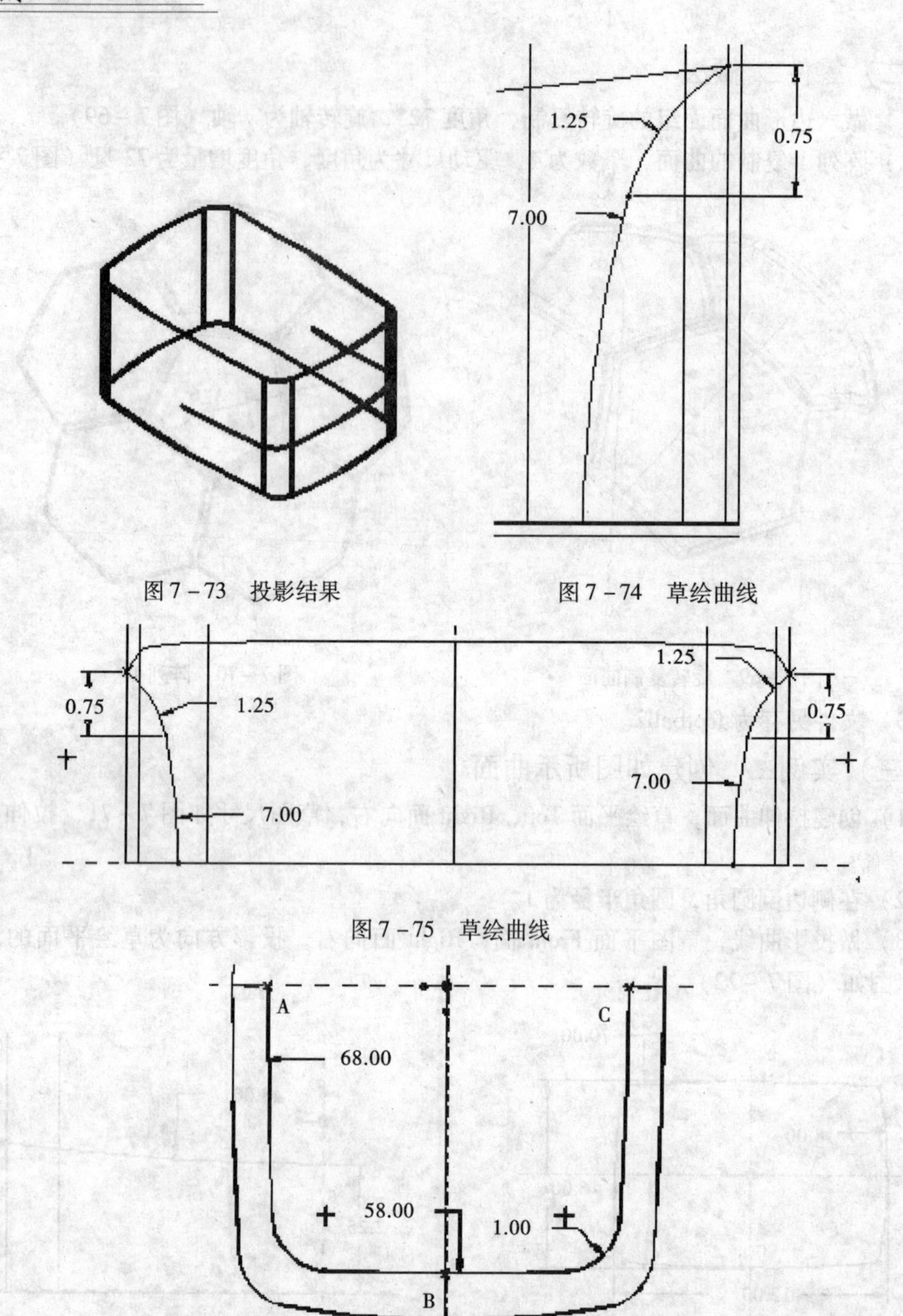

图 7-73　投影结果

图 7-74　草绘曲线

图 7-75　草绘曲线

图 7-76　通过 A、B、C 三点做草图

（7）做边界曲面，控制点对齐，边界条件控制如（图 7－77）。

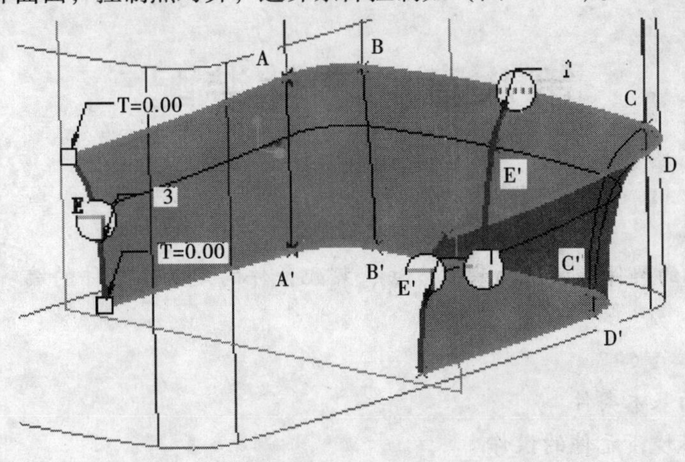

图 7－77 边界曲面

（8）做边界面关于 Right 面的镜像面。

（9）编辑第一步拉伸曲面，使两端封闭。

（10）做面合并，并实体化，倒圆角尺寸见（图 7－78），最后抽壳 0.125。

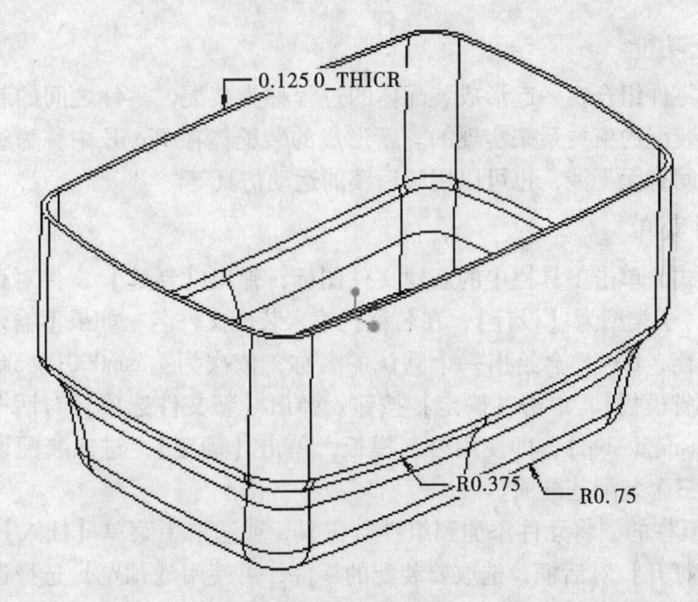

图 7－78 结果图

第八章　零件装配

学习指导

本章主要内容

主要讲解装配的条件，装配的基本方法、装配条件的定义、零件的编辑、分解图的生成及编辑。

本章学习要求

1. 熟悉装配的基本条件
2. 掌握装配环境下元件的操作
3. 掌握装配条件的编辑
4. 掌握分解图的创建方法

第一节　装配概述

（一）装配功能

将绘制好的零件组合在一起形成装配体的过程称为装配，零件之间的装配是通过恰当定义零件之间的装配约束关系来实现的。新形成的装配体在 Pro/E 中称为组件。组件可以用于检查零件之间有无干涉，也可以用于后续的运动仿真等。

（二）组件菜单

进入装配模式，单击工具栏中的新建文件图标，弹出【新建】文件对话框，文件类型选择为【组件】，子类型为【设计】，在名称栏输入装配文件名，如果不输入文件名，每次新建一个装配文档，Pro/E 会给出一个默认的名称，依次为：asm0001、asm0002、…，取消勾选【使用缺省模板】，单击【确定】按钮。弹出【新文件选项】对话框，在模板列表中选择【mmns_asm_design】，即使用公制模板，单击【确定】，进入装配设计界面。在装配界面可以得到三个装配基准面。

单击特征工具栏的“将元件添加到组件”工具，或选取主菜单【插入】→【元件】→【装配】，打开【打开】对话框，选取要装配的零件，可使用【预览】选择选取，单击【打开】，弹出对话框（图 8-1）。对话框中各项功能如下：

：将配件在独立窗口显示出来。

：将配件直接显示在装配主窗口中。

：选择存在的装配面或保存新建的模型装配面。

【放置】选项卡：设定和查看装配件之间的约束条件及偏移量。

放置选项卡中：

：增加约束条件。

：删除约束条件。

：使两零件的参考平面的法线方向相同或相反。

：以当前显示状态自动给予约束条件，可以将零件固定在装配环境的当前位置。当向装配环境中装入第一个零件时，可以使用这种约束形式。

：以系统默认方式进行装配。即零件的默认坐标系与装配模型默认坐标系对齐。装入第一个零件时，可以使用这种约束形式。

【元件参照】：可以选择装配时使用的装配零件参考，参考特征可以是平面、中心线、曲面等。

【组件参照】：可以选择装配时装配模型的参考特征。

【约束】：用来定义和显示所给定的约束方式及参数见（图 8－2）。

【移动】选项卡：可以平移或旋转装配零件，起辅助零件装配的作用。

【连接】选项卡：可以定义装配零件的连接方式。

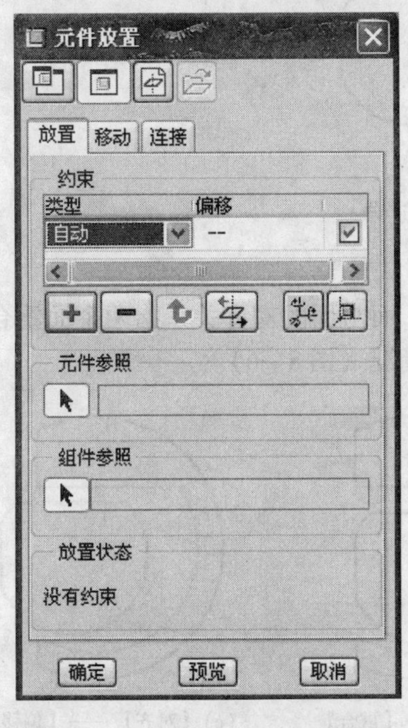

图 8－1　【元件放置】对话框

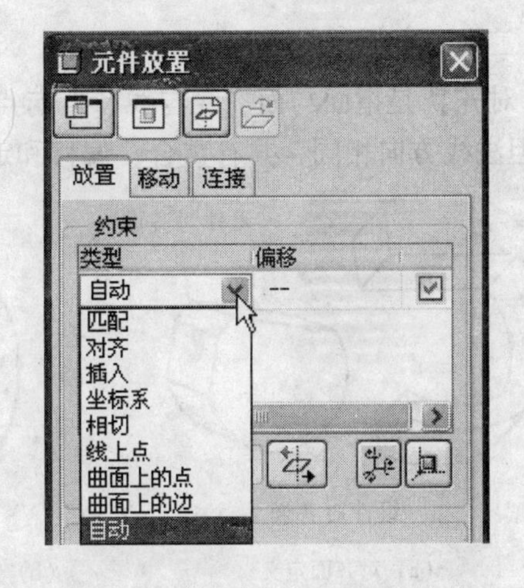

图 8－2　【约束】方式选取对话框

第二节　元件放置约束

零件装配的关键是定义零件之间的装配约束，即确定零件之间的位置关系。Pro/E 提供了“匹配”等 8 种约束方式，这些约束可以任意组合，但不能产生矛盾。当配件处于不完全约束状态时，系统会自动要求增加约束。

（一）匹配

“匹配”是指两个面平行或重合，法线方向相反，即面对面。“匹配”又分为三种情况：重合、偏移、定向。“偏移”是指两面平行，方向相反，但有一定距离。“重合”则偏移距离为 0，“定向”是指两面平行，方向相反，但距离不用指定（图 8－3、图 8－4、图 8－5）。

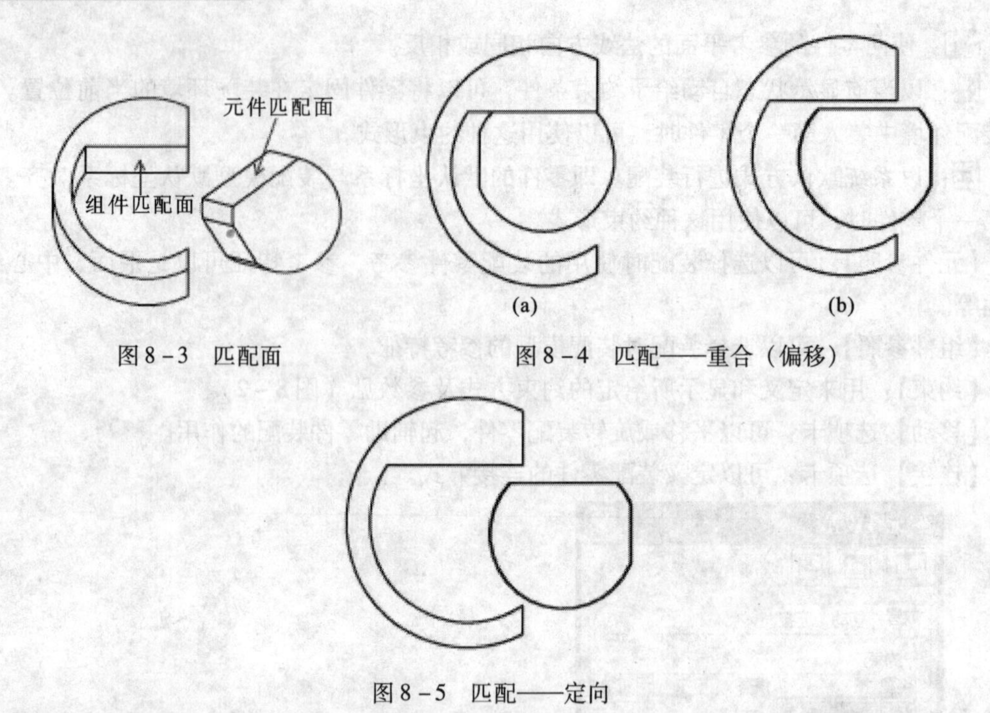

图 8－3　匹配面　　　图 8－4　匹配——重合（偏移）

图 8－5　匹配——定向

（二）对齐

【对齐】是指面与面、线与线、点与点的对齐。面与面的对齐关系指两个面重合或平行，但法线方向相同，共有重合、偏移和定向三种情况（图 8－6）。

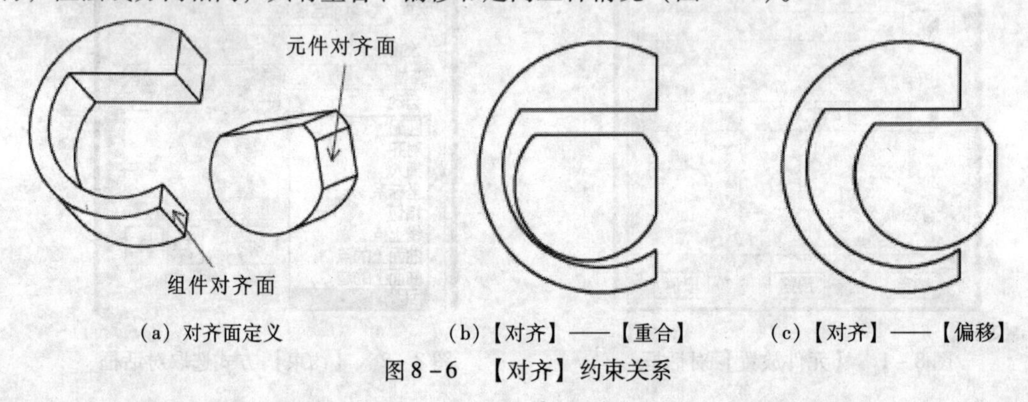

(a) 对齐面定义　　(b)【对齐】——【重合】　　(c)【对齐】——【偏移】

图 8－6　【对齐】约束关系

（三）插入

【插入】是指回转面轴线的对齐，即轴线与轴线的对齐，但定义的特征是面而不是轴线（图 8－7）。

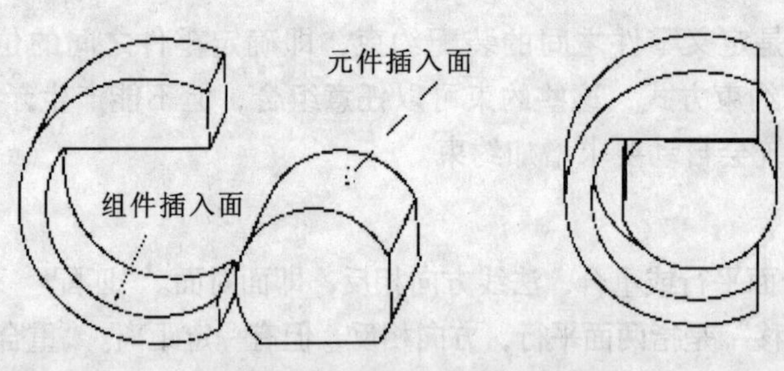

图 8－7　【插入】约束关系

（四）坐标系

【坐标系】是指两个零件上的某个基准坐标系重合，且各坐标轴的方向一致。

（五）相切

【相切】是指一个零件上的圆柱表面和另一个零件上的平面或圆柱表面相切（图 8 - 8）。

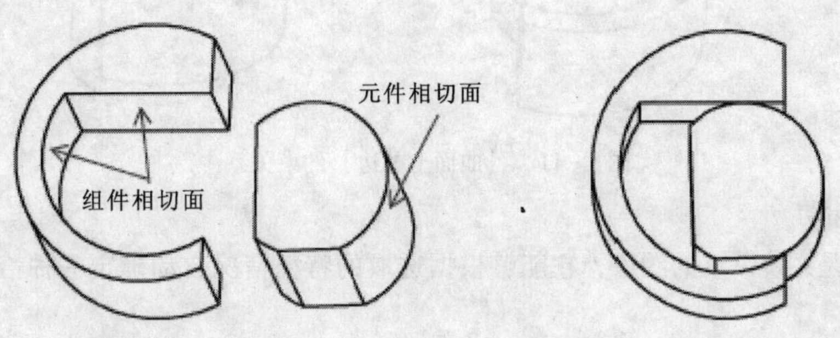

图 8 - 8　【相切】约束关系

（六）线上点

【线上点】是指使零件上的一个指定点，在另一个零件的一条指定边上（图 8 - 9）。

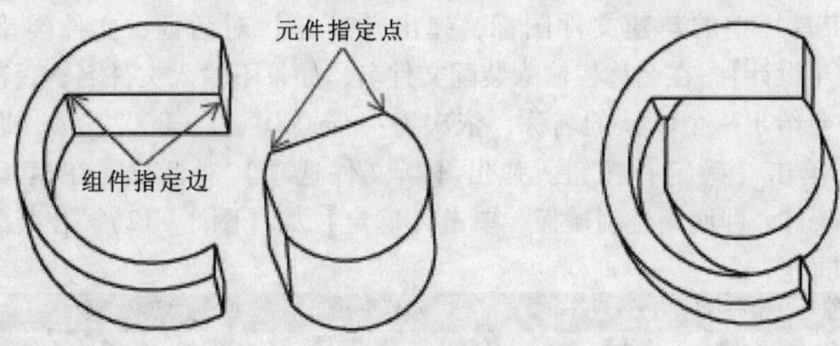

图 8 - 9　【线上点】约束关系

（七）曲面上的点

【曲面上的点】是指使零件上的指定点在另一个零件的指定曲面上（图 8 - 10）。

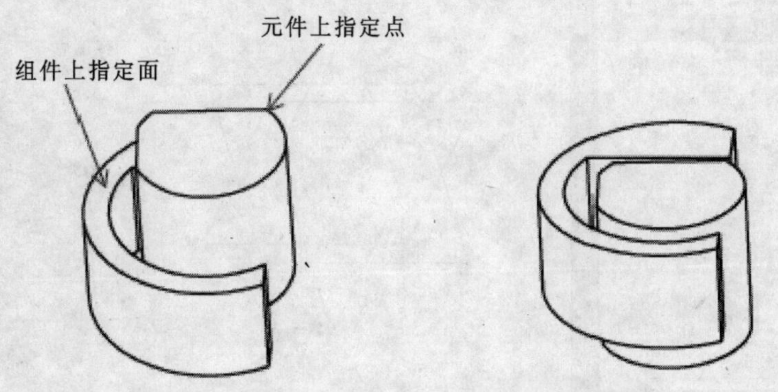

图 8 - 10　【曲面上的点】约束关系

（八）曲面上的边

【曲面上的边】是指使零件的指定边在另一个零件的指定曲面上（图 8 - 11）。

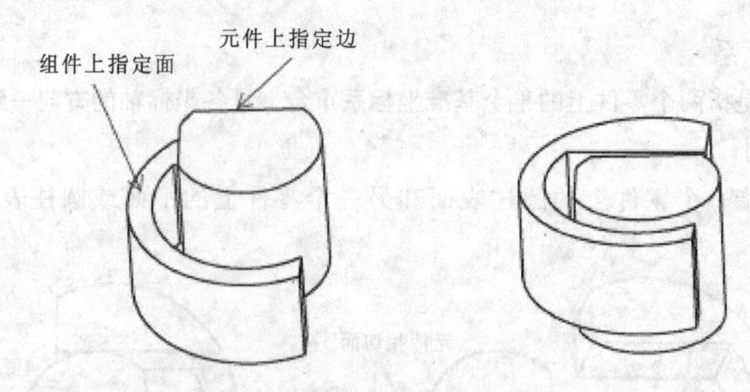

图 8－11　【曲面上的边】约束关系

（九）自动

【自动】是系统默认的约束，它能够根据选取的特征情况自动确定一种恰当的装配约束关系。

（十）装配实例

1. 新建装配文档

（1）启动 Pro/E，设定工作目录于设计完成的零件文件夹下。

（2）单击工具栏中的新建文件图标，弹出【新建】对话框，文件类型选择为【组件】，子类型为【设计】，在名称栏输入装配文件名，如果不输入文件名，每次新建一个装配文档，Pro/E 会给出一个默认的名称，依次为：asm0001，asm0002，…，取消勾选【使用缺省模板】，单击【确定】按钮。弹出【新文件选项】对话框，在模板列表中选择【mmns_asm_design】，即使用公制模板，单击【确定】如（图 8－12）。在装配界面可以得到三个装配基准面。

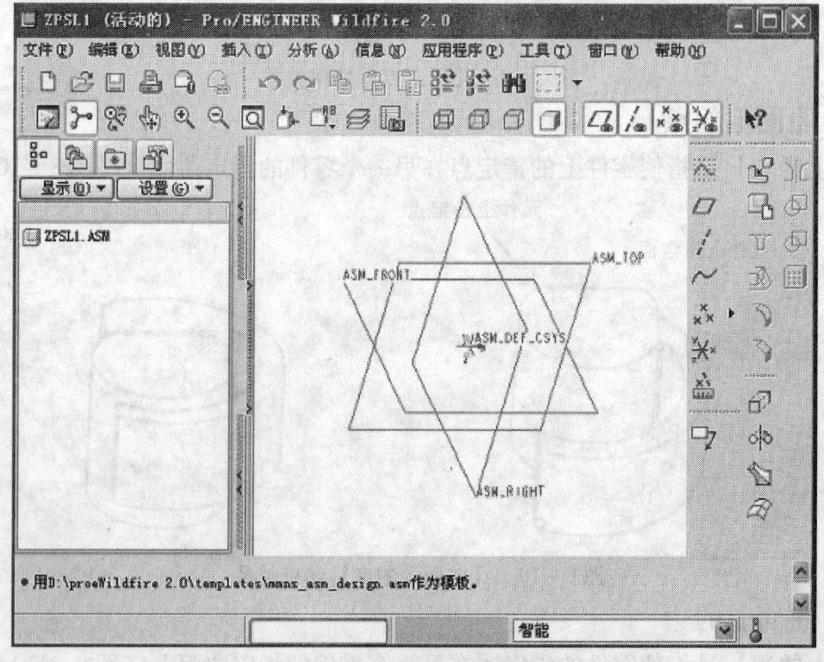

图 8－12　装配设计界面

2. 装配第一个零件

（1）单击特征工具栏的【将元件添加到组件】工具，或选取主菜单【插入】→【元件】→【装配】，打开【打开】文件对话框，选取要装配的零件 sl1。单击【打开】按钮。

（2）弹出【元件放置】对话框，单击【约束】框中的按钮，单击【确定】。sl1 零件坐标系与装配坐标系对齐，第一个零件装配结束如（图 8－13）。

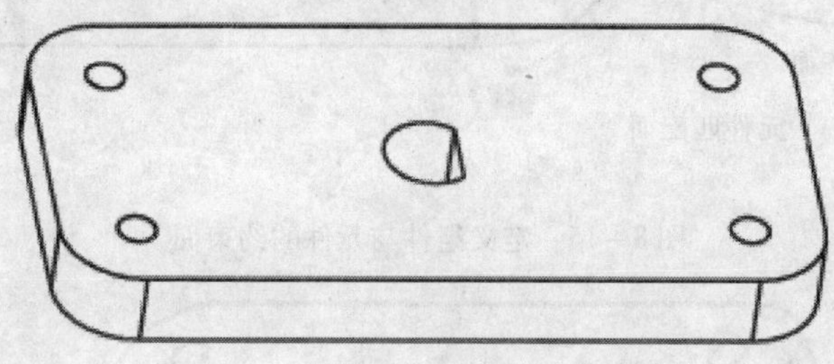

图 8－13　sl1 零件装配后模型

3. 装配第二个零件

（1）单击特征工具栏的【将元件添加到组件】工具，弹出【打开】对话框，选取要装配的零件 sl2，单击【打开】按钮。

（2）弹出（图 8－14），依照对话框所示的步骤及约束关系，确定元件 sl2 与组件 sl1 的相互位置，约束面的确定如（图 8－15）。当【元件放置】对话框的【放置状态】显示【完全约束】，表明两零件的相对位置已完全确定。装入 sl2 零件后的模型如（图 8－16）。

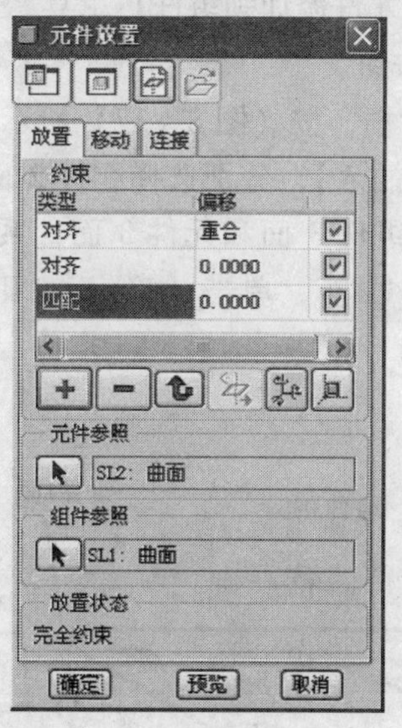

图 8－14　【元件放置】对话框

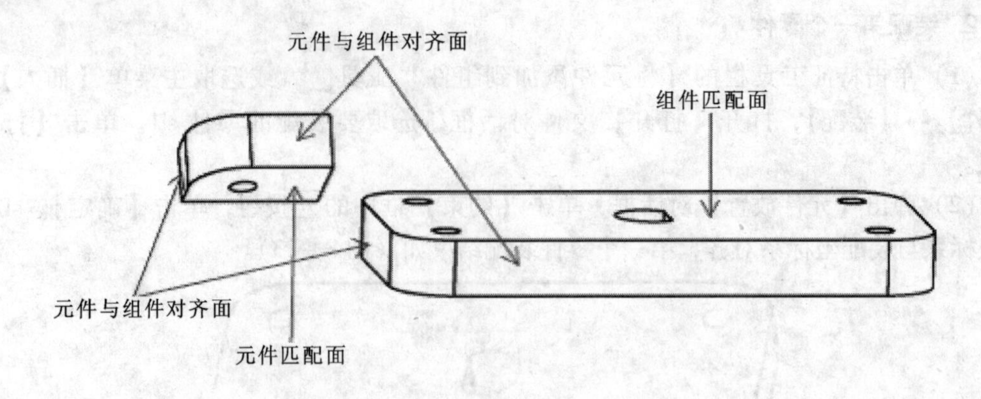

图 8－15　定义组件与元件的约束面

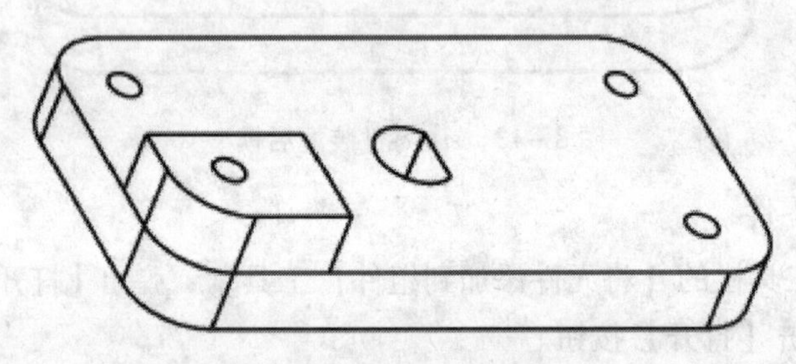

图 8－16　装入 sl2 后的装配模型

4. 继续装配第二个零件

（1）单击特征工具栏的【将元件添加到组件】工具，弹出【打开】对话框，选取要装配的零件 sl2，单击【打开】按钮。

（2）弹出【元件放置】对话框，按（图 8－17）所示分别选择组件 1 面和元件 1 面，则系统自动选择的约束关系为【插入】，分别选择组件 2 面和元件 2 面，系统自动选择的约束关系为【对齐】；分别选择组件 3 面和元件 3 面，系统自动选择的约束关系为【匹配】，并提示偏移值，输入"0"回车，单击【确定】，则第二个 sl2 零件装配完毕（图 8－18）。

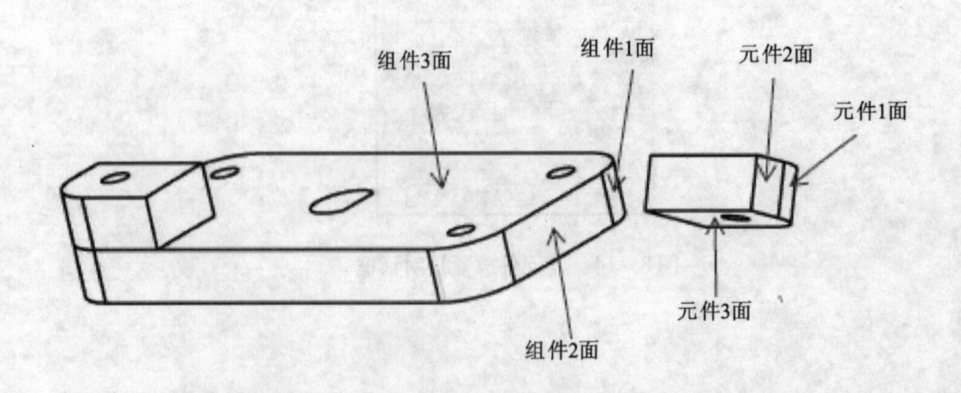

图 8－17　定义装配约束关系

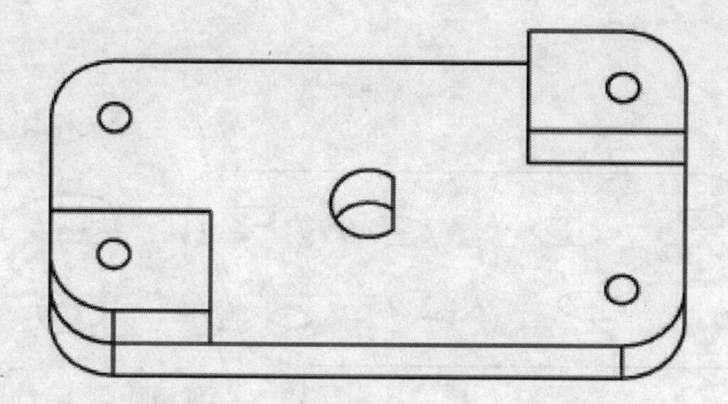

图 8－18　装配了第二个 sl2 零件的装配模型

（3）重复以上方法装配另外两个 sl2 零件。

5. 零件 sl3 和零件 sl4 的装配

除使用以上方法外，也可采用【轴对齐】、【圆柱面对齐】、【线上点】、【曲面上的点】、【曲面上的边】等装配关系装配零件 sl3 和零件 sl4。装配好的组件如图 8－19。

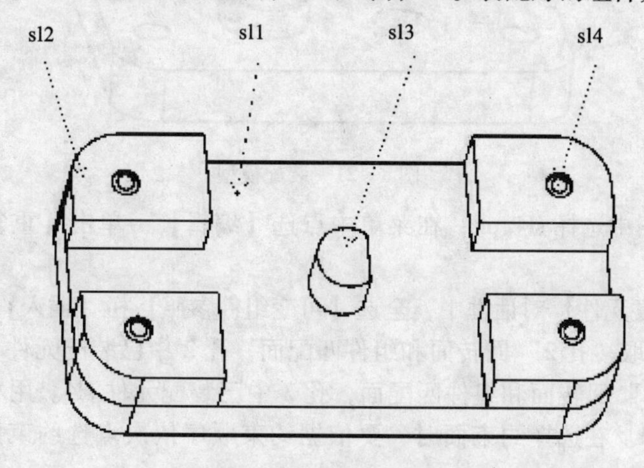

图 8－19　装配模型

第三节　元件操作

运用元件操作功能，可提高绘制元件的速度。

（一）元件的重复装配

在一个组件中相同的零件很多，如螺钉、螺母等。重复装配可以提高虚拟装配的速度，大大缩短装配的时间。

（1）装配组件 sl4 于组件 sl1 孔 1 中，运用约束关系类型及约束面如（图 8－20）。完全约束装配后如（图 8－21）。

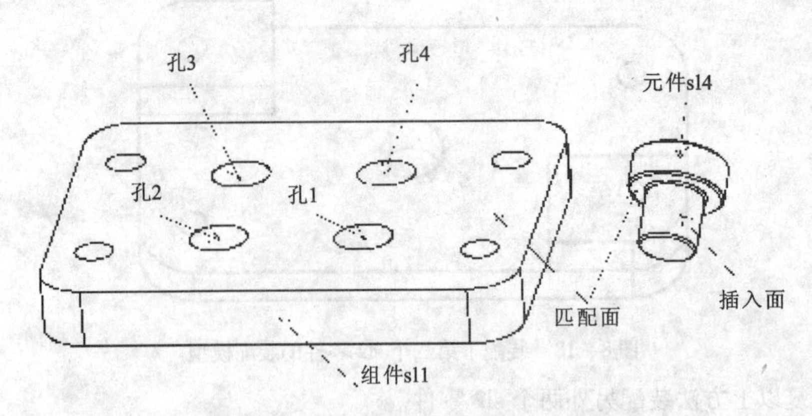

图 8－20　元件与组件装配约束关系

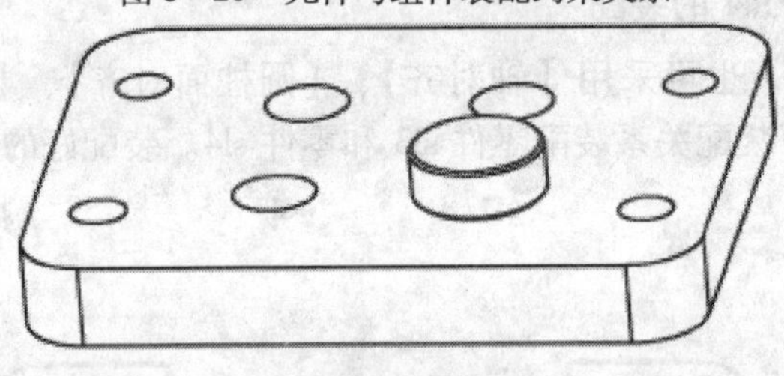

图 8－21　装配模型

（2）在模型树中选择 sl4. prt，在菜单中点选【编辑】→单击【重复】命令弹出（图 8－22）。

（3）在【重复元件】对话框中，全选【可变组件参照】栏【插入】与【匹配】。点击【添加】按钮，选取"孔 2"回转面和组件匹配面，孔 2 中已装配元件 sl4。点击【添加】按钮，选取"孔 3"回转面和组件匹配面，孔 3 中已装配元件 sl4。用相同的方法在"孔 4"中安装元件 sl4。在选择约束面时，要依据约束顺序依次点选约束面。安装完成后见（图 8－23）。

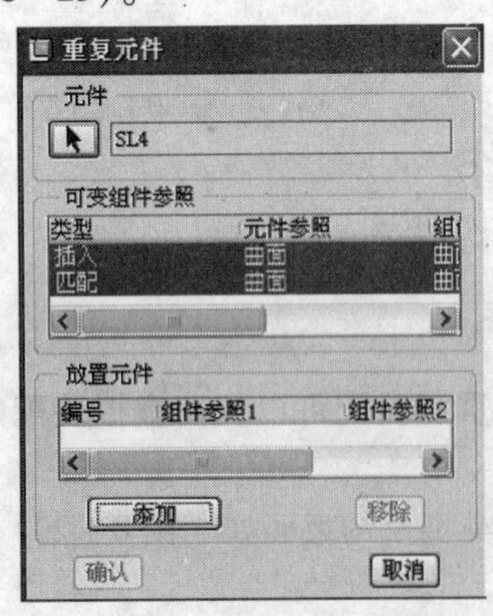

图 8－22　【重复元件】对话框

图 8－23　重复装配后装配模型

（二）元件的阵列

（1）装配元件 sl4 于组件 sl1 孔 1 中，运用的约束关系类型及约束面如（图 8－20）。

完全约束装配后见（图8－21）。

（2）在模型树中点选元件 sl4. prt→点击鼠标右键→选择【阵列】→打开如图（8－24）阵列操控面板→阵列方式选择【方向】，选取两个方向参照，键入阵列间距30，数目2，点选☑，完成元件阵列后如（图8－23）所示。

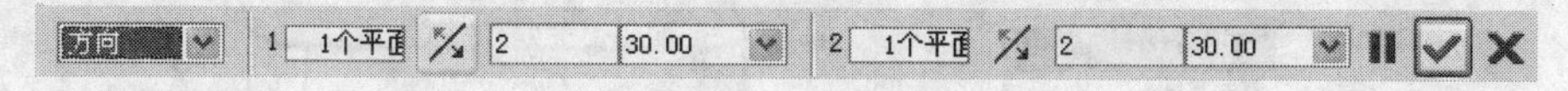

图8－24　阵列操控板

（三）合并元件

“合并”元件是指从被选的第二个零件增加材料到第一个零件，可复制第二个零件的相关特征到第一个零件，完成第一个零件的特征构建。

（1）装配见（图8－25）所示的两个零件，装配后见（图8－26）。

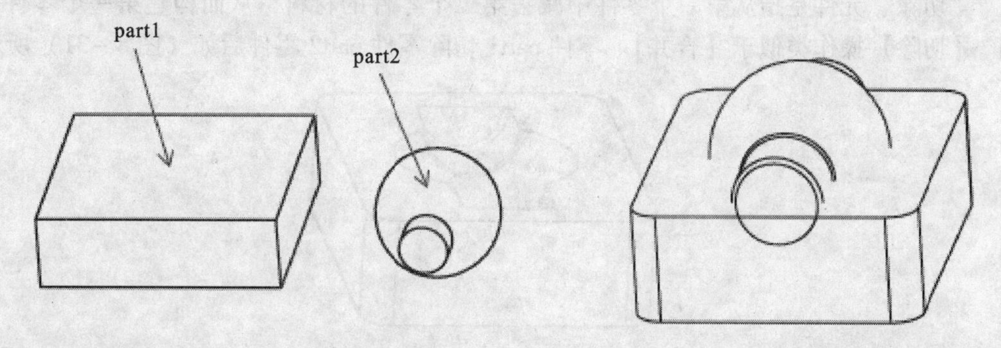

图8－25　【合并】的两零件　　　　图8－26　装配后模型

（2）点选下拉菜单【编辑】→（选择【元件操作】，弹出如（图8－27）菜单管理器→点击【合并】→点击零件 part1→点击（图8－28）中的【确定】→点击零件 part2→点击菜单管理器中【确定】→弹出见（图8－29），点击【完成】→合并零件结束。合并后零件 part1 如（图8－30）。

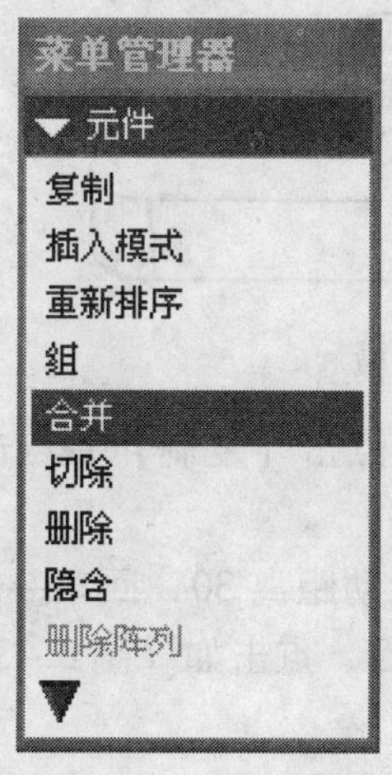

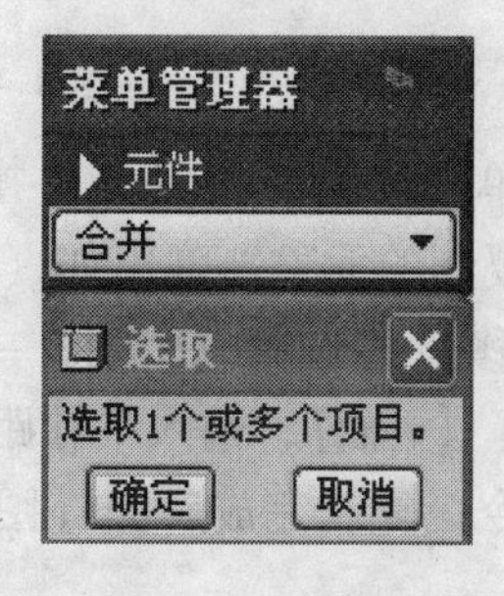

图8－27　菜单管理器　　　　图8－28　元件菜单管理器

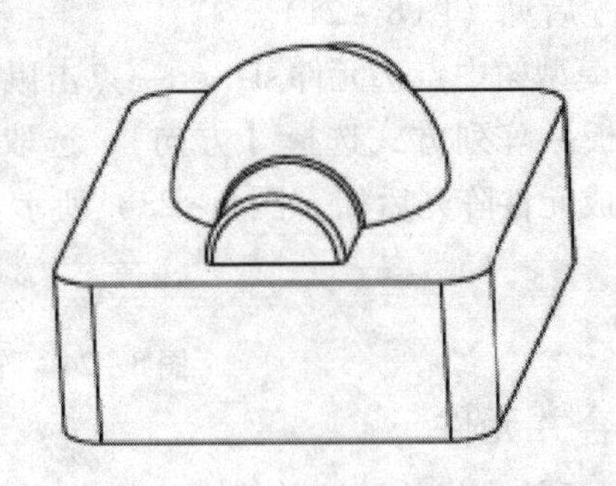

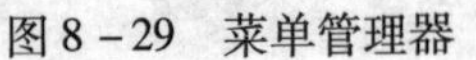

图 8－29　菜单管理器　　　图 8－30　合并后零件 part1 模型

（四）切除元件

“切除”元件是指从第一个零件中减去第二个零件的材料，从而构建第一个零件的特征。【切除】操作类似于【合并】。零件 part1 切除零件 part2 零件后如（图 8－31）所示。

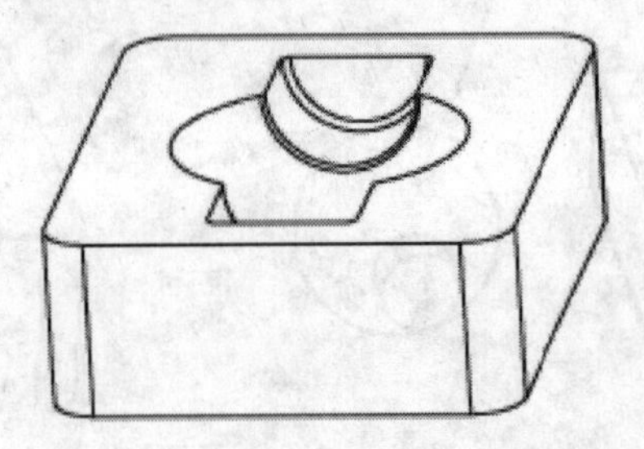

图 8－31　【切除】后 part1 零件模型

（五）复制元件

“复制”元件是指用一个坐标系作为基准，在一个组件上构建多个单独元件。

（1）装配如（图 8－32）模型。

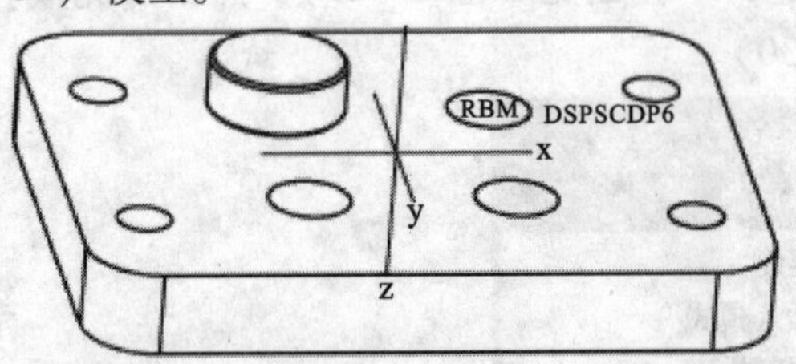

图 8－32　装配模型

（2）选择主菜单【编辑】→【元件操作】→点击【复制】→点击坐标系→点击【确定】按钮→点击要复制的元件→弹出如（图 8－33）。

（3）选择【平移】→选择【x 轴】→输入移动距离 30，回车→输入复制次数 2，回车，以同样方法选择【y 轴】，输入平移距离及数目，点击如（图 8－33）菜单所示菜单管理器中【完成】命令。复制完成后如（图 8－34）。

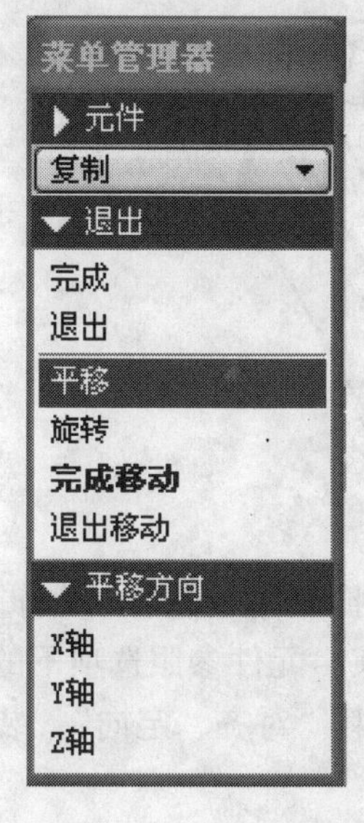

图 8－33 菜单管理器

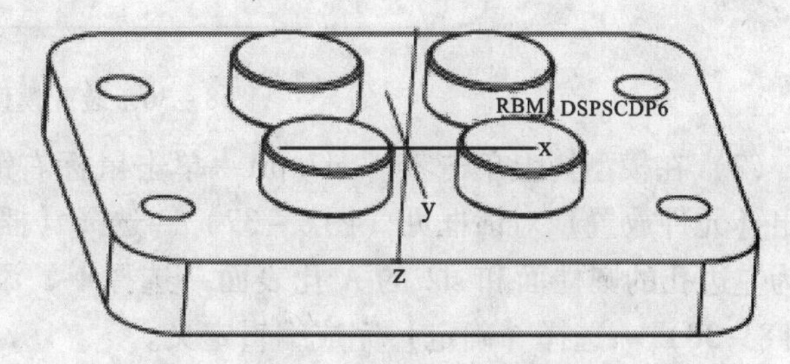

图 8－34 【复制】后装配模型

第四节 装配修改

元件装配完成后，由于设计方案的修改，以及装配的需要，要求对装配关系、元件的尺寸及特征进行修改。Pro/E 可以很方便地完成这些任务。

（一）元件装配的编辑定义与编辑

改变一个元件的装配位置和约束关系要使用元件装配的【编辑定义】命令，要改变元件装配的尺寸，则要运用【编辑】命令。

1. 元件装配的【编辑定义】

（1）装配零件 sl1 和零件 sl2，运用的约束关系为【插入】和【匹配】，见（图 8－35），装配后如（图 8－36）。

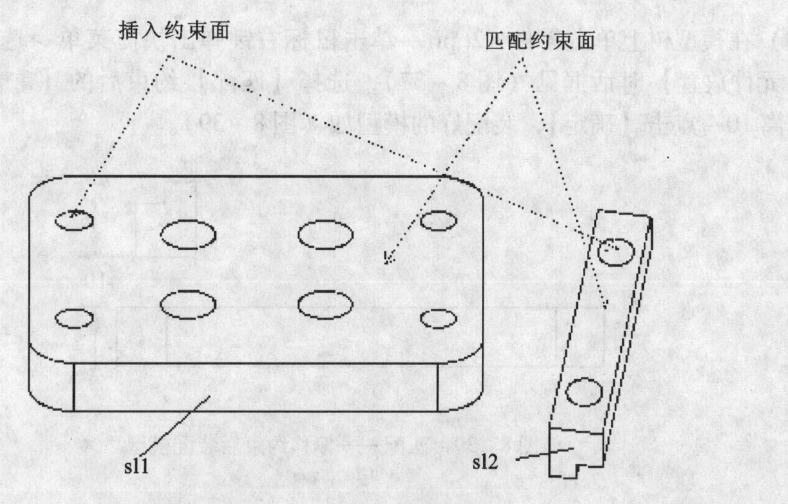

图 8－35 两零件的装配约束关系

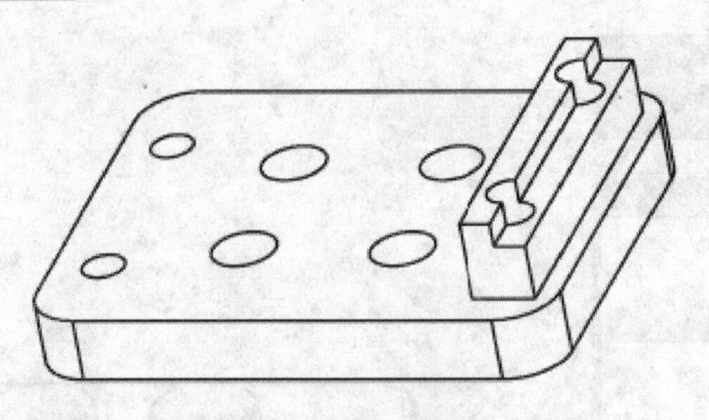

图 8－36　装配模型

(2) 在模型树上单击零件 sl2. prt→单击鼠标右键弹出快捷菜单→选择【编辑定义】，弹出【元件放置】对话框见（图 8－37）→选择【插入】约束→元件参照选项下的组件参照为左边孔的圆柱面和 sl2 的 A 孔表面→选择✚，添加新约束“对齐、定向”，装配后如（图 8－38）→选择【确定】完成编辑定义。

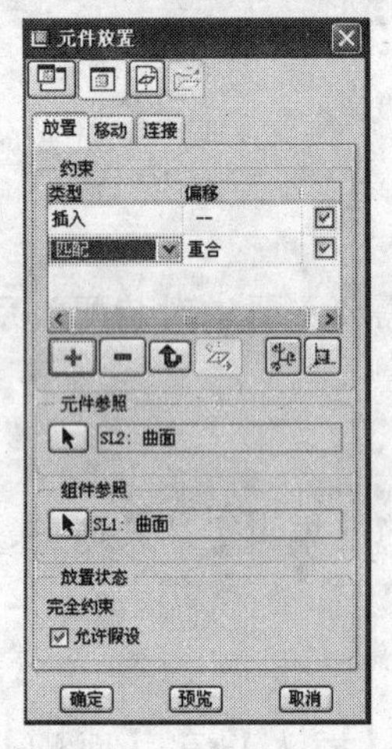

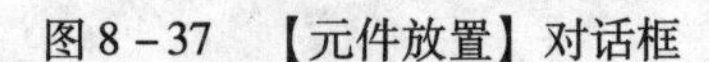

图 8－37　【元件放置】对话框

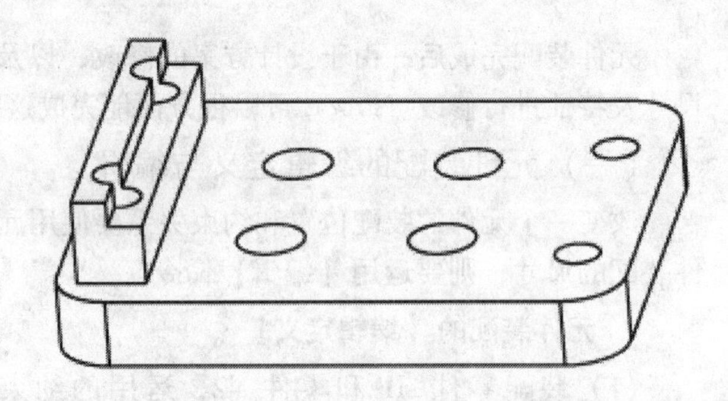

图 8－38　【编辑定义】后装配模型

(3) 在模型树上单击零件 sl2. prt→单击鼠标右键弹出快捷菜单→选择【编辑定义】，弹出【元件放置】对话框见（图 8－37），选择【匹配】约束后的【重合】并改为偏移，输入距离 10→点击【确定】，装配好的模型如（图 8－39）。

图 8－39　匹配——偏移约束后装配模型

2. 元件装配【编辑】

在模型树上单击零件 sl2. prt→单击鼠标右键弹出快捷菜单→选择【编辑】→双击在绘图区中显示的尺寸 10，改 10 为 5，回车→再次在模型树上单击零件 sl2. prt→单击鼠标右键弹出快捷菜单，选择【再生】→最后得到如（图 8－40）的模型。

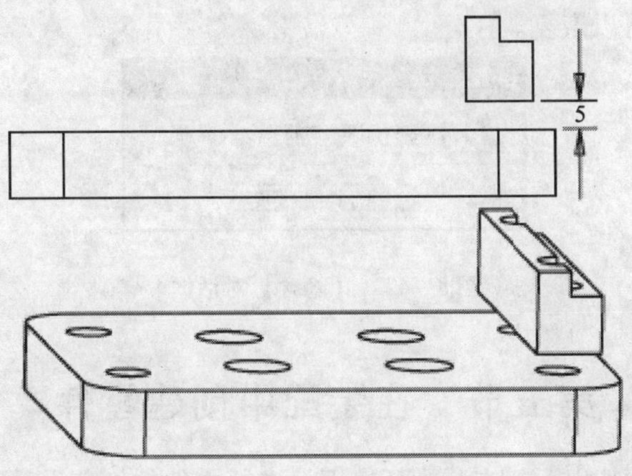

图 8－40　编辑后装配模型

（二）元件尺寸的修改

在模型树或在主工作区选择要修改的元件→单击鼠标右键→弹出快捷菜单→点选【激活】，元件被激活后会有一个小绿星做标记，双击被激活的元件，该元件的特征尺寸数值就会显示出来→双击要修改的尺寸，修改尺寸→尺寸修改完成后，在模型树中选择该元件→单击鼠标右键，在快捷菜单中选择【再生】，元件修改完成。

也可以在模型树或在主工作区选择要修改的元件，单击鼠标右键弹出快捷菜单，点选【打开】，在新元件窗口下对元件进行修改。

（三）元件特征的修改

展开模型树，选择【设置】，选择【树过滤器】→弹出如（图 8－41）对话框，选择【特征】，使特征选项前出现对号→选择确定。也可以【打开】元件，在新的元件窗口下对元件特征进行修改。

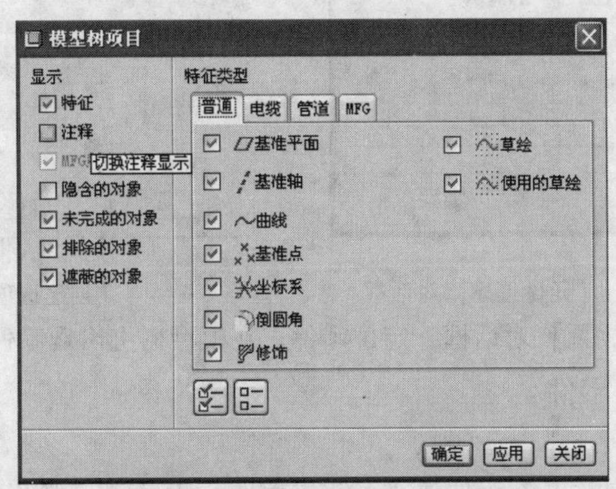

图 8－41　【模型树项目】对话框

（四）元件的隐含与恢复

在装配体中隐含零件，可以简化复杂的装配体，便于操作。在模型树上选择要隐含的元件→单击鼠标右键，弹出快捷菜单，点选【隐含】→弹出如（图 8－42）对话框，点击【确定】按钮。若要恢复隐含的零件，单击主菜单的【编辑】命令，选择【恢复】子菜单命令，隐含的零件就可以恢复。

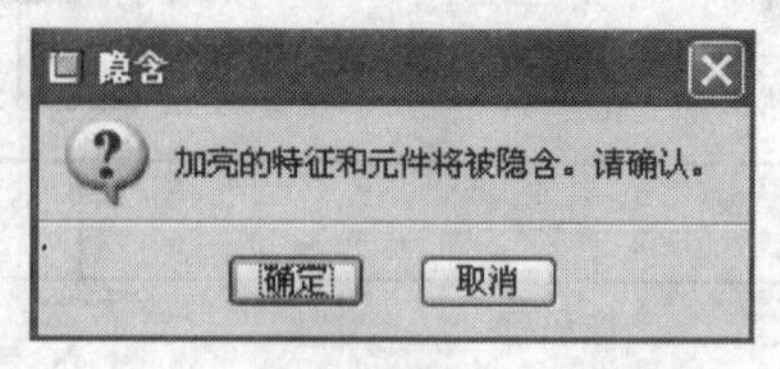

图 8－42　【隐含】对话框

第五节　在装配中创建零件

有了大体的装配框架以后，在装配环境下，进行零件的细节设计和零件设计将大大减少设计和装配的失误；另外，如果有了基础零件，在装配环境下进行其他零件设计的思想，符合产品开发设计思路，是自顶向下设计的重要途径。

（一）复制一个已存在零件

（1）用缺省方式装配零件 sl1。

（2）单击特征工具栏【在组件模式下创建元件】工具→弹出如（图 8－43）对话框，选择类型为【零件】，子类型为【实体】，把【名称】改为“cj1”，单击【确定】→弹出如（图 8－44）对话框，选择【复制现有】，使用【浏览】选择要复制的零件，点击【确定】。

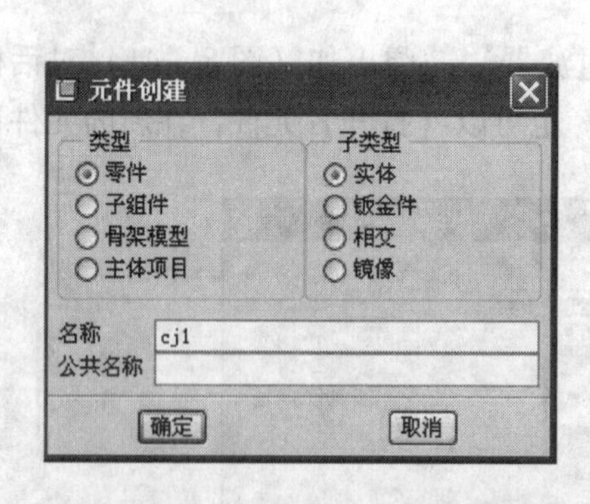

图 8－43　【元件创建】对话框

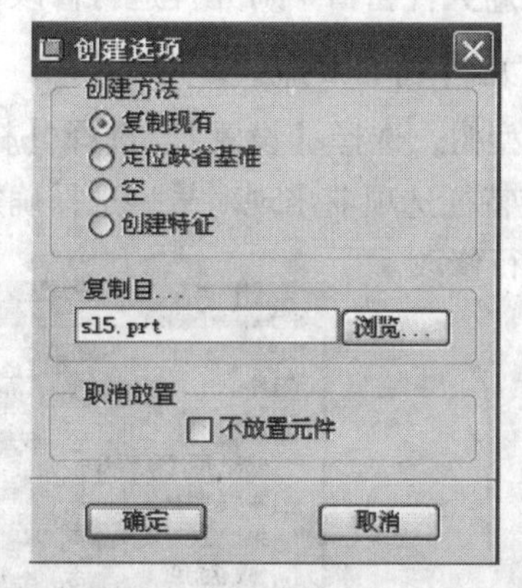

图 8－44　【创建选项】对话框

（3）弹出【元件放置】对话框，定位零件。在模型树上出现零件 cj1。

（二）创建一个零件

（1）装配零件 sl1。

（2）单击特征工具栏【在组件模式下创建元件】工具→弹出（图 8－43）对话框，选择类型为【零件】，子类型为【实体】，把【名称】改为“cj2”，单击【确定】→弹出如（图 8－44）对话框，选择【创建特征】，点击【确定】。

（3）运用实体特征创建命令，进行零件的建模。（图 8－45）是使用实体建模命令创建了新零件 cj2 后的装配模型。

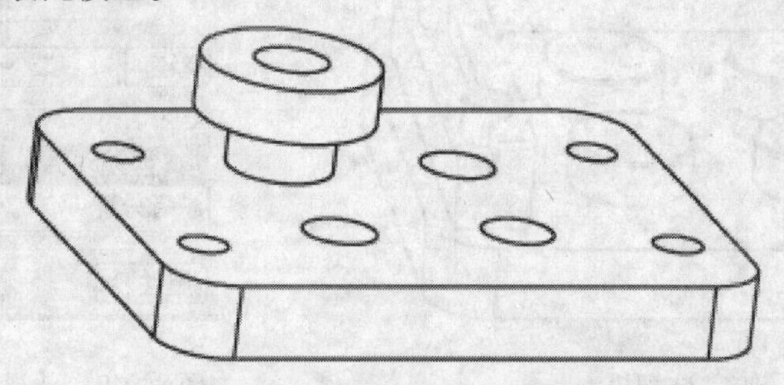

图 8－45　装配实体模型

（三）镜像实体零件

镜像（图 8－45）中的零件 cj2，单击工具图标，弹出如（图 8－43）对话框，选择类型为【零件】，子类型为【镜像】，把【名称】改为“cj3”，单击【确定】→弹出（图 8－46）对话框，零件参照为“cj2”，平面参照为一装配平面。镜像后见（图 8－47），新零件“cj3”已经创建。

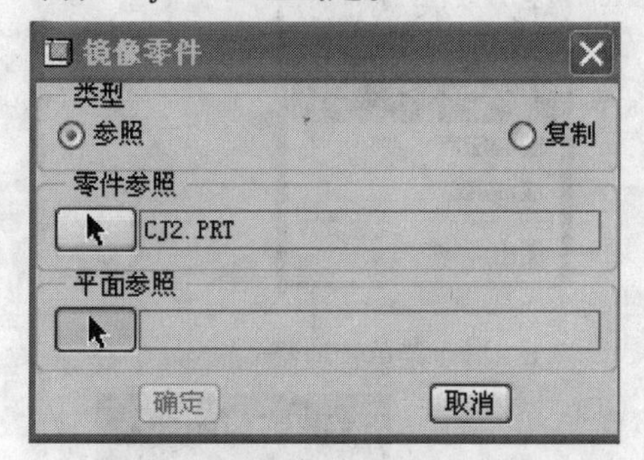

图 8－46　【镜像零件】对话框

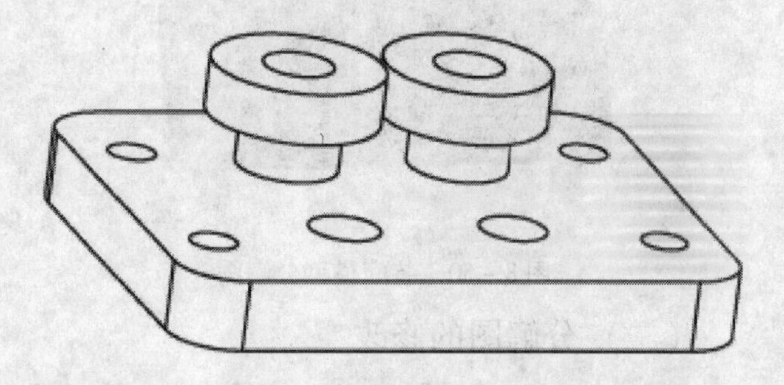

图 8－47　创建实体模型

第六节　装配分解图的构建与修改

对于复杂的装配，许多零件隐藏于装配模型内，使用装配分解图，可以详细了解零件的装配情况。

（一）装配分解图的构建

（1）打开 SAMPLE8. 6_1. ASM。

（2）选取主菜单【视图】→【分解】→选取【编辑位置】，弹出【分解位置】对话框→选择【缺省分解】→点击【确定】，该零件已被分解见（图 8－48）。

（3）点击工具栏上的【视图管理器】工具，弹出如（图 8－49）对话框，选择【分解】选项卡，点击【新建】，新建一个分解状态，输入名称“Exp0001”回车，该零件的分解被命名为“Exp0001”。

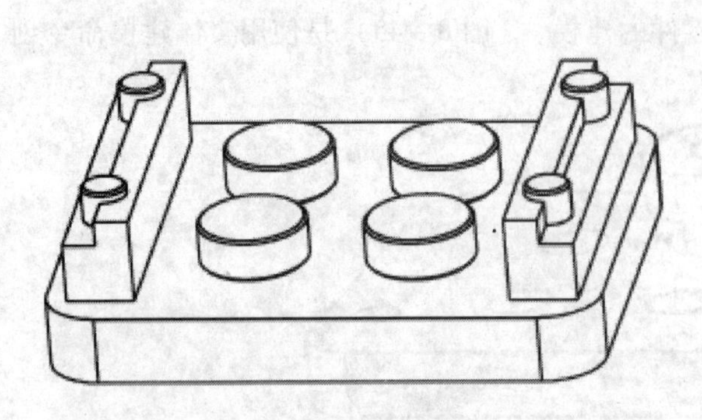

图 8-48　装配模型

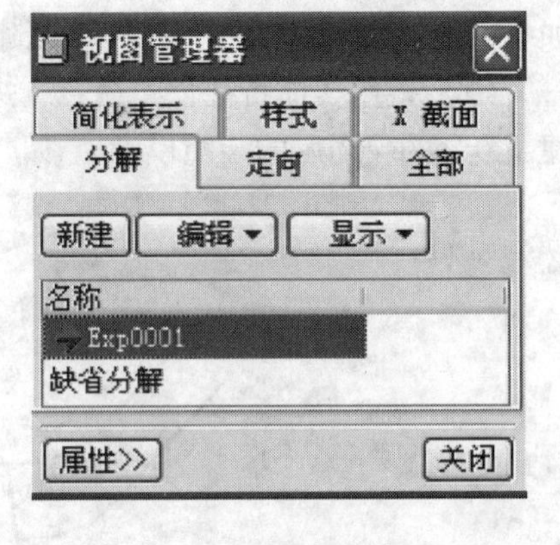

图 8-49　【视图管理器】对话框

(4) 重复 (2)、(3) 步，可以设置不同的分解状态。分解后如（图 8-50）。

(5) 点选主菜单【视图】，选取【分解】，选取【偏距线】，点选【创建】，弹出如（图 8-51）菜单管理器，进行偏距线的创建。

图 8-50　装配模型分解图

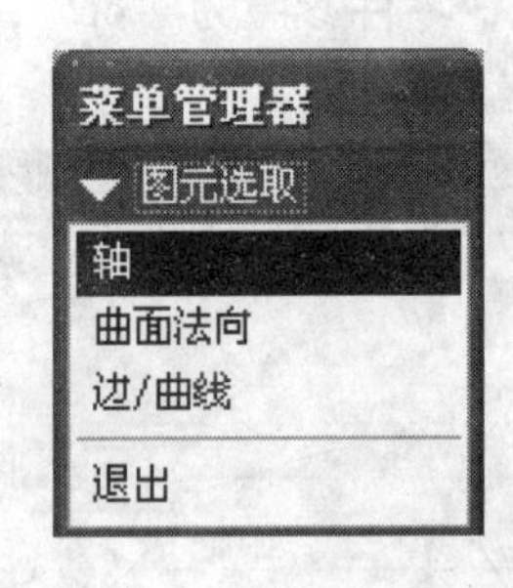

图 8-51　菜单管理器

(二) 分解图的修改

点击工具栏上的【视图管理器】工具，弹出视图管理器对话框，选择【分解】选项卡，点击装配名称，点击【编辑】，弹出如（图 8-52）菜单管理器，点击【位置】对装配的位置进行修改，点击【偏距线】则对偏距线进行修改。

图 8-52　菜单管理器

第七节　装配干涉检查

干涉检查可以检测装配模型中各零件之间有无干涉，如果有则显示干涉区域并计算干涉量，从而查找装配和设计错误，通过修改装配和零件，达到正确设计的目的。

(1) 装配零件 sl1、零件 sl2 和零件 sl3 见（图 8-53）。

(2) 选取菜单【分析】，选择【模型分析】，弹出【模型分析】对话框，选择类型为【全局干涉】，单击【计算】按钮，在结果区域可以看到干涉分析的结果。零件 sl1 分别与零件 sl4、零件 sl5 干涉，干涉区域在装配模型中已用红色区域表示，干涉量在结果区域的体积栏表示。

（3）检查修改零件 sl1 和零件 sl2 的尺寸，重新进行干涉检查。

除进行干涉检查外，还可以进行【间隙检查】、【组件质量属性】等选项可供分析查询。

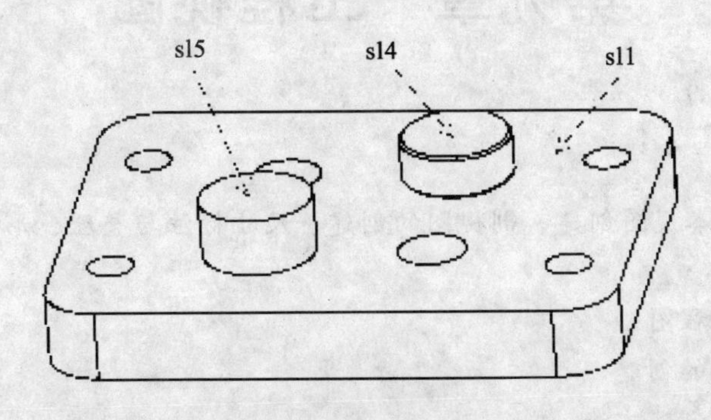

图 8－53　三个零件的装配模型

第九章　工程视图

学习指导

本章主要内容

工程图概述、基本视图创建、剖视图的创建、尺寸标注与整理、形位公差及其他标注。

本章学习要求

1. 了解 Pro/E 工程图
2. 掌握基本视图的创建
3. 掌握剖视图的创建方法
4. 掌握工程图中尺寸标注方法
5. 掌握工程图中形位公差、粗糙度标注方法

第一节　工程图概述

在完成零件或装配模型的建立之后，使用工程图模块，可直接建立符合工程标准的工程图。Pro/E 的参数化、单一数据库特性，使得建立的工程图与原有的三维零件模型具有相关性，任意一方尺寸的变更，都会使另一方的相应尺寸自动变更。本章介绍建立三视图、辅助视图、局部视图以及进行尺寸标注的方法和技巧。

在 Pro/E 的工程图模块中，可以用注解来注释工程图、处理尺寸以及使用层来管理不同项目的显示。工程图中的所有视图都是相关的。

工程图模块还支持多个页面，允许定制带有草绘几何的工程图，定制工程图的格式，另外还可以将工程图输出到其他系统，与其他的绘图软件共享数据。

（一）工程图环境中的菜单及其说明

(1)【插入】菜单的说明如（图 9－1）所示。

(2)【格式】菜单的说明如（图 9－2）所示。

(3)【编辑】菜单中常用命令的说明如（图 9－3）所示。

（二）创建工程图的一般过程

1. 通过新建一个工程图文件，进入工程图模块环境

(1) 选取【文件】/【新建】，或点击新建按钮。

(2) 选取【绘图】文件类型。

(3) 输入文件名称，选择工程图模型及工程图图框格式及模板。

2. 创建视图

(1) 添加主视图。

(2) 添加主视图的投影图。

(3) 可选择地添加详细视图（放大图）、辅助视图等。

（4）利用视图移动功能调整视图的位置。

（5）设置视图的显示模式。

3. 尺寸标注

（1）显示模型尺寸，可以将多余的尺寸拭除。

（2）添加必要的草绘尺寸。

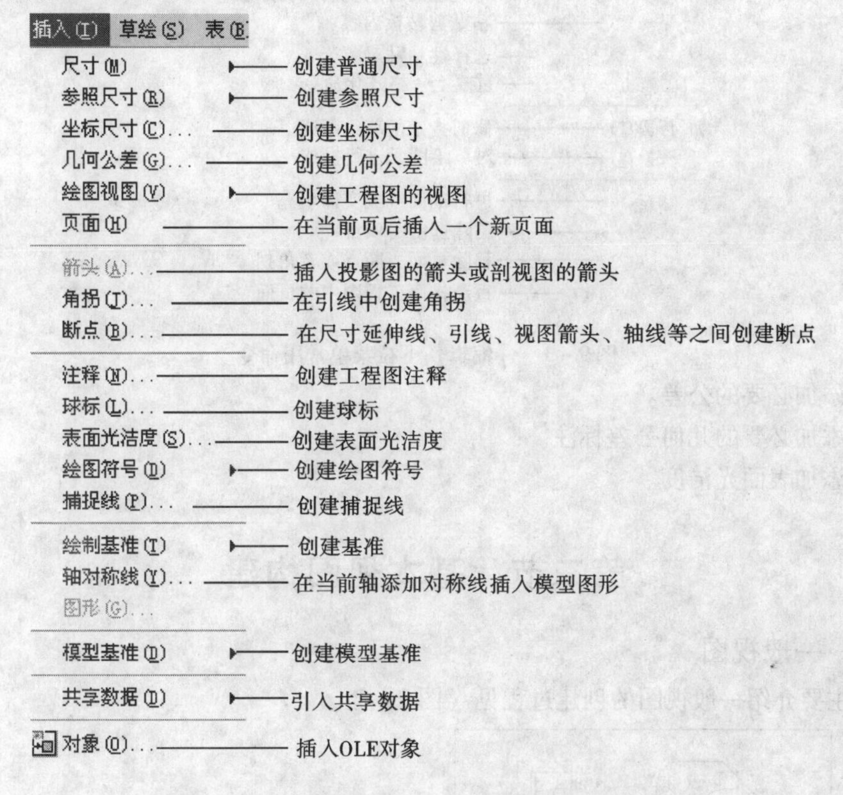

图 9－1　【插入】的下拉菜单

格式(R)　分析(A)　信息(N)

文本样式(T)... —— 更改所选取的文本的样式

文本换行(W) —— 换行多行文本

缺省文本样式(D)... —— 更改默认文本样式

文本样式库(G)... —— 使用文本样式信息库

小数位数(P)... —— 更改单独文本的小数位数

箭头样式(A)... —— 更改箭头样式

切换引线类型(O) —— 切换引线类型为ISO

线体(L)... —— 更改单独线的线体

缺省线体(E)... —— 设置默认线体

线体库(I)... —— 访问线体信息库

线型库(F)... —— 访问线型信息库

符号库(S)... —— 访问符号定义信息库

图 9－2　【格式】下拉菜单

编辑(E) 视图(V) 插入

再生(G)——再生零件并重绘所有视图

撤消(U)——撤销操作

重做(R)——重做操作

剪切(T)——将绘制图元、注释或表剪切到剪贴板

复制(C)——将所选的对象复制到剪贴板

粘贴(P)——粘贴剪贴板内容

选择性粘贴(S)...——选择性粘贴对象

重复上一格式(F)——重复上一格式化命令

修剪(T)——修剪指定的草绘图元

变换(N)——对草绘图元进行操作

填充(F)——进行剖面线或实体填充

删除(D)——删除选定的项目

移除(R)——移除页面、断点或者角拐

移动页面(E)...——重新排序工程图中的页面

图9-3 【编辑】下拉菜单常用命令

(3) 添加必要的公差。

(4) 添加必要的几何公差标注。

(5) 添加表面光洁度。

第二节 基本视图构建

(一) 一般视图

本节主要介绍一般视图的创建过程见（图9-4）。

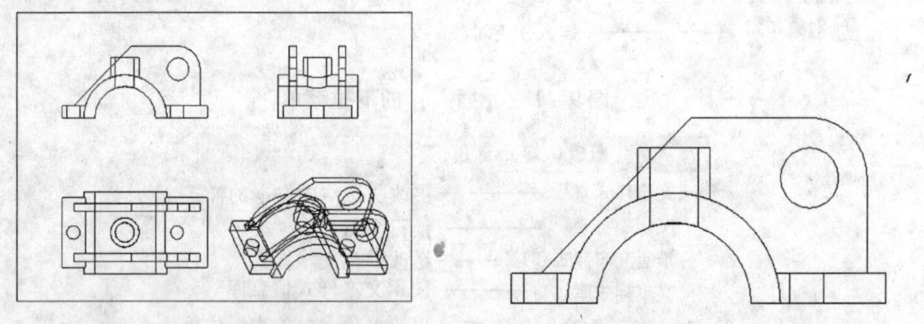

图9-4 9-1. prt 零件模型的工程图　　图9-5 一般视图

下面介绍如何创建9-1. prt 零件模型的一般视图见（图9-5）。操作步骤如下：

1. 设置工作目录

选择下拉菜单【文件】→【设置工作目录】命令，将工作目录设置至 D：\ proecourse \ ch9 \ ch9。

2. 新建文件

在工具栏中单击新建文件的按钮→绘图，输入文件名 sample9-1，不要使用缺省模板，选择【确定】→选择三维模型9-1. prt 为绘图模型，选择图纸大小为 A4，选择【确定】→进入工程图模块。

3. 插入普通视图

在绘图区中单击鼠标右键，系统弹出如图（9－6）的快捷菜单，在该快捷菜单中选择【插入普通视图】命令。

（1）确定视图位置

在系统左下角 ➪选取绘制视图的中心点。 的提示下，在屏幕图形区中选择一点。系统弹出（图9－7）所示的对话框。

插入普通视图...
页面设置
再生绘制
更新页面
锁定视图移动
属性(T)

图9－6　快捷菜单

（2）定向视图

视图的定向一般采用下面的两种方法：

方法1：采用参照进行定向。

1）定义放置参照1。

● 在【绘图视图】对话框中，选择【类别】下的【视图类型】→在对话框右面的【视图方向】选项组中，选中【选取定向方法】中的【几何参照】，如（图9－8）所示。

● 单击对话框中【参照1】下面的箭头，在弹出的方位列表中，选择【前面】选项，如（图9－9）所示，再选择（图9－10）中所示的模型表面，这一步操作的意义是将所选模型表面放置在前面，即与屏幕平行的位置。

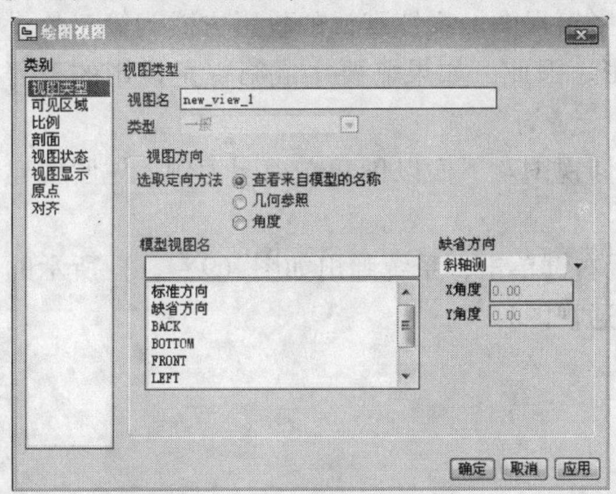

图9－7　【绘图视图】对话框

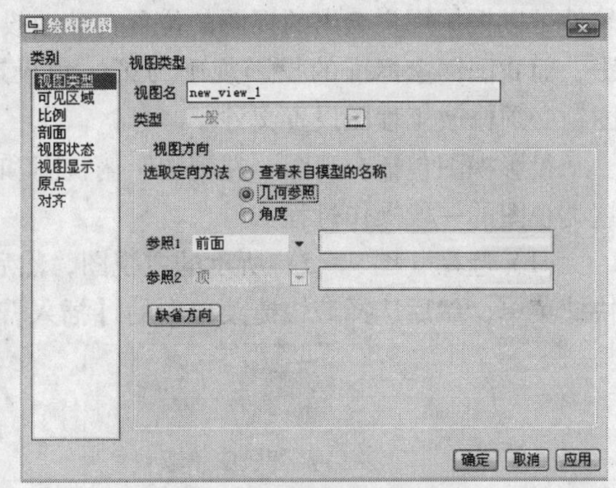

图9－8　【绘图视图】对话框

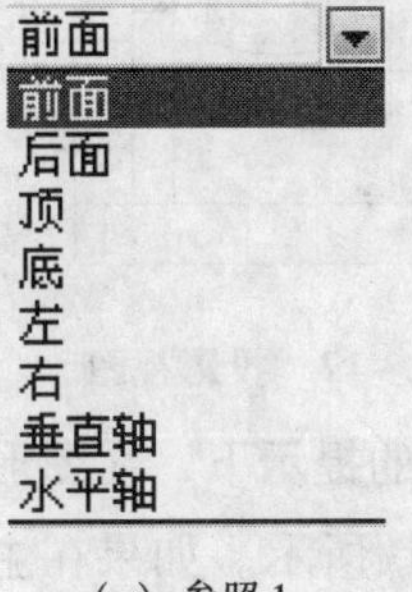

（a）参照1

（b）参照2

图9－9　【参照】选项

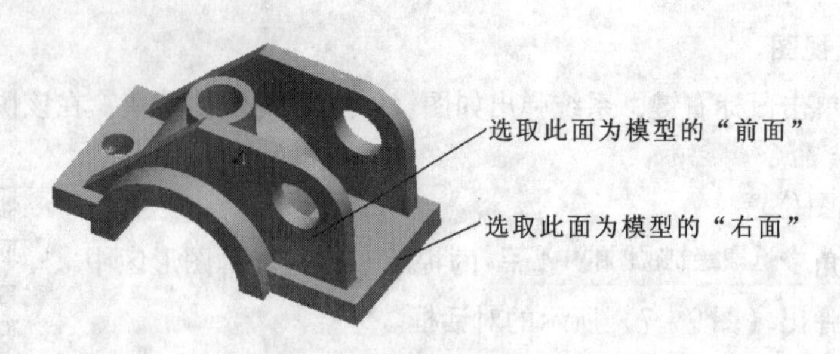

图 9 - 10 【模型的定向】

2）定义放置参照 2。

单击对话框中的【参照 2】下面的→，在弹出的方位列表中，选择【右】，再选取（图 9 - 10）中所示的模型表面。这一步操作的意义是将所选模型表面放置在屏幕的右边。这是模型按前面操作的方向要求，按如（图 9 - 5）所示的方位摆放在屏幕中。

方法 2：采用在模型中已经定义好的视图方向来定义视图，这种方法在以后讲解。

（二）投影视图

投影视图是由一般视图或其他视图按照正投影的方法进行投影而产生的视图。Pro/E 软件可以根据用户给出的视图的位置自动地投影出视图。系统默认的投影方式为第三角投影，而我国国家标准的投影规则为第一角投影。因此，如果需要生成第一角投影的工程图，必须修改工程图设置文件。

投影视图包括右视图、左视图、俯视图和仰视图。下面以创建左视图为例，说明创建这类视图的一般操作过程：

（1）选择（图 9 - 5）所示的主视图，然后右键单击，系统弹出如图（9 - 11）所示的快捷菜单，然后选择该快捷菜单中的【插入普通视图】。

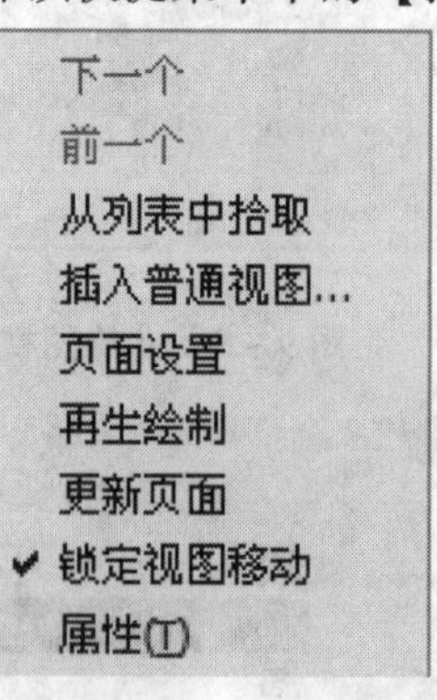

图 9 - 11 快捷菜单

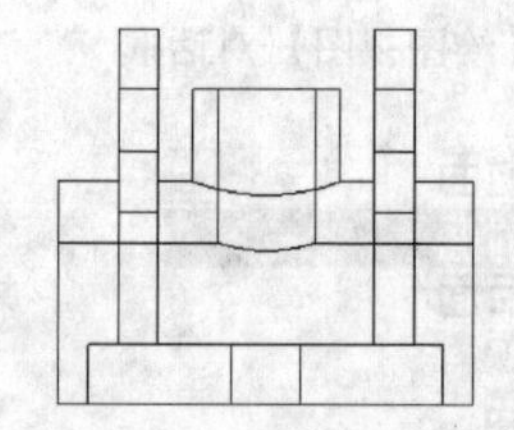

图 9 - 12 投影视图

（2）确定视图位置。在系统➡选取绘制视图的中心点。的提示下，在图形区的主视图的右部任意选择一点，系统自动创建左视图，如（图 9 - 12）所示。如果在主视图的左边任意选择一点，则会产生右视图。

（三）辅助视图

有些零件仅用正交投影视图无法准确表达某些局部细节结构，比如具有斜度的表面结构。此时就要用辅助视图来表达这些特殊结构。

辅助视图的生成方法与其他正交投影视图的生成方法基本类似，只是要注意以下两点：

• 视图类型应选取为【辅助】类型，其他选项与正交投影视图的设置相同。

• 视图的观察方向不是由视图相对于主视图的位置来决定的，而是由用户根据辅助视图所在零件的具体位置来决定。

（1）打开“9－2. prt”实体模型文件见（图9－12）。

（2）进入工程图模式。在主菜单中依次选取【文件】|【新建】选项或者单击工具栏中的新建按钮，在系统弹出的【新建】对话框中的【类型】分组框中选取【绘图】单选按钮，在【名称】编辑框中输入“ drw9 － 2”，最后单击确定按钮后进入【新制图】对话框。

（3）在【新制图】对话框中的【指定模板】分组框中选择【格式为空】单选按钮，然后在【格式】分组框中单击浏览按钮，在系统弹出的【打开】对话框中选择“a. frm”，单击打开按钮，返回到【新制图】对话框中。

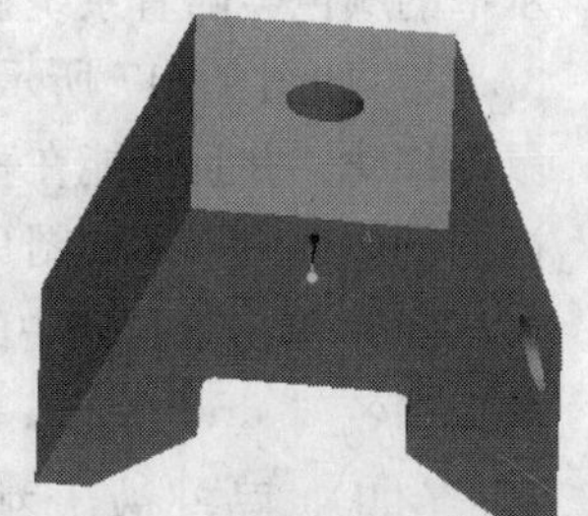

图9－13　实体模型

最后单击【新制图】对话框中的【确定】按钮，就进入了Pro/E 的工程图模块。

（4）创建主视图。在主菜单中依次选择【插入】|【绘图视图】|【一般】选项或者单击工具栏按钮，则绘图区下方的信息栏中系统提示选取绘制视图的中心点。在图样中选取中间一点，单击鼠标左键来放置主视图。系统随即弹出【绘图视图】窗口。在【视图类型】|【视图方向】|【几何参照】栏中设置参照1、参照2，如（图9－14），其余选项由系统默认设置。然后单击确定按钮，则生成的主视图见（图9－15）。

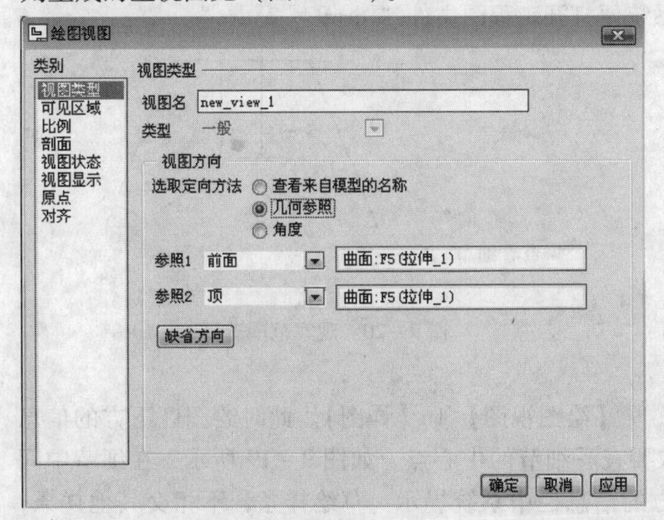

图9－14　【绘图视图】/【视图类型】的设置

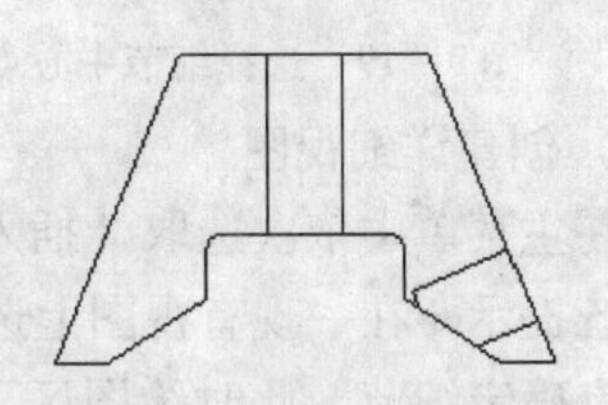

图9－15　生成的主视图

（5）创建辅助视图。在主菜单中依次选取【插入】|【绘图视图】|【辅助】。此时绘图区下方的信息栏中系统提示：

➪在主视图上选取穿过前侧曲面的轴或作为基准曲面的前侧曲面的基准平面。

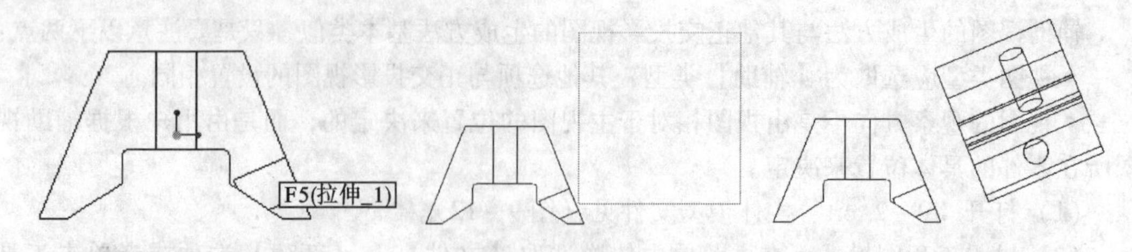

图 9－16　选择斜边　　图 9－17　提示框　　图 9－18　辅助视图

1）选取如图 9－16 所示的斜边，鼠标在此位置停留一段时间，鼠标附近会出现所选择对象的提示。此时系统就以垂直于这条边的方向为观察方向。系统出现黄色提示框（提示框的颜色会随着系统显示设置的不同而不同）。

2）如图 9－17 所示。提示框显示辅助视图将要放置的位置。此时，黄色提示框随着鼠标移动，并且只能在垂直于那条斜边的方向上移动。确定好放置位置，单击鼠标，辅助视图就创建出来，如图 9－18 所示。

（6）单击工具条中的保存按钮，系统弹出【保存对象】对话框，确定好保存文件路径及文件名“ drw9－2”，单击确定按钮，即可存盘。

（四）局部放大视图

局部放大视图就是放大已知视图上的局部区域，一般是为了更加清晰地表达零件的细部结构。

局部放大视图的创建过程：

（1）在主菜单中依次选择【文件】｜【打开】选项或者单击工具栏中的打开按钮，在系统弹出的【文件打开】对话框中选择前面保存的文件“ drw9－2. drw”后，单击【文件打开】对话框中的打开按钮，则系统便打开工程图文件“ drw9－2. drw”。

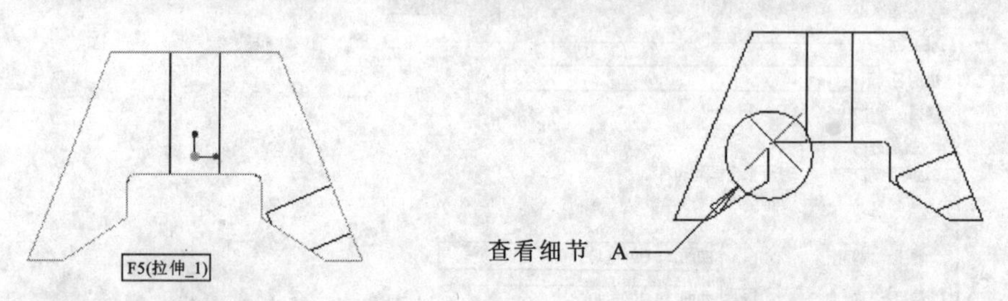

图 9－19　选择细节中心点图　　图 9－20　观察范围选择

（2）创建详细视图

• 在主菜单中依次选取【插入】｜【绘图视图】｜【详图】。此时绘图区下方的信息栏中系统提示➡在一现有视图上选取要查看细节的中心点。如图 9－19 所示，在细节中间选择一点确定细节。此时绘图区下方的信息栏中系统提示：草绘样条，不相交其他样条，来定义一轮廓线。

• 单击鼠标左键，绘制样条曲线，此时绘图区下方信息栏中系统提示为样条创建要经过的点。鼠标左键单击适当位置，圈选观察范围，单击鼠标中键确认。此时，系统自动添加注释，如（图 9－20）所示。

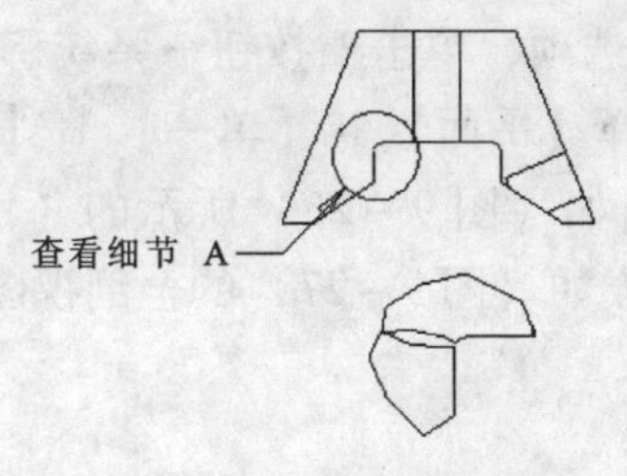

图 9－21 生成的详细视图

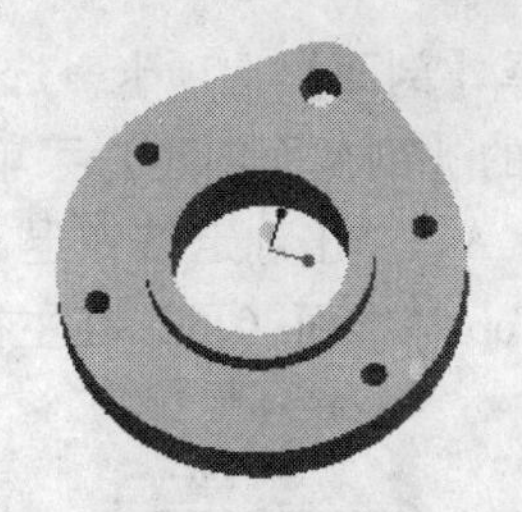

图 9－22 9－sec. prt 模型图

• 此时，信息栏中系统提示选取绘制视图的中心点。在适当位置单击鼠标左键，详细视图就以这一点作为中心放置如（图 9－21）所示。

第三节 剖视图的构建

创建工程图时，正交视图是主体，剖视图是对各向正交视图的补充。如果需要清晰表达零件内部被隐藏部分的情况，在这种情况下用正交视图很难清楚表达零件的内部结构，此时就需要用到剖视图来表达零件内部的具体结构了。在被剖切面剖切以后，正交视图就变成带有截面的正交视图。

（一）全剖视图

全剖视图是将模型完全剖切后得到的截面视图。下面通过创建图 9－22 中所示零件的全剖视图过程，介绍创建全剖视图的基本方法。

（1）首先进入工程图模式

在主菜单中依次选择【文件】|【打开】选项或者单击工具栏中的打开按钮，则系统弹出的【文件打开】对话框，选择"drw9－sec. drw"文件，最后单击打开按钮，则系统便打开工程图文件"drw9－sec. drw"。

（2）在主菜单中依次选取【插入】|【绘图视图】|【一般】选项或者单击工具栏中的打开按钮，系统提示信息 ⇨选取绘制视图的中心点。。在适当位置选取视图中心点，系统弹出【绘图视图】对话框。选择【视图类型】选项卡→在【视图方向】中选择【几何参照】单选项，决定视图的观察方向两个基准面的参照 1、参照 2 的设置如（图 9－23）所示。系统在视图区生成没有剖切的视图预览，如（图 9－24）所示。

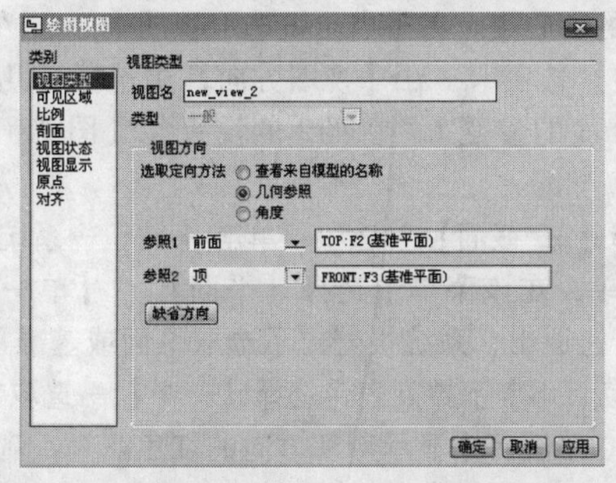

图 9－23 【绘图视图】/【视图类型】的设置

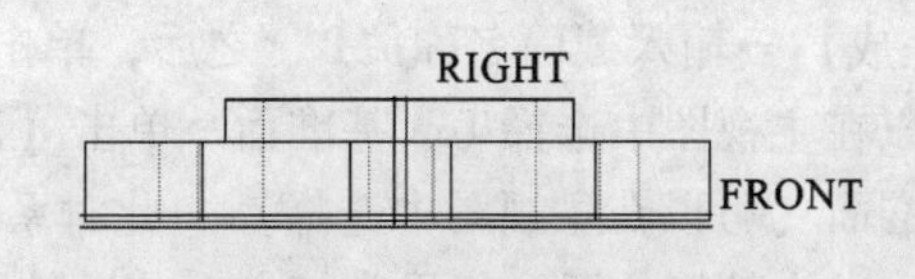

图 9－24 无剖切的视图

（3）选择【剖面】选项卡→选择【2D 截面】单选项，单击✚按钮→系统弹出如（图 9－25）所示的【剖截面创建】菜单→在该菜单中选择【平面】｜【单一】｜【完成】→输入截面名称 A→单击确定按钮退出→系统再次弹出如（图 9－26）所示的【设置平面】菜单，选择 Top 基准面（可以在主视图中选择）。生成如（图 9－27）的全剖视图。

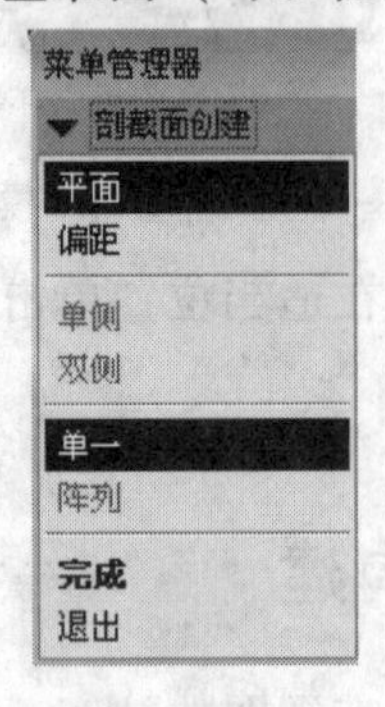

图 9－25　【剖截面创建】菜单

图 9－26　【设置平面】菜单

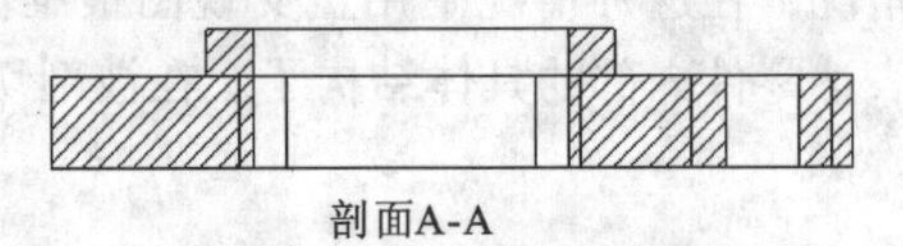

图 9－27　生成的全剖视图

（二）半剖视图

半剖视图只显示视图的一半被剖切的情况，一般用于零件具有对称结构的情况下。半剖视图的创建方法与全剖视图的创建方法基本类似。

下面通过创建（图 9－22）中所示零件的半剖视图过程，介绍创建半剖视图的基本方法。

（1）进入工程图模式

在主菜单中依次选择【文件】｜【打开】选项或者单击工具栏中的打开按钮，则系统弹出的【文件打开】对话框，选择“drw9－sec. drw”文件，最后单击打开按钮，则系统便打开工程图文件“drw9－sec. drw”。

（2）在主菜单中依次选取【插入】｜【绘图视图】｜【一般】选项或者单击工具栏中的打开按钮，系统提示信息选取绘制视图的中心点。在适当位置选取视图中心点，系统弹出【绘图视图】对话框→选择【视图类型】选项卡→在【视图方向】中选择【几何参照】单选项，决定视图的观察方向两个基准面的参照 1，参照 2 的设置如（图 9－28a）所示。

（3）在【绘图视图】｜【剖面】中选择【2D 截面】单选项，单击✚按钮→系统弹出如（图 9－28b）所示的【剖截面创建】菜单，在该菜单中选择【平面】｜【单一】｜【完成】→输入截面名称“B”之后，单击按钮退出，系统接着提示选取平面或基准平面。可以在主视图中选择 Top 基准面→单击【剖切区域】下拉列表，选择【一半】→选取 Right 基准面（可以在主视图中选择）→此时系统在绘图区中显示剖切方向的红色箭头，箭头所示方向为剖切位置，如果剖切方向与系统默认方向相反，可以在预览视图剖切方向另一侧单击鼠标左键，预览视图中的剖切方向即反向，如（图 9－32）所示。单击【剖面选项】

对话框中的确定按钮，生成如（图 9－33）的半剖视图。

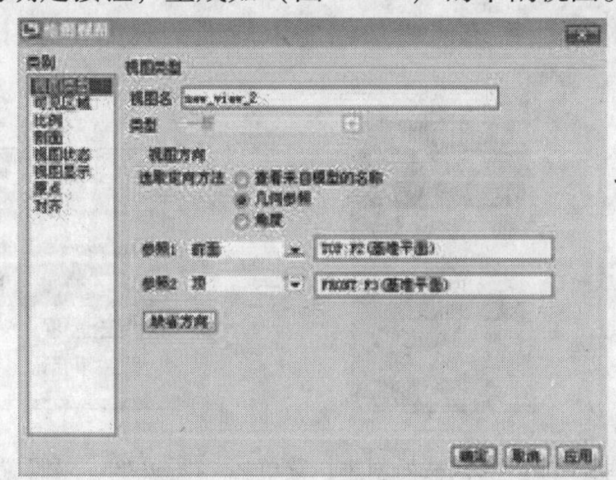

（a）【绘图视图】对话框　　　　（b）菜单管理器

图 9－28　绘图视图类型

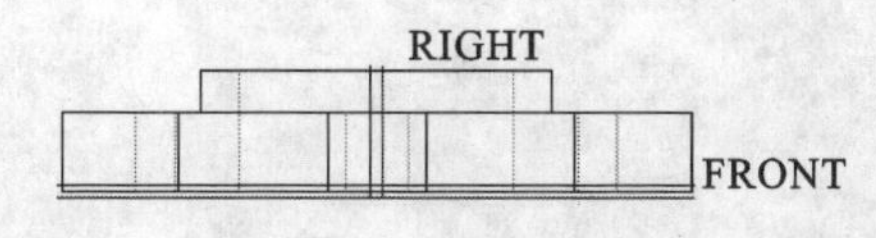

图 9－29　无剖切的视图

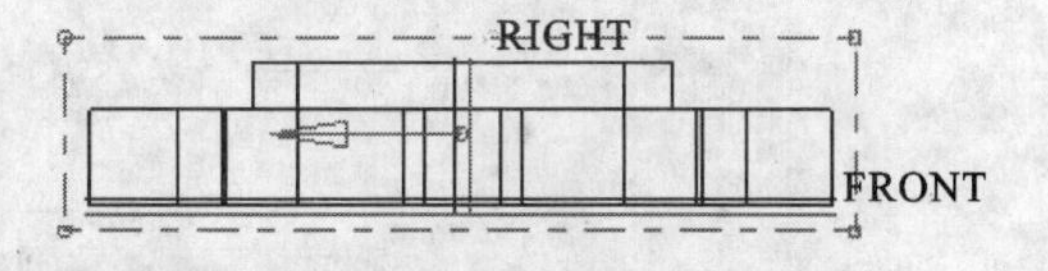

图 9－30　剖切方向显示

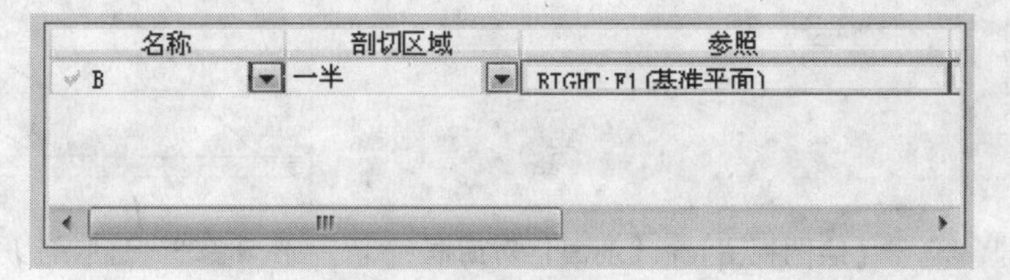

图 9－31　剖切设置信息

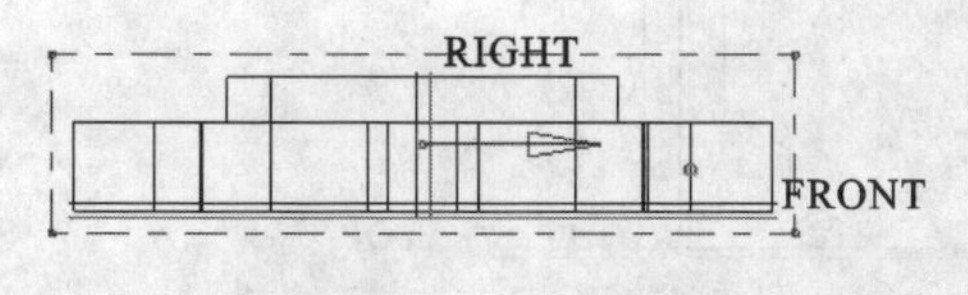

图 9－32　剖切方向反向

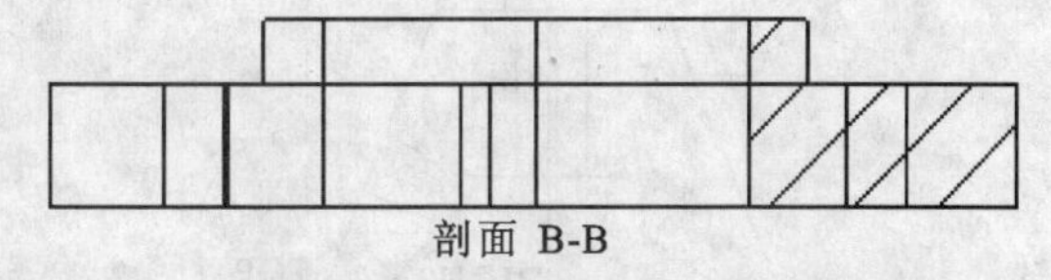

图 9－33　生成的半剖视图

（三）局部剖视图

如果一个零件有一小部分的细节结构需要进行剖切才能表达清楚时，可以采用局部剖视图来表达这些局部的细节结构。

下面结合零件“example9－s. prt”为实例介绍创建局部剖视图的基本方法。

（1）新建工程图文件，三维零件为“example9－s. prt”，图纸选择为 A4。

（2）创建主视图如（图 9－34）所示。

（3）将主视图改为全剖视图，剖切面为 DTM1，剖面名称为“C”，剖切选项的选择如（图 9－35），（图 9－36），剖切的位置如图 9－38。

（4）将全剖改为局部剖，如（图 9－37）。

单击【剖切区域】下拉列表，选择【局部】→在要剖切部位的图元上单击鼠标左键→绘制样条线将剖切部位包围起来，单击鼠标中键完成样条线绘制如（图 9－39）。→单击【绘图视图】窗口中的确定按钮，系统便成功创建了局部剖视图，如（图 9－40）所示。

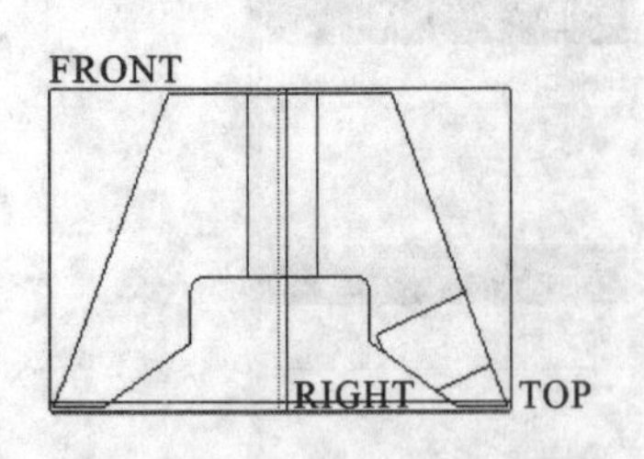

图 9－34　生成的视图预览

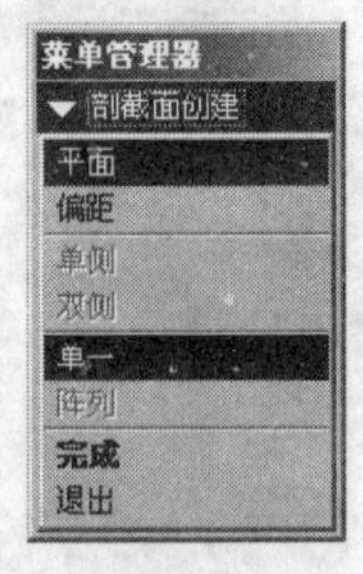

图 9－35　【剖截面创建】菜单

图 9－36　【设置平面】菜单

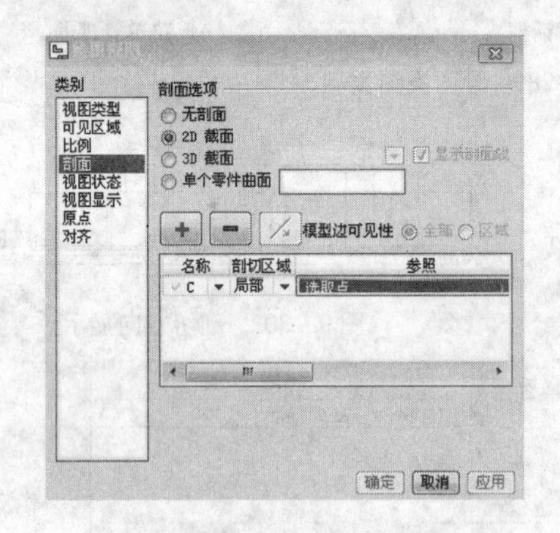

图 9－37　【绘图视图】/【剖面】对话框

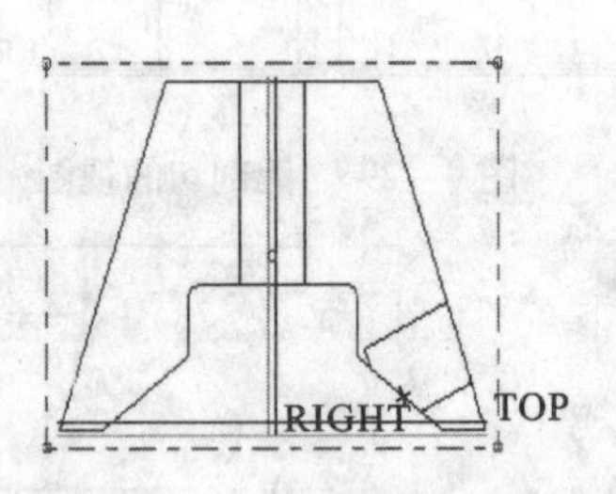

图 9－38　选取剖切位置

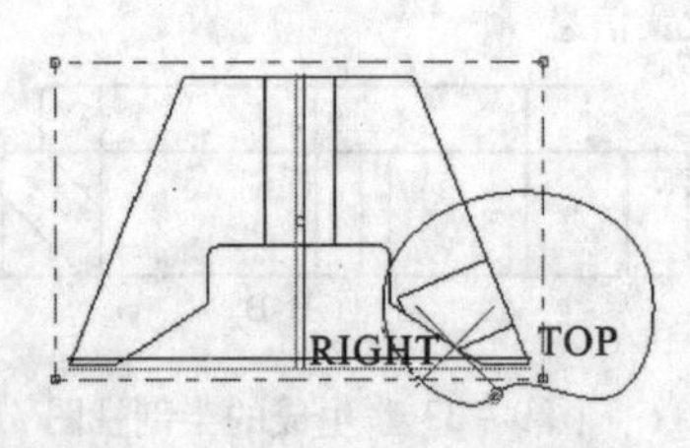

图 9－39　局部剖切的范围

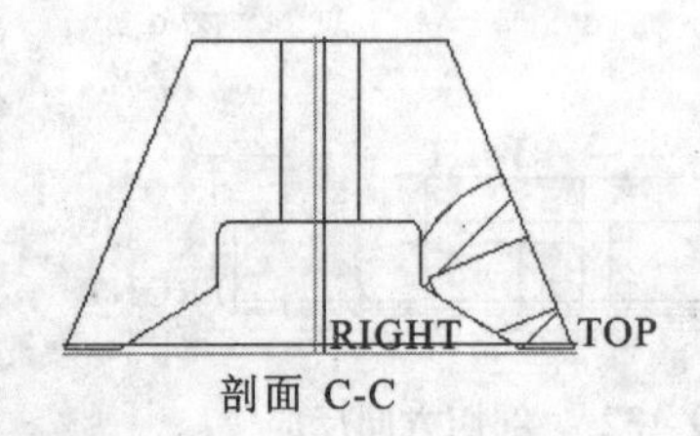

图 9－40　生成的局部剖视图

（四）旋转截面剖

如果一个零件的内部结构不在一个对称面上时，平面剖截面将无法对这些特征进行剖切，这是就要采用旋转剖切的方法。旋转剖视图的创建方法与前面讲述的创建全剖视图和半剖视图的方法基本类似。

下面是创建 example9. prt 零件的旋转剖视图的基本步骤：

（1）创建 Example9. prt 零件的工程图，工程图文件名为“drw9 - secrot”，图纸选为 A4。

（2）创建主视图。参照设置如（图 9－41），结果如（图 9－42）。

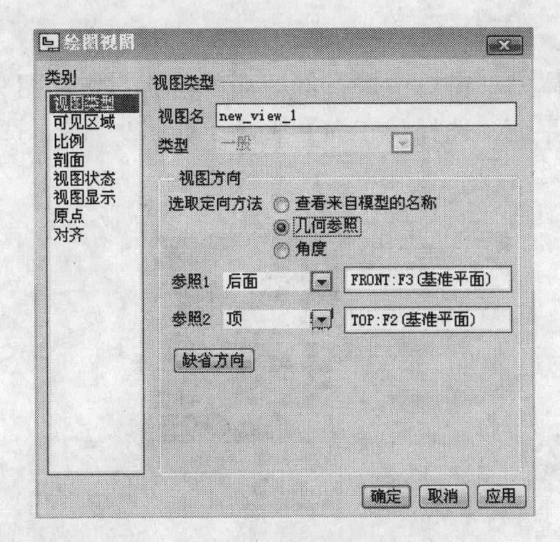

图 9 - 41　主视图参照的设置

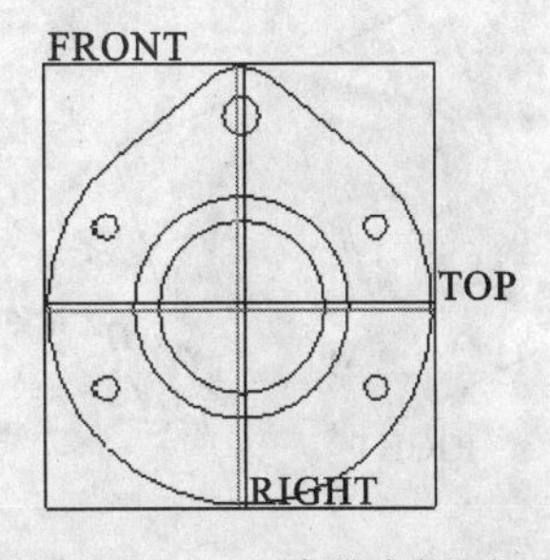

图 9 - 42　生成的主视图

（3）创建另一个一般视图，参照设置如（图 9 - 43），结果如（图 9 - 44）。

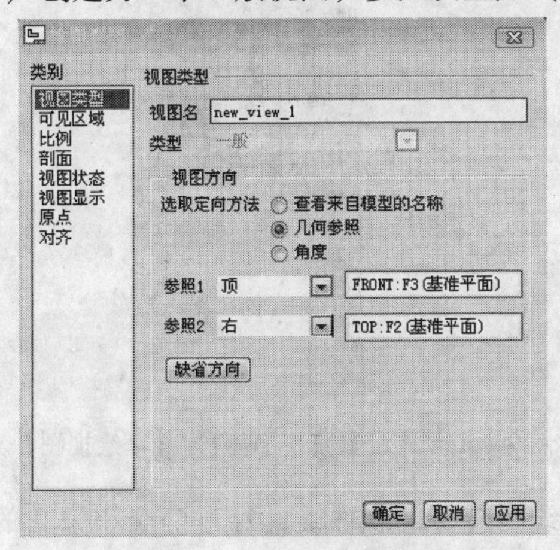

图 9 - 43　剖视图参照的设置

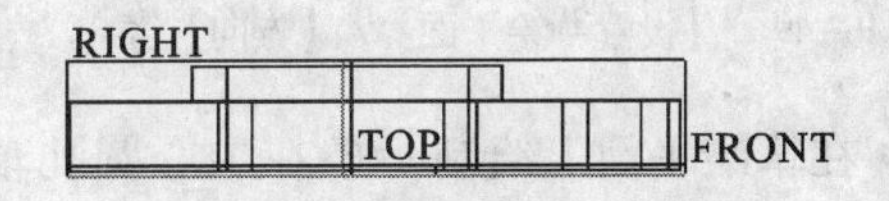

图 9 - 44　无剖切的视图预览

（4）将第二个视图改为旋转剖。

• 双击第二个一般视图，系统弹出【绘图视图】对话框→选择【剖面】选项卡→选择【2D 截面】单选项→单击 + 按钮。【剖面选择】对话框中出现创建新截面的对话信息，如图 9 - 45 所示。同时系统弹出如图 9 - 46 所示的【剖截面创建】菜单。

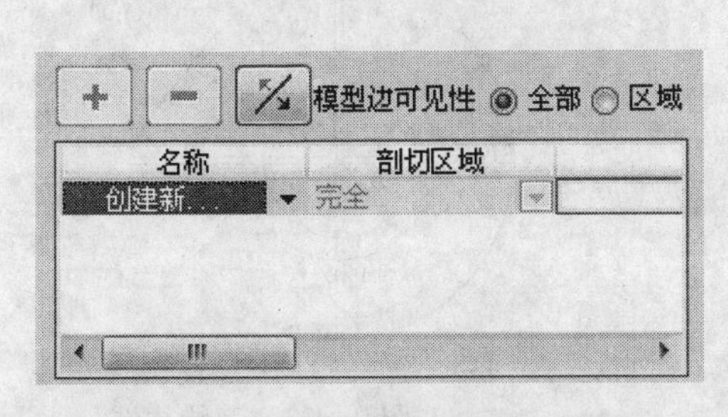

图 9 - 45　创建新截面的对话信息

图 9 - 46　【剖截面创建】菜单

• 在【剖截面创建】菜单中选择【偏距】|【双侧】|【单一】|【完成】→输入

截面名称“C”。

●系统自动进入该工程图的三维实体模型窗口中进行剖截面的绘制，如（图 9－47、图 9－48）所示，选取 Front 面作为草绘平面，选择【正向】选项，如图 9－49，选择 Top 面向右如（图 9－50、9－51）。

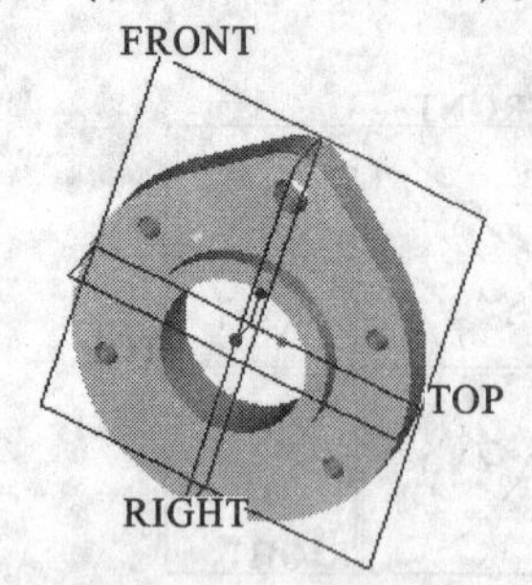

图 9－47　进入三维实体模型窗口

图 9－48　【设置草绘平面】/【设置平面】菜单

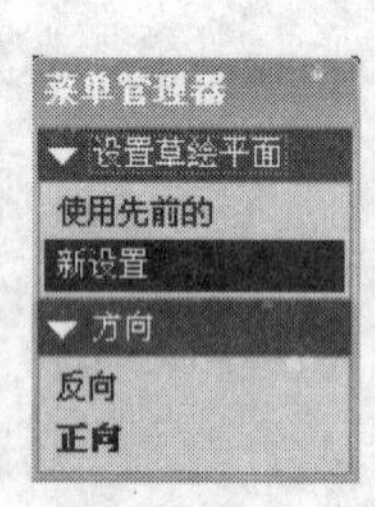

图 9－49　【设置草绘平面】/【方向】菜单

图 9－50　【设置草绘平面】/【草绘视图】菜单

●在草绘平面上绘制一条在中心圆孔轴线处转折的线段，并穿过两个小圆孔的轴线，如图 9－52 所示。完成后单击菜单栏的【草绘】|【完成】，退出草绘模式。

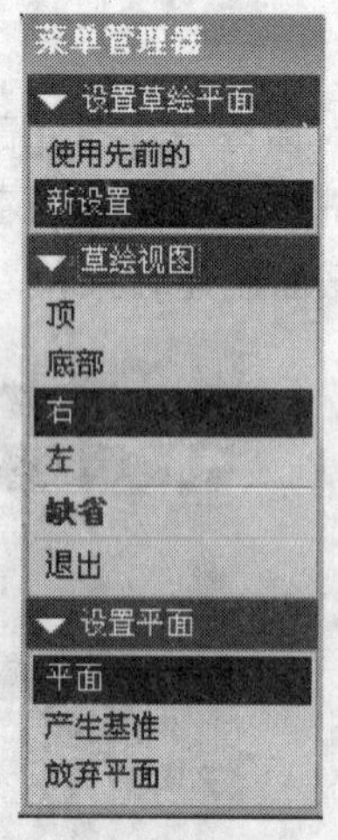

图 9－51　菜单管理器

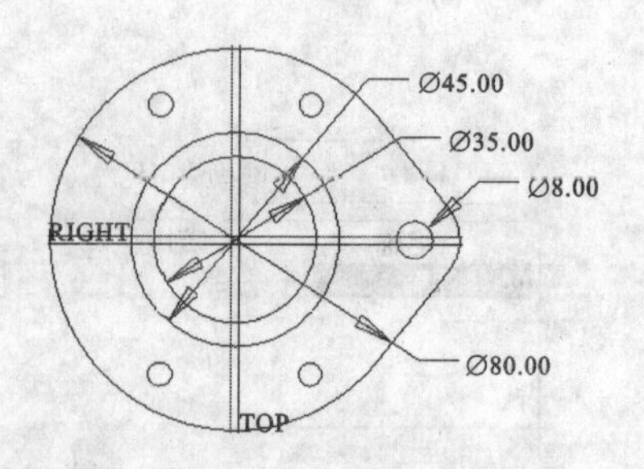

图 9－52　草绘模式

• 此时系统自动转到工程图窗口中的【绘图视图】|【剖面】对话窗口，剖截面 C 已在该窗口内定义成功，如图 9－53 所示。鼠标单击确定按钮，系统成功创建了旋转剖视图，如图 9－54 所示。

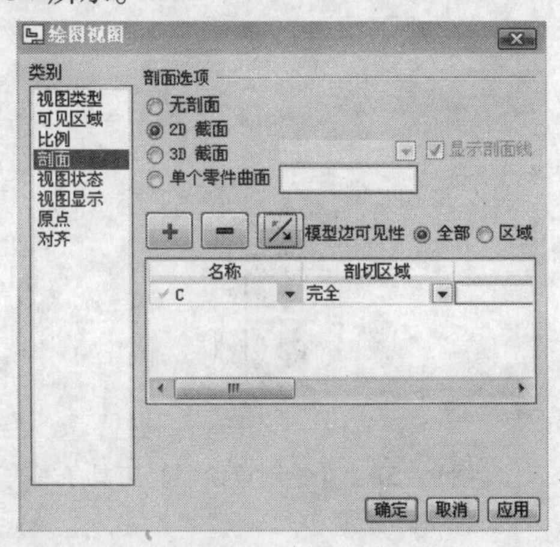

图 9－53　【绘图视图】|【剖面】对话窗口

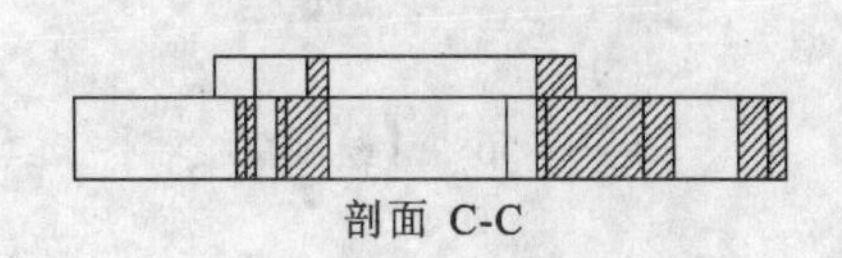

图 9－54　生成的旋转剖视图

（5）保存，生成“drw9－secrot. drw”绘图文件。

第四节　尺寸标注与整理

（一）尺寸标注概述

Pro/E WildFire2.0 系统利用单一数据库由三维实体模型自动生成二维工程图，生成三维实体模型时所创建的参数化尺寸在二维平面工程图中也全部被继承了下来。一般情况下用户可以显示或隐藏这些参数化的尺寸，但不能删除这些尺寸，因为这些参数化的尺寸是存在于作为实体的三维模型中。

当然特殊情况下用户也可以创建非参数化的尺寸。Pro/E WildFire2.0 的工程图模块既可以生成零件的参数化的二维工程图，又可以生成非参数化的二维几何特征。非参数化的二维几何特征不能被其他模块调用。

在进入工程图模块创建了各向视图以后，在主菜单栏中单击【草绘】菜单，则系统弹出如图 9－55 所示的菜单选项，此外在工程图右侧的如图 9－56 所示的【绘图草绘器工具】工具条中按钮的功能与【草绘】菜单中相应选项的功能是相同的。工程图右侧的【绘图草绘器】工具条如图 9－57 所示，它可以确定是否采用参数化草绘。

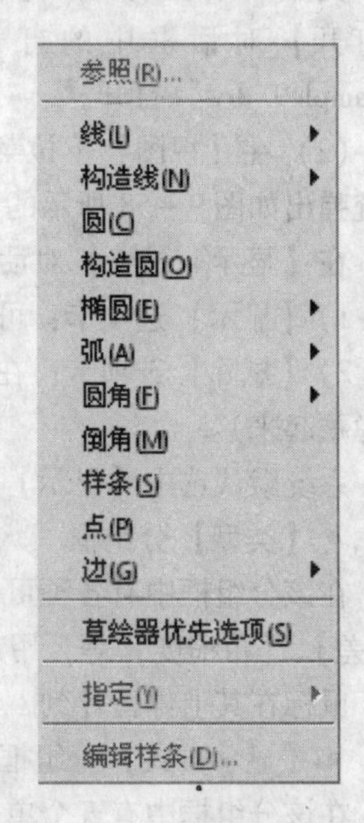

图 9－55　【草绘】菜单

图9－56　【绘制草绘器】工具条　　　　图9－57　【绘制草绘器】工具条

用户可以利用根据【草绘】菜单或者绘图区右侧相应的工具条按钮进行二维几何特征绘制，具体方法与“草图绘制”中介绍的用法基本相同，这里不再赘述。

（二）尺寸的标注与整理

下面对视图进行尺寸标注。

（1）在主菜单中依次选择【文件】｜【打开】选项或者单击工具栏中的打开按钮，在系统弹出的【文件打开】对话框中选择前面保存的文件“example9. drw”后，单击【文件打开】对话框中的打开按钮，则系统便将上个实例中所创建的工程图文件“example9. drw”打开。

（2）在【视图】下拉菜单中选择【显示及拭除】选项或者单击工具栏中的按钮，则系统弹出如图9－58所示的【显示｜拭除】对话框。

在【显示｜拭除】对话框中有两个选项卡：

1）【显示】选项卡：可按特征或视图有选择地显示视图项目。

2）【拭除】选项卡：在图中拭除所选的视图项目（这些视图项目并未真正移除，而只是隐藏起来）。

系统默认选中【显示】选项卡，它有以下项目：

• 【类型】分组框

在该分组框中有各种可供用户进行显示或拭除操作的视图项目，如【尺寸】、【轴线】、【公差】、【粗糙度】等，用户可以根据需要，单击相应按钮即可。如果不熟悉某个按钮功能，鼠标在其上停留片刻，系统会出现关于该按钮的提示信息，如图9－59所示。

• 【显示方式】分组框

在该分组框中有五个单选按钮和一个【显示全部】按钮。

【特征】：按特征显示所选项目。选取该按钮后，在图中选取一个特征即可进行标注。

【零件】：显示所选择的零件项目。

【视图】：显示所选择的视图项目。

【特征和视图】：显示所选择的特征和视图项目。

【零件和视图】：显示所选择的零件和视图项目。

【显示全部】：在图中显示所有项目。

（3）选择【类型】分组框中的|←1.2→|按钮，此时，【显示方式】分组框中的选项被激活反亮。在【显示方式】分组框中选择显示全部按钮，系统弹出【确认】对话窗口，如图9－60所示。选择是按钮。此时，各视图的尺寸显现出来，如图9－61所示。

图9－58　【显示/拭除】对话框

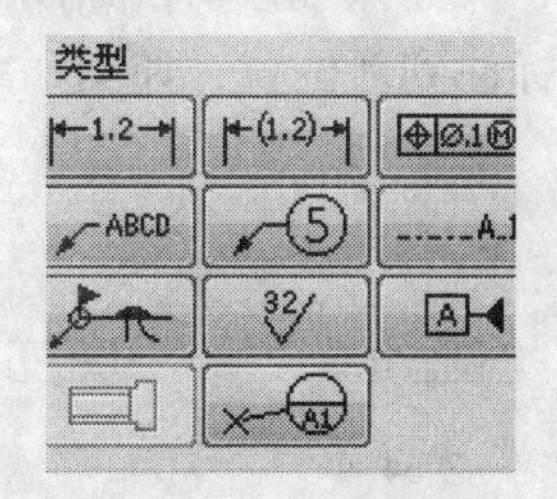

图9－59　提示信息

（4）上一步中，在各视图尺寸显现的同时，【显示/拭除】对话框中的【预览】分组框被激活。选择【预览】分组框中的接受全部按钮，再选择【显示/拭除】对话框底部的关闭按钮，【显示/拭除】对话框关闭。

（5）以上是对【显示】选项卡的基本操作。实际上是对工程图进行各种项目的自动尺寸标注时，这往往会使图面显得非常杂乱。这时就需要用手工进行尺寸标注，也就是采用非参数化的尺寸标注方法进行标注。

图9－60　【确认】对话窗口

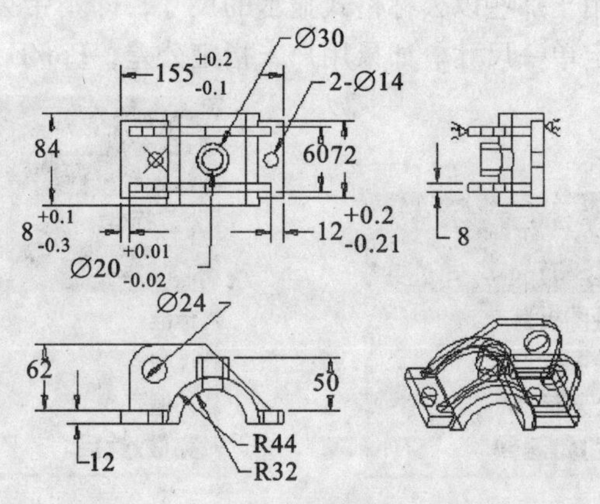

图9－61　各视图所标注的尺寸

进行手工尺寸标注的方法是在主菜单中选择【插入】|【尺寸】选项或者单击工具栏中的尺寸按钮，然后在工程图中选取项目即可进行各种尺寸的标注。手工尺寸标注的具体

用法与本书第二章“草图绘制”中介绍的草绘模式下的尺寸标注方法完全一样。

单击工具栏中的尺寸按钮，系统提示信息选取图元进行尺寸标注或尺寸移动：中键完成。鼠标变成笔的形状，单击主视图的零件下边线，如图 9 - 62 所示。单击鼠标中键，生成尺寸，如图 9 - 63 所示。

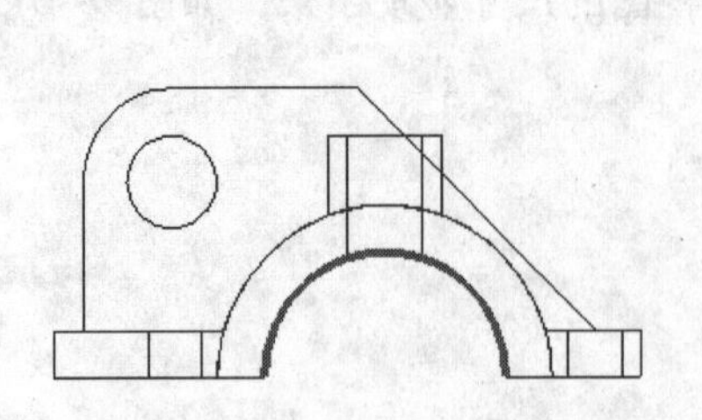

图 9 - 62　选择要标注的边

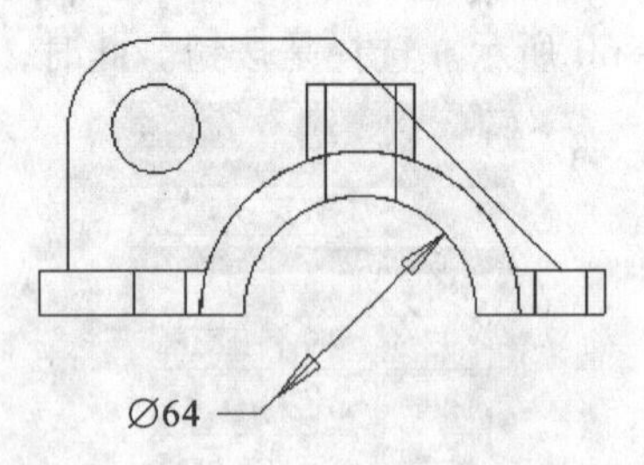

图 9 - 63　尺寸生成

如果尺寸位置需要调整，根据系统的提示信息，鼠标左键选中要移动的尺寸，鼠标变为十字移动光标，尺寸即可移动，如图 9 - 64 所示。当尺寸移到适当位置，单击鼠标左键确认，尺寸就被标注到新位置，如图 9 - 65 所示。

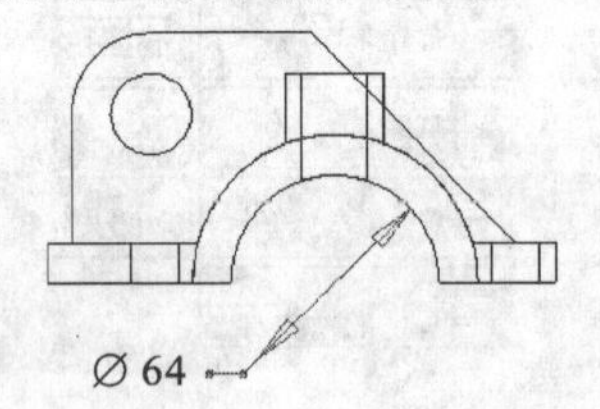

图 9 - 64　选择要移动的尺寸

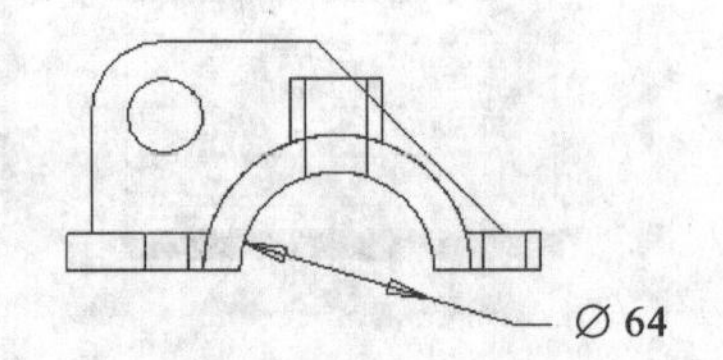

图 9 - 65　尺寸生成

第五节　形位公差及其他标注

设计零件时，指定尺寸上的允许变量就是尺寸公差。所有尺寸都是通过公差进行加工误差的控制。在 Pro/E WildFire2. 0 中，尺寸公差有两种表达方式，一般的或单一的。一般的公差应用于那些以公称格式显示的尺寸，即不带公差。这些公差显示在公差表中。单一的公差指定单一尺寸。如果用户未指定公差，Pro/E WildFire2. 0 将采用系统默认值。

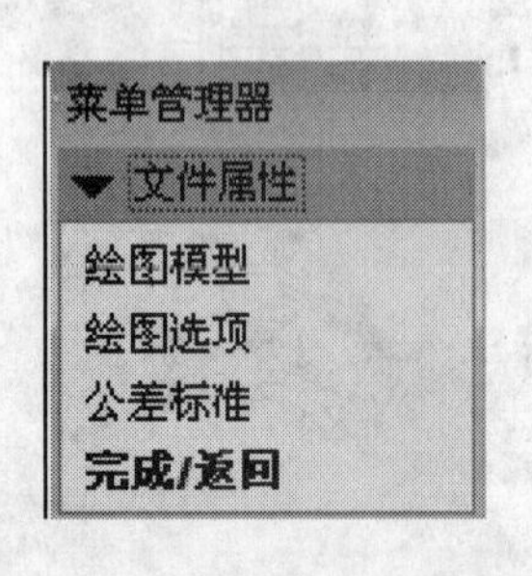

图 9 - 66　【文件属性】菜单

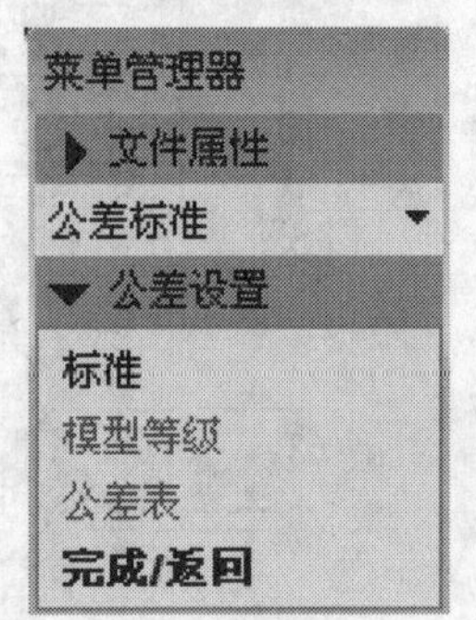

图 9 - 67　【公差设置】菜单

图 9 - 68　【公差标准】菜单

打开需要设置尺寸公差的工程图文件，选择主菜单中的【文件】/【属性】选项，则系统弹出如图 9 - 66 所示的【文件属性】菜单，单击其中的【公差标准】选项后，系统弹出如图 9－67 所示的【公差设置】菜单。

在【公差设置】菜单中主要有以下几个选项：

（1）【标准】选项：选择该选项后，系统弹出如图 9－68 所示的【公差标准】菜单，用户可以选择【ANSI 标准】或【ISO/DIN 标准】选项。

图 9－69　【TOL CLASSES】菜单

图 9－70　【公差表操作】菜单

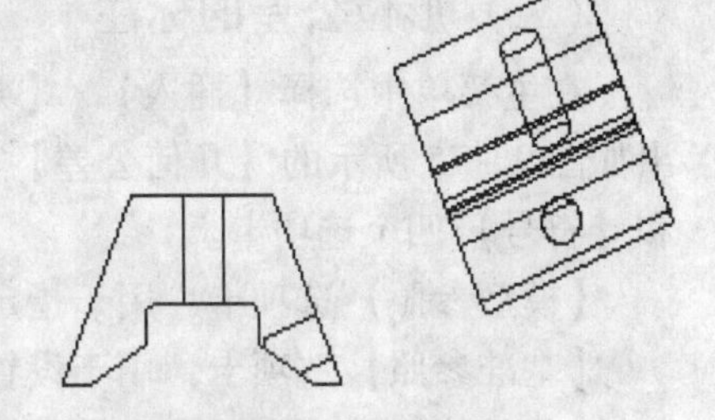

图 9－71　drw9－s. drw

（2）【模型等级】选项：选择该选项后，系统弹出如图 9－69 所示的【TOL CLASSES】菜单，用户可以选取不同的加工精度确定公差的大小。

（3）【公差表】选项：选择该选项后，系统弹出如图 9－70 所示的【公差表操作】菜单，可以根据尺寸类型和加工精度确定公差的大小。

鼠标在上述菜单的每一选项上移动时，系统信息提示栏有相应信息提示，帮助用户了解每一选项的基本信息。

（一）基准设置

几何公差在标注时，必须首先生成标注基准，然后在标注基准的基础上生成具体的几何公差。

（1）在主菜单中依次选择【文件】/【打开】选项或者单击工具栏中的打开按钮，在系统弹出的【文件打开】对话框中选择前面保存的文件“drw9－s. drw”后，单击【文件打开】对话框中的打开按钮，则系统便将上个实例中所创建的工程图文件 drw9－s. drw 打开，如图 9－71 所示。

（2）单击绘图区右侧工具条中平行四边形按钮，系统弹出如图 9－72 所示的【基准】对话框，单击【定义】分组框中的－A－按钮后，系统提示选取曲面。如图 9－73 所示，选择鼠标所指的平面作为标注基准面。

（3）在【基准】对话框中单击【类型】分组框中的－A－按钮，然后在【名称】文本框中输入新的基准名“A”，单击确定按钮。就可以生成标注几何公差所需要的基准，如图 9－74所示。

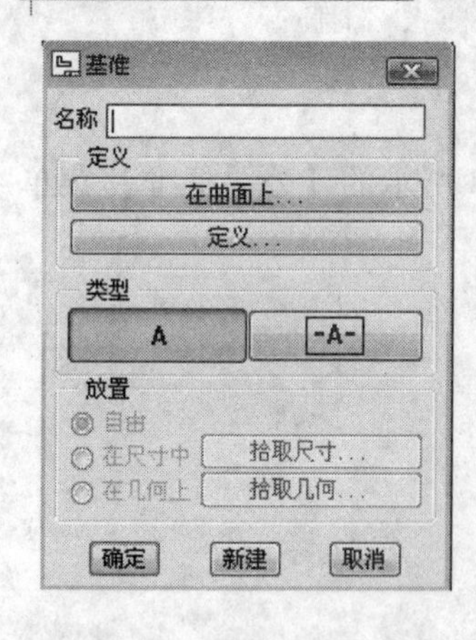

图 9－72 【基准】对话框

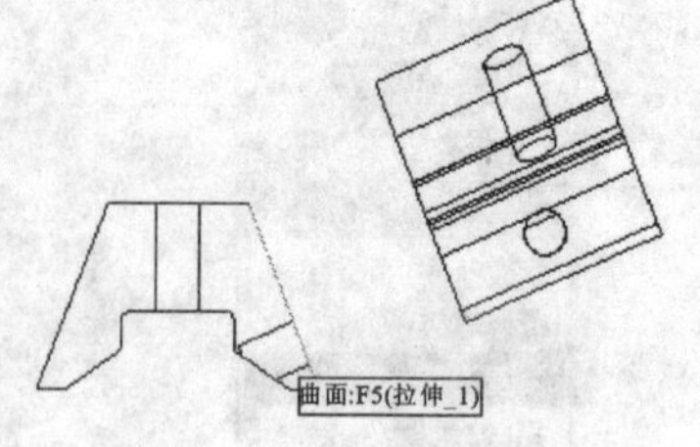

图 9－73 选择标注基准面

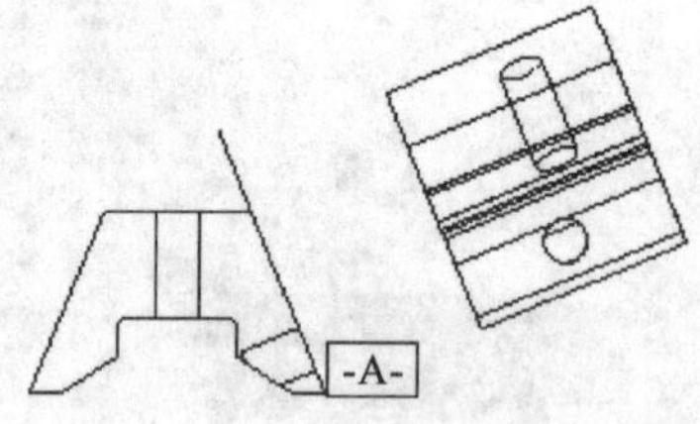

图 9－74 生成的标注基准面

（二）形位公差的标注

在主菜单中选择【插入】/【几何公差】选项，或者选择工具栏中的按钮，系统将弹出如图 9－75 所示的【几何公差】对话框，其中有【模型参照】,【基准参照】,【公差值】和【符号】四个选项卡。

【模型参照】选项卡：用于指定对模型视图的标注项目。

【基准参照】选项卡：用于设置几何公差的标注基准。

【公差值】选项卡：设置几何公差的公差数值。

【符号】选项卡：用于设置几何公差符号。

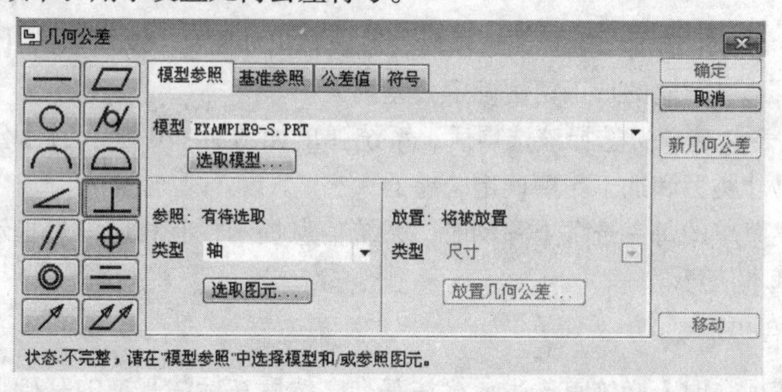

图 9－75 【几何公差】对话框

在【几何公差】对话框中左侧选择要标注的几何公差类型，然后进行公差标注属性的设置，还可以通过选择不同选项卡来确定基准及确定公差值等属性。

选择 ⊥ 按钮，在【模型参照】选项卡里的【参照】分组框中，选择【类型】下拉框中的【轴】选项。然后单击选取图元按钮，此时系统提示➡为几何公差附件选取轴。选取上一节例题（图 9－73）选取斜面小孔的轴线 A_5。如果视图上看不清轴线 A_5，可以打开绘图区左侧的模型树，从模型树上点选该轴线，如图 9－76 所示。

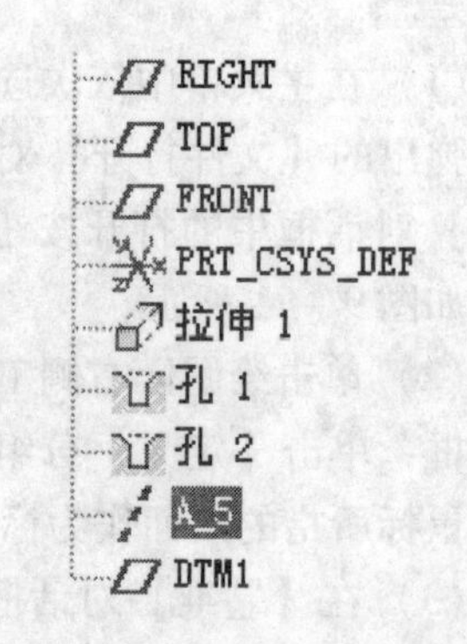

图 9－76 从模型树选择曲线

然后切换到【基准参照】选项卡，在【基本】下拉框中选取刚刚生成的基准面 A，此时【几何公差】对话框的设置结果如图 9－77 所示。

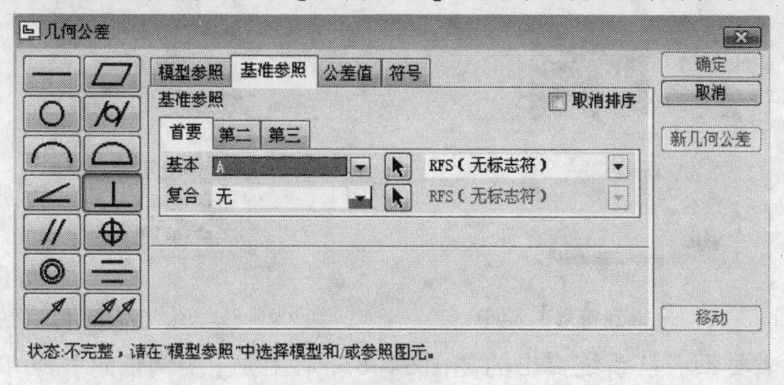

图 9－77　【几何公差】/【基准参照】的设置

在【几何公差】对话框中切换到【公差值】选项卡，在【总公差】文本框中输入“0.001”作为公差值，如图 9－78 所示。

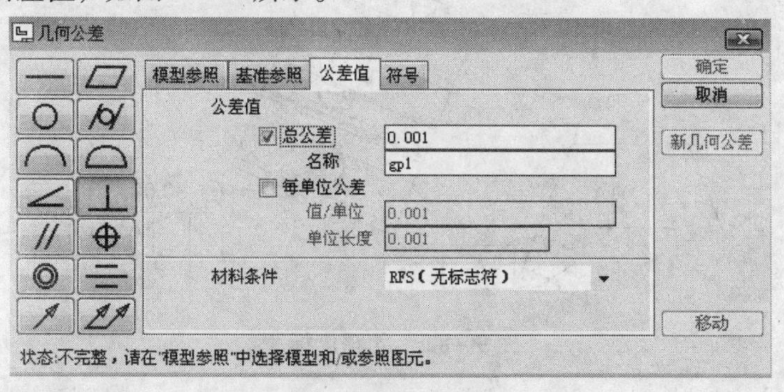

图 9－78　公差值的设置

切换回如图 9－77 所示【几何公差】对话框中的【模型参照】选项卡，在【放置】分组框中，选择【类型】下拉框中的【尺寸】选项，然后单击【放置几何公差...】按钮，系统提示信息选择将要连接该公差的尺寸，鼠标点选选取轴线 A_5 所在孔的直径尺寸，最后单击【几何公差】对话框右侧的确定按钮，就生成了垂直度几何公差，如图 9－79 所示。

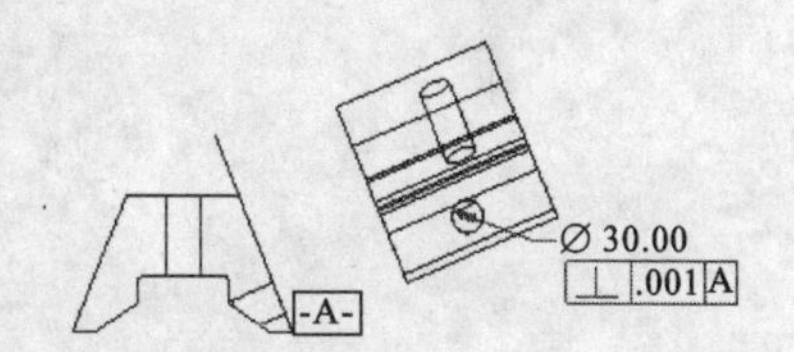

图 9－79　生成的垂直度几何公差

（三）表面粗糙度的标注

下面将在图 9－79 所示的工程图中创建如图 9－82 所示的表面粗糙度，以此说明在工程图模块中创建表面粗糙度的一般操作过程。

（1）选择下拉菜单【插入】|【表面光洁度】弹出如图 9－80 所示的【得到符号】菜单。

（2）检索表面光洁度。

1）从系统弹出的如图 9－80 所示的【得到符号】菜单中选择【检索】命令。

2）从“打开”对话框中，选取 machined，单击 打开(O) 按钮，standard1.sym 选取，单击 打开(O) 按钮。

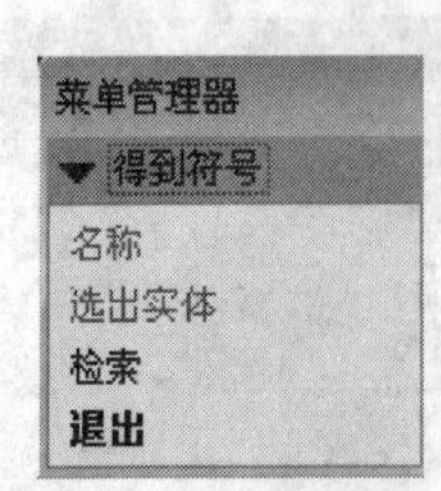

图 9－80 【得到符号】菜单

图 9－81 【实例依附】菜单

3）选取附着类型。从系统弹出的如图 9－81 所示的【实例依附】菜单中，选取【法向】命令。

标注完成后如图 9－82 所示。

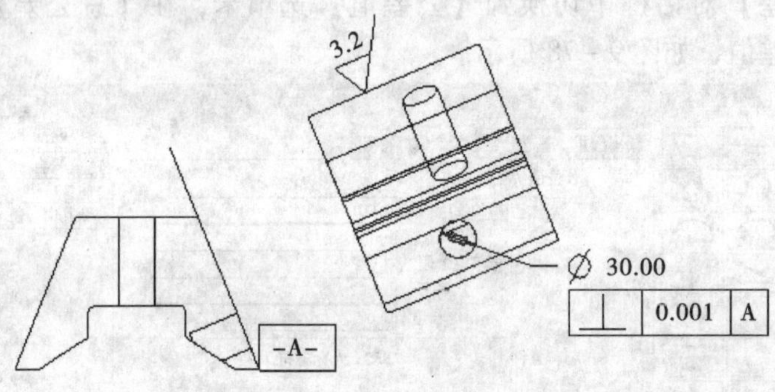

图 9－82 粗糙度标注

第十章　NC 加工

学习指导

本章主要内容

NC 加工的基本概念，加工设置的一般步骤，常用工艺参数的设置，数控铣床、车床、钻床的典型加工方法。

本章学习要求

1. 熟悉 Pro/E NC 加工的用户界面
2. 掌握 NC 加工的一般步骤
3. 掌握常用的加工参数的作用，设置方法
4. 掌握铣床的常用加工方法
5. 掌握车床的常用加工方法
6. 掌握钻床的常用加工方法

数控技术即数字控制技术，是指用计算机以数字指令方式控制机床动作的技术。数控机床则是采用了数控技术的机床。数控机床最初是为了解决单件、小批量，特别是复杂型面零件加工的自动化并保证质量要求而产生的。随着数控机床的精度和自动化程度的不断提高，数控机床已逐步扩大到批量生产的柔性生产系统。

一般来说，数控机床包括程序介质、数控装置、伺服系统和机床本体几大部分。程序介质用来记载加工信息。如：穿孔带、磁带、磁盘等。数控装置则是进行运算和控制，即将 G、M 代码进行译码并转换成脉冲信号传送到伺服系统中。伺服系统按照数控装置的输出指令控制机床上的移动部件作相应的移动，并对定位的精度和速度进行控制。

数控编程就是把零件的图形尺寸、工艺过程、工艺参数、机床的运动以及刀具位移等内容，按照数控机床的编程格式和能识别的语言记录在程序单上的过程。编制的程序按规定制备成控制介质（程序纸带、磁盘），变成数控系统能读取的信息，再送入数控系统。也可通过数据输入（MDI）将程序输入数控系统。程序编制的好坏直接影响数控机床的正确使用和数控加工特点的发挥。

借助计算机自动完成手工编程中的各种计算，零件加工程序单的编写，纸带的穿孔及校验，以至工艺处理等工作的方法，即计算机辅助自动编程，简称自动编程。自动编程是通过数控自动编程系统实现的。根据所用的软件不同，大体可分为 APT 语言类自动编程和图形交互自动编程。

由于各种机床使用的控制系统不同，因此所用的数控指令文件的代码及格式也有所不同。为解决这个问题，软件通常设置一个后置处理文件。后置处理的目的是形成数控指令文件。它是 CAD/CAM 集成系统的重要组成部分，直接影响 CAD/CAM 软件的使用效果及零件的加工质量。

第一节　概　述

（一）NC 加工界面的进入及介绍

1. NC 加工界面的进入

Pro/E 数控加工主要使用的是 Pro/NC 模块，有两种方式可以进入 Pro/NC 模块：建立新的 Pro/NC 文件和打开已存在的 Pro/NC 文件。

建立新的 Pro/NC 文件也就是创建 Pro/NC 制造模型，其一般过程如下：

（1）从 Pro/E 主菜单中，选择【文件】→【新建】选项，或者单击相应的图标 。系统显示见（图 10－1）所示。

（2）从【新建】对话框中选择【类型】下的【制造】选项按钮。

（3）通过在【子类型】下选取一个选项按钮，指定模型类型【NC 组件】。

（4）除非要接受缺省名称，否则在【名称】文本框中键入新制造模型的名称。

（5）单击【确定】。

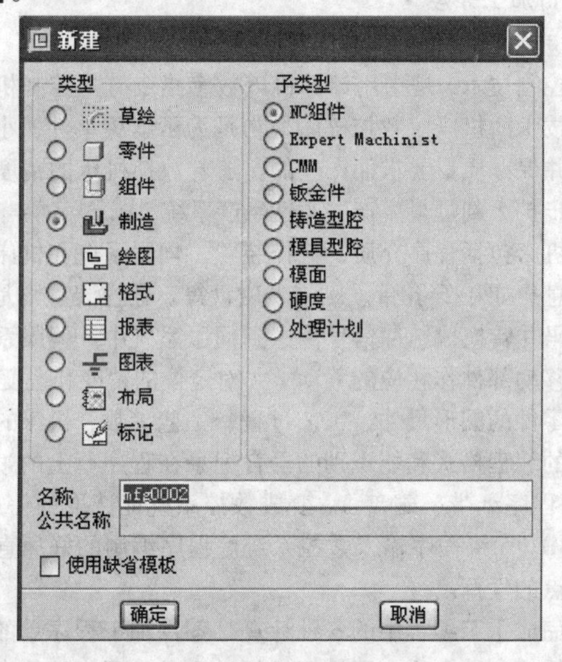

图 10－1　新建对话框

2. NC 界面介绍

进入 Pro/NC 模块后，在计算机屏幕上会出现如（图 10－2）所示的画面，其中主要包括主窗口、工作菜单及模型结构树。

在主窗口中可以设定 Pro/NC 各项控制及数据显示，其中有标题栏、主菜单栏、工具栏、信息区、图形显示区及提示区等。用户可以在主窗口中进行文件管理、显示控制、系统设置及读取各项信息，以控制正在进行的文件操作设定。

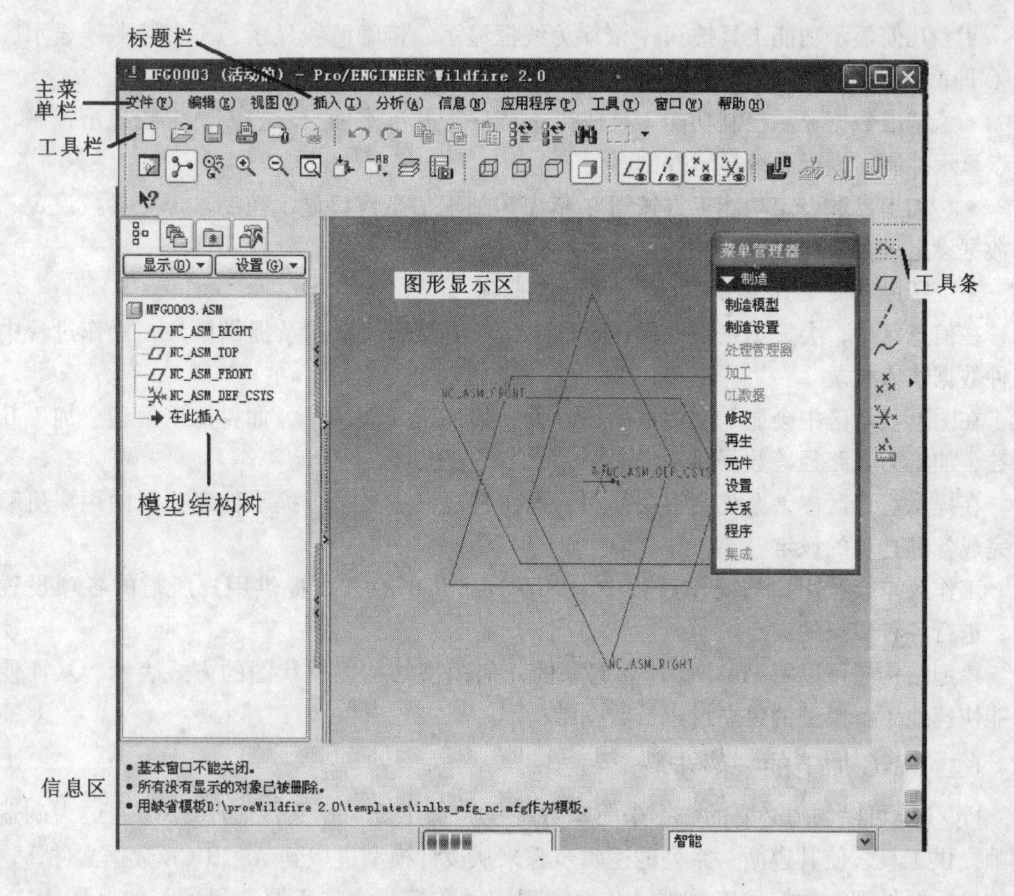

图 10－2 NC 加工界面

在标题栏内，显示的内容为当前的文件名。

【文件】：对各种文件数据进行存储管理以及工作目录设定等。

【编辑】：对各种文件数据进行编辑等。

【视图】：数据显示效果设定。

【插入】：插入基准特征、修饰特征等。

【分析】：分析功能选项，包括文件数据的计算及几何分析功能等。

【信息】：查询文件各项信息。

【应用】：文件数据的相关应用功能，根据所安装的模块而定。

【工具】：各种应用工具，如定制屏幕、设置配置选项等。

【窗口】：管理窗口，以及各文件窗口名称等选项。

【帮助】：解决操作困难的帮助功能。

在工具栏中，以图形界面方式显示常用的设定选项，让用户能更快速地操作及管理各设置选项。基本的工具按钮可分为六部分：

- 文件管理功能工具按钮：依序为建立新文件、打开旧文件、保存文件、另存为新文件以及打印文件数据。
- 视觉显示功能工具按钮：依序为图形更新、放大图形、缩小图形、最佳缩放比例、视角控制、视角选项。

- 几何显示功能工具按钮：依序为线框显示、带隐藏线显示、不带隐藏线显示、着色（即渲染）显示、模型结构树显示。
- 基准数据显示控制功能工具按钮：依序为基准平面显示控制、轴线显示控制、基准点显示控制、坐标系统显示控制。
- 加工参数设定功能工具按钮：依序为加工信息窗口显示控制、加工参数设定、刀具数据设定、参考树显示。
- 帮助功能工具按钮：即时帮助功能选项。

在信息区中，会显示系统在操作过程中的各项操作信息以及提供用户在操作过程中的各种数据输入框。

在图形显示区中会显示文件在操作过程中的加工几何图形，如：加工模型、加工几何参数、加工刀具路径等数据显示。

在提示窗口区中，系统会根据使用的操作过程，适当给予提示信息，帮助用户更顺利地完成各种选项的设定。

工作菜单会在用户的操作过程中，以下拉式菜单的方式提供用户所需的各项设置选项，进行各种数据的设定。

模型结构树可以将 Pro/NC 建立起来的几何模型结构以树状图的方式表示，从而使用户能快速地了解模型的建立过程及数据结构。

（二）NC 加工的一般步骤

Pro/NC 可以创建必要的数据来驱动数控机床加工 Pro/E 零件。Pro/NC 通过为制造工程师提供工具，使其遵循一系列的逻辑步骤来从设计模型进展到 ASCII CL 数据文件，这些文件经后置处理为数控加工数据，从而实现驱动数控机床加工这一目的。如（图 10－3）所示概括了 Pro/NC 加工的大体过程。下面我们将介绍 Pro/NC 模块进行数控加工的一般步骤。

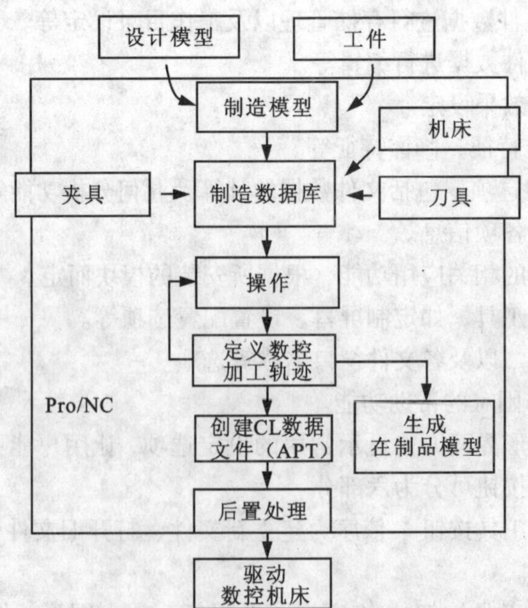

图 10－3　Pro/NC 加工流程图

1. 建立制造模型

(1) 进入 Pro/E 加工模块。

(2) 调取参照模型，见图 10-4 所示。

代表成品的 Pro/E 参照模型用作所有制造操作的基础。在参照模型上选取特征、曲面和边作为每一刀具轨迹的参照。

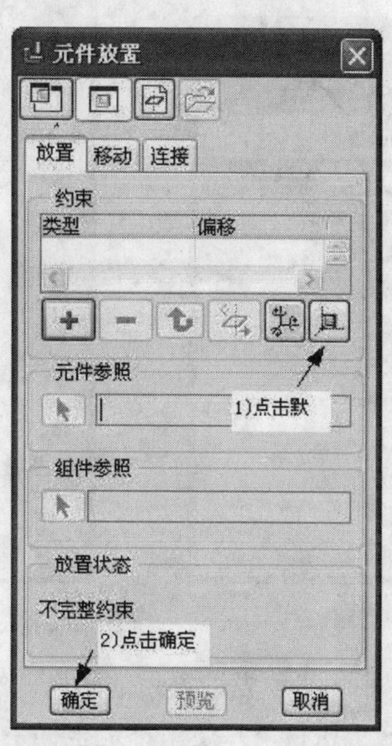

图 10-4 调取参照零件

(3) 建立工件，见（图 10-5）所示。

工件代表由制造操作进行加工的原料。它的使用在 Pro/NC 中是可选的。工件可以在制造模型中直接创建，也可以使用已经建立好的工件模型。

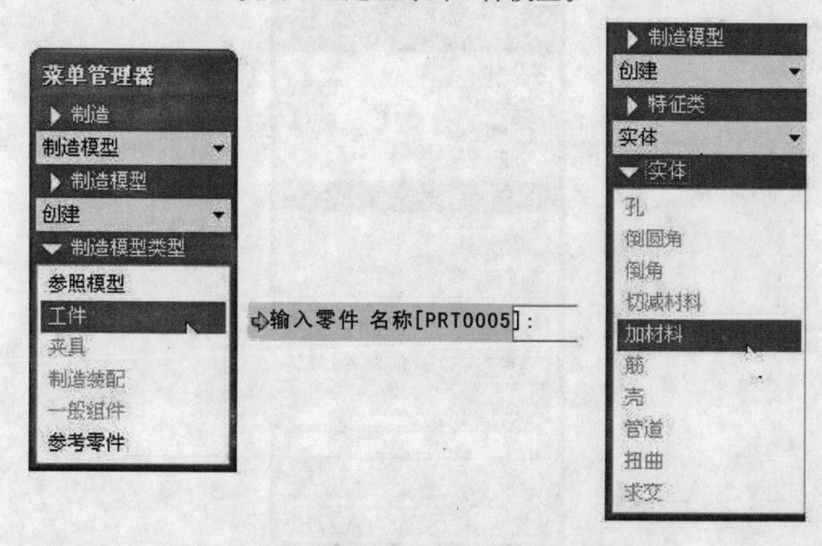

图 10-5 建立工件

2. 制造设置

(1) 机床参数设置，见（图 10－6）所示。

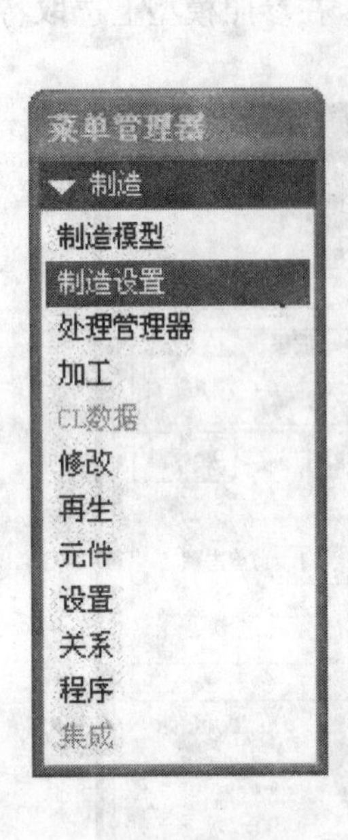

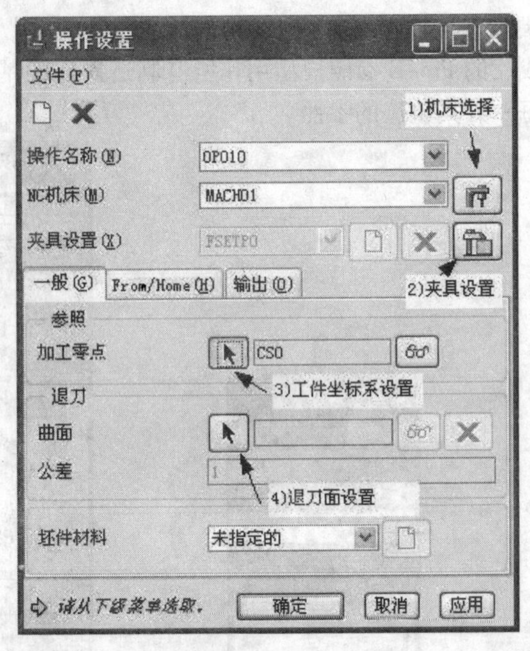

图 10－6　机床参数设置

在 Pro/NC 中，必须先设置一个操作，然后才可以开始创建数控加工轨迹。操作是指在某一特定机床上执行、并使用特定坐标系用于 CL 数据输出的一系列数控加工轨迹。操作包含下列信息：机床名称、机床类型、工件坐标系设定及退刀平面（图 10－7）。

工件坐标系设置：同基准坐标系的做法相似。

退刀面设置：一般距离工件上表面 5mm。

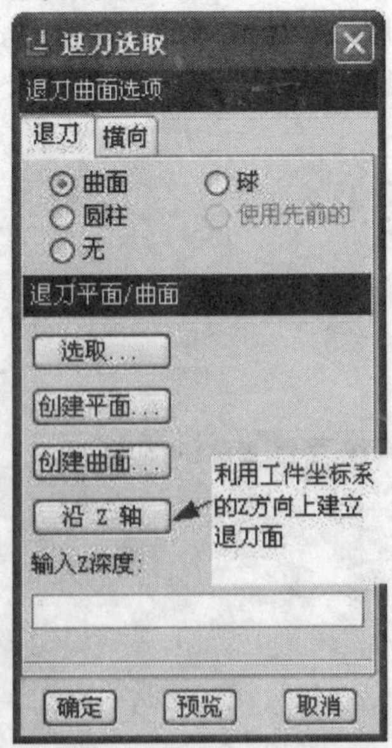

图 10－7　退刀平面设置

(2) 刀具设置，见（图 10－8）所示。

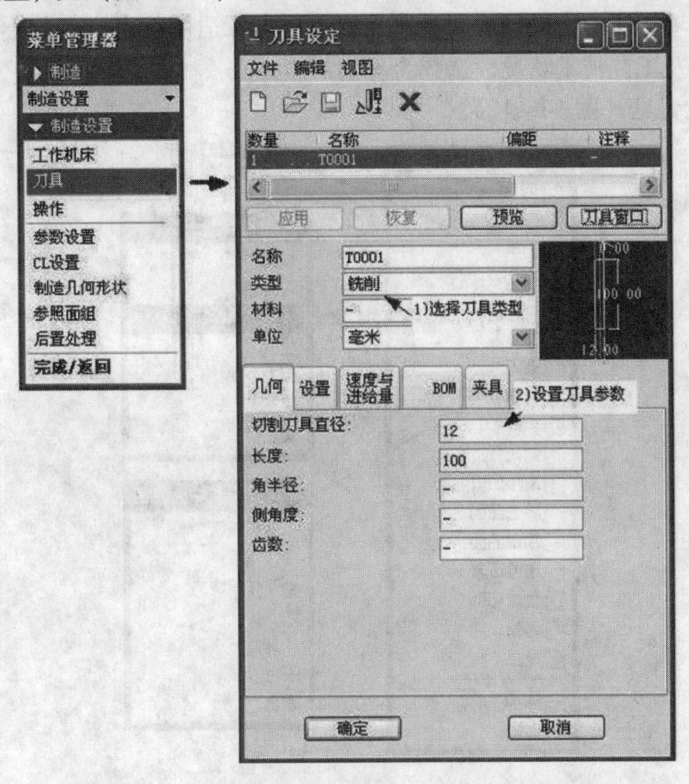

图 10－8 刀具设置

3. 加工操作

(1) 打开加工操作菜单，选择加工方法，见（图 10－9、图 10－10）。

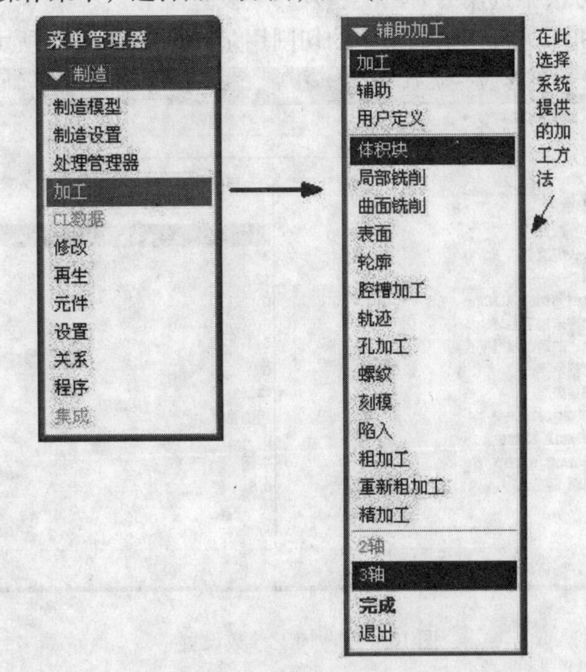

图 10－9 选择加工方法

在 Pro/NC 中，不同的加工机床和加工方法所对应的 NC 序列设置项目将有所不同，每种加工程序设置项目所产生的加工刀具路径参数形态及适用状态也有所不同。所以用户可以根据零件图样及工艺技术状况，选择合理的加工方法。

（2）序列设置见（图 10－10）。

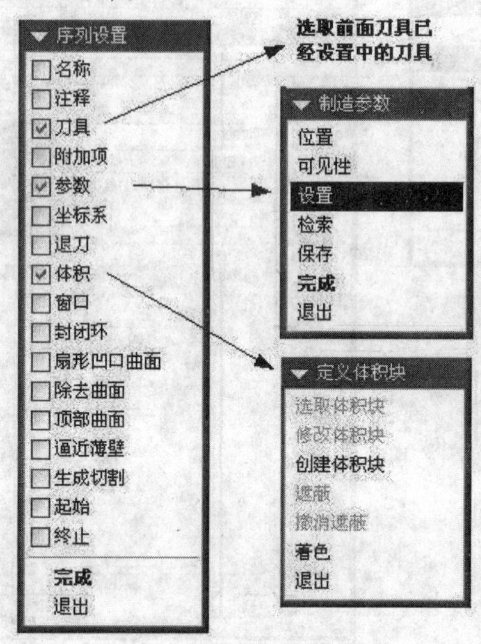

图 10－10　序列设置

“序列设置”主要包含了以下几种信息：

- 刀具：加工方法中选用的刀具类型及参数设置。
- 参数：定义机床进行切削加工中的切削用量，见图 10－11 所示。

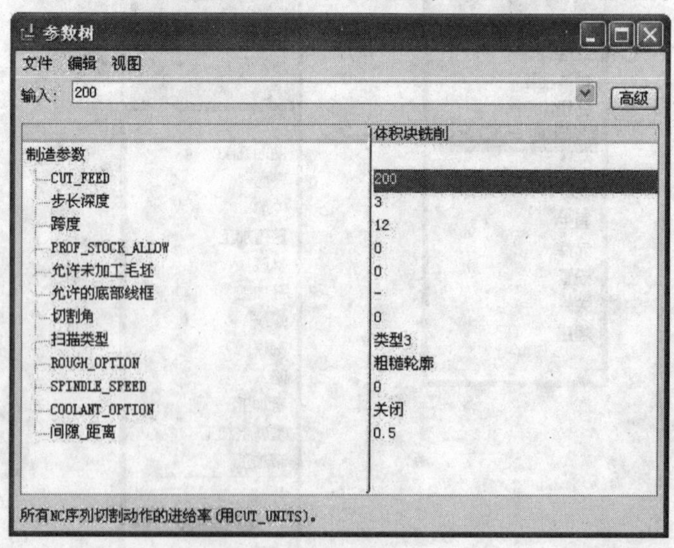

图 10－11　加工参数设置

- 体积：定义切削加工中要切除的材料部分，见图 10－13 所示。

4. 轨迹演示

在前面的各项设置完成后，要演示刀具轨迹，生成 CL 数据，以便查看和修改，生成满意的刀具路径，见（图 10－14）。

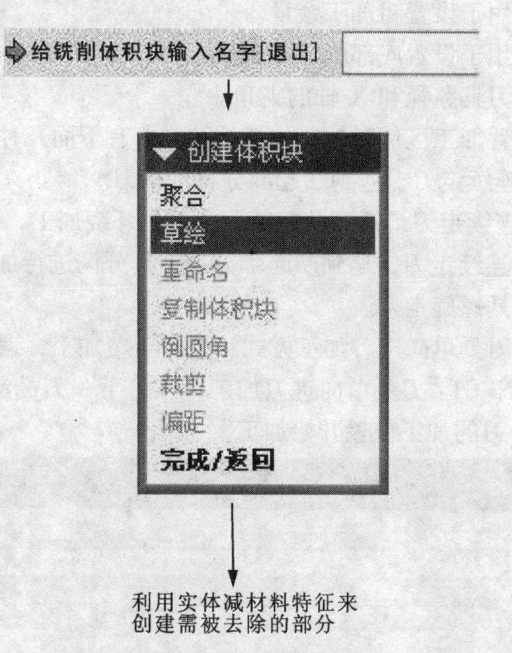

图 10－12 铣削体积块设置

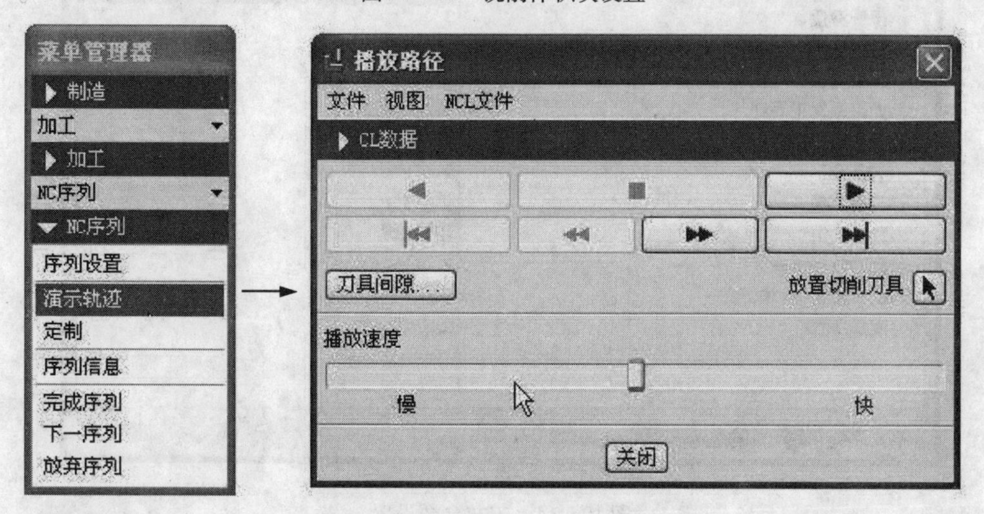

图 10－13 轨迹演示

（三）常用工艺参数的设置

下面我们将介绍在 Pro/NC 模块中常用到的工艺参数的设置，见（图 10－15）。

“参数树”对话框中各项参数说明如下：

CUT_FEED：设置加工过程中的切削进给速度，单位通常为 mm/min。

步长深度：设置分层铣削中每一层的切削深度，单位通常为 mm 。

跨度：设置相邻两条刀具轨间的重叠部分，通常取刀具直径的一半，单位为 mm。

PROF_STOCK_ALLOW：用于设置侧向表面的加工余量。

允许未加工毛坯：用于设置粗加工余量。

允许的底部线框：用于设置底部的加工余量。

切割角：用于设置刀具路径和 X 轴的夹角。

扫描类型：用于设置加工区域时轨花的拓扑结构。有下面几种主要类型 ：

- 类型 1：刀具连续走刀，遇到凸起部分自动抬刀。
- 类型 2：刀具连续走刀，遇到凸起部分，刀具环绕加工，不抬刀。
- 类型 3 ：刀具连续走刀，遇到凸起部分，刀具分区进行加工。
- 类型螺旋：刀具螺旋走刀。
- 类型 1 方向：刀具单向进刀加工方式，适合于精加工，遇到凸起部分自动抬刀。
- TYPE_1_CONNECT：刀具单向进刀加工方式，下一刀的起始点与前一刀的起始点相同，横向运动到下一刀的加工位置开始加工。

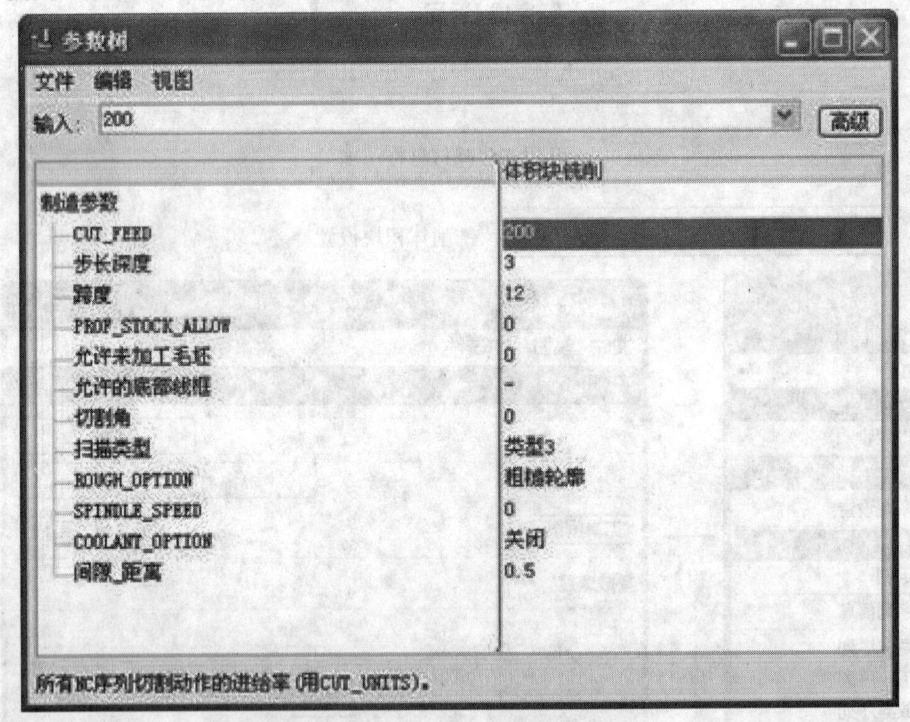

图 10－14　工艺参数设置

ROUGH_OPTION：控制体积加工中的轮廓加工方式。主要包含下面几项 ：

- ROUGH：不包含组成体积块的轮廓加工。
- 粗糙轮廓：先加工体积块，再加工组成体积块的轮廓。
- 配置_&_粗糙：先加工组成体积块的轮廓，再加工体积块。
- 配置_ 只：只加工组成体积块的轮廓。

SPINDLE_SPEED：设置主轴的运转速度。通常单位为 r/min 。

COOLANT_OPTION：切削液和冷却液的设置。

间隙_ 距离：设置返刀的安全高度，单位为 mm，通常取安全高度为 3 ~5mm 。

（四）加工仿真后置处理

可以在完成数控加工轨迹之前显示刀具路径和刀具模拟加工，从而校验刀具路径，并对夹具和模型特征的干涉进行可化检测。所有模拟的刀具尺寸都代表在刀具设置期间定义的参数。除车削以外的所有刀具都在等轴图或斜视图中以三维形式显示出来。

当从【NC 序列】菜单中选择【演示路径】时，出现如图 10 – 15 所示的菜单，其中包括以下的选项：

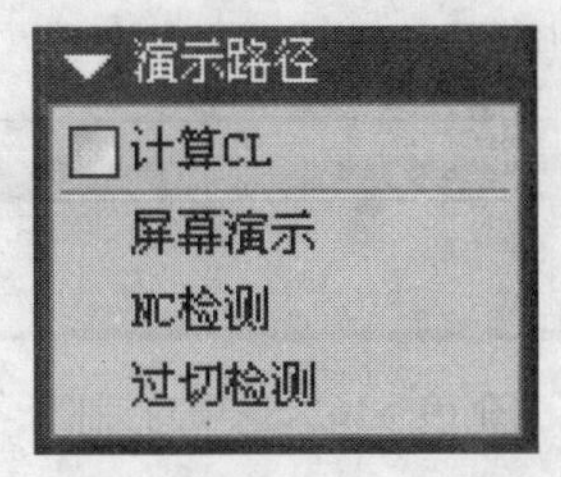

图 10 – 15　加工仿真菜单

【计算 CL】：强制系统在此时重新计算 CL 数据；如果此选项未选中，则系统将使用存储于与制造名相同的 . tph 文件中的 CL 数据，并且在系统最终存储刀具路径后，如果所做改变影响了 CL 数据（ 如改变了制造参数或模型几何 ），此时才进行重新计算。

【屏幕演示】：在屏幕上显示刀具路径并用【演示路径】对话框查看 CL 数据文件的内容。

【 NC 检测 】：使用 NC 检测功能。

【过切检测】：使用干涉检测功能。仅对铣削数控加工轨迹可用。可以通过读入一个现有的 CL 文件来对其进行演示，系统将显示相应的刀具路径。

Pro/E 系统所生成的 ASCII 格式的刀具位置（CL）数据文件，在进行任何加工操作之前，需要进行后置处理以创建加工控制数据（MCD）文件。

后置处理是指将刀位数据文件转化为特定数控机床所配置的数控系统能识别的数控代码程序（ 即 MCD 文件）这一过程。由于数控系统现在并没有一个完全统一的标准，各厂商对有的数控代码功能的规定各不相同，所以，同一个零件在不同的机床上加工，所需要的代码可能有所不同。为了使 Pro/NC 制作的刀位数据文件能够适应不同加工机床的要求，需要将机床配置的特定数控系统的要求作为一个数据文件存放起来，这样，系统对刀位数据文件进行后置处理时选择此数据文件来满足配置选项的要求，此数据文件即为选配文件。

每个 Pro/NC 模块都包括一组标准的可以直接执行或者使用可选模块修改的 NC 后置处理器。可以通过设置配置选项 ncpost – type 来控制要使用的后置处理模块。其值可为如（图 10 – 16）。

gpost（ 缺省 ）：使用 Intercim Corporation 提供的 G – Post 后置处理器。

ncpost：使用 Pro/NCPOST 后置处理器。

其他被认可且 Pro/NC CL 数据文件可以使用的后置处理器。

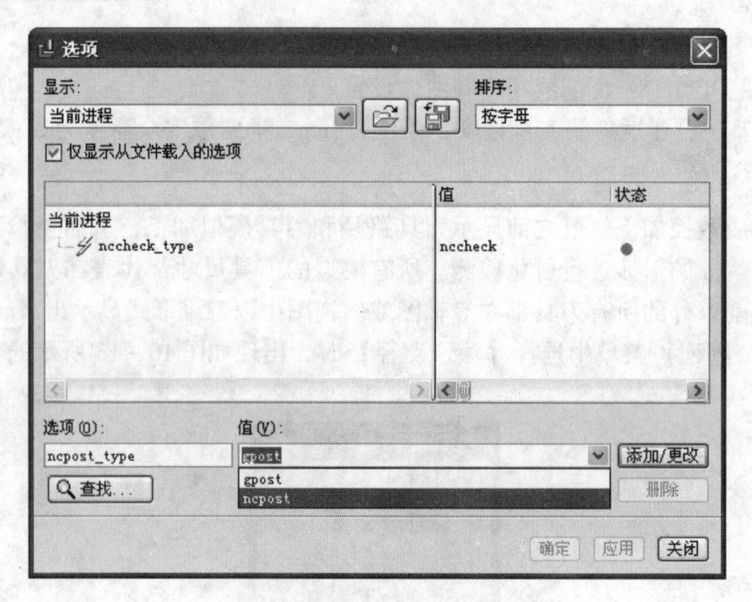

图 10－16　选项对话框

第二节　数控铣床编程

(一) 铣床常用加工方法

本节将介绍一些铣削加工方法，其中包括体积块铣削、轮廓铣削、局部铣削、平面铣削、曲面铣削等。

1. 体积块铣削

体积块加工用于铣削一定体积内的材料。根据设置切削实体的体积，给定相应的刀具和加工参数，用等高分层的方法切除工件余量。该加工形式，主要用于去除大量的工件材料，进行粗加工，留少量余量给予精加工，可以提高加工效率、减少加工时间、降低成本以及提高经济效益，如图 10－17 所示。

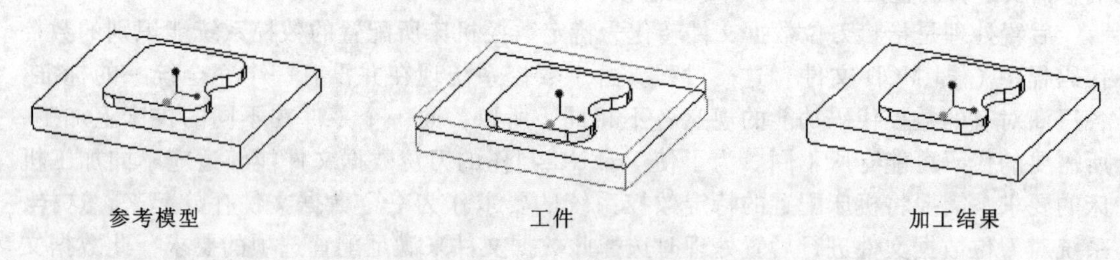

图 10－17　体积块铣削

2. 轮廓铣削

轮廓铣削既可以用于加工垂直表面，也可以用于倾斜表面的加工，所选择的加工表面必须能够形成连续的刀具路径，刀具以等高方式沿着工件分层加工，在加工过程中一般采用立铣刀侧刃进行切削，如图 10－18 所示。

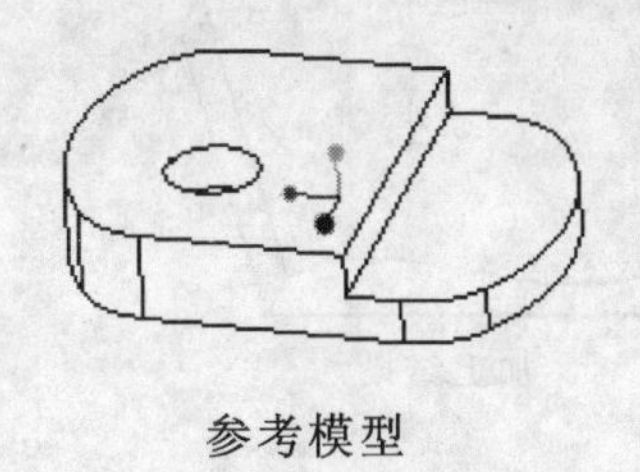

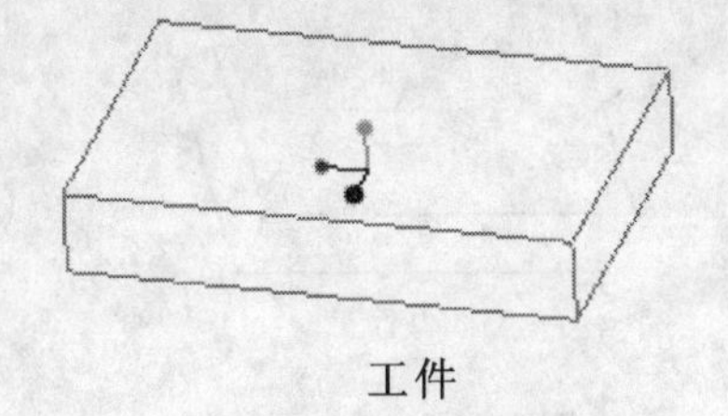

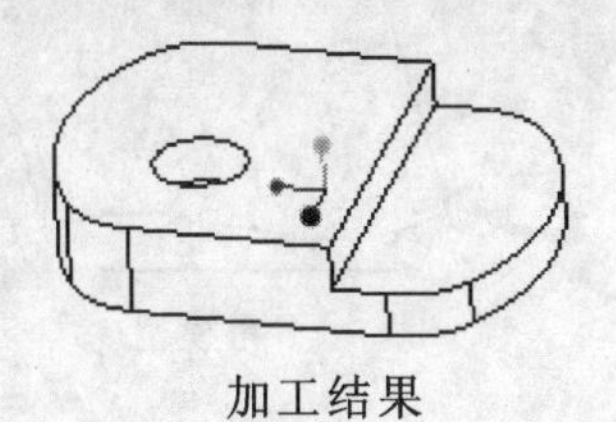

图 10－18　轮廓铣削

3. 局部铣削

局部铣削用于体积块铣削、轮廓或另一局部铣削 NC 序列之后，用较小的刀具去除未被完全清除的材料。在选择局部铣削时，有四种不同的加工方式：NC 序列、顶角边、根据先前刀具和铅笔草绘轨迹。不同的加工方式适用不同的范围，如图 10－19 所示。

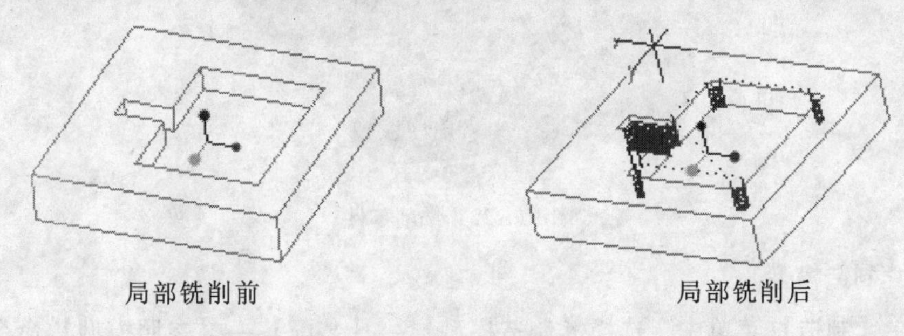

图 10－19　局部铣削

4. 平面铣削

对于大面积的没有任何曲面或凸台的零件表面进行平面加工，一般选用平底立铣顶端铣刀。使用该加工方法，可以进行粗加工，又可进行精加工。对于加工余量大又不均匀的表面，采用粗加工，其铣刀直径应较小，以减少切削转矩；对于精加工，其铣刀直径应较大，最好能包容整个待加工面，如图 10－20 所示。

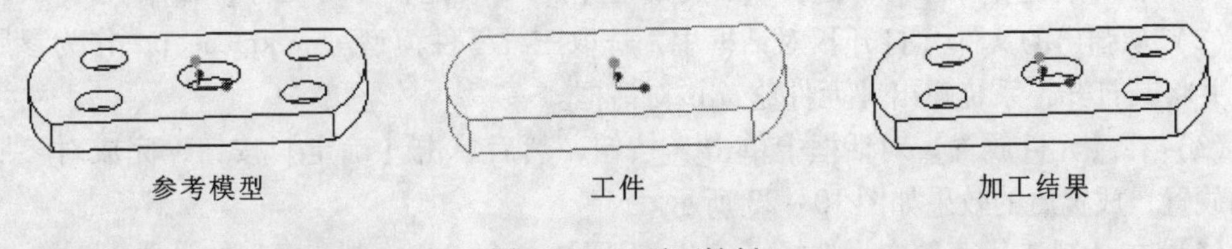

图 10－20　平面铣削

5. 曲面铣削

曲面铣削可用来铣削水平或倾斜的曲面，在所选的曲面上，其刀具路径必须是连续的。在设计现代产品过程中，为了追求美观而流畅的造型或依照人体工程学的设计而采用了多样化的曲面特征设计，因此在加工过程中常会使用铣削曲面加工程序。加工曲面时，经常用球头铣刀进行加工。曲面铣削的走刀方式非常灵活，不同的曲面可以采用不同的走刀方式，即使是同一个曲面也可采用不同的走刀方式。Pro/NC 曲面铣削中有四种定义刀具路径的方法，即：直线切削、自由面等值线、切削线和投影切削见（图 10－21）。

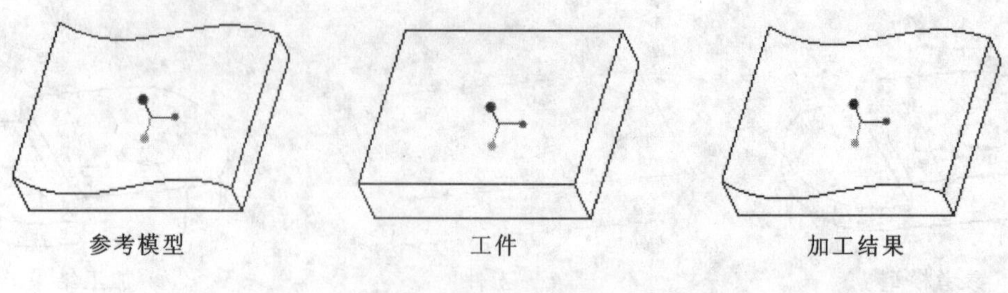

图 10－21　曲面铣削

（二）铣床加工典型实例

利用 Pro/NC 模块中的数控铣床加工如图 10－22 所示的零件。

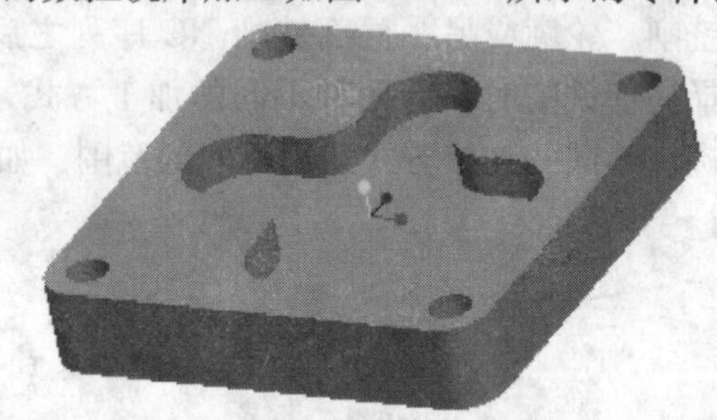

图 10－22　铣削零件

1. 建立制造模型

（1）在【制造】菜单中，选择【制造模型】→【装配】→【参照模型】命令。

（2）从弹出的文件【打开】对话框中，选取三维零件模型—mill. prt 作为参照模型，并将其打开，系统弹出【元件放置】对话框。

（3）在【元件放置】对话框中单击□按钮，然后单击【确定】按钮，完成对参照模型的放置。

2. 建立工件

（1）在【制造】菜单中，选择【制造模型】→【装配】→【工件】命令。

（2）从弹出的文件【打开】对话框中，选取三维零件模型—workpiece. prt 作为参照模型，并将其打开，系统弹出【元件放置】对话框。

（3）在【元件放置】对话框中单击□按钮，然后单击【确定】按钮，完成对参照模型的放置，放置后的效果如图 10－23 所示。

（4）在【制造】菜单中，选择【完成/返回】命令，完成制造模型的设置。

3. 制造设置

（1）在【制造】菜单中，选择【制造设置】→【操作】命令。此时系统弹出（图 10－24）。

（2）设置机床。选择机床类型及轴数见（图 10－25）。

图 10－23　制造模型

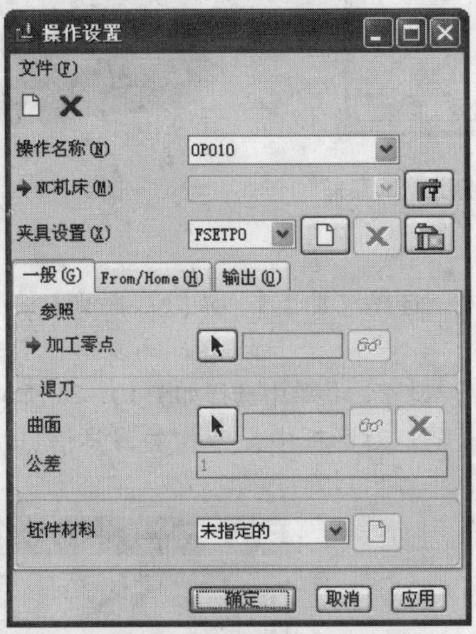

图 10－24　【操作设置】对话框

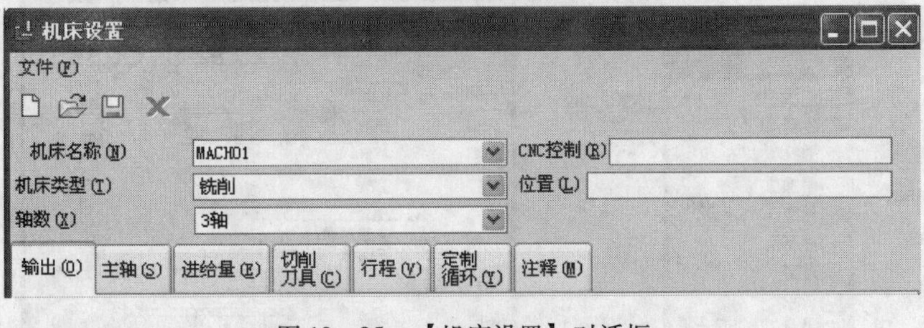

图 10－25　【机床设置】对话框

（3）设置机床坐标系。在【操作设置】对话框中的【参照】选项中单击按钮，在弹出的【制造坐标系】菜单中选择【创建】命令。

（4）在工作区选择工件，系统弹出（图 10－26）对话框。然后依次选择工件上表面、NC_ASM_Right 和 NC_ASM_Top 三个面创建坐标系。

（5）设置退刀面。在【操作设置】对话框中的【退刀】选项中单击按钮，在弹出的【退刀选取】对话框，单击其中的【沿 Z 轴】输入深度 10，完成退刀平面设置，如图 10－27 所示。

（6）单击【操作设置】对话框中的【确定】命令，完成制造设置。

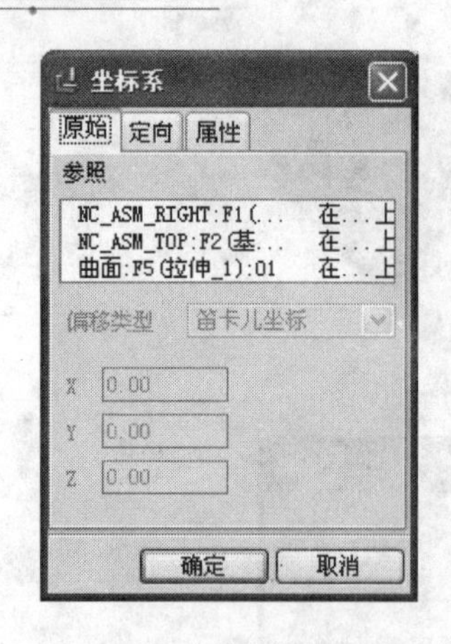

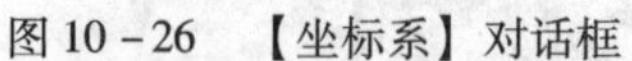
图 10－26　【坐标系】对话框

图 10－27　退刀平面

4. 加工方法设置

（1）在【制造】菜单中，选择【加工】→【NC 序列】→【加工】→【体积块】→【3 轴】→【完成】命令。

（2）在系统弹出的【序列设置】菜单中选择如图 10－28 所示，然后选择【完成】命令。

（3）在弹出的【刀具设定】对话框中设定相关刀具信息，然后选择【完成】命令，如图 10－29 所示。

图 10－28　序列设置

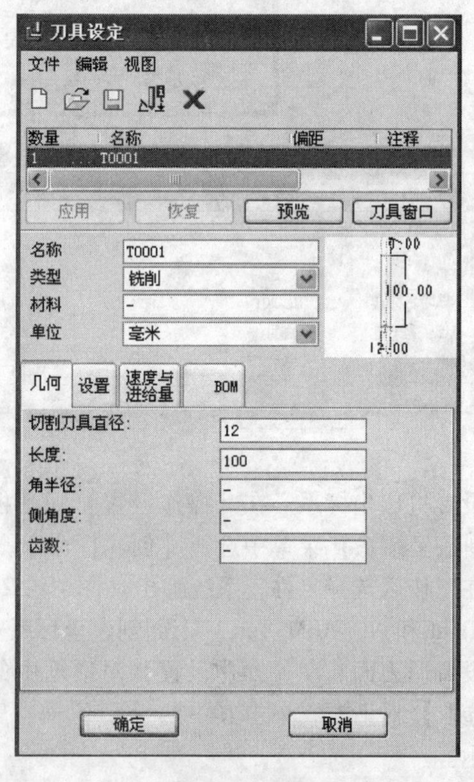

图 10－29　【刀具设定】对话框

（4）系统弹出【制造参数】菜单，选择其中的【设置】命令，在系统弹出【参数树】对话框中设置加工参数，完成参数设置后保存文件，如图 10－30 所示。

（5）保存完毕后，在【制造参数】菜单中选择【完成】命令，此时系统弹出【定义窗口】菜单。

（6）在【定义窗口】菜单中选择【创建窗口】命令，在系统消息栏输入窗口名称“01”，此时系统会弹出【窗口】对话框以及【铣削窗口】菜单。

（7）在【铣削窗口】菜单中选择【草绘】命令，利用拉伸命令使工作区进入草绘模式，绘制见（图 10－31）。

（8）定义体积块的相关深度和参数，完成加工窗口的创建。

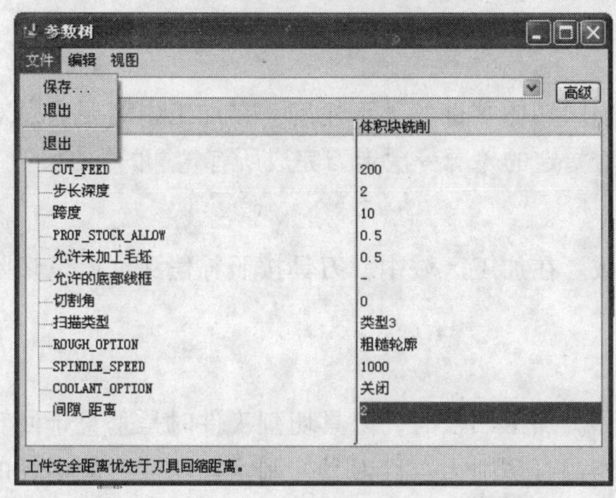

图 10－30　参数设置

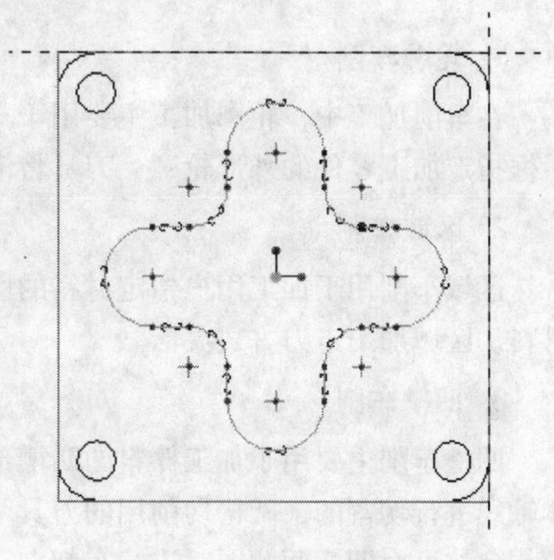

图 10－31　绘制的草图

5. 演示刀具轨迹

（1）在弹出的【NC 序列】菜单中选择【演示轨迹】命令，此时系统弹出【演示轨迹】菜单。

（2）在【演示轨迹】菜单中选择【屏幕演示】命令，弹出【播放路径】对话框，如图 10－32 所示。

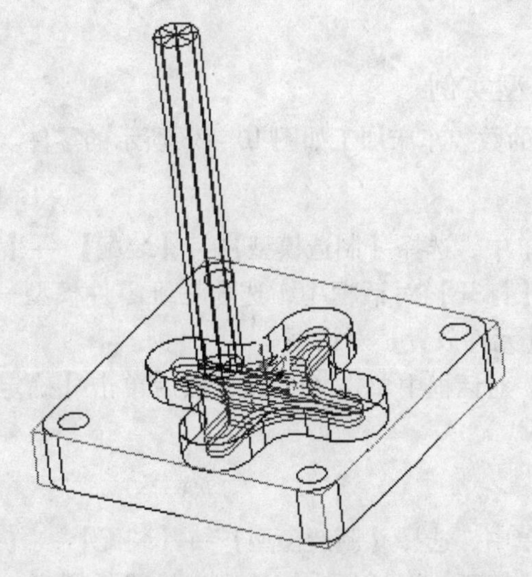

图 10－32　刀具加工路径

(3) 演示完成后，点击【完成序列】完成轨迹创建。

第三节　数控车床编程

(一) 车床加工常用方法

本节将介绍一些车削加工方法，其中包括轮廓车削、区域车削、凹槽车削和螺纹车削等。

1. 轮廓车削

在车削加工中，轮廓加工主要用于车削回转体零件的外形轮廓。在加工中需要通过对话框指定加工零件的外形轮廓，刀具将沿着指定的轮廓一次走刀完成所有轮廓的加工。

2. 区域车削

区域车削用于加工用户指定材料的区域。在加工区域中，刀具按照补偿深度增量切除材料。区域加工走刀方式灵活。

3. 凹槽车削

凹槽车削主要用于加工棒料的凹槽部分。加工凹槽时，刀具切割工件时是垂直于回转体轴线进行切割的，凹槽切削用的刀具两侧都有切削刃，且刀具控制点在左侧刀尖半径的中心，故可对凹槽两侧同时进行车削。

4. 螺纹车削

螺纹 NC 序列用于在车床上切削螺纹。螺纹可以是外螺纹和内螺纹，也可以是不通的或贯通的。此 NC 序列不从屏幕上的工件切除任何材料，然而会产生适当的刀具轨迹。通过草绘第一刀具运动（对外螺纹为外径，对内螺纹为内径），定义“螺纹 NC”序列。最后的螺纹深度用“螺纹进给”参数计算。Pro/NC 支持 ISO 标准螺纹输出，支持“AI 宏”输出。可参照在“零件”模式中创建的现有“螺纹”修饰特征的几何。这对不通螺纹尤其方便。

(二) 车床加工典型实例

利用 Pro/NC 模块中的数控车床加工如图 10－33 所示的零件。

1. 建立制造模型

(1) 在【制造】菜单中，选择【制造模型】→【装配】→【参照模型】命令。

(2) 从弹出的文件【打开】对话框中，选取三维零件模型—turn. prt 作为参照模型，并将其打开，系统弹出【元件放置】对话框。

(3) 在【元件放置】对话框中单击按钮，然后单击【确定】按钮，完成对参照模型的放置。

2. 建立工件

(1) 在【制造】菜单中，选择【制造模型】→【装配】→【工件】命令。

(2) 从弹出的文件【打开】对话框中，选取三维零件模型—turnworkpiece. prt 作为参照模型，并将其打开，系统弹出【元件放置】对话框。

（3）在【元件放置】对话框中利用装配方法将工件和参照模型装配，然后单击【确定】按钮，完成对参照模型的放置，放置后的效果如（图 10－34）所示。

图 10－33 车削零件　　　　图 10－34 制造模型

（4）在【制造】菜单中，选择【完成/返回】命令，完成制造模型的设置。

3. 制造设置

（1）在【制造】菜单中，选择【制造设置】→【操作】命令。此时系统弹出如（图 10－35）对话框。

（2）设置机床。选择机床类型，如（图 10－36）所示。

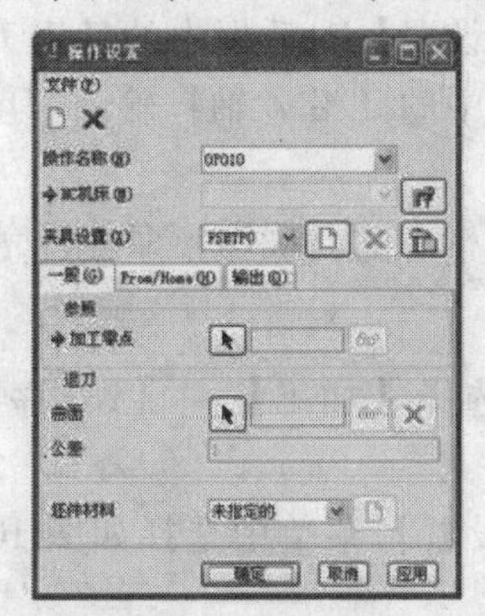

图 10－35 【操作设置】对话框

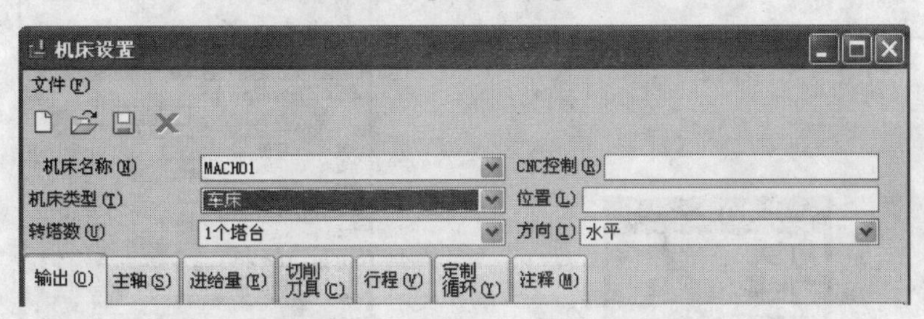

图 10－36 【机床设置】对话框

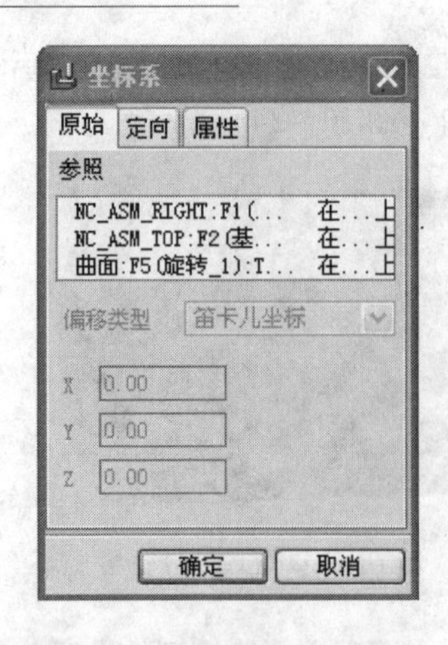

图 10－37　【坐标系】对话框

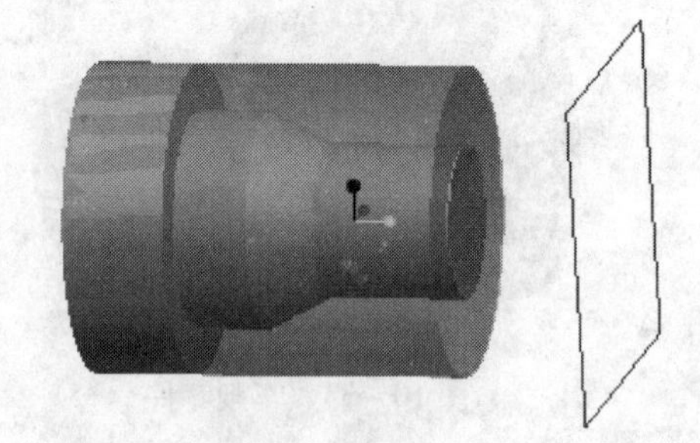

图 10－38　退刀平面

（3）设置机床坐标系。在【操作设置】对话框中的【参照】选项中单击按钮，在弹出的【制造坐标系】菜单中选择【创建】命令。

（4）在工作区选择工件，系统弹出如（图 10－38）对话框。然后依次选择工件右表面、NC_ASM_Right 和 NC_ASM_Top 三个面创建坐标系。

（5）设置退刀面。在【操作设置】对话框中的【退刀】选项中单击按钮，在弹出的【退刀选取】对话框，单击其中的【沿 Z 轴】输入深度 10，完成退刀平面设置，如图 10－39 所示。

（6）单击【操作设置】对话框中的【确定】命令，完成制造设置。

4 加工方法设置

（1）在【制造】菜单中，选择【加工】→【NC 序列】→【加工】→【轮廓】→【完成】命令。

（2）在系统弹出的【序列设置】菜单中选择如图 10－40 所示，然后选择【完成】命令。

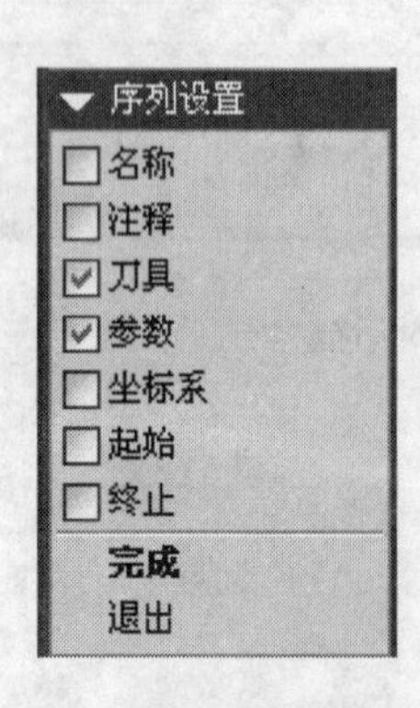

图 10－39　【序列设置】对话框

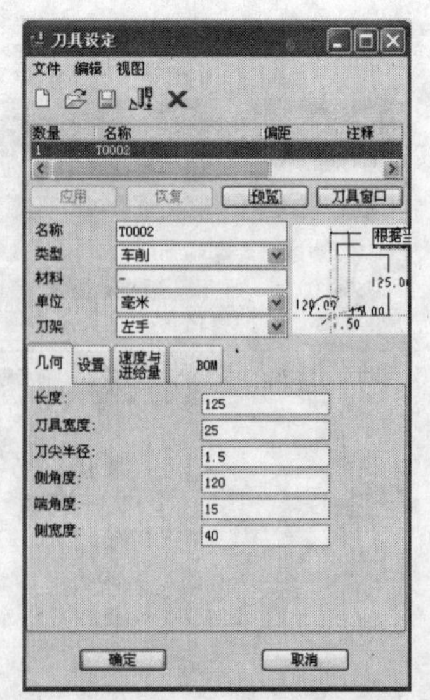

图 10－40　【刀具设定】对话框

(3) 在弹出的【刀具设定】对话框中设定相关刀具信息，然后选择【完成】命令，如图 10－41 所示。

(4) 系统弹出【制造参数】菜单，选择其中的【设置】命令，在系统弹出【参数树】对话框中设置加工参数，完成参数设置后保存文件，如图 10－41 所示。

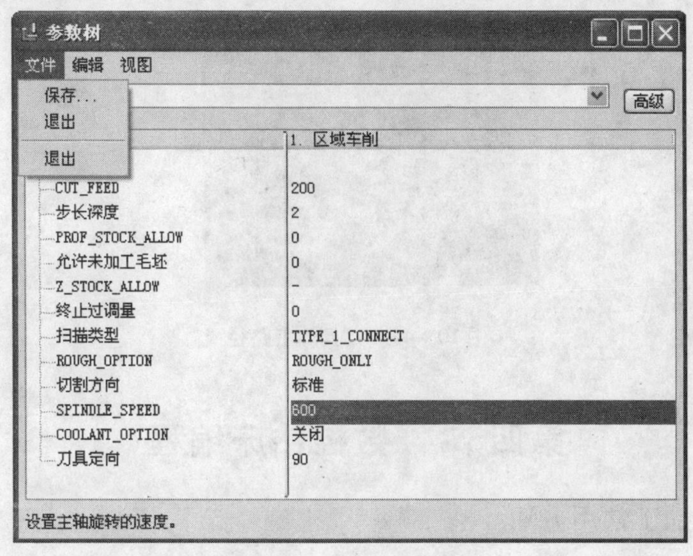

图 10－41 参数设置

(5) 保存参数后，系统自动弹出【定制】和【CL 数据】对话框，见（图 10－42、图 10－43）。

(6) 在【定制】对话框中单击【插入】按钮。在弹出的【车削加工轮廓】菜单中，依次选择【创建轮廓】→【选取曲面】→【完成】命令。

(7) 此时系统弹出选取对话框，依次选择零件的前端面和后端面，然后在【中心线】菜单中，依次选择【中心线上】→【完成】命令，最后在各对话框中按【确定】按钮。

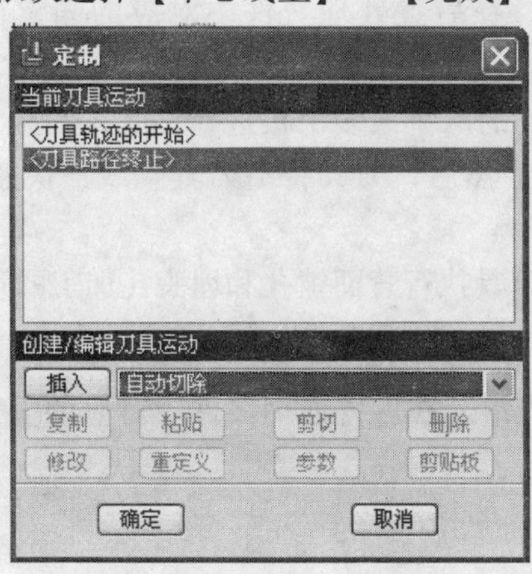

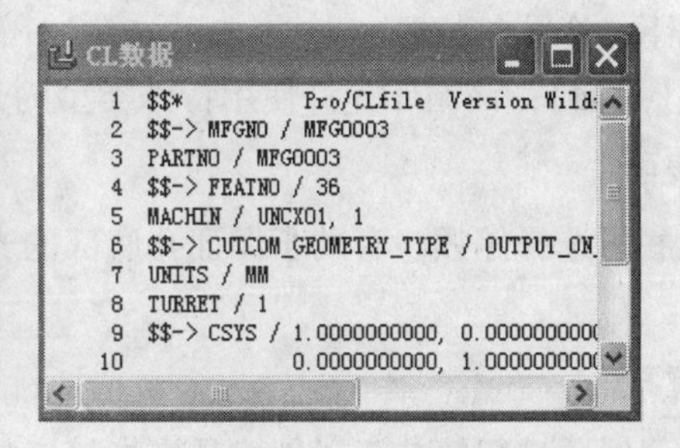

图 10－42 【定制】对话框　　图 10－43 【CL 数据】对话框

5. 演示刀具轨迹

(1) 在弹出的【NC 序列】菜单中选择【演示轨迹】命令，此时系统弹出【演示轨迹】菜单。

(2) 在【演示轨迹】菜单中选择【屏幕演示】命令，弹出【播放路径】对话框，如图 10－44 所示。

(3) 演示完成后，点击【完成序列】完成轨迹创建。

图 10－44　刀具加工路径

第四节　数控钻床编程

(一) 钻床加工常用方法

在数控加工的过程中，钻床加工作为一种加工的特殊形式，一般使用固定循环的加工方式。其中，包括钻孔、镗孔、扩孔、铰孔和攻丝等。对于不同的加工，使用的刀具也不同；对于不同的数控操作系统，它的固定循环代码会有一定的差异。

1. 钻孔

在钻床中一般使用钻头将工件进行加工。它在 NC 选项中有 5 种：

(1)【标准】：默认的选项，在后置处理文件中对应的固定循环代码为 G81。

(2)【深】：深孔的加工，在后置处理文件中对应的固定循环代码为 G83。

(3)【破断切削】：断屑进给的深孔加工，在后置处理文件中对应的固定循环代码为 G71。

(4)【 WEB 】：用于可穿过以固定距离分隔的两个或多个板进行钻孔，在板上钻孔时刀具以进给速度移动，在板之间快速进给运动。然后，刀具将沿刀具轴线“快速”回退，并定位到下一个孔的位置。

(5)【后面】：该循环允许使用特殊类型的刀具执行背面镗孔和埋头孔加工的选项。

2. 表面

在孔底可选择停顿，有助于保证孔底部的光滑。在后置处理文件中对应的固定循环代码为 G82。

3. 镗孔

用镗刀对孔进行精加工以创建具有高精度的孔直径。在后置处理文件中对应的固定循环代码为 G86。

4. 埋头孔

为埋头螺钉钻倒角。

5. 攻丝

钻螺纹孔。它有两个选项：

(1)【固定攻丝】：进给速度由螺距和主轴速度的组合确定。在后置处理文件中对应的固定循环代码为 G84.1。

(2)【浮动攻丝】：允许使用参数 FLOAT_TAP_FACTOR 修改进给速度。在后置处理文件中对应的固定循环代码为 G84。

6. 铰孔

用绞刀进行精确的孔加工。在后置处理文件中对应的固定循环代码为 G85。

(二）钻床加工典型实例

利用 Pro/NC 模块加工见（图 10－45)。

1. 建立制造模型

(1）在【制造】菜单中，选择【制造模型】→【装配】→【参照模型】命令。

(2）从弹出的文件“打开”对话框中，选取三维零件模型—hole. prt 作为参照模型，并将其打开，系统弹出“元件放置”对话框。

(3）在“元件放置”对话框中单击按钮，然后单击【确定】按钮，完成对参照模型的放置。

2. 建立工件

(1）在【制造】菜单中，选择【制造模型】→【装配】→【工件】命令。

(2）从弹出的文件“打开”对话框中，选取三维零件模型—holeworkpiece. prt 作为参照模型，并将其打开，系统弹出“元件放置”对话框。

(3）在“元件放置”对话框中单击按钮，然后单击【确定】按钮，完成对参照模型的放置，放置后的效果如图 10－46 所示。

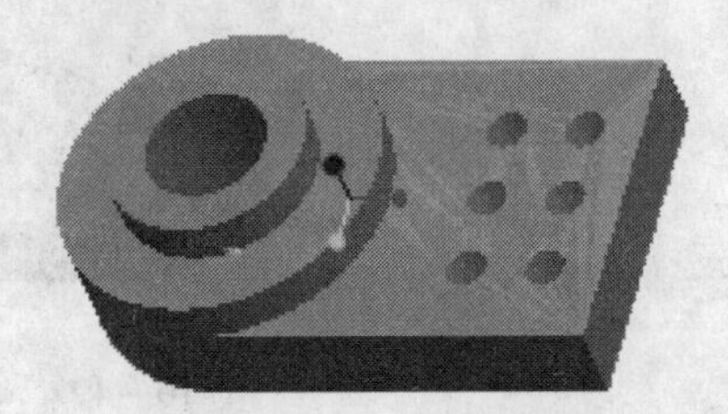

图 10－45　钻孔零件

图 10－46　制造模型

(4）在【制造】菜单中，选择【完成/返回】命令，完成制造模型的设置。

3. 制造设置

(1）在【制造】菜单中，选择【制造设置】→【操作】命令。此时系统弹出如（图 10－47）所示对话框。

(2）设置机床。选择机床类型及轴数，如图 10－48 所示。

(3）设置机床坐标系。在【操作设置】对话框中的【参照】选项中单击按钮，在弹出的【制造坐标系】菜单中选择【创建】命令。

（4）在工作区选择工件，系统弹出【坐标系】对话框。然后依次选择工件右表面、工件上表面和前侧面三个面创建坐标系，如图 10－49 所示。

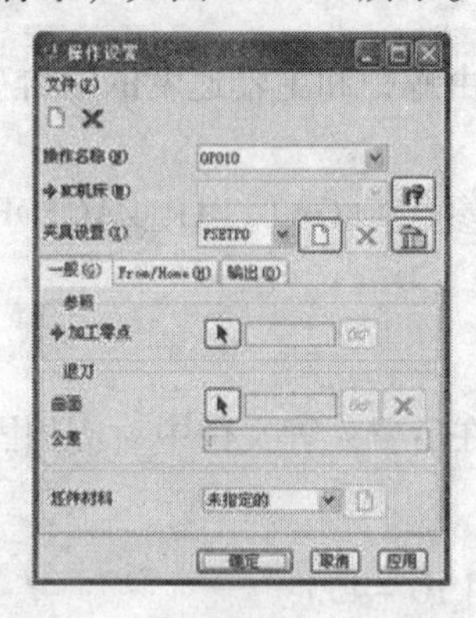

图 10－47　【操作设置】对话框

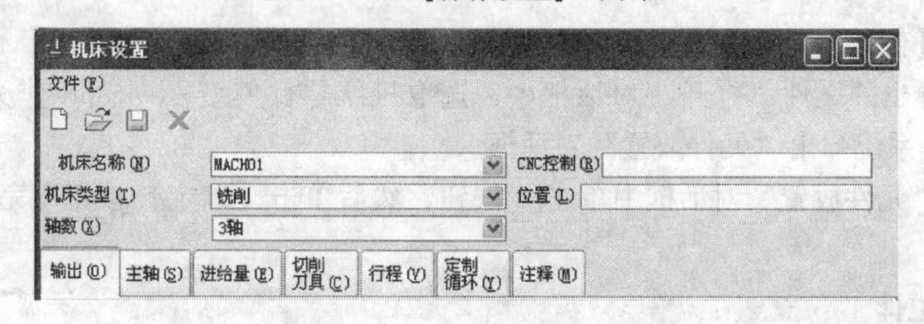

图 10－48　【机床设置】对话框

（5）设置退刀面。在【操作设置】对话框中的【退刀】选项中单击按钮，在弹出的【退刀选取】对话框，单击其中的【沿 Z 轴】输入深度 10，完成退刀平面设置。

（6）单击【操作设置】对话框中的【确定】命令，完成制造设置。

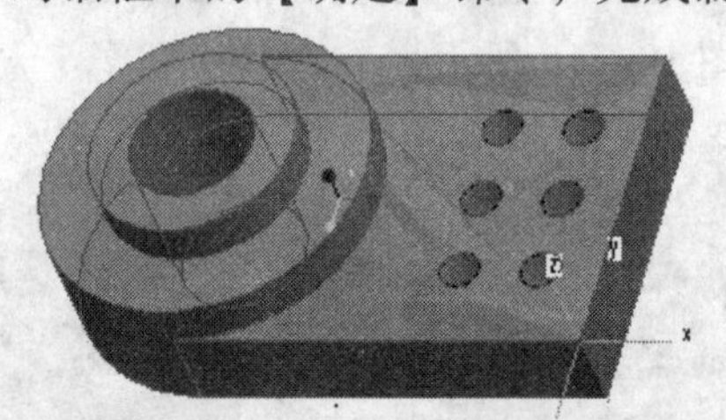

图 10－49　【坐标系】对话框

4. 加工方法设置

（1）在【制造】菜单中，选择【加工】→【NC 序列】→【加工】→【轮廓】→【完成】命令。

（2）在系统弹出的【序列设置】菜单中选择如图 10－50 所示，然后选择【完成】命令。

（3）在弹出的【刀具设定】对话框中设定相关刀具信息，然后选择【完成】命令，如图 10－51 所示。

图 10－50 【序列设置】对话框

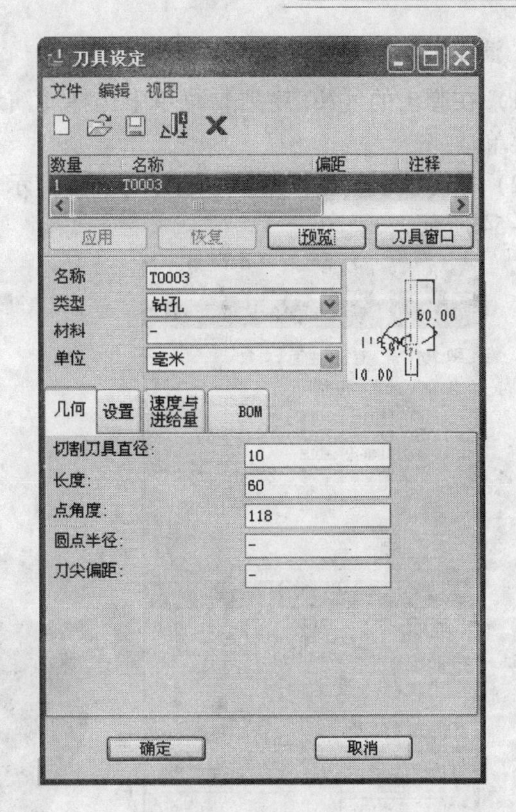

图 10－51 【刀具设定】对话框

（4）系统弹出【制造参数】菜单，选择其中的【设置】命令，在系统弹出【参数树】对话框中设置加工参数，完成参数设置后保存文件，如图 10－52 所示。

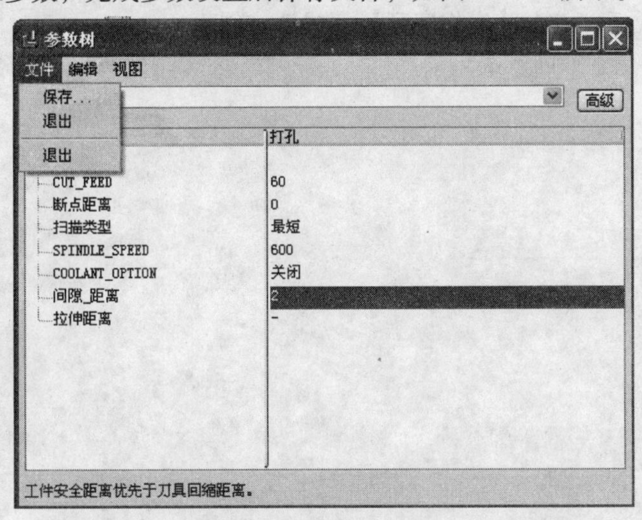

图 10－52 参数设置

（5）保存参数后，系统自动弹出【孔集】对话框，如图 10－53 所示。

（6）在【孔集】对话框中单击【添加】按钮。依次选择各加工孔的基准轴线。

（7）最后在对话框中按【确定】按钮。

5. 演示刀具轨迹

（1）在弹出的【NC 序列】菜单中选择【演示轨迹】命令，此时系统弹出【演示轨迹】菜单。

（2）在【演示轨迹】菜单中选择【屏幕演示】命令，弹出【播放路径】对话框，如图 10－54 所示。

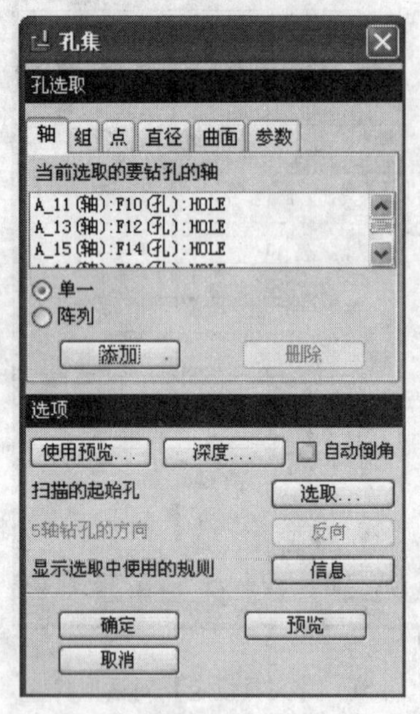

图 10－53　【孔集】对话框

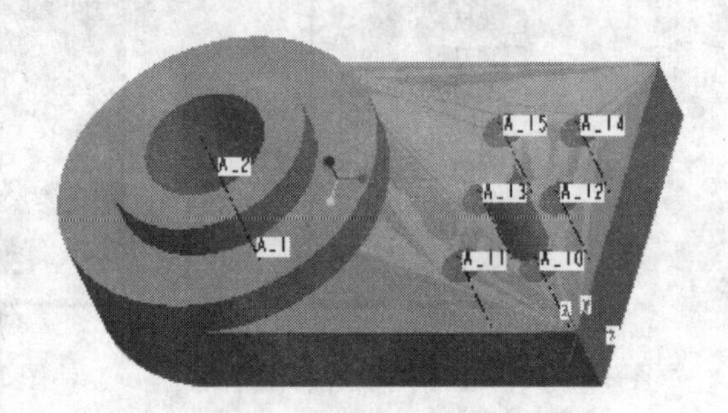

图 10－54　刀具加工路径

（3）演示完成后，点击【完成序列】完成轨迹创建。

第十一章　仿　　真

学习指导

本章主要内容

运动仿真的基本概念、Pro/E运动仿真常用工具、进行运动仿真的一般步骤和常见机构的运动仿真和运动分析，动画回放。

本章学习要求

1. 了解运动仿真的概念
2. 熟悉Pro/E运动仿真的界面
3. 掌握仿真常用工具的使用方法
4. 掌握运动分析的方法
5. 熟悉常用机构的运动分析方法

第一节　机构模块简介

在进行机械设计时，建立模型后设计者往往需要通过虚拟的手段，在电脑上模拟所设计的机构，来达到在虚拟的环境中模拟现实机构运动的目的。对于提高设计效率降低成本有很大的作用。Pro/E中【机构】模块是专门用来进行运动仿真和动态分析的模块。

Pro/E的运动仿真与动态分析功能集成在【机构】模块中，包括Mechanism design（机械设计）和Mechanism dynamics（机械动态）两个方面的分析功能。

使用【机械设计】分析功能相当于进行机械运动仿真，使用【机械设计】分析功能来创建某种机构，定义特定运动副，创建能使其运动起来的伺服电动机，来实现机构的运动模拟，并可以进行观察及记录分析，可以测量诸如位置、速度、加速度等运动特征，可以通过图形直观地显示这些测量量。也可创建轨迹曲线和运动包络，用物理方法描述运动。

使用【机械动态】分析功能可在机构上定义重力、力/力矩、弹簧、阻尼等特征。可以设置机构的材料、密度等特征，使其更加接近现实中的结构，达到真实的模拟现实的目的。

如果单纯研究机构的运动，而不涉及质量、重力等参数，只需要使用【机械设计】分析功能即可，即进行运动分析，如果还需要更进一步分析机构受重力、外界输入的力和力矩、阻尼等的影响，则必须使用【机械设计】来进行静态分析、动态分析等。

第二节　总体界面及使用环境

在装配环境下定义机构的连接方式后，单击菜单栏菜单【应用程序】→【机构】，如（图11－1）所示。系统进入机构模块环境呈现（图11－2）所示的主界面：菜单栏增加如（图11－3）所示的【机构】下拉菜单，模型树增加了如（图11－4）所示【机构】一项内容，窗口右边出现如（图11－5）所示的工具栏图标。下拉菜单的每一个选项与工具栏每一个图标相对应。用户既可以通过菜单选择进行相关操作。也可以直接点击快捷工具栏图标进行操作。

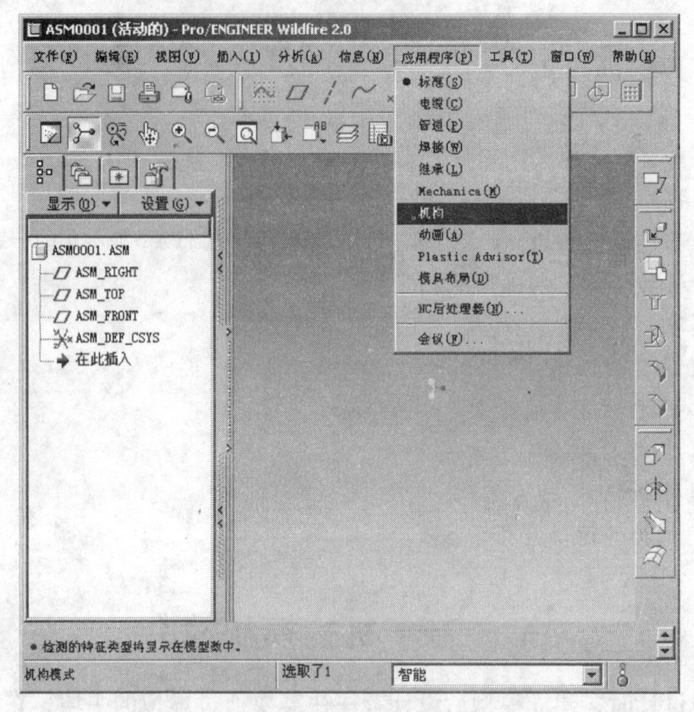

图 11－1　由装配环境进入机构环境图

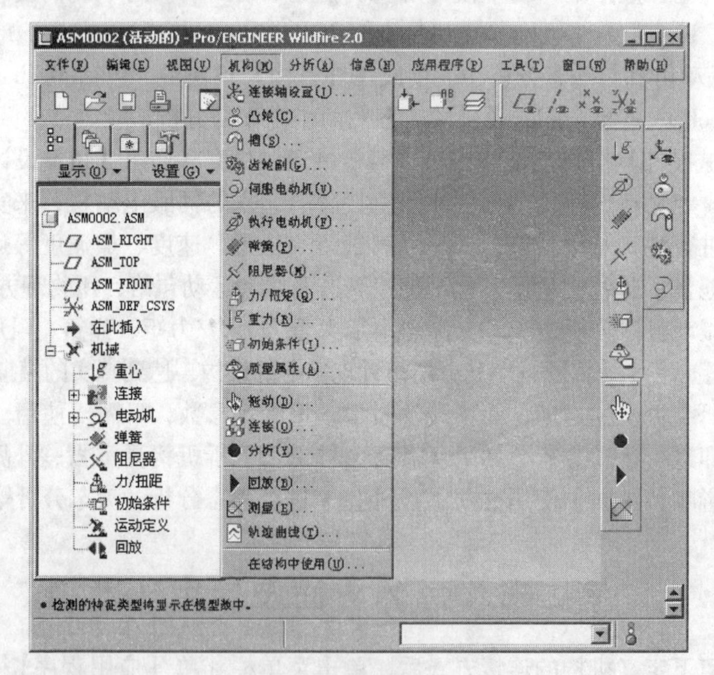

图 11－2　机构模块下的主界面

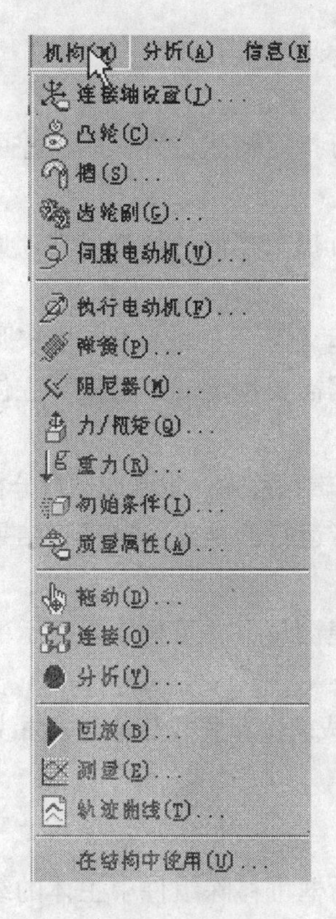

图 11－3　机构菜单

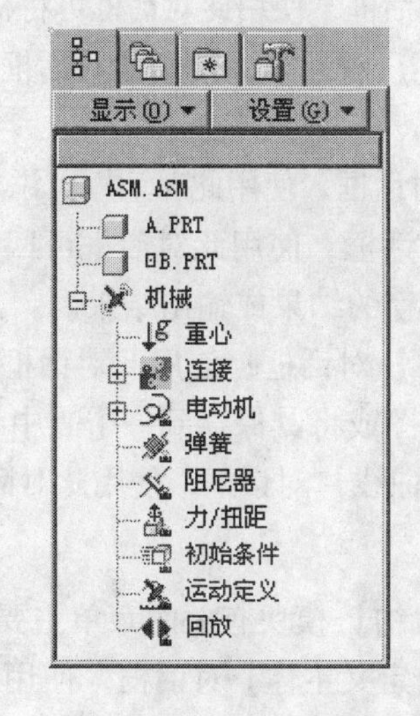

图 11－4　模型树菜单

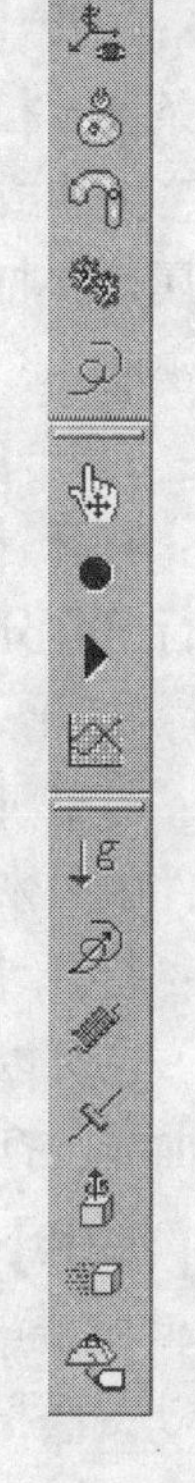

图 11－5　工具栏图标

（一）机构菜单

（图 11－5）和（图 11－3）各选项功能解释如下：

连接轴设置：打开【连接轴设置】对话框，使用此对话框可定义零参照、再生值以及连接轴的限制设置。

凸轮：打开【凸轮从动机构连接】对话框，使用此对话框可创建新的凸轮从动机构，也可编辑或删除现有的凸轮从动机构。

槽：打开【槽从动机构连接】对话框，使用此对话框可创建新的槽从动机构，也可编辑或删除现有的槽从动机构。

齿轮副：打开【齿轮副】对话框，使用此对话框可创建新的齿轮副，也可编辑、移除复制现有的齿轮副。

伺服电动机：打开【伺服电动机】对话框，使用此对话框可定义伺服电动机，也可编辑、移除或复制现有的伺服电动机。

执行电动机：打开【执行电动机】对话框，使用此对话框可定义执行电动机，也可编辑、移除或复制现有的执行电动机。

弹簧：打开【弹簧】对话框，使用此对话框可定义弹簧，也可编辑、移除或复制现有的弹簧。

阻尼器：打开【阻尼器】对话框，使用此对话框可定义阻尼器，也可编辑、移除或复制现有的阻尼器。

力/扭矩：打开【力/扭矩】对话框，使用此对话框可定义力或扭矩。也可编辑、移除或复制现有的力/扭矩负荷。

重力：打开【重力】对话框，可在其中定义重力。

初始条件：打开【初始条件】对话框，使用此对话框可指定初始位置快照，并可为点、连接轴、主体或槽定义速度初始条件。

质量属性：打开【质量属性】对话框，使用此对话框可指定零件的质量属性，也可指定组件的密度。

拖动：打开【拖动】对话框，使用此对话框可将机构拖动至所需的配置并拍取快照。

连接：打开【连接组件】对话框，使用此对话框可根据需要锁定或解锁任意主体或连接，并运行组件分析。

分析：打开【分析】对话框，使用此对话框可添加、编辑、移除、复制或运行分析。

回放：打开【回放】对话框，使用此对话框可回放分析运行的结果。也可将结果保存到一个文件中、恢复先前保存的结果或输出结果。

测量：打开【测量结果】对话框，使用此对话框可创建测量，并可选取要显示的测量和结果集。也可以对结果出图或将其保存到一个表中。

轨迹曲线：打开【轨迹曲线】对话框，使用此对话框生成轨迹曲线或凸轮合成曲线。

（二）【编辑】菜单

在【编辑】菜单中与【机构】模块有关的菜单主要是：

重定义主体：打开【重定义主体】对话框，使用此对话框可移除组件中主体的组件约束。通过单击箭头选择零件后，对话框显示已经定义好的约束，元件和组建参照，设计者可以移除约束，重新指定元件或组件参照见（图 11 -6）。

设置：打开【设置】对话框，使用此对话框可指定“机械设计”用来装配机构的公差，也可指定在分析运行失败时【机械设计】将采取的操作。如是否发出警告声，操作失败时是否暂停运行或是继续运行等，该配置有利于设计者高效率地完成工作见（图 11 -7）。

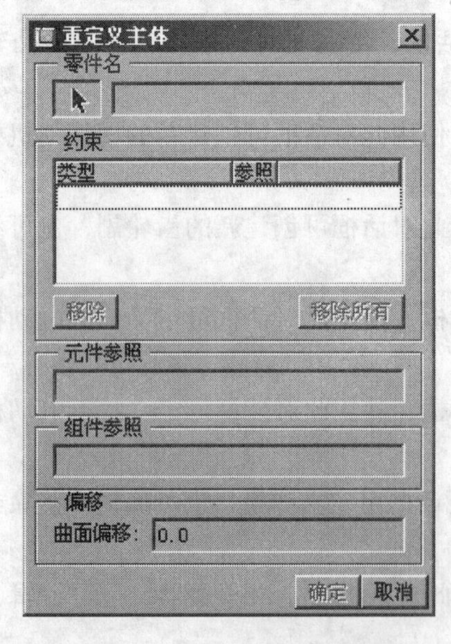

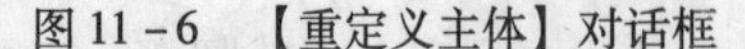
图 11 -6 【重定义主体】对话框

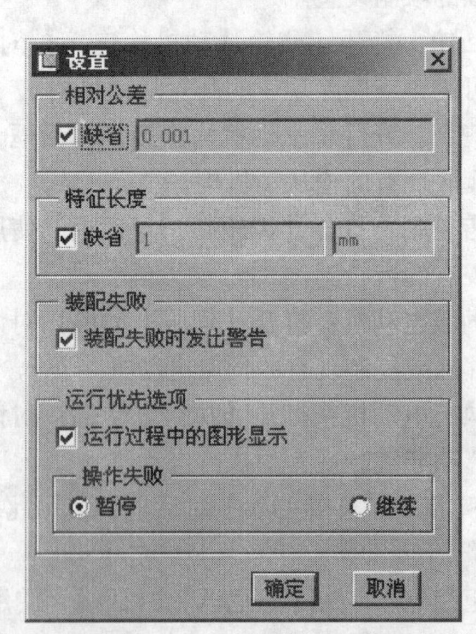

图 11 -7 【设置】对话框

（三）【视图】菜单

在【视图】菜单中与【机构】模块有关的菜单主要是：

加亮主体：以绿色显示基础主体。

显示设置：打开【显示图元】对话框，使用此对话框可打开或关闭工具栏上某个图标的可见性。去掉任何一个复选框前面的勾号，则该工具在工具栏上不可见如（图11－8）。

图11－8　【显示图元】对话框

（四）【信息】菜单

单击【信息】→【机构】下拉菜单，或在模型树中单击右键【机构】节点并选取【信息】，系统打开【信息】菜单，如（图11－9）所示。使用【信息】菜单上的命令以查看模型的信息摘要。利用这些摘要不必打开【机构】模型便可以更好地对其进行了解，并可查看所有对话框以获取所需信息。在以上两种情况下，都会打开一个带有以下命令的子菜单。选取其中一个命令打开带有摘要信息的Pro/E 浏览器窗口。

（1）摘要：机构的高级摘要，其中包括机构图元的信息和模型中所出现的项目数见（图11－10）。

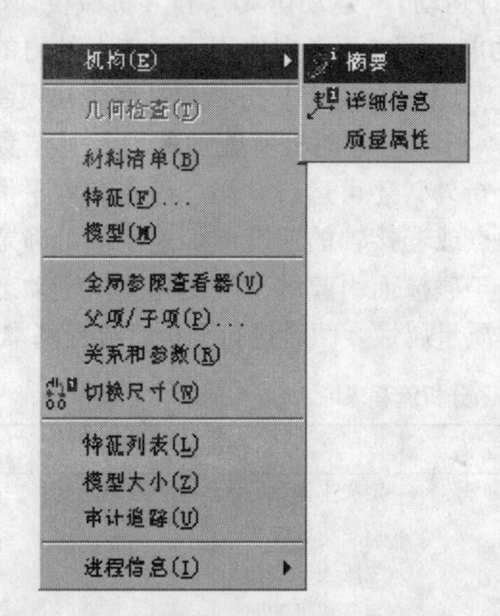

图11－9　【信息】菜单中【机构】信息图

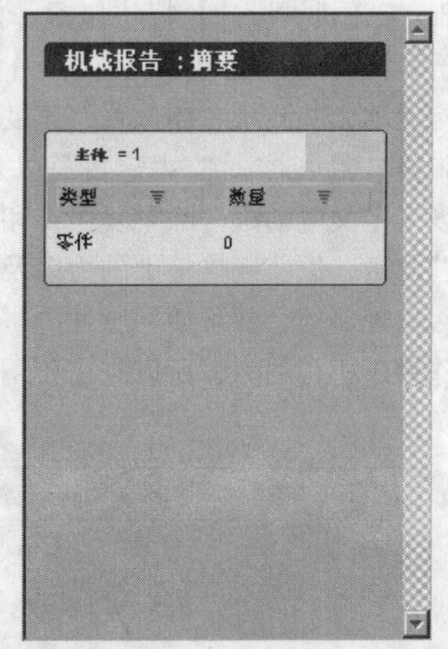

图11－10　摘要信息图

（2）详细信息：包括所有图元及其相关属性见（图11－11）。

（3）质量属性：列出机构的质量、重心及惯性分量见（图11－12）。

机构为【模型树】中每个【机械设计】图元都提供一个【信息】选项。单击右键并为某个特定图元选中此选项后，会打开一个带有针对该图元的详细摘要的浏览器窗口。

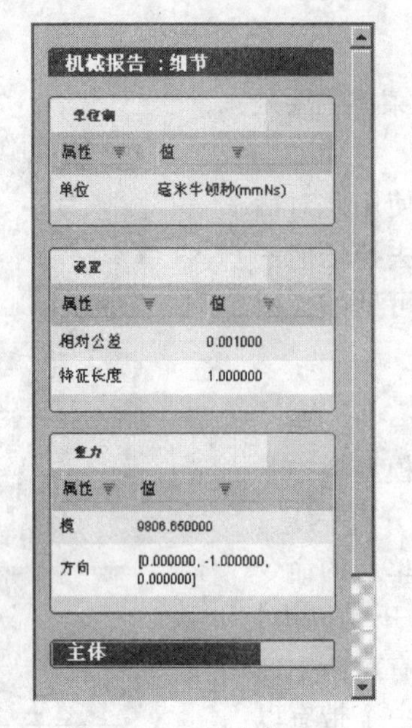

图 11－11 详细信息图

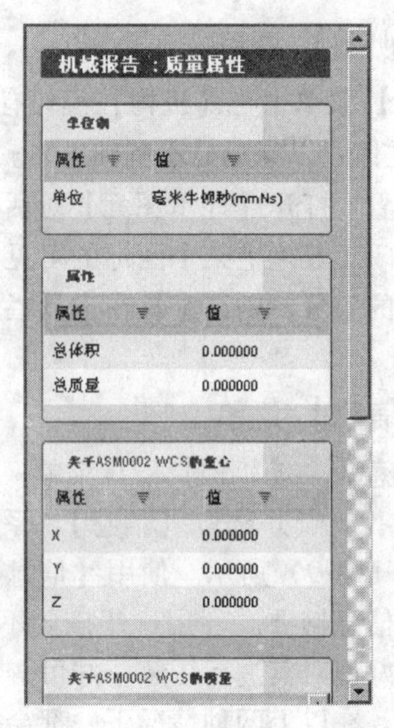

图 11－12 质量属性信息图

第三节 机械设计模块的分析流程

Pro/E【机械设计】模块包括【机械设计运动】（运动仿真）和【机械设计动态】（动态分析）两部分，使用【机械设计】分析功能，可在不考虑作用于系统上的力的情况下分析机构运动，并测量主体位置、速度和加速度。【机械动态】分析包括多个建模图元，其中包括弹簧、阻尼器、力/力矩负荷以及重力。可根据电动机所施加的力及其位置、速度或加速度来定义电动机。除重复组件和运动分析外，还可运行动态、静态和力平衡分析。也可创建测量，以监测连接上的力以及点、顶点或连接轴的速度或加速度。可确定在分析期间是否出现碰撞，并可使用脉冲测量定量由于碰撞而引起的动量变化。由于动态分析必须计算作用于机构的力，所以它需要用到主体质量属性。两者进行分析时流程基本上一致：

表 11－1 分析流程表

类型	机械设计流程	机械动态流程
创建模型	定义主体 生成连接 定义连接轴 生成特殊连接	定义主体 指定质量属性 生成连接 定义连接轴 生成特殊连接
添加建模图元	应用伺服电动机	应用伺服电动机 应用弹簧 应用阻尼器 应用执行电动机 定义力/力矩负荷 定义重力

续表

类型	机械设计流程	机械动态流程
创建分析模型	运行运动学分析 运行重复组件分析	运行运动学分析 运行动态分析 运行静态分析 运行力平衡分析 运行重复组件分析
获得结果	回放结果 检查干涉 查看测量 创建轨迹曲线 创建运动包络	回放结果 检查干涉 查看定义的测量和动态测量 创建轨迹曲线和运动包络 创建要转移到 Mechanica 结构的负荷集

第四节　机构连接

Pro/E 提供了十种连接定义，主要有刚性连接、销钉连接、滑动杆连接、圆柱连接、平面连接、球连接、焊接、轴承连接、常规连接、6DOF（自由度）连接，最后两种是野火 2.0 新增加的。连接与装配中的约束不同，连接都具有一定的自由度，可以进行一定的运动。接头连接有三个目的：

- 定义【机械设计模块】将采用哪些放置约束，以便在模型中放置元件；
- 限制主体之间的相对运动，减少系统可能的总自由度（DOF）；
- 定义一个元件在机构中可能具有的运动类型；

（一）销钉连接

此连接需要定义两个轴重合，两个平面对齐，元件相对于主体旋转，具有一个旋转自由度，没有平移自由度见（图 11－13）所示。

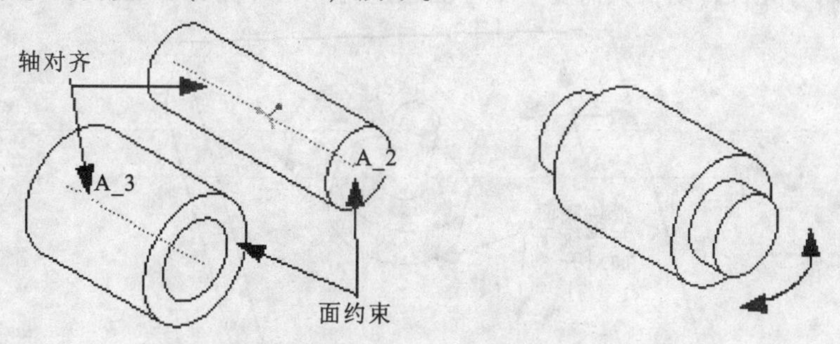

图 11－13　销钉连接示意图

（二）滑动杆连接

滑动杆连接仅有一个沿轴向的平移自由度，滑动杆连接需要一个轴对齐约束，一个平面匹配或对齐约束以限制连接元件的旋转运动，与销钉连接正好相反，滑动杆提供了一个平移自由度，但没有旋转自由度见（图 11－14）。

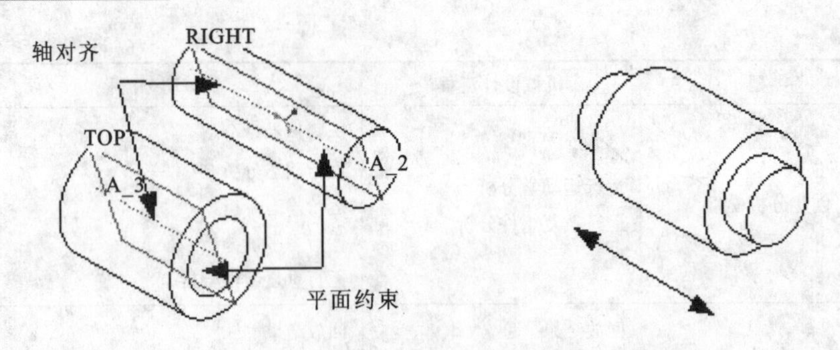

图 11－14　滑动杆连接示意图

（三）圆柱连接

连接元件既可以绕轴线相对于附着元件转动，也可以沿着轴线相对于附着元件平移，只需要一个轴对齐约束，圆柱连接提供了一个平移自由度，一个旋转自由度见（图 11－15）。

图 11－15　圆柱连接示意图

（四）平面连接

平面连接的元件既可以在一个平面内相对于附着元件移动，也可以绕着垂直于该平面的轴线相对于附着元件转动，只需要一个平面匹配约束见（图 11－16）。

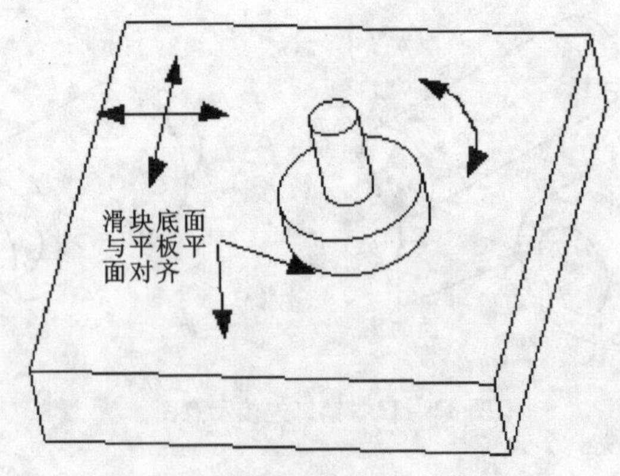

图 11－16　平面连接示意图

（五）球连接

连接元件在约束点上可以沿附着组件任何方向转动，只允许两点对齐约束，提供了三个旋转自由度见（图 11－17）。

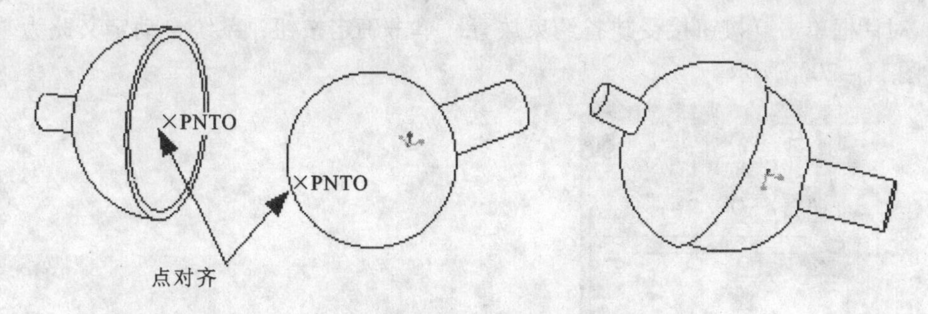

图 11－17 球连接示意图

（六）轴承连接

轴承连接是通过点与轴线约束来实现的，可以沿三个方向旋转，并且能沿着轴线移动，需要一个点与一条轴约束，具有一个平移自由度，三个旋转自由度见（图 11－18）。

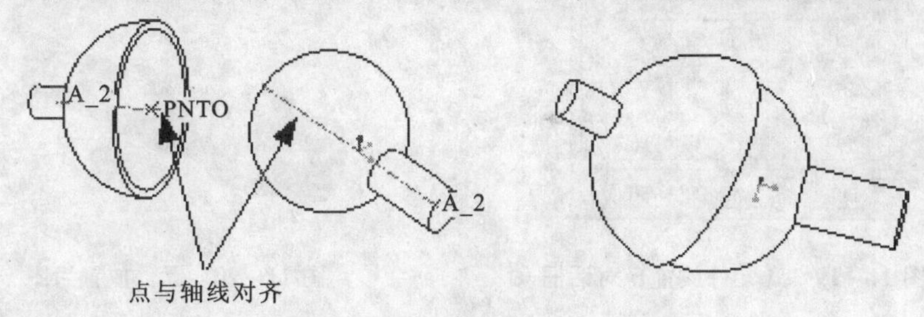

图 11－18 轴承连接示意图

（七）刚性连接

连接元件和附着元件之间没有任何相对运动，六个自由度完全被约束了。

（八）焊接

焊接将两个元件连接在一起，没有任何相对运动，只能通过坐标系进行约束。刚性连接和焊接连接的比较：

（1）刚性接头允许将任何有效的组件约束组聚合到一个接头类型。这些约束可以是使装配元件得以固定的完全约束集或部分约束子集。

（2）装配零件、不包含连接的子组件或连接不同主体的元件时，可使用刚性接头。焊接接头的作用方式与其他接头类型类似。但零件或子组件的放置是通过对齐坐标系来固定的。

（3）当装配包含连接的元件且同一主体需要多个连接时，可使用焊接接头。焊接连接允许根据开放的自由度调整元件与主组件匹配。

（4）如果使用刚性接头将带有【机械设计】连接的子组件装配到主组件，子组件连接将不能运动。如果使用焊接将带有【机械设计】连接的子组件装配到主组件，子组件将参照与主组件相同的坐标系，且其子组件的运动将始终处于活动状态。

（九）实例

（1）将光盘文件复制到硬盘上，启动 Pro/E。单击菜单【文件】→【设置工作目录】。打开【选取工作目录】对话框工作，将目录设置为 X：/11_4_1 单击确定。

（2）新建组件文件，使用公制模板 mmns_asm_design，文件名为 sample01，单击确定。

（3）单击图标装配零件，选取 zhou. prt，单击【打开】按钮，系统弹出（图

11－19)，对话框单击按钮接受缺省约束放置，单击确定按钮，系统自动定义此为基础主体见（图 11－20）所示。

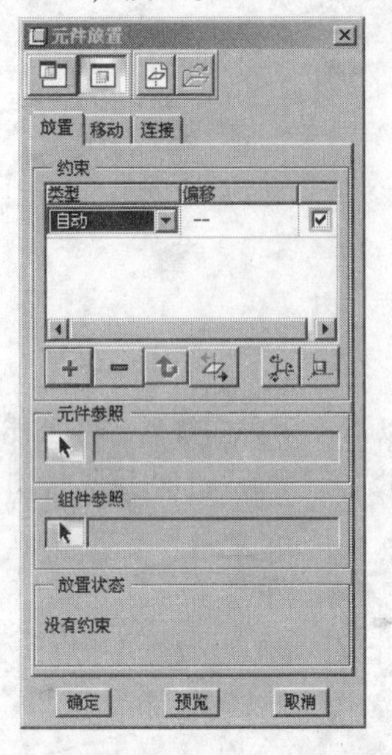

图 11－19　【元件放置】对话框

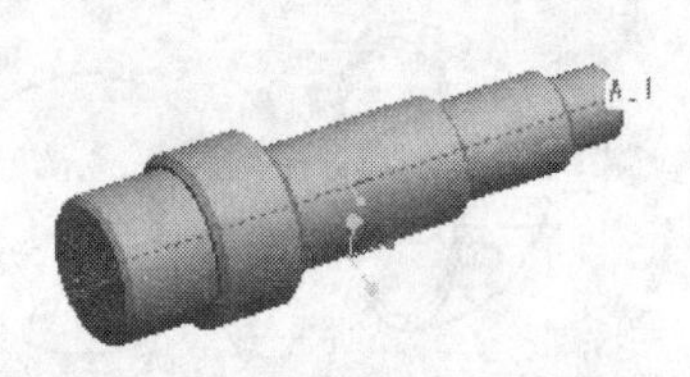

图 11－20　元件放置后图

（4）单击图标，选取 b. prt，单击【打开】按钮在【元件放置】对话框中单击【连接】选项，对话框变成（图 11－21）所示，接受默认连接的名称为 connection_1，选择类型为销钉连接，按照（图 11－22）选取 zhou. prt 的轴 A1 和 b. prt 的轴 A1，平移选项选取轴端大端面和 b. prt 左侧面，单击确定，完成后如（图 11－22）。

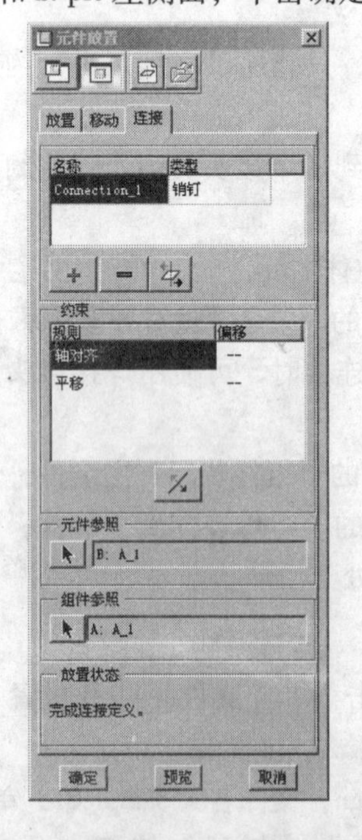

图 11－21　连接中的轴对齐图

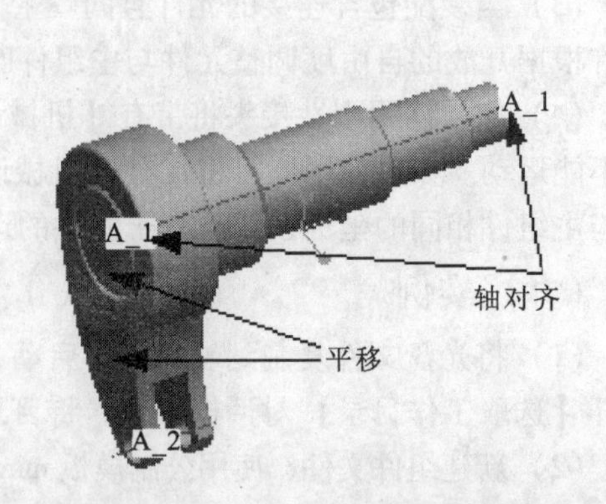

图 11－22　连接匹配图

第五节　连接轴

定义完连接后，元件就能相对主体进行一定的运动，可以进行连接轴设置，以进一步设定运动的范围、运动的起点等。单击【机构】→【连接轴设置】进入【连接轴设置】对话框如（图 11－23）所示。各选项介绍如下：

1.【选取连接轴】选项

单击箭头用鼠标在机构上选取连接轴。

2.【连接轴位置】选项

表示连接轴位置的度量，对于连接轴使用角度表示的，是相对于零点位置的角度值，介于－180 度～180 度之间。

3.【零参照】选项

1）【指定参照】复选框：勾选该复选框，绿色主体参照和橙色主体参照变为可选。

2）【绿色主体参照】选项组：选取一个点、顶点、曲面或平面作为【绿色主体参照】。

3）【橙色主体参照】选项组：选取一个点、顶点、曲面或平面作为【橙色主体参照】。

定义旋转轴的连接轴零点参照时应注意下列事项：

- 点－点零点参照：【机械设计模块】以垂直于旋转轴的方向从每一点绘制向量。这两个向量对连接零点应重合。这两个点不能位于连接轴上。
- 点－平面零参照：包含点和旋转连接轴的平面应平行于为连接零点选取的平面。该点不能位于连接轴上。
- 平面－平面零参照：这两个平面在连接零点处平行。两个平面都必须平行于旋转轴。

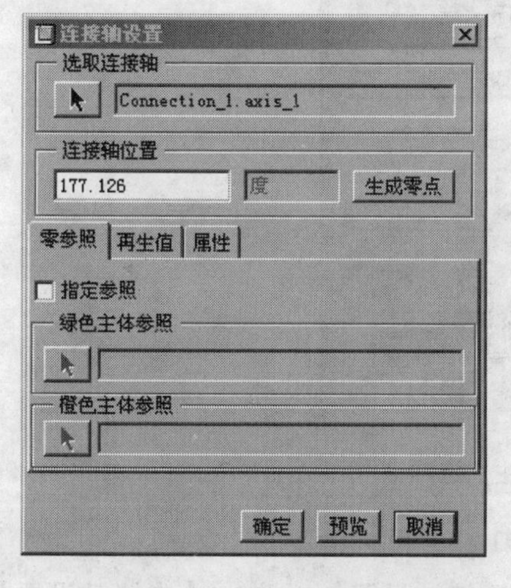

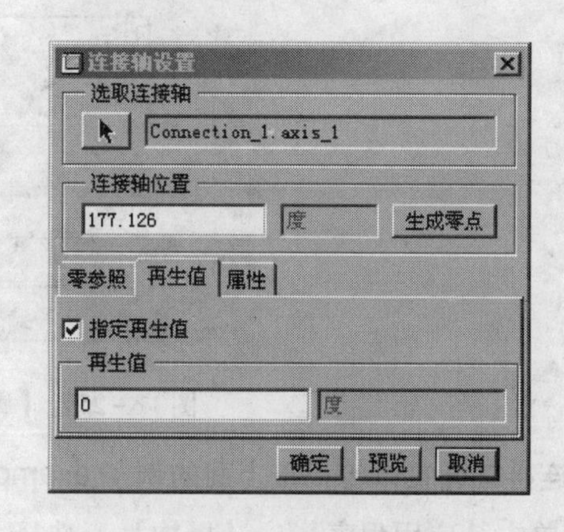

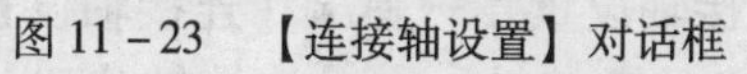
图 11－23　【连接轴设置】对话框

图 11－24　【再生值】选项卡

这里的主体主要是指如果通过 Pro/E 中的连接方式将主体连接在一起，则第一主体是组件，被添加的主体是元件。【零参照】选项卡上的绿色主体指元件放置过程中的组件主体，而橙色主体则指元件。选取连接轴后，系统会将组件主体和元件主体分别以绿色和橙色显示，同时【机械设计】还显示平面或向量，用来定义零点参照。对于平移连接轴，显示一个绿色平面和一个橙色平面。对于旋转连接轴，显示一个绿色箭头和一个橙色箭头。另一个绿色箭头用于指示正测量的方向。这些参照会改变方向，以反映【连接轴位置】文本框中的值。

4.【再生值】选项

勾选指定再生值复选框，在【再生值】文本框中输入想要的位置，再按下 Enter 键，机构即可按指定的位置重新生成见（图 11－24）。

5.【属性】选项

可以指定是否启用限制和摩擦见（图 11－25）。

1）启用限制：勾选此复选框，可以为连接轴指定最小和最大位置，限制连接轴在此范围内运动。恢复系数用在凸轮从动连接，槽连接等具有冲击的运动中，恢复系数定义为两个图元碰撞前后的速度比，数值范围为 0～1。完全弹性碰撞的恢复系数为 1。完全非弹性碰撞的恢复系数为 0。

2）启用摩擦：勾选此复选框，可以为连接轴指定摩擦，μ_s 为静摩擦系数，μ_k 为动摩擦系数，R 为接触半径（只限于旋转轴）。

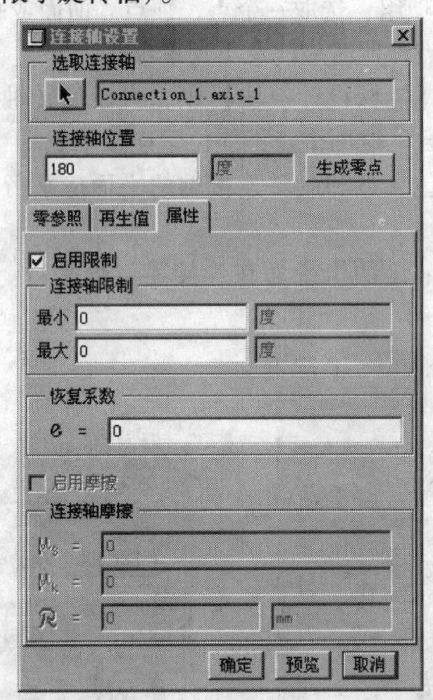

图 11－25 【属性】选项卡

6. 连接轴设置体验：接上面的例子 example1

1）单击【应用程序】→【机构】→选择【连接轴设置】→弹出【连接轴设置】对话框，单击【选取连接轴】，通过鼠标选取上面所定义的连接轴。在【连接轴位置】文本框中输入角度为 120 度，单击【生成零点】。

2）单击【再生值】选项卡，勾选【启用再生值】复选框，在【再生值】文本框中输入 60，按下 Enter 键，机构立即改变到（图 11－26）所示的位置。重新输入 －120 度，按下 Enter 键，机构立即改变到（图 11－27）所示的位置，单击确定按钮。此两幅图依据读者的系统有所不同。主要是体验一下连接轴的设置功能。读者可以自行输入自己所要的角度值进行比较。

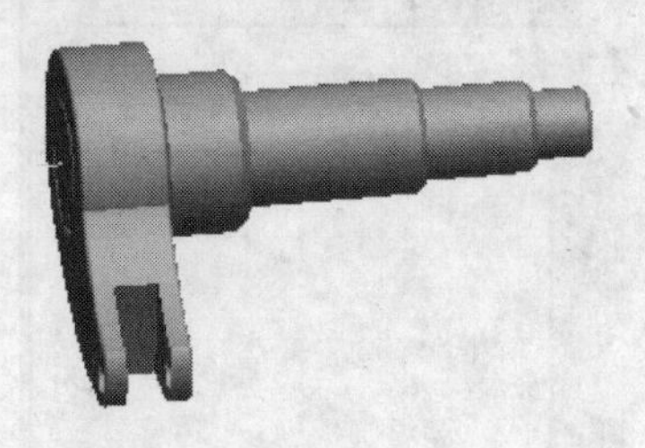

图 11－26　60 度位置图

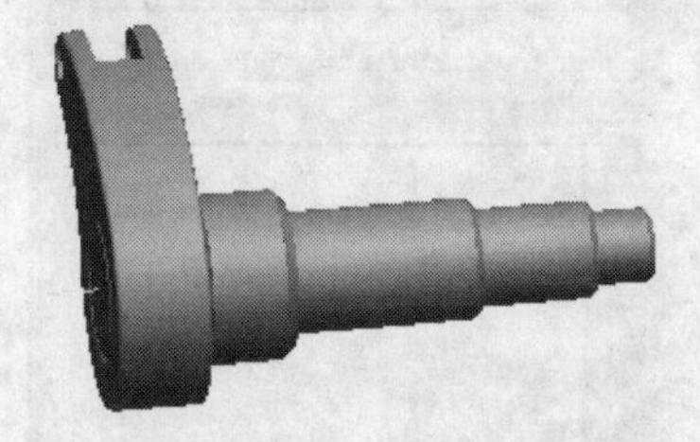

图 11－27　－120 度位置图

第六节　元件拖动

定义完连接轴后，可以使用拖动功能，来查看定义是否正确，连接轴是否可以按设想的方式运动。可使用快照创建分析的起始点，或将组件放置到特定的配置中。可以使用接头禁用和主体锁定功能来研究整个机械或部分机械的运动。单击【机构】→【拖动】或直接单击工具栏图标可以进入【拖动】对话框。

分别介绍一下各个菜单的功能。

（一）照与拖动工具栏

给机构拍照。拖动到一个位置时单击此按钮可以拍照。同时该照添加到快照列表中。

拖动点。选取主体上某一点，该点会突出显示，并随光标移动，同时保持连接。该点不能为基础主体上的点。

拖动主体。该主体突出显示，并随光标移动，同时保持连接。不能拖动基础主体。

撤销命令。

重做命令。

所谓的基础主体，就是在装配中添加元件或新建组件时按接受缺省约束定义为基础主体。

（二）照选项，如（图 11－28）

显示选定快照。在列表中选定快照后单击此按钮可以显示该快照中机构的具体位置。

打开【快照构建】对话框，选取其他快照零件位置用于新快照。就是拷贝其他快照。

将选定快照的名改为【当前快照】输入框中的名称。相当于改变列表框中快照的名称。

使选定快照可用作 Pro/E 分解状态。随后分解状态可用 Pro/E 绘图视图中。单击此按钮时，【机械设计】在列表上的快照旁放置一个图标。

从列表中删除选定快照。

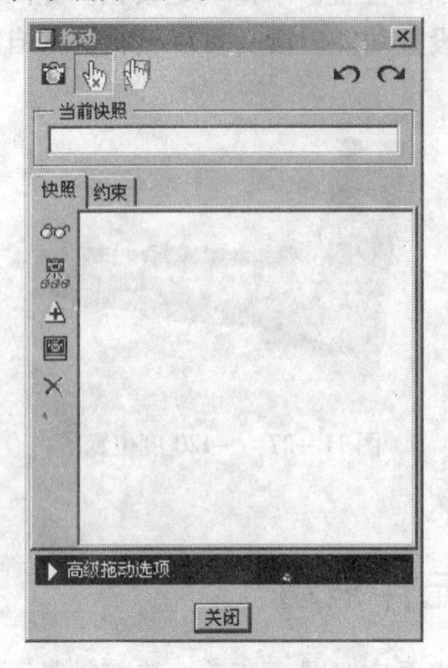

图 11－28 【拖动】对话框

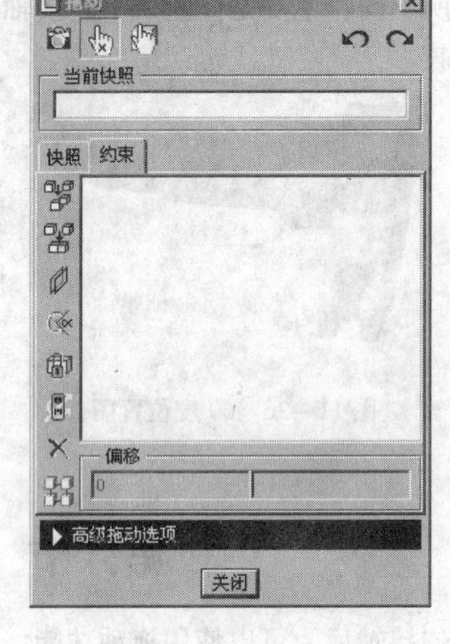

图 11－29 【约束】选项卡

(三)【约束】选项，如（图 11－29）

应用约束后，【机械设计】会将其名称放置于约束列表中。通过选中或清除列表中所选约束旁的复选框，可打开和关闭约束。也可选择如下选项进行临时约束：

选取两个点、两条线或两个平面。这些图元将在拖动操作期间保持对齐。

选取两个平面。两个平面在拖动操作期间将保持相互匹配。

为两个平面定向，使其互成一定角度。

并选取连接轴以指定连接轴的位置。指定后主体将不能拖动。

并选取主体，可以锁定主体。

并选取连接。连接被禁用。

从列表中删除选定临时约束。

使用所应用的临时约束来装配模型。

(四)【高级拖动选项】选项如（图 11－30）

打开【移动】对话框，它允许执行封装移动。

指定当前坐标系。通过选择主体来选取一个坐标系，所选主体的缺省坐标系是要使用的坐标系。沿 X、Y 和 Z 轴的平移或旋转将在该坐标系中进行。

指定沿当前坐标系的 X 轴方向平移。

指定沿当前坐标系的 Y 轴方向平移。

指定沿当前坐标系的 Z 轴方向平移。

指定绕当前坐标系的 X 轴旋转。

指定绕当前坐标系的 Y 轴旋转。

指定绕当前坐标系的 Z 轴旋转。

参照坐标系：可使用选择器箭头在模型中选取坐标系见（图 11－30）。

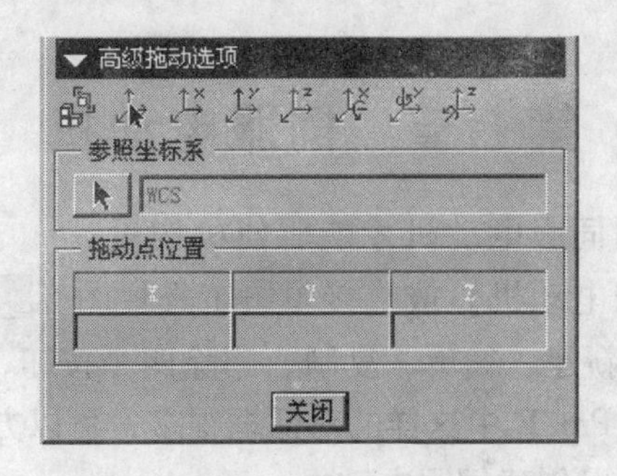

图 11－30　【高级拖动选项】卡

拖动点位置：实时显示拖动点相对于选定坐标系的 X、Y 和 Z 轴坐标。

（五）拖动功能体验，接上一例子 example1：

（1）选择【应用程序】→【标准】重新进入装配环境下→单击添加零件→选取 c. prt，单击打开→单击【连接】选项→选取 c. prt 的轴和 zhou. prt 的轴对齐，选取轴的小端面和 c. prt 的一个侧面对齐见（图 11－31）。完成连接定义，单击确定。实体参照见（图 11－32）。

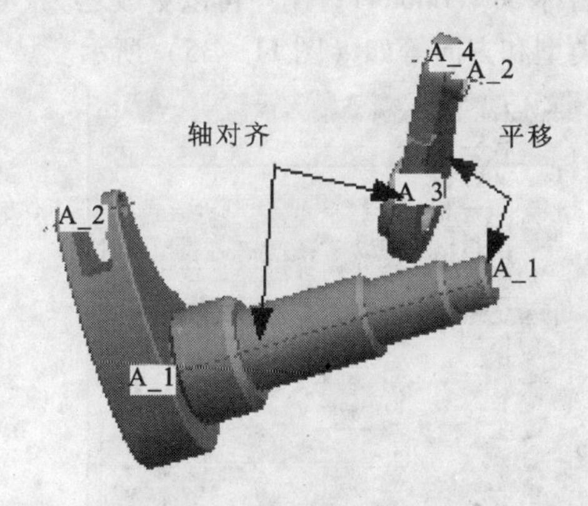

图 11－31　销钉连接实物图

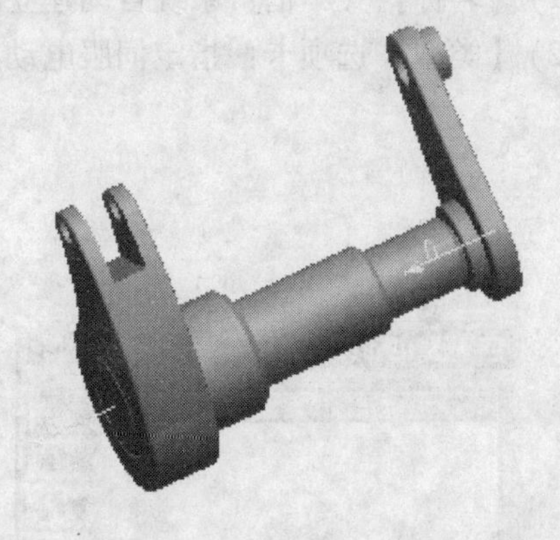

图 11－32　连接完成图

（2）单击【应用程序】→【机构】→单击弹出【拖动】对话框→点击图标，然后选 b. prt 的一个点可以拖动 b. prt 绕着轴旋转→按下后给当前机构拍照，列表框中增加快照 Snapshot1。拖动 b. prt 在不同的位置拍照，列表框中增加 Snapshot2，Snapshot3，Snapshot4 等快照列表。

（3）任意选取其中某个快照，单击可以使机构重新定义到该快照中所记录的机构位置，选取快照 Snapshot3，并在文本框中将其改为 Snapshot4，再单击，则将快照 Snapshot3 改成快照 Snapshot4 所记录的机构位置。

（4）单击【约束】选项卡→单击【】锁定主体图标，选择 b. prt 和 c. prt，单击【确定】→【确定】，则完成主体锁定定义。列表框中出现【主体－主体锁定】复选框，去掉前面的钩号可以解除主体－主体锁定。系统以青色显示主动主体 b. prt，以橙色显示从动主体 c. prt。单击拖动，可看见 c. prt 随 b. prt 之一起转动见（图 11－13）。

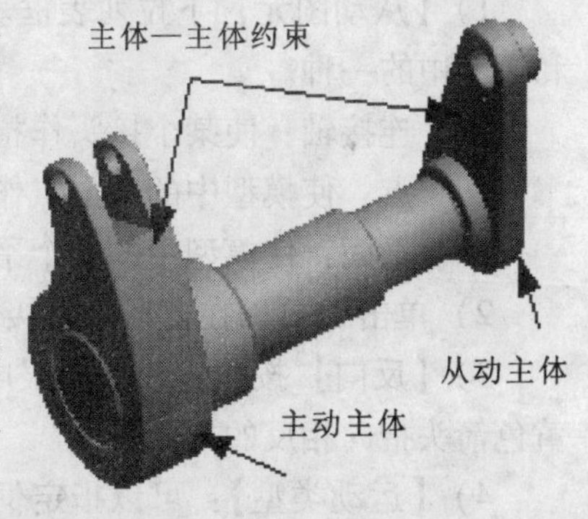

图 11－33　主体锁定实例参考图

第七节 伺服电动机

定义完连接后就需要加伺服电动机才能驱使机构运动，单击【机构】→【伺服电动机】或直接单击工具栏图标。弹出如（图 11－34）所示对话框。在对话框右边有新建、编辑、复制、删除四个按钮，左边的列表框显示定义的伺服电动机名称和状态，在 Pro/E 中这样的对话框很多，可以方便地进行管理。

- 【新建】按钮：可以创建伺服电动机。
- 【编辑】按钮：重新编辑选定的伺服电动机。
- 【复制】按钮：在原有的基础上重新创建同样的电动机。
- 【删除】按钮：删除选定的电动机。

（一）新建伺服电动机

单击【新建】弹出【伺服电动机定义】对话框。

（1）【名称】文本框：系统自动建立缺省名称 ServerMotor1，用户可以更改之。

（2）【类型】选项卡：指定伺服电动机的类型和方向等如（图 11－35）所示。

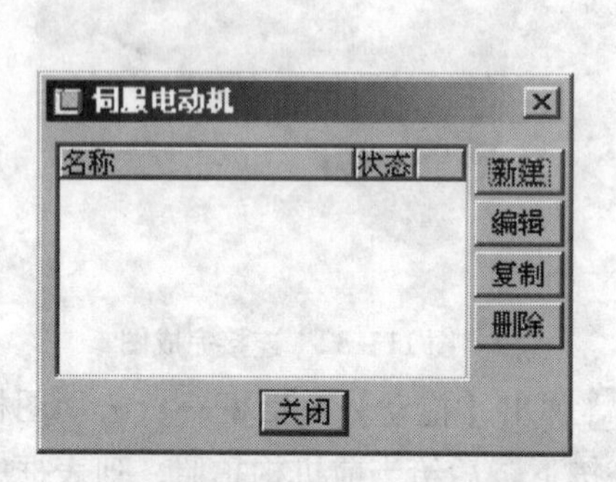

图 11－34 【伺服电动机】对话框

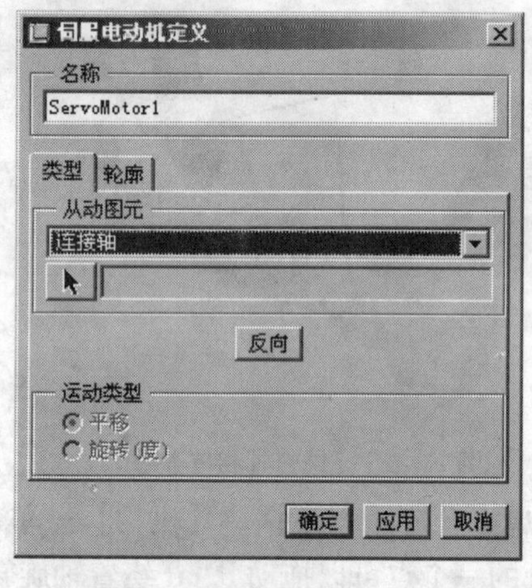

图 11－35 【伺服电动机定义】对话框

1）【从动图元】下拉列表框。选择伺服电动机要驱动从动图元类型为连接轴型，点型和面型中的一种。

- 连接轴：使某个接头作指定运动。
- 点：使模型中的某个点作指定运动。
- 平面：使模型中的某个平面作指定运动。

2）单击可以在窗口中直接选定连接轴。

3）【反向】按钮：改变伺服电动机的运动方向，单击反向按钮则机构中伺服电动机黄色箭头指向相反的方向。

4）【运动类型】：可以指定伺服电动机的运动方式。如果从动图元选择为连接轴，变为灰色不可选状态，同时系统自动选择为旋转。

（3）【轮廓】选项：可以指定伺服电动机的速度，加速度位置等如（图 11－36）.

所示。

1）【规范】。

可以调出连接轴设置对话框，旁边的下拉框可以选择速度、加速度、位置三种类型。对于不同的选项，相应会有不同的对话框出现。

- 位置：单击直接调用连接轴设置对话框设置连接轴。选定的连接轴将以洋红色箭头标示，同时高亮显示绿色和橙色主体。如（图 11－37）所示。

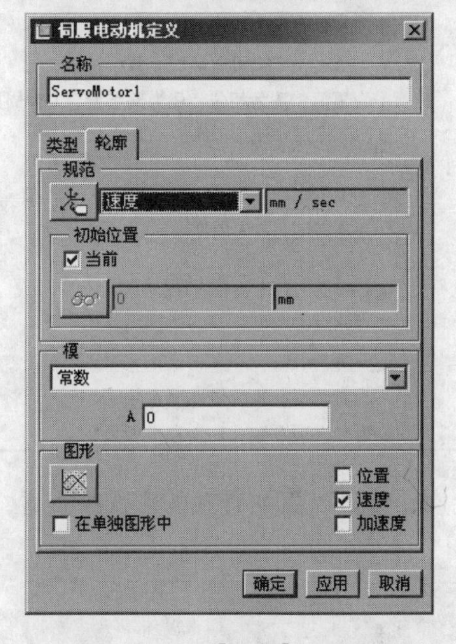

图 11－36　【轮廓】选项卡

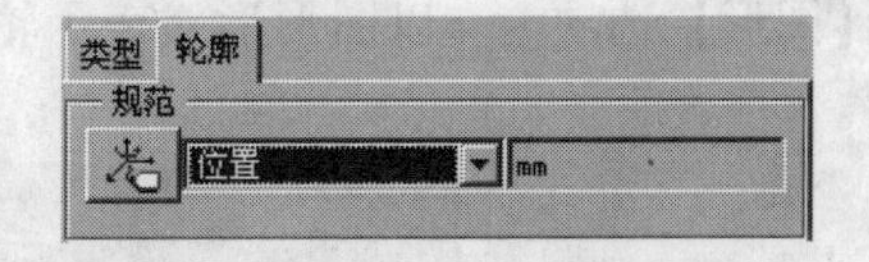

图 11－37　位置对话框类型

- 速度：出现初始位置标签，选择当前。则机构以当前位置为准，也可以输入一个角度后按使机构的零位置变为数字所指示的位置。如（图 11－38）所示。
- 加速度：在出现初始角度标签的同时，增加了一个初始角速度标签，可以指定初始角速度的大小。如（图 11－39）所示。

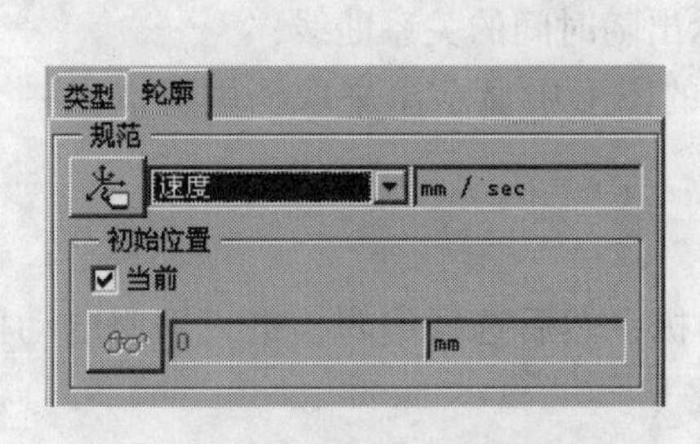

图 11－38　速度对话框类型

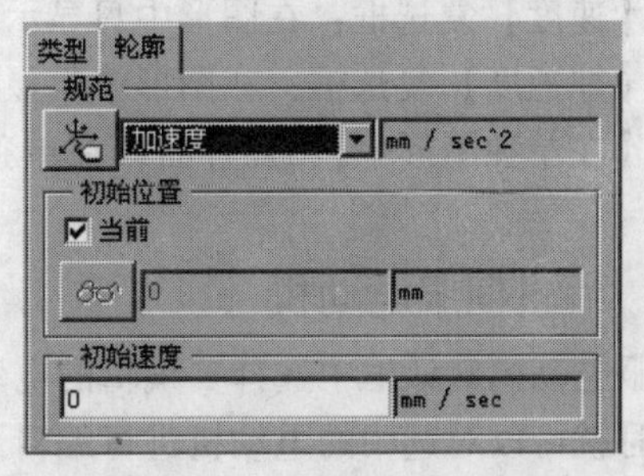

图 11－39　加速度对话框类型

2）【模】用来选取电动机的运动方程式。

在下拉组框中有常数、余弦、斜坡等 9 种类型，选择每一种类型都有对应的对话框弹出。

在所有这些模的类型当中，当选择 SCCA 类型时，对话框自动选择加速度为规范，且变为灰色不可选状。每一种类型的模选项，均对应各自的参数输入对话框。参数的具体意义见（表 11 -2）。其中表类型和用户自定义类型为野火 2.0 新增加的模类型。

表 11 -2　电动机运动方程式

函数类型	说明	所需设置
常数	恒定轮廓	q = A 其中 A 为 常数
线性	轮廓随时间作线性变化	q = A + B*x A 为常数，B 为斜率
余弦	要为电动机轮廓指定余弦曲线时，使用该类型	q = A · cos（360 · x/T + B）+ C A 为幅值，B 为相位，C 为偏移量，T 为周期
（SCCA）	用于模拟凸轮轮廓输出	略
摆线	用于模拟凸轮轮廓输出	q = L · x/T − L · sin（2 · Pi · x/T）/2 · Pi L 为总高度，T 为周期
抛物线	可用于模拟电动机的轨迹	$q = A \cdot x + 1/2\ B\ (x^2)$ A 为线性系数，B 为二次项系数
多项式	用于一般的电动机轮廓	$q = A + B \cdot x + C \cdot x^2 + D \cdot x^3$ A 为常数项，B 为线性项系数 C 为二次项系数，D 为三次项系数

3）【图形】选项卡。以图形形式表示轮廓，使之以更加直观的形式来查看，见（图 11 -40）。

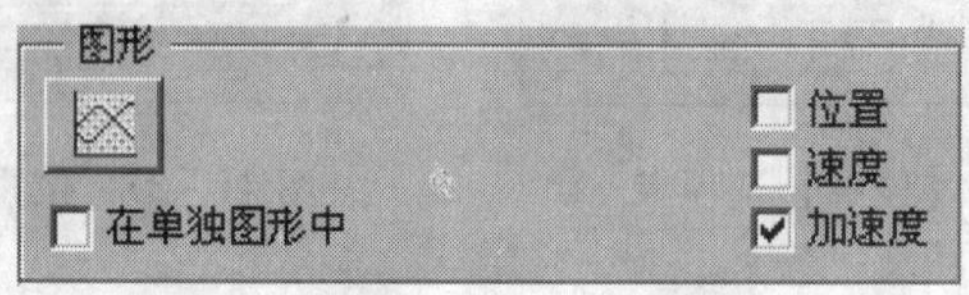

图 11 -40　【图形】选项

- 按钮：点此进入图形工具对话框；
- 【位置】复选框：在图形中只显示出位置随时间的关系曲线；
- 【速度】复选框：在图形中只显示出速度随时间的关系曲线；
- 【加速度】复选框：在图形中只显示出随时间的关系曲线；
- 【在单独图形中】：三种曲线在单独的图形中显示出来取消则可以在一个坐标系下显示。

（二）编辑伺服电动机

在伺服电动机对话框中选择要编辑的电动机，然后选择编辑，进入伺服电动机定义对话框，此时就可以对选中的电动机进行编辑。

（三）复制伺服电动机

在伺服电动机对话框中选择样本电动机，然后选择复制，就可以复制出一个电动机。

（四）删除伺服电动机

选择要删除的伺服电动机，再选择删除，则选中的电动机就被删除。

第八节　运动分析

点击【机构】→【分析】或直接单击工具栏图标，弹出分析对话框，此对话框和伺服电动机对话框类似，用来建立和管理分析集，单击【新建】按钮，弹出分析定义对话框。

1. 名称

系统缺省为分析命名，用户可以更改之。

2. 类型

下拉组合框。用户可以选择进行运动学、动态、静态、力平衡和重复组件分析见（图11－41）。

（1）运动学：运动学是动力学的一个分支，它考虑除质量和力之外的运动的所有方面。运动分析会模拟机构的运动，满足伺服电动机轮廓和任何接头、凸轮从动机构、槽从动机构或齿轮副连接的要求。运动分析不考虑受力。因此，不能使用执行电动机，也不必为机构指定质量属性。模型中的动态图元，如弹簧、阻尼器、重力、力/力矩以及执行电动机等，不会影响运动分析。

（2）动态：使用动态分析可研究作用于机构中各主体上的惯性力、重力和外力之间的关系。

（3）静态：使用静态分析可研究作用在已达到平衡状态的主体上的力。

（4）力平衡：力平衡分析是一种逆向的静态分析。在力平衡分析中，是从具体的静态形态获得所施加的作用力，而在静态分析中，是向机构施加力来获得静态形态。

（5）重复组件：使用重复组件分析可确定机构能否在采用的伺服电动机和连接要求下进行组装。

3. 【优先选项】选项见（图11－42）

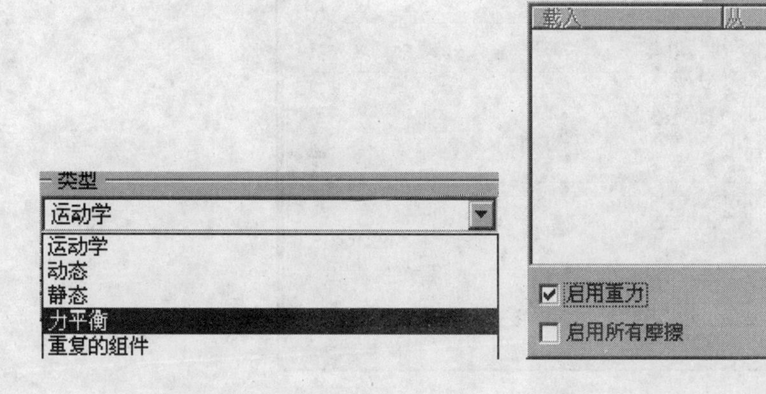

图11－41　类型选项　　　　图11－42　电机设置

（1）图形显示分组框。确定进行运行时的时间和帧频等。

（2）【锁定的图元】：

锁定主体，先选的为先导主体，后选的为从动主体。从动主体对主动主体保持不变。

选取要锁定的接头或凸轮从动机构连接。

删除不需要的约束。

(3) 初始配置。可以确定零位置为当前或是选取快照所确定的位置。

4.【电动机】选项卡

(1) 显示出电动机列表，起止时间；

(2) 添加新行；

(3) 添加所有的电动机；

(4) 删除电动机。

5.【外部负荷】选项卡

进行运动学分析时该选项卡为灰色不可选状态，可参照电动机选项卡，与电动机选项卡相比，该项下部多了启用重力和启用所有摩擦复选框。

第九节 动画回放

查看机构中零件的干涉情况、将分析的不同部分组合成一段影片、显示力和扭矩对机构的影响，以及在分析期间跟踪测量的值。

(一) 动画回放工具

运行分析后，点击【机构】→【回放】或直接单击工具栏图标进入回放对话框。

(1)【结果集】下拉框：显示所有的结果集，用户可以选取特定的结果集进行分析。

(2)【干涉】选项卡：可以设定进行干涉分析的类型见（图 11－43）。

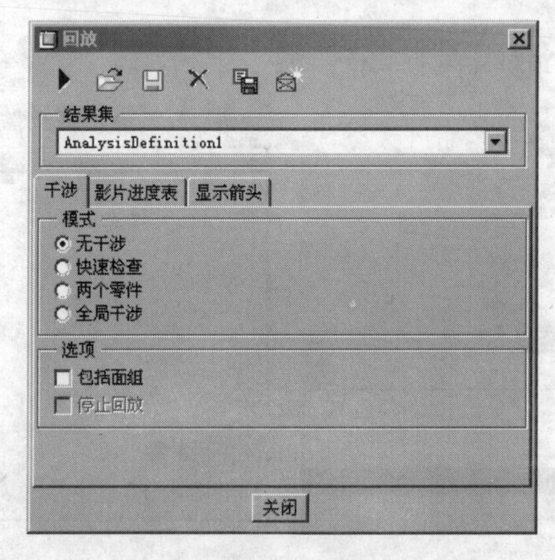

图 11－43　干涉选项

1)【模式】：给出在回放期间要检查的干涉类型。

- 无干涉：不进行干涉检查；
- 快速检查：进行低层次的干涉检查，系统会自动选取“停止回放”作为一个选项；

- 两个零件：允许指定两个零件进行干涉检查，产生干涉的区域将会加亮；
- 全局干涉：检查整个组件中所有元件间的干涉，产生干涉的区域将会加亮。

2）【选项】：提供相对于干涉检查类型附加分析。

- 包括面组：将曲面作为干涉检查的一部分；
- 停止回放：一旦检测到干涉，就停止回放。此选项只可用于“两个零件”或“全局干涉”。

（3）【影视进度表】：可指定要查看的部分以及在回放期间是否要显示回放已用去的时间见（图 11－44）。

1）显示时间：可以在回放期间在绘图窗口左上角显示已用去时间。

2）缺省进度表：控制是否要查看整个分析。取消选中则可指定要回放的时间段。

- 开始时间：输入开始时间；
- 终止时间：输入结束时间；
- ✚按此键把输入的数字增加到列表中；
- ⊕更改列表中的数字；
- ×删除列表中的数字。

按▶后进入动画对话框：动画可以实现机构的即时运动查看，可以实现快进、快退、循环播放。通过捕获可以制作成可以播放的流媒体文件见（图 11－45）。

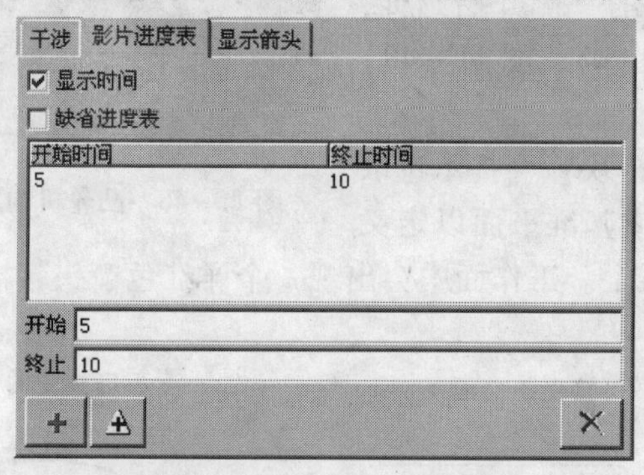

图 11－44　影视进度表

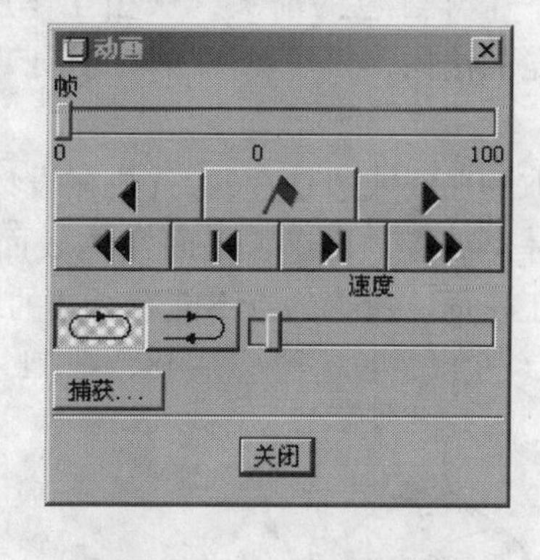

图 11－45　动画控制

（二）回放功能实例

（1）单击【机构】→【伺服电动机】或直接单击工具栏图标→【新建】→弹出【伺服电动机定义】对话框→选择 zhou. prt 和 b. prt 间的连接轴→单击【轮廓】选项卡→选择规范为【速度】类型→选择【模】为常数→输入 A 为 20→单击应用→确定→回到【伺服电动机定义】对话框→关闭。

（2）单击●弹出【分析】对话框→点击【新建】→接受默认的名称→选择分析类型为【运动学】→输入运行时间为 20→接受下面所有默认的选项→点击【运行】→运行完后确定→回到【分析】对话框→关闭。

（3）点击▶进入【回放】对话框→选择【全局干涉】点击▶→系统计算干涉情况，若有干涉回出现红色标志干涉区域→继续按→弹出▶【动画】对话框→按▶播放，察看运动情况。

（4）单击【捕获】→接受缺省值→确定，制定视频动画播放文件。

第十节　特殊连接

在野火 2.0 中有 4 种特殊的连接，可以设置特殊连接后进行各种分析，这 4 种连接分别为凸轮副连接、槽连接、齿轮运动副连接和弹簧连接，下面分别介绍。

（一）凸轮副连接

点击【机构】→【凸轮】或直接点击图标进入凸轮机构连接对话框，点击【新建】弹出凸轮从动机构连接定义对话框，名称编辑框显示出系统缺省定义的凸轮名称见（图11－46）。

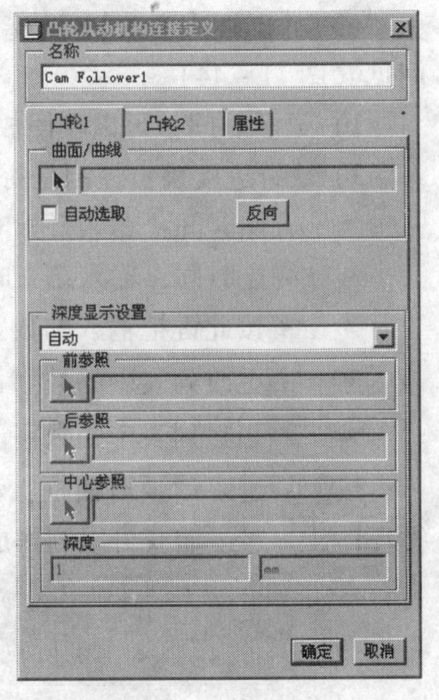

图 11－46　凸轮机构定义

1.【凸轮 1】标签页：定义第一个凸轮

【曲面/曲线】：单击箭头选取曲线或曲面定义凸轮工作面，在选取曲面时若勾选自动选取复选框则系统自动选取与所选曲面相邻的任何曲面，凸轮与另一凸轮相互作用的一侧由凸轮的法线方向指示。如果选取开放的曲线或曲面，会出现一个洋红色的箭头，从相互作用的一侧开始延伸，指示凸轮的法向，如（图 11－47、图 11－48、图 11－49）所示。

选取的曲线或边是直的，【机械设计模块】会提示选取同一主体上的点、顶点、平面实体表面或基准平面以定义凸轮的工作面。所选的点不能在所选的线上。工作面中会出现一个洋红色箭头，指示凸轮法向见（图 11－47、图 11－48、图 11－49）。

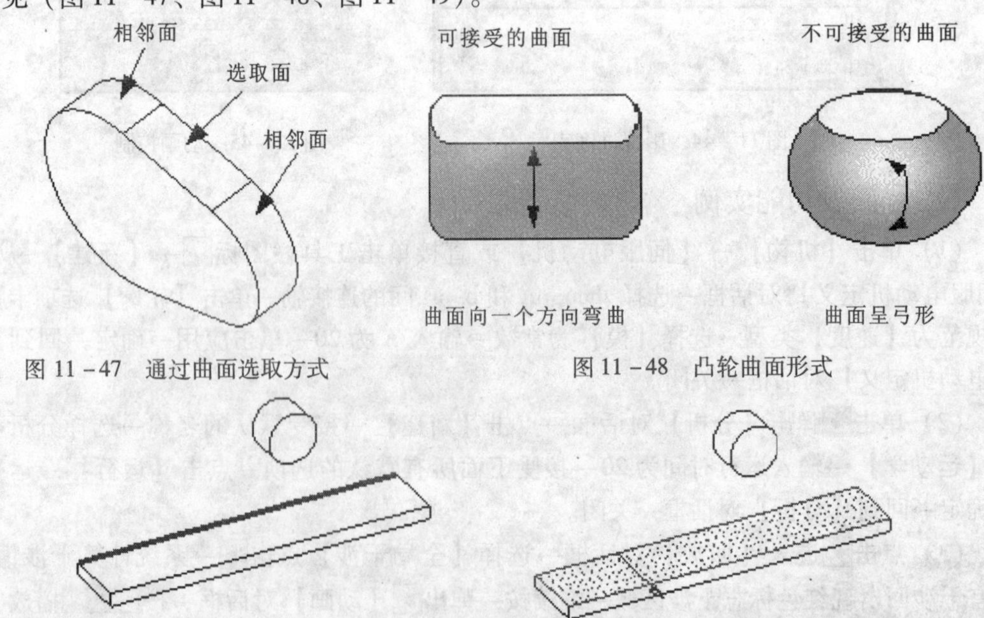

图 11－47　通过曲面选取方式

图 11－48　凸轮曲面形式

图 11－49　通过直线选取方式

2.【凸轮2】标签页

定义第二个凸轮，与【凸轮1】选项卡类似。

3.【属性】标签页见（图11－50）

（1）升离：启用升离允许凸轮从动机构连接在拖动操作或分析运行期间分离 e 在0～1之间。

（2）摩擦：μ_s 静摩擦系数，μ_k 动摩擦系数。

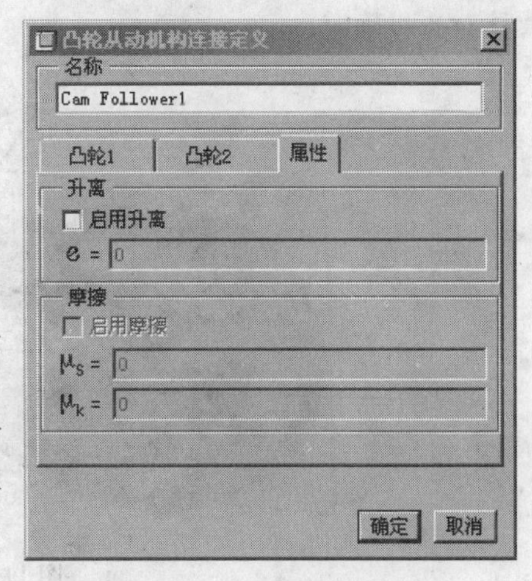

图11－50 凸轮机构属性定义

4. 凸轮连接例子

下拉菜单【文件】→【设置工作目录】→【选取文件目录】确定。

（1）点击【文件】下拉菜单→点击【新建】→【组件】→输入名字asm→不使用缺省模板→选取mmns_asm_design→确定；

（2）点创建图元→骨架模型→创建特征→确定；

（3）创建基准轴→选取ASM_Right基准面→按住Ctrl键选取ASM_Top基准面→确定；

（4）创建基准轴→选取ASM_Front→用鼠标拖动白色方格分别至ASM_Right，ASM_Top基准面，偏移参照距离分别为64.5和25→确定；（该25依据具体位置不同也可为－25，主要是使A_2轴在A_1轴右上方）；

（5）点击创建基准面→选取ASM_Front→输入偏距平移5→确定；

（6）点击下拉菜单【窗口】→【激活】；

（7）点击→选取a.prt→打开→在弹出的元件放置对话框中选择连接→接受默认的连接名→选择连接类型为销钉，配对条件如（图11－51）所示，→选取a.prt的连接轴A_2→组件参照选取ASM_SKEL，PART的轴A_1→平移选取→选取元件参照为Front面→组件参照为ASM_Front→确定见（图11－51）；

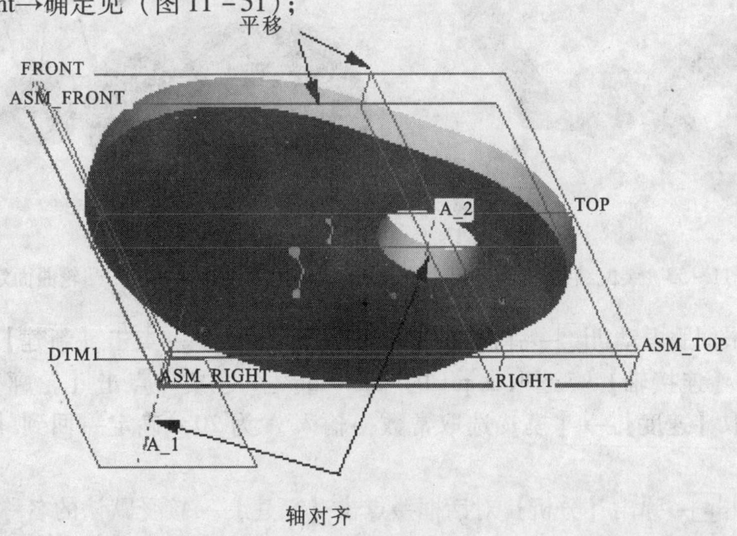

图11－51 零件a.prt装配结果

（8）添加元件→选取 c. prt→打开→选取连接→接受缺省名称→设置连接类型为销钉连接→选取 c. prt 的轴 A_4 与 ASM_SKEL. PRT 的 A_2 对齐→选取 c. prt 的 Front 面与 DTM1 平移对齐→确定；

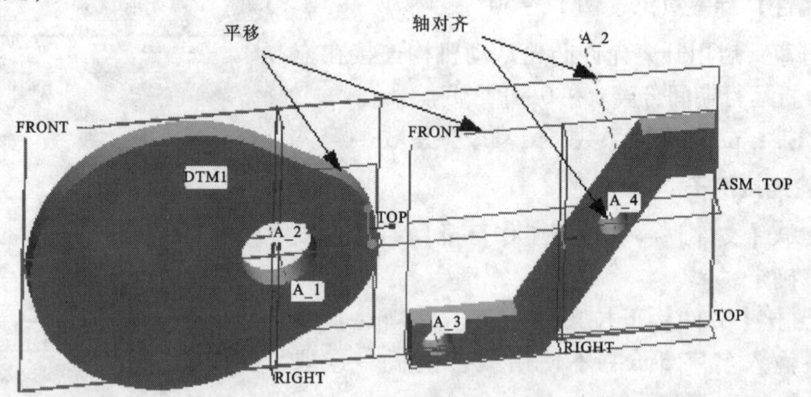

图 11－52　零件 b. prt 装配方法

（9）添加元件→选取 b. prt→打开→选取连接选项卡连接条件按（图 11－52）所示→接受缺省名称→设置连接为销钉连接→选取 b. prt 的轴 A_3 与 c. prt 的轴 A_3 对齐→选取 b. prt 的 front 面与 c. prt 背对当前视图的平面平移对齐，并输入平移偏距为 5→按 Enter 键→确定结果见（图 11－53）；

（10）下拉菜单【应用程序】→【机构】；

（11）按下凸轮→在弹出的【凸轮从动机构连接】对话框中点击【新建】→弹出【凸轮从动机构定义】对话框→在【凸轮 1】选项卡中勾选【自动选取】复选框→选取靠近小圆弧的曲面→确定→点选【凸轮 2】选项卡→勾选【自动选取】复选框→选取圆柱外表面→确定→回到【凸轮从动机构连接】对话框→关闭见（图 11－54）；

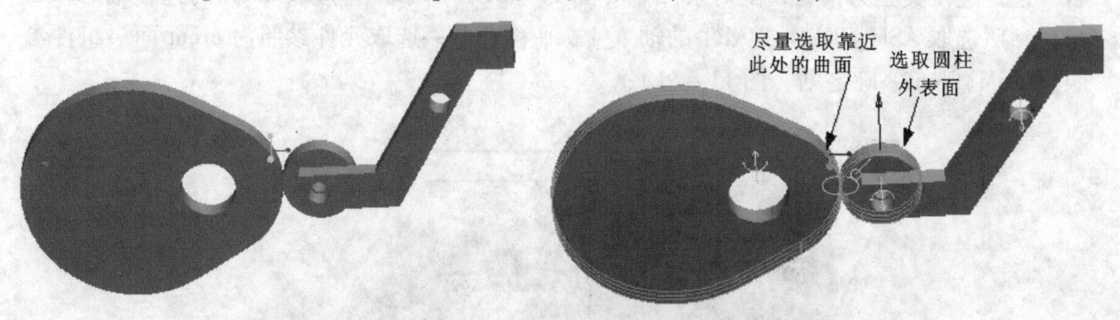

图 11－53　装配结果　　　　图 11－54　凸轮曲面定义

（12）点击伺服电动机→弹出【伺服电动机】对话框→点击【新建】→在【类型】选项卡中选取【连接轴】→选取 a. prt 的 connection_1 连接→点击【轮廓】选项卡→在【规范】中选取【速度】→【模】选取常数→输入 A 为 20→确定→回到【伺服电动机】对话框→关闭；

（13）点击→弹出【分析】对话框→点击【新建】→接受默认的名称→选择分析类型为【运动学】→输入运行时间为 30→接受下面所有默认的选项→点击【运行】→运行完后确定→回到【分析】对话框→关闭；

（14）点击▶进入【回放】对话框→点击▶→弹出【动画】对话框→按▶播放，察看运动情况。

（二）槽从动机构

槽从动机构是两个主体之间的点－曲线约束。主体一上有一条3D曲线（槽），主体二上有一个点（从动机构）。从动机构点在整个三维空间中都随槽运动。可使用一条开放或闭合曲线来定义槽。槽从动机构会将从动机构点约束在定义曲线的内部，【机械设计模块】不检查包括从动机构点和槽曲线的几何上的干涉。不必确保槽和槽从动机构几何正好拟合在一起。

选择“槽从动”工具按钮，系统弹出【槽从动连接】对话框，选择对话框中的【新建】，系统弹出（图11－55）对话框，现对其中选项说明如下：

1. 【图元】标签页

（1）从动机构点：从动机构点必须在一个和槽曲线不同的主体上。可以选取一个基准点或一个顶点。基准点必须属于一个单独的主体，组件级基准点不能用作从动机构点。要创建零件级基准点，不必关闭或再生组件。打开零件并定义点。关闭零件时，组件中的主体将包含刚创建的点。

（2）槽曲线：槽曲线可以为平面、非平面曲线、边、基准曲线、开放或封闭曲线。所选曲线必须相邻，但不必是平滑曲线。可选取多条不连续的曲线。

（3）槽端点：可以为槽端点选取基准点、顶点、曲线/边及曲面。如果选取曲线、边或曲面，槽端点则位于所选图元和槽曲线的交点处。如果不选取端点，槽从动机构的缺省端点就是为槽所选的第一条和最后一条曲线的最末端。如果为槽从动机构选取一条闭合曲线，或选取形成闭合环的一系列曲线，则不必指定端点。但是，如果选择在一闭合曲线上定义端点，则最终槽将是一个开口槽。

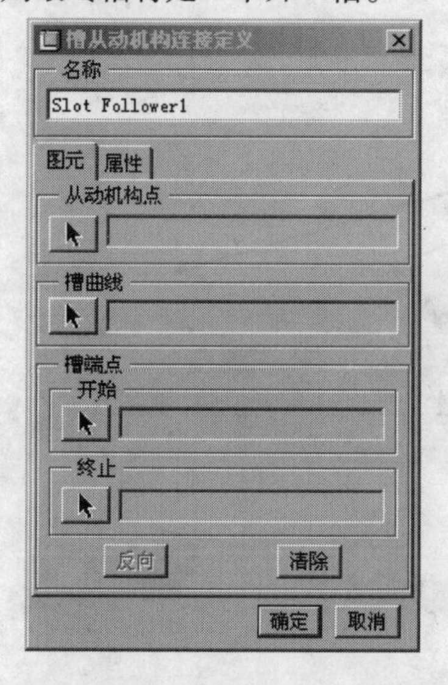

图11－55　槽从动定义

图11－56　槽机构属性定义

2. 【属性】标签页，见（图11－56）

（1）恢复系数：用来定义冲击载荷，恢复系数 e 在0～1之间；

（2）摩擦：用来定义摩擦。

3. 槽连接机构实例

（1）单击【新建】→【组件】→输入名字 asm→不使用缺省模板→选取 mmns_asm_design→确定；

（2）新建基准面→选取 ASM_Right→输入偏距 30→确定；

（3）按下→选取 dizuo. prt 文件→打开→按下接受缺省约束→确定；

（4）按下→选取 guangpan. prt 文件→打开→弹出【元件放置】对话框→选取【连接】→接受缺省名称→选取连接类型为销钉→装配条件如（图 11 - 57）所示，并选取 guangpan. prt 的 A_5 轴与 dizuo. prt 的 A_5 对齐→图示两个面为平移面→单击反向使带曲线的一面朝外→确定；（注：其间要用到移动选项卡移动 guangpan. prt 以便于选取平移面）；

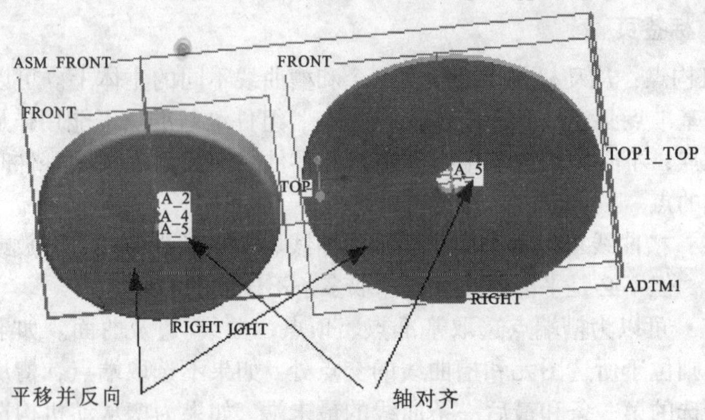

图 11 - 57　零件 guangpan. prt 装配示意

（5）按下→选取 suo. prt→打开→弹出放置对话框→选约束选项卡→设置如（图 11 - 57）所示约束，结果如（图 11 - 58）；

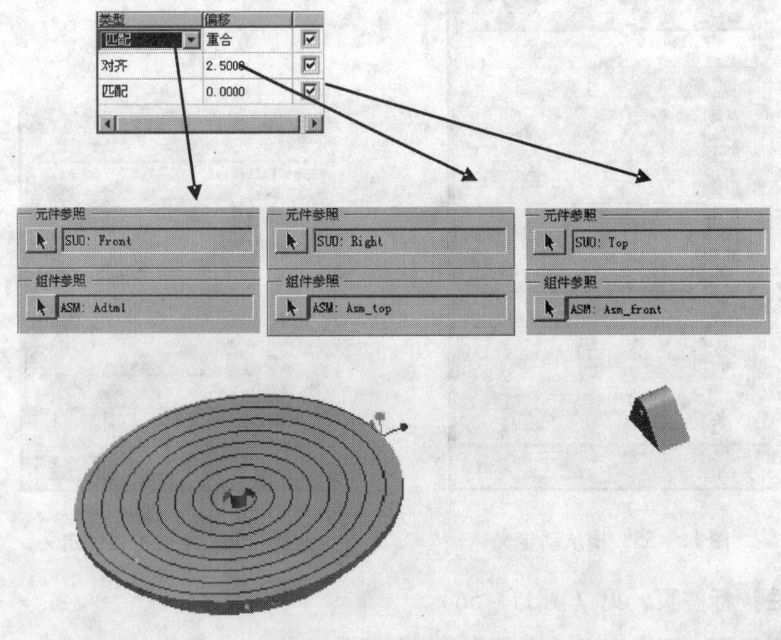

图 11 - 58　完成后结果

（6）按下→选取 ydzhou. prt→打开→弹出【元件放置】对话框→选约束选项卡，装配条件和结果如（图 11－59）；

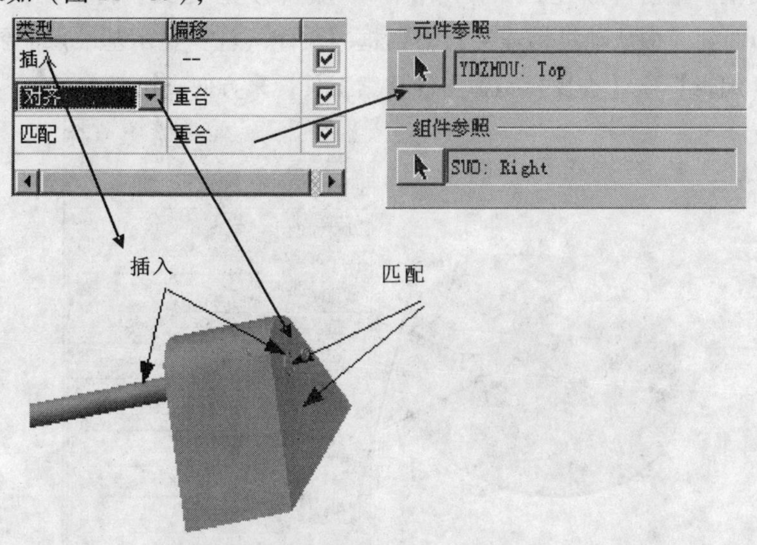

图 11－59　ydzhou 装配条件

（7）按下→选取 zheng. prt →打开→弹出【元件放置】对话框→选【连接】选项卡→设置连接为【滑动杆】连接→选取 zheng. prt 的轴 A_2 与 ydzhou. prt 的轴 A_2 对齐→旋转约束选取两者的 Top 面→确定；具体见（图 11－60），结果如（图 11－61）；

(a)连接选项卡

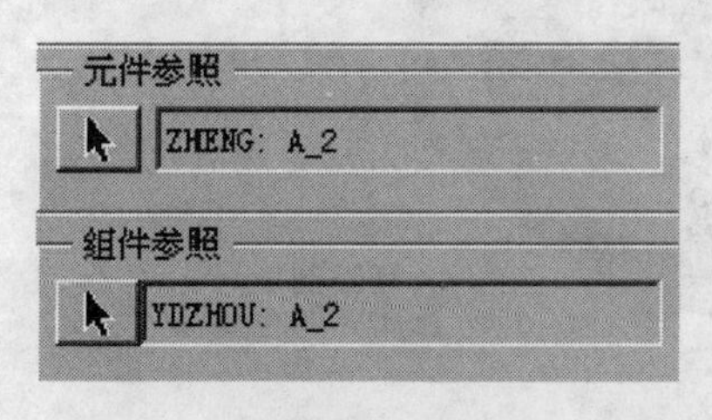

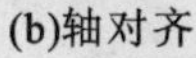
(b)轴对齐　　(c)旋转

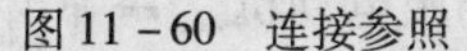
图 11－60　连接参照

图 11－61　完成后的图

(8) 下拉【应用程序】菜单→点击【机构】，进入机构环境→单击弹出【槽从动机构连接】对话框→单击【新建】→弹出【槽从动机构连接定义】对话框按（图 11－62）选取→确定→回到【槽从动机构连接】对话框→关闭（注：显示基准点需要按下，另外可以通过【编辑】→【查找】→弹出【搜索工具】来方便查找）；

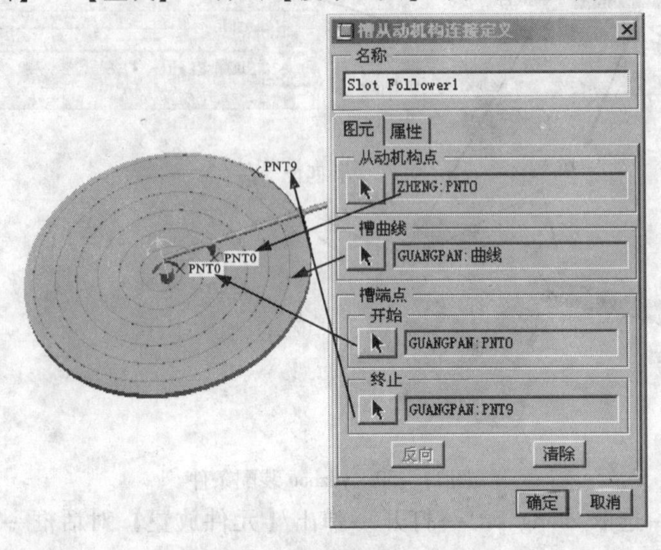

图 11－62 槽机构定义

(9) 单击【机构】→点击【连接轴设置】→选取滑动连接→在如（图 11－63）所示位置生成零点→在【属性】选项卡中启用限制→输入合适的数值（此数值依据具体情况会有不同数值）→确定；

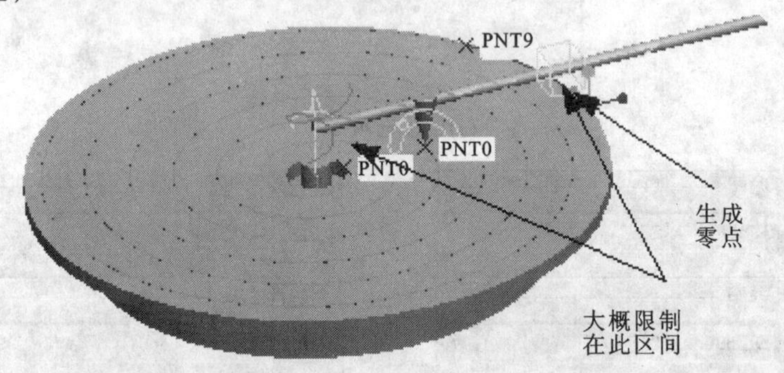

图 11－63 槽定义结果

(10) 建立伺服电动机：单击伺服电动机→弹出【伺服电动机】对话框→点击【新建】→在【类型】选项卡中选取【连接轴】→选取 guangpan. prt 上的连接轴→点击【轮廓】选项卡→【规范】选项卡中选取【速度】→【初始位置】接受当前位置→选取【模】为常数，A 输入为 20→确定→回到【伺服电动机定义】对话框→关闭，结果如（图 11－63）；

(11) 单击弹出【分析】对话框→点击【新建】→接受默认的名称→选择分析类型为【运动学】→输入运行时间为 30→接受下面所有默认的选项→点击【运行】→运行完后确定→回到【分析】对话框→关闭；

(12) 点击进入【回放】对话框→点击→弹出【动画】对话框→按播放，察看运动情况可以看到光盘在转动时，针是沿着轴作直线运动。可以单击保存按钮保存该结果。

（三）齿轮从运动副连接

使用齿轮副可控制两个连接轴之间的速度关系。齿轮副中的每个齿轮都需要有两个主体和一个接头连接。第一主体指定为托架，通常保持静止。第二主体能够运动，根据所创建的齿轮副的类型，可称为齿轮、小齿轮或齿条。齿轮副连接可约束两个连接轴的速度，但是不能约束由接头连接的主体的相对空间方位。

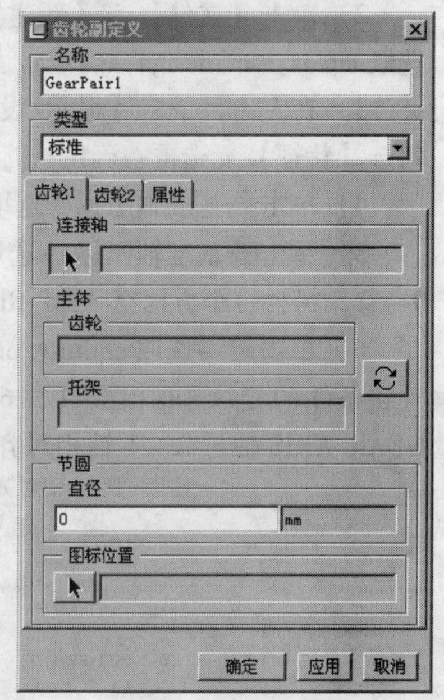

图 11－64　齿轮副定义

在齿轮副中，两个运动主体的表面不必相互接触就可工作。这是因为【机械设计】中的齿轮副是速度约束，并非基于模型几何，因此可以直接指定齿轮比。

单击齿轮副工具→系统弹出【齿轮副】对话框→选择【新建】，系统弹出【齿轮副定义】对话框，如（图 11－64）。

（1）【齿轮 1】标签页。

1）连接轴：选取一个连接轴。

2）主体：

齿轮：选取一个旋转连接轴。接头上出现一个双向的着色箭头，指示该轴的正方向。旋转方向由右手定则确定。

托架：选取托架。

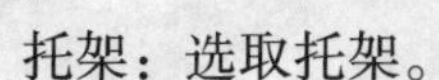

使齿轮和托架颠倒。

3）节圆：输入节圆直径后按 Enter 键改变节圆大小。

4）图标位置：显示节圆和连接轴零点参照。单击鼠标中键可接受缺省位置。

（2）【齿轮 2】标签页：同上。

（3）【属性】标签页，如（图 11－65）。

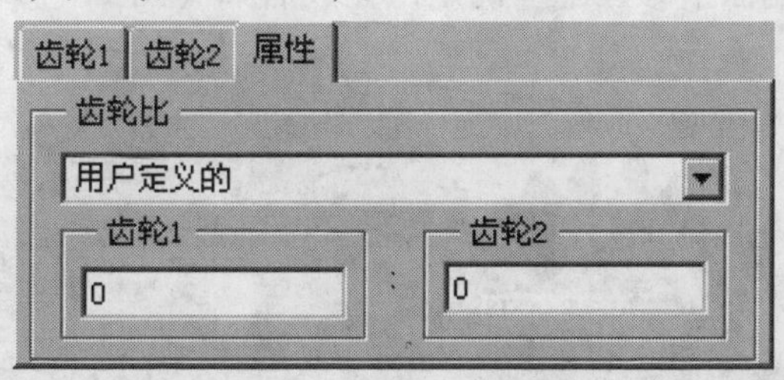

图 11－65　齿轮机构属性

【齿轮比】：定义齿轮副中两个齿轮的相对速度。

1）节圆直径：使用在【齿轮 1】和【齿轮 2】选项卡中定义的节圆直径比的倒数作为速度比，D1 和 D2 变为不可编辑；

2）用户自定义：在【齿轮 1】和【齿轮 2】下输入节圆的直径值。齿轮速度比等于节圆直径比的倒数。

(4) 齿轮副连接实例:

1) 将工作目录设置到 chilun 文件夹 ;

2) 单击【文件】→【新建】→【组件】→输入名字 asm→不使用缺省模板→确定→选取 mmns_asm_design→确定;

3) 在左边目录树【显示/设置】中选择下拉【设置】选项卡→选择【树过滤器】→勾选【特征】复选框→确定;

4) 单击基准轴图标→选取 ASM_Right 面→按住 CTRL 键选取 ASM_Top→确定;

5) 单击基准轴图标→选取 ASM_Front 面→移动白色小方框至 ASM_Top 面距离为 0→移动另外一个方框至 ASM_Right 面距离为 62. 5→确定;

6) 单击→选取 chilun1. prt→打开→弹出【元件放置】对话框→选【连接】选项卡，连接条件的定义如（图 11 - 66）→设置连接为【销钉】连接→选择 chilun1. prt 的 GEAR. AXIS 轴与 AA_1 轴相对齐 →选择 ASM_Front 与齿轮的前端面平移匹配→确定;

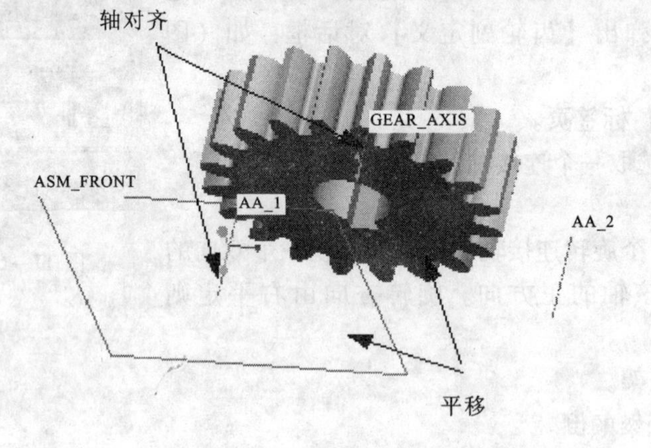

图 11 - 66　齿轮 1 连接定义

7) 单击→选取 chilun2. prt→打开→弹出【元件放置】对话框→选【连接】选项卡→设置连接为【销钉】连接→选择 chilun2. prt 的 GEAR. AXIS 轴与 AA_2 轴相对齐 →选择 ASM_Front 与齿轮的前端面平移匹配→确定; 完成后如（图 11 - 67）;

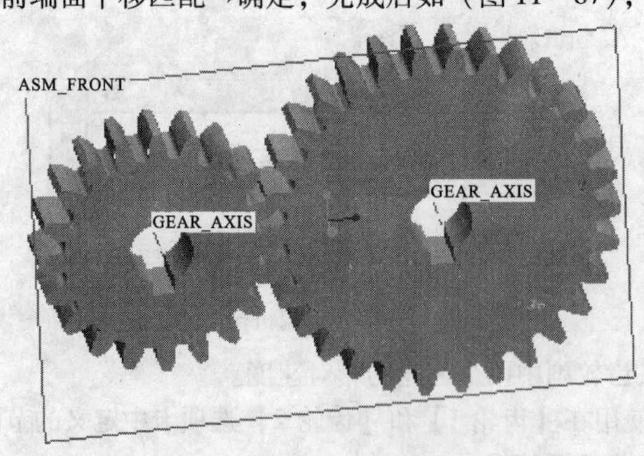

图 11 - 67　齿轮 2 连接定义

8) 下拉菜单【应用程序】→【机构】;

9）单击 →弹出【齿轮副】对话框→单击【新建】→系统弹出的【齿轮副定义】对话框中接受缺省的名称如（图 11－68）→【类型】选择为标准齿轮→选取左边的连接轴→在【主体】选项卡中系统自动选取了齿轮和托架→输入节圆半径为 50→单击【齿轮 2】选项卡→选取右边的连接轴→在【主体】选项卡中系统自动选取了齿轮和托架→输入节圆半径为 75→确定→回到【齿轮副定义】对话框→关闭见（图 11－68）；

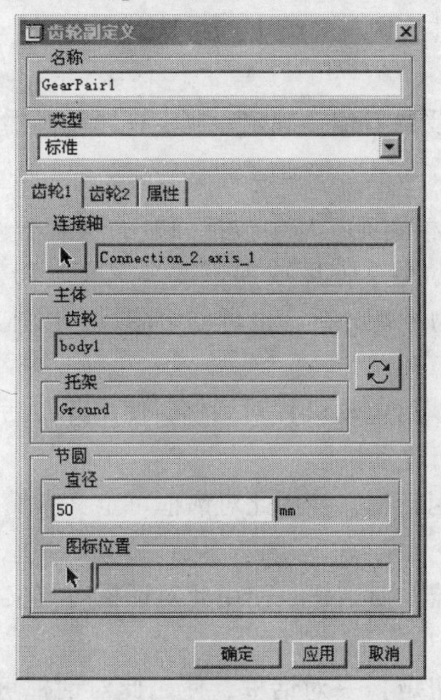

图 11－68　齿轮副定义

10）单击【拖动】任意选取一点拖动齿轮可以查看运动状态；

11）单击【机构】→单击【连接轴设置】→选取左边的连接轴→输入合适的数字使两齿轮刚好啮合并在此位置生成零点→单击【再生值】选项卡→并指定再生值为 0，则齿轮重新定位到刚好啮合状态→确定；如（图 11－69），结果如（图 11－70）；

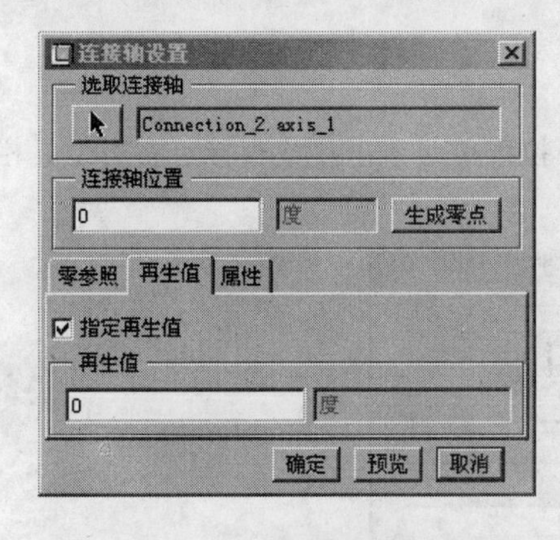

图 11－69　连接轴定义

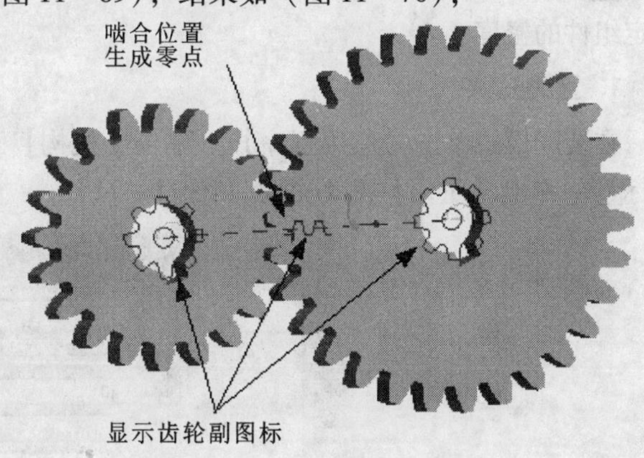

图 11－70　定义完成后的结果

12）建立伺服电动机：单击伺服电动机 →弹出【伺服电动机】对话框→点击【新建】→在【类型】选项卡中选取【连接轴】→选取 chilun1. prt 上的连接轴→点击【轮廓】选项卡→【规范】选项卡中选取【速度】→【初始位置】接受当前位置→选取【模】为

常数，A 输入为 20→确定→回到【伺服电动机定义】对话框→关闭；

13）单击●弹出【分析】对话框→点击【新建】→接受默认的名称→选择分析类型为【运动学】→输入运行时间为 30→接受下面所有默认的选项→点击【运行】→运行完后确定→回到【分析】对话框→关闭；

14）点击▶进入【回放】对话框→选择【全局干涉】点击▶→系统计算干涉情况，若有干涉会出现红色标志干涉区域→继续按▶→弹出【动画】对话框→按 ▶ 播放，察看运动情况；

15）单击【捕获】→接受缺省值→确定→制定视频动画播放文件。

（四）弹簧连接

【机械动态】包括多个建模图元，其中包括弹簧、阻尼器、力/力矩负荷以及重力。可根据电动机所施加的力及其位置、速度或加速度来定义电动机。除重复组件和运动分析外，还可运行动态、静态和力平衡分析。也可创建测量，以监测连接上的力以及点、顶点或连接轴的速度或加速度。

执行电动机：打开【执行电动机】对话框，使用此对话框可定义执行电动机，也可编辑、移除或复制现有的执行电动机。

弹簧：打开【弹簧】对话框，使用此对话框可定义弹簧，也可编辑、移除或复制现有的弹簧。

阻尼器：打开【阻尼器】对话框，使用此对话框可定义阻尼器，也可编辑、移除或复制现有的阻尼器。

力/扭矩：打开【力/扭矩】→对话框，使用此对话框可定义力或扭矩。也可编辑、移除或复制现有的力/扭矩负荷。

重力：打开【重力】对话框，可在其中定义重力。

初始条件：打开【初始条件】对话框，使用此对话框可指定初始位置快照，并可为点、连接轴、主体或槽定义速度初始条件。

质量属性：打开【质量属性】对话框，使用此对话框可指定零件的质量属性，也可指定组件的密度。

1. 重力定义

在装配模式单击【应用程序】→单击【机构】下拉菜单→单击 或直接点右边工具栏图标 →弹出【重力】对话框见（图 11－71）。

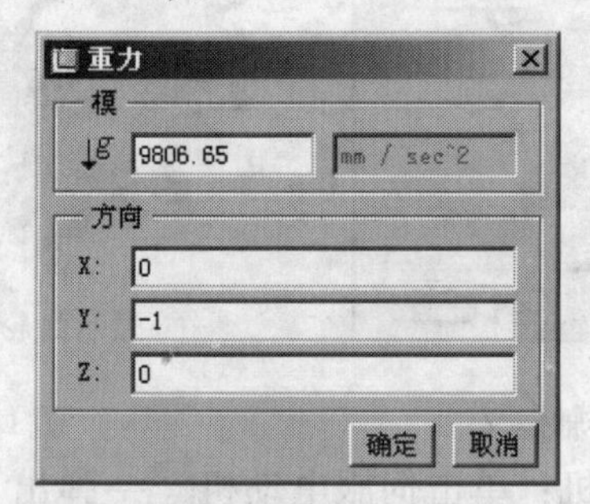

图 11－71　弹簧定义选项

（1）模：在文本框中可以输入重力加速度大小。模是以“距离/秒^2”为量纲的 必须给重力加速度的模输入一个正值。距离单位取决于为组件所选的单位，要改变单位，可使用【编辑】→【设置】→【单位】命令见（图 11－72）；

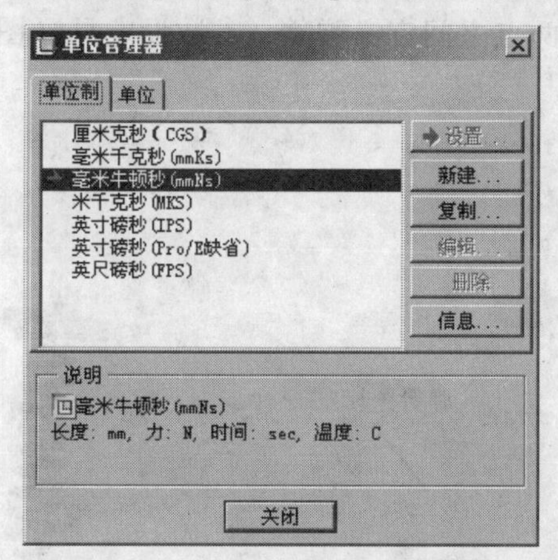

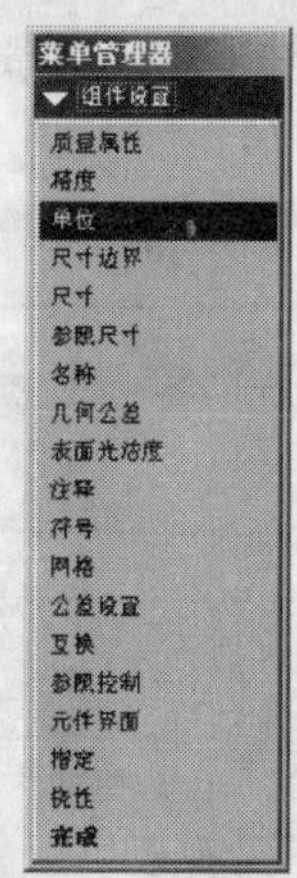

图 11－72

（2）方向：可以输入 X、Y 和 Z 轴坐标，以定义重力加速度力的向量。重力加速度的缺省方向是【全局坐标系】（WCS）的 Y 轴负方向。

定义完后，模型中会出现指示重力加速度方向的 WCS 图标和箭头，在进行动态、静态或力平衡分析时，如果要使【机械设计】在计算过程中包括重力，需要选中【分析定义】对话框的【外部负荷】选项卡中的【启用重力】复选框。

2. 执行电动机定义

使用执行电动机可向机构施加特定的负荷。执行电动机引起在两个主体之间、单个自由度内产生特定类型的负荷。执行电动机一般用在动态分析中，执行电动机通过对平移或旋转连接轴施加力而引起运动。可在每个动态分析的定义中打开和关闭执行电动机。

单击【机构】下拉菜单→单击【执行电动机】或直接点击右边工具栏图标→弹出【执行电动机】对话框单击【新建】→弹出【执行电动机定义】对话框见（图 11－73）。

大部分选项是和伺服电动机一样的。

3. 弹簧定义

（1）单击【机构】下拉菜单→单击【弹簧】或直接点击右边工具栏图标→弹出【弹簧】对话框见（图 11－74）→单击【新建】→弹出【弹簧定义】对话框；

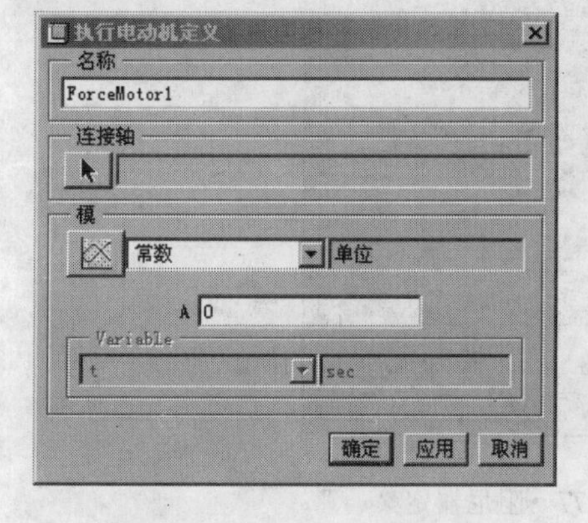

图 11－73　执行电动机定义

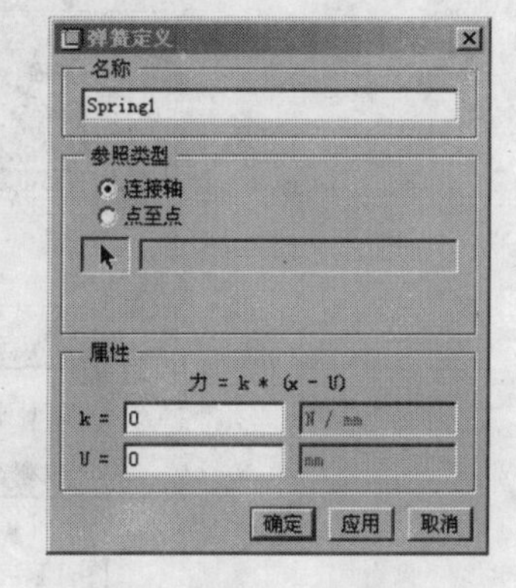

图 11－74　弹簧定义

(2)【名称】：缺省名称为 spring1，用户可以改变之；

(3)【参照类型】选项：选取定义弹簧的参照；

可以在连接轴上定义弹簧，也可以在两点之间定义弹簧，参数设定见（图 11－75），结果见（图 11－76）；

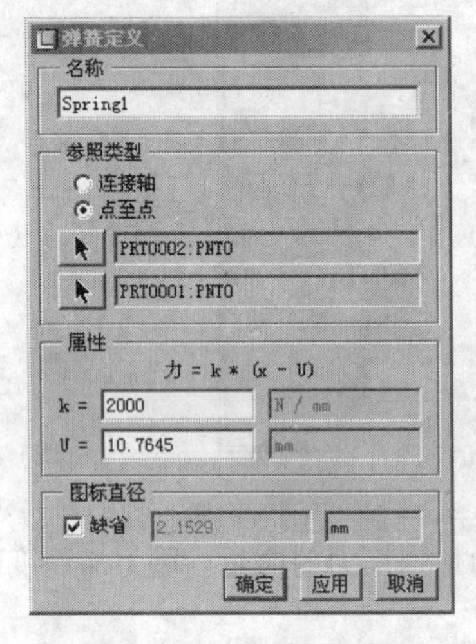

图 11－75　弹簧定义

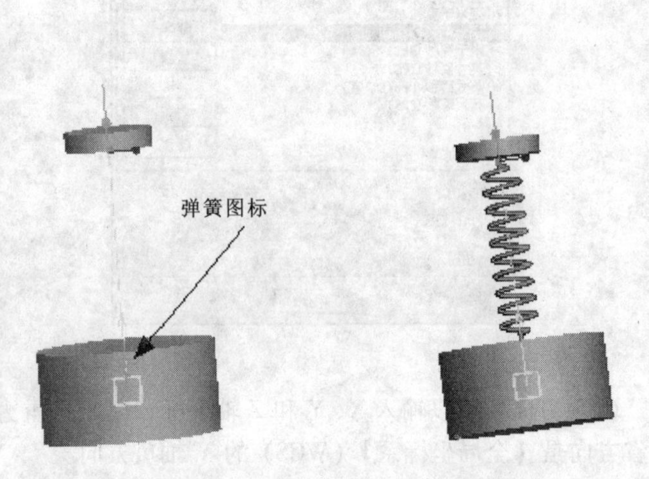

图 11－76　弹簧定义完成后的情况

(4)【属性】选项：可以定义弹簧的有关参数；

力＝k×（x－U），该公式为定义弹性力大小的公式，K 为弹性系数，U 为弹簧初始长度，单位依据用户选择单位制而不同。

4. 阻尼定义

阻尼器是一种负荷类型，阻尼器产生的力会消耗运动机构的能量并阻碍其运动。例如，可使用阻尼器代表将液体推入柱腔的活塞减慢运动的黏性力。阻尼力始终和应用该阻尼器的图元的速度成比例，且与运动方向相反。

单击【机构】下拉菜单→单击【阻尼器】或直接点击右边工具栏图标→弹出【阻尼器】对话框如（图 11－77）→单击【新建】→弹出【阻尼器定义】对话框，有三种方式定义阻尼器参照类型。

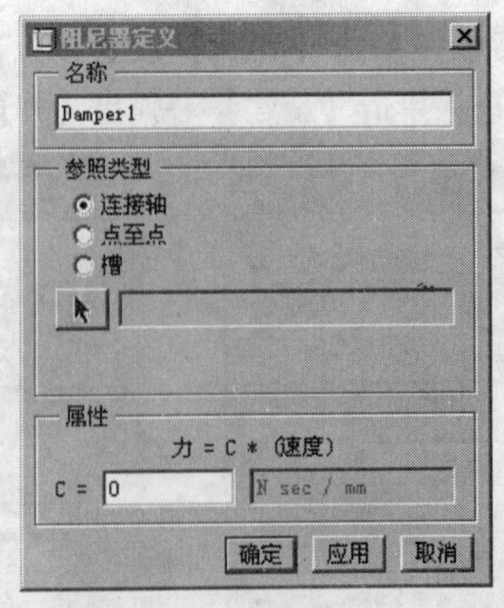

图 11－77　阻尼器定义

连接轴，点至点，槽，属性中 c 为阻尼系数。

5. 力和扭矩定义

可以应用力/扭矩来模拟对机构运动的外部影响。力/扭矩通常表示机构与另一主体的动态交互作用，并且是在机构的零件与机构外部实体接触时产生的。

单击【机构】下拉菜单→单击【力/扭矩】或直接点击右边工具栏图标→弹出【力/扭矩】对话框→单击【新建】→弹出【力/扭矩】定义对话框见（图 11－78）。

6. 初始条件定义

初始条件指位置和速度设置，为了进行动态分析，有时候需要指定初始条件。

单击进入【初始条件定义】对话框见（图 11－79）。

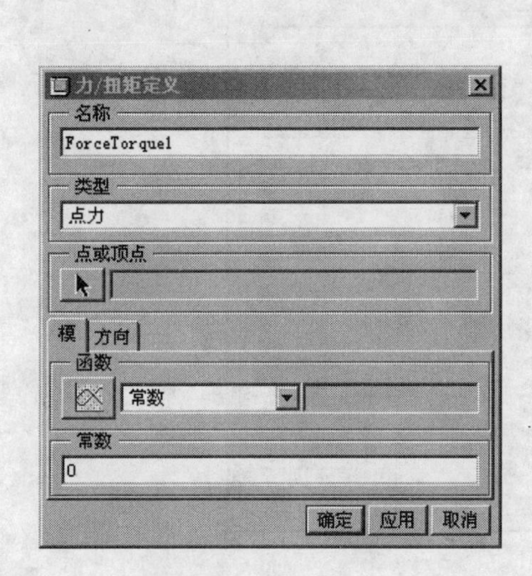

图 11－78　力/扭矩定义

图 11－79　初始条件定义

（1）名称：系统自动启用缺省名称，用户可以更改之。

（2）快照：此为定义位置初始条件，可以选择已经拍下的快照，点击，也可以采用当前的机构位置。

（3）速度条件：

定义点或顶点处的线速度，选取一个点或顶点作为参照图元；

定义连接轴的旋转或平移速度，选取连接轴作为参照分析；

定义主体沿已定义向量的角位移，选取一个主体作为参照图元；

定义从动机构点相对于槽曲线的初始切向速度，选取一个槽从动机构连接作为参照图元；

计算具有速度约束的模型，测试是否正确，机构是否可以驱动；

删除加亮显示的约束。

7. 质量属性定义

运行动态和静态分析，需要为机构指定质量属性，机构的质量属性由其密度、体积等决定，点击进入【质量属性】对话框，见（图 11－80）。

（1）参照类型：可以选择零件、组件和主体三个选项。

（2）零件：选择该项，可指定其质量、重心及惯量，其他项不可选。

（3）组件：选择该项，只能指定要进行计算的质量块的密度。

（4）主体：选择该项，则只能查看其质量属性，不能对其进行编辑。

- 零件：单击箭头可以选择需要定义的零件。
- 定义属性：用于选取定义质量属性的方法：

图 11－80　质量属性定义

（1）缺省：此选项可用于所有三种参照类型。如果选取此选项，所有输入字段将保持非活动状态。对话框根据在 Pro/E 中定义的密度或质量属性文件来显示质量属性值。如果在 Pro/E 中既未指定密度，也未指定质量属性，“机械动态”将为模型显示缺省值。

（2）密度：如果已选取了零件或组件作为参照类型，则此选项可用。使用此选项用密度定义。

（3）质量属性：只能选取体积大于零的零件或组件。

（4）质量属性：此选项仅当选取了零件作为参照类型时可用。使用此选项，可定义质量、重心及惯性矩。

- 坐标系：选取零件或主体的坐标系。
- 基本属性：包括密度、体积、质量。对于不同的参照类型，不可选项会有不同
- 重心：指定重心。
- 惯量：可以指定惯量是在坐标系原点或是在重心。

实例：

（1）下拉菜单【文件】→【设置工作目录】→【选取文件目录】确定；

（2）单击【文件】下拉菜单→点击【新建】→【组件】→输入名字 asm→不使用缺省模板→选取 mmns_asm_design→确定；

（3）单击→选取 jizuo. prt 文件→弹出【元件放置】对话框→在约束选项卡中直接点击缺省放置→确定；

（4）单击→选取 tanpian. prt 文件→弹出【元件放置】对话框→选【连接】选项卡→设置连接为【滑动杆】连接→选择 jizuo. prt 轴 A_2 与 tanpian. prt 的轴 A_2 相对齐 →选择 tanpian. prt 的面与 ASM_Right 面旋转对齐→确定；

（5）单击→选取 qiu. prt 文件→弹出【元件放置】对话框→选【连接】选项卡→设置连接为【滑动杆】连接→选择 jizuo. prt 轴 A_3 与 qiu. prt 的轴 A_2 相对齐 →选择 qiu. prt 的面与 ASM_Right 面旋转对齐 →确定见（图 11－81）。

（6）下拉【应用程序】菜单→点击【机构】，进入机构环境→单击弹出【槽从动机构连接】对话框→单击【新建】→弹出【槽从动机构连接定义】对话框按（图 11－82）所示选取→在属性显项卡中设置恢复系数 e 为 1，表示弹性碰撞→选取确定→回到【槽从动机构连接】对话框→关闭；

图 11－81　零件装配完成示意图

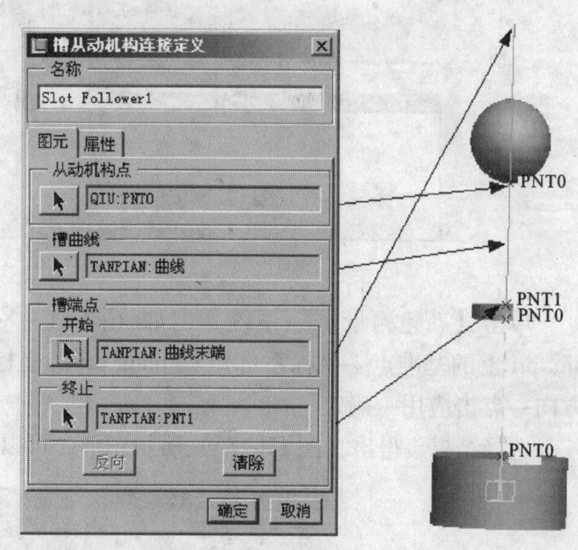

图 11－82　槽从动连接定义

（7）设置重力加速度：单击进入重力加速度对话框，使得 z 轴方向为 －1，x 轴和 y 轴方向为 0；

（8）赋予质量属性：单击进入【质量属性】对话框→【参照类型】选择为【零件】→选择 qiu. prt→选择【定义属性】为【质量属性】→设置【质量】为 0. 003→【惯性】选择在重心→单击【应用】→确定；

（9）单击选择一个合适的位置拍照为 sanpshot1 关闭。此步是为了便于以后快速地定位到预先设置的位置；

（10）定义初始位置；

（11）单击弹出【分析】对话框→点击【新建】→接受默认的名称→选择分析类型为【动态】→输入运行时间为 2→帧频为 100→选择初始条件为定义的初始条件并单击→单击外部负荷选择【启用重力】复选框→在锁定的图元中选择→选择 jizuo. prt 和 tanpian. prt→Enter→点击【运行】→运行完后确定→回到【分析】对话框→关闭；（该分

析为测试弹片固定不动时小球的运动情况）；

（12）点击▶进入【回放】对话框→继续按▶→弹出【动画】对话框→按▶播放，察看运动情况；

（13）单击【捕获】→接受缺省值→确定→制定视频动画播放文件；

（14）单击进入测量定义对话框如（图 11－83）；

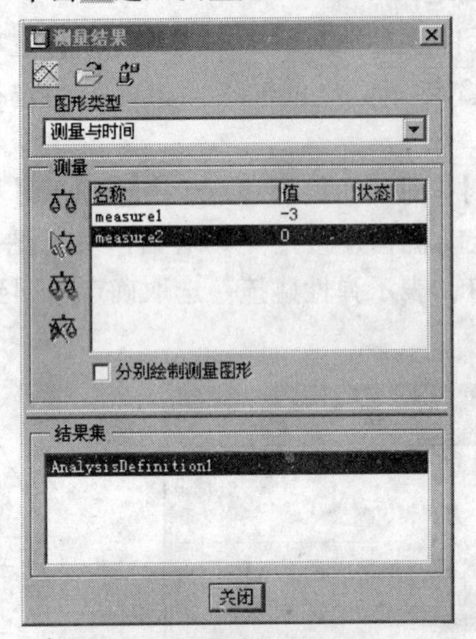

图 11－83　测量定义

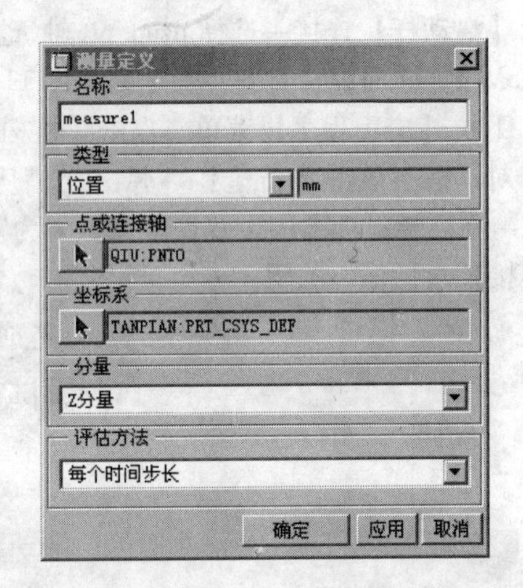

图 11－84　新建测量定义

单击【新建测量】→系统弹出如（图 11－84）对话框→选择【位置】类型→选择 qiu. prt 上的基准点→坐标系选择 tanpian. prt 的坐标系为参考坐标系→选取测量方向为 z 轴方向→点击应用→确定；

选择结果集得出（图 11－85）所示图形，可以看出小球的最大上升距离为 11 逐渐衰减。

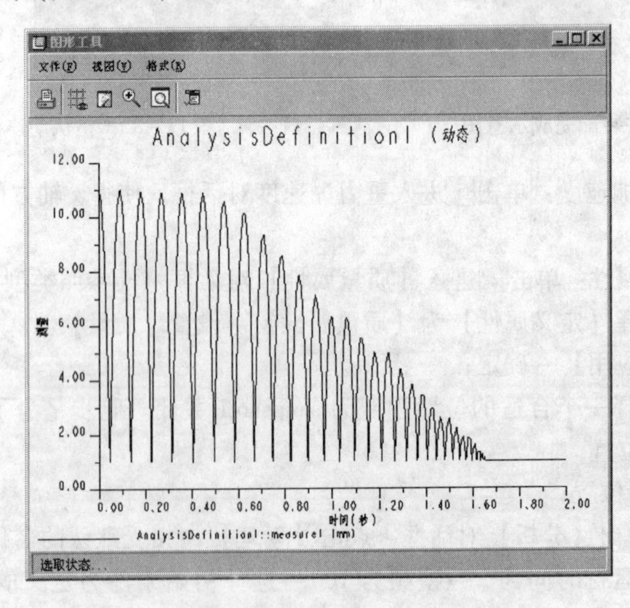

图 11－85　测量结果

单击【新建测量】→选择【速度】类型→选择 qiu. prt 上的基准点→坐标系选择 tanpian. prt的坐标系为参考坐标系→选取测量方向为 z 轴方向→点击应用→确定。

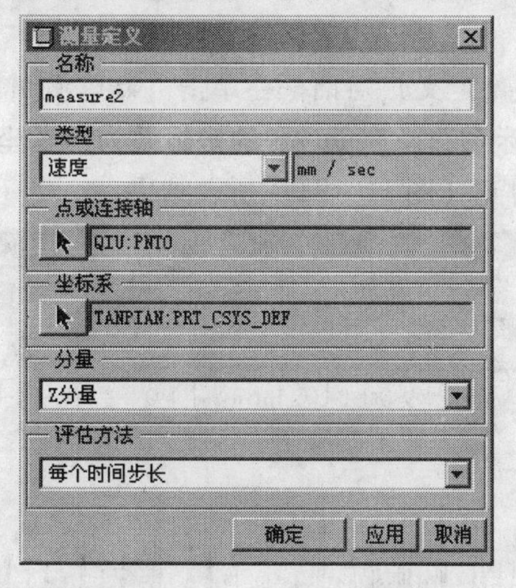

图 11－86　沿 Z 轴方向测量

得出的图形见（图 11－87）小球的最大速度约为 450（mm/s）。

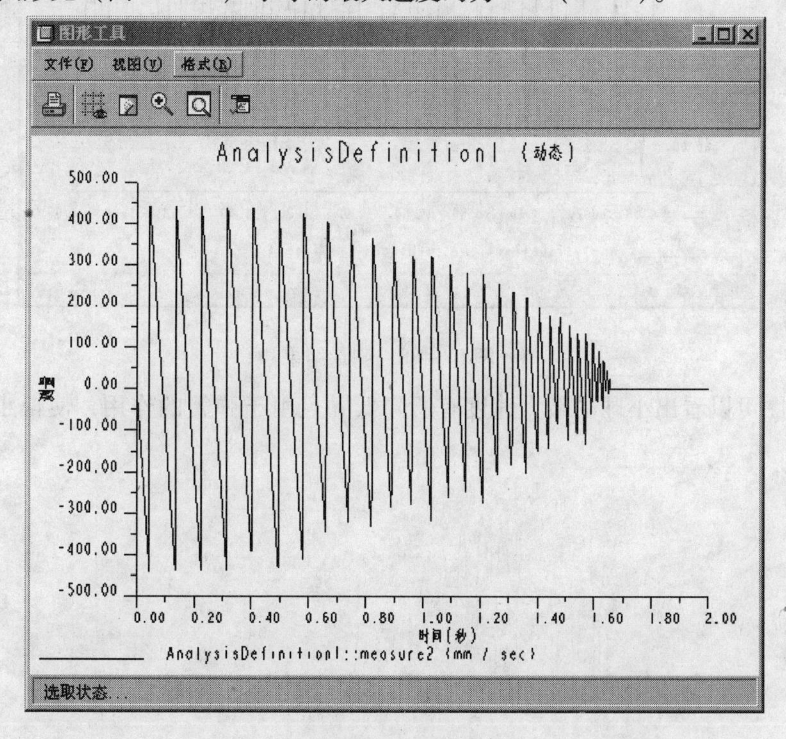

图 11－87　测量结果

（15）加入弹簧：单击【机构】下拉菜单→单击【弹簧】或直接点击右边工具栏图标→弹出【弹簧】对话框→单击【新建】→弹出【弹簧定义】对话框，按图所示定义弹簧。定义完后系统自动加上了一个弹簧；

（16）单击弹出【分析】对话框→点击【新建】→接受默认的名称→选择分析类型为【动态】→输入运行时间为 2→帧频为 100→选择初始条件为定义的初始条件并单击

→单击外部负荷选择【启用重力】复选框→单击运行，运行结束后单击确定→关闭；

（17）点击▶进入【回放】对话框→继续按▶→弹出【动画】对话框→按 ▶ 播放，察看运动情况；

（18）单击区进入【测量定义】对话框→单击【新建测量】→选择【速度】类型→选择 qiu. prt 上的基准点→坐标系选择 jizuo. prt 的坐标系为参考坐标系→选取测量方向为 z 轴方向→点击应用→确定，得到（图 11 - 88）所示结果。

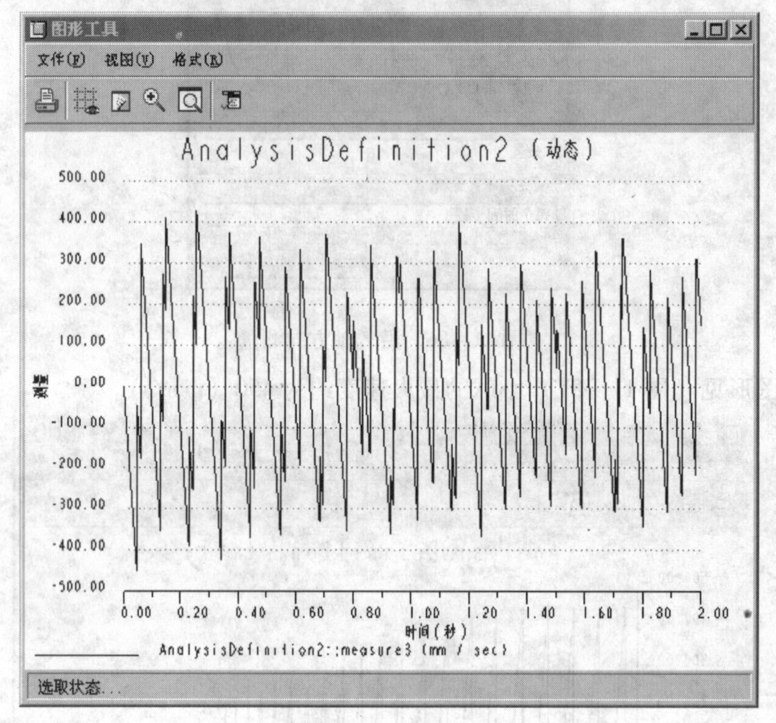

图 11 - 88　测量结果

从速度图可以看出小球的最大速度有所降低并且由于弹簧的作用，使得小球不停地往复运动。

参考文献

【1】林清安 . Pro/Engineer 零件设计 . 北京：清华大学出版社，2005.
【2】余林 . Pro/E 辅助设计 . 北京：北京理工大学出版社，2007.
【3】陈国聪 . Pro/E 训练教程 . 北京：高等教育出版社，2003.
【4】二代龙震工作室 . Pro/Mechanism/Mechanica wildfire 2. 0 机构/运动/结构/热力分析 . 北京：电子工业出版社，2006.
【5】曹德权，唐定勇 . Pro_engineer Wildfire 2. 0 曲面与逆向工程设计 . 北京：电子工业出版社，2006.
【6】黄圣杰，张益三，洪立群 . Pro/E 高级开发实例 . 北京：电子工业出版社，2002.
【7】赵德永，刘学江，王会刚 . Pro/E 数控加工 . 北京：清华大学出版社，2003.